플래티넘

platinum

내신

전국 고난도 내신 기출

공통수학 ①

교재 개발에 도움을 주신 모든 선생님들께 깊이 감사드립니다.

검토진

강경혜 제주	강태원 세종	강희태 대전	고명한 울산	구정모 대구
권가영 서울 양천	기미나 인천 청라	김 일 대전	김가영 대구	김대호 경기 포천
김미라 충남 서산	김미희 서울 동대문	김민경 경기	김민정 울산	김방래 파주
김복응 대전	김봉조 울산	김선화 부산 북구	김성은 경기 김포	김슬기 경기 평택
김예지 경기 화성(동탄)	김정아 부산	김현수 서울	김현진 광주	김현호 인천
김형진 일산, 파주	나효명 대전	렴영순 인천	민동건 경기	민재웅 성남
박경득 대구 수성	박도균 경기 평택	박수민 경기 평택	박장호 대구 수성	박진성 전남
백경림 의정부	백광일 창원	백승봉 서울	서자현 부산	서재화 경기 화성
서평승 부산	석경진 서울 강서	선 철 광명	성명현 서울 동작	손진식 부산 해운대
송민정 서울 마포	송성민 부산 해운대	신성호 광주	신은숙 서울	신정훈 서울
안이근 대전 서구	오재일 제주	오현석 전북 전주	윤관수 향남	윤지회 창원
이경묵 전남	이상규 세종	이상철 경기	이세복 일산	이인성 전주
이재욱 용인 처인구	이현우 서울	인이슬 서울	장광원 세종	장재희 서울
전우진 인천 송도	전종원 서울 목동	전하윤 대전	전희나 분당	정민정 경기 평택
정지용 서울	정하윤 세종	정효석 서울 서초	조병근 서울	조용남 광주
주은희 세종	지슬기 경기 평택	최승원 광주 봉선	최 윤 전북 전주	한명석 서울 목동
홍승지 일산	홍재욱 경기 의정부			

내신
플래티넘
Platinum
전국 고난도 내신 기출
공통수학 1

구성과 특징

❶ 핵심 개념정리

교과서의 핵심 개념들로만 일목요연하게 정리하였습니다.

❷ Advice

개념 이해에 도움이 되는 개념 부연 설명 및 참고 사항을 제시하였습니다.

❸ +10점 향상을 위한 문제 해결의 Key

고난도 문제 해결의 비법 또는 내신 고득점을 위한 심화 개념을 이해하기 쉽게 정리하였습니다.

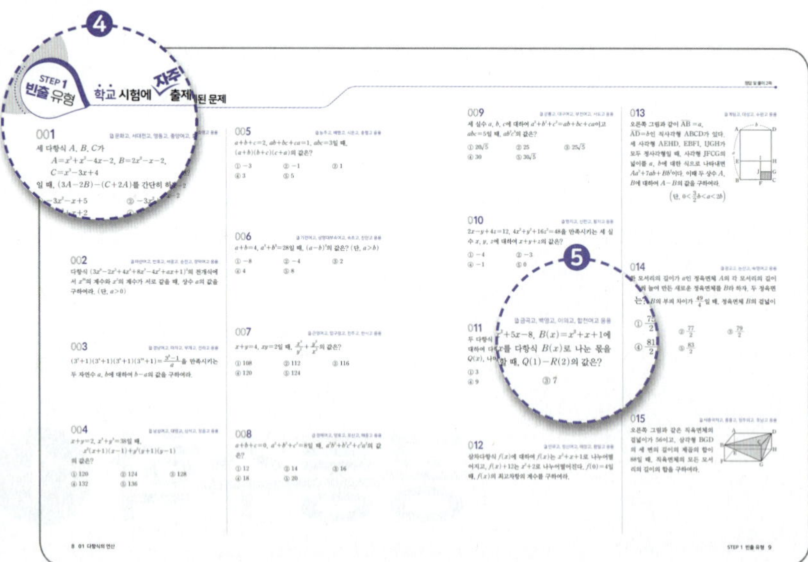

STEP ❶

학교 시험에 자주 출제된 문제

❹ 빈출 유형

전국 기출 문제 중에서 가장 많이 출제된 유형들을 엄선하여 구성하였습니다.

❺ 출제 학교명 표기

해당 학교 학생들의 학습을 돕기 위해 동일 또는 유사 문제를 출제한 학교명을 표기하였습니다.

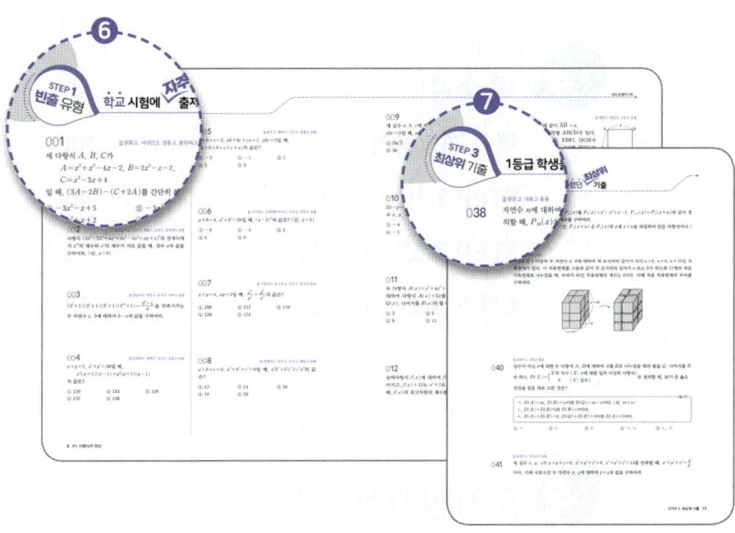

STEP ❷

1등급 학생들을 힘들게 했던 고난도 기출

❻ 고난도 기출

1등급 학생들이 힘들게 해결했던 기출 문제들을
선별하여 구성하였습니다.

❼ 서술형 기출

고난도 문제 중 단답형 주관식 또는 서술형으로
출제된 문제들로 구성하였습니다.

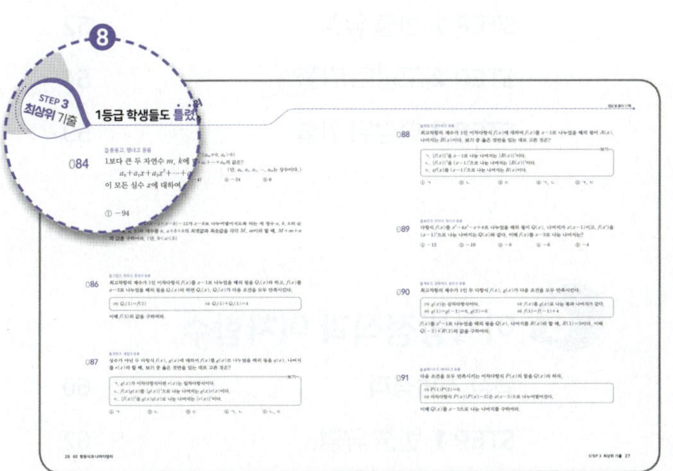

STEP ❸

1등급 학생들도 틀렸던 최상위 기출

❽ 최상위 기출

각 학교마다 변별력을 두기 위해 출제된 문제 중
1등급 학생 대부분이 틀렸던 최상위 기출 문제들로
구성하였습니다.

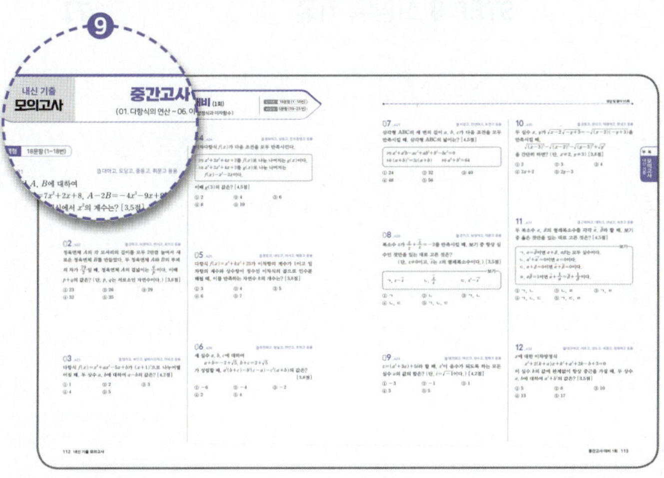

내신 기출 모의고사 (중간/기말)

❾ 내신 기출 모의고사 (중간 2회/기말 2회)

학교 시험 난이도보다 조금 높은 수준으로
실제 기출 문제를 이용하여 중간, 기말고사 대비
모의고사를 구성하였습니다.

차 례

다항식의 연산

1 다항식의 덧셈과 뺄셈

다항식의 덧셈과 뺄셈을 할 때에는 다음 순서대로 한다.
① 괄호가 있으면 괄호를 푼다.
② 각 항을 동류항끼리 모아서 간단히 한다.
③ 한 문자에 대하여 내림차순으로 정리한다.

2 다항식의 연산법칙

세 다항식 A, B, C에 대하여
(1) 교환법칙: $A+B=B+A$, $AB=BA$
(2) 결합법칙: $(A+B)+C=A+(B+C)$, $(AB)C=A(BC)$
(3) 분배법칙: $A(B+C)=AB+AC$, $(A+B)C=AC+BC$

참고 다항식의 덧셈에서 결합법칙이 성립하므로 $(A+B)+C$, $A+(B+C)$를 괄호를 생략하여
$A+B+C$와 같이 나타낼 수 있다.

3 곱셈 공식

(1) $(x+a)(x+b)(x+c)=x^3+(a+b+c)x^2+(ab+bc+ca)x+abc$
   $(x-a)(x-b)(x-c)=x^3-(a+b+c)x^2+(ab+bc+ca)x-abc$
(2) $(a+b+c)^2=a^2+b^2+c^2+2ab+2bc+2ca$
(3) $(a+b)^3=a^3+3a^2b+3ab^2+b^3$, $(a-b)^3=a^3-3a^2b+3ab^2-b^3$
(4) $(a+b)(a^2-ab+b^2)=a^3+b^3$, $(a-b)(a^2+ab+b^2)=a^3-b^3$
(5) $(a^2+ab+b^2)(a^2-ab+b^2)=a^4+a^2b^2+b^4$
(6) $(a+b+c)(a^2+b^2+c^2-ab-bc-ca)=a^3+b^3+c^3-3abc$

4 곱셈 공식의 변형

(1) $a^2+b^2=(a+b)^2-2ab=(a-b)^2+2ab$
(2) $a^2+b^2+c^2=(a+b+c)^2-2(ab+bc+ca)$
(3) $a^2+b^2+c^2+ab+bc+ca=\dfrac{1}{2}\{(a+b)^2+(b+c)^2+(c+a)^2\}$

   $a^2+b^2+c^2-ab-bc-ca=\dfrac{1}{2}\{(a-b)^2+(b-c)^2+(c-a)^2\}$
(4) $a^3+b^3=(a+b)^3-3ab(a+b)$, $a^3-b^3=(a-b)^3+3ab(a-b)$

참고 ① $x^2+\dfrac{1}{x^2}=\left(x+\dfrac{1}{x}\right)^2-2=\left(x-\dfrac{1}{x}\right)^2+2$

   ② $\left(x+\dfrac{1}{x}\right)^2-4=\left(x-\dfrac{1}{x}\right)^2$, $\left(x-\dfrac{1}{x}\right)^2+4=\left(x+\dfrac{1}{x}\right)^2$

   ③ $x^3+\dfrac{1}{x^3}=\left(x+\dfrac{1}{x}\right)^3-3\left(x+\dfrac{1}{x}\right)$, $x^3-\dfrac{1}{x^3}=\left(x-\dfrac{1}{x}\right)^3+3\left(x-\dfrac{1}{x}\right)$

5 다항식의 나눗셈

다항식 A를 다항식 B로 나누었을 때의 몫을 Q, 나머지를 R이라 하면

$$A=BQ+R \ (단, \ (R의\ 차수)<(B의\ 차수))$$

특히 $R=0$이면 $A=BQ$이고, A는 B로 나누어떨어진다고 한다.

▶ 다항식의 나눗셈에서 나머지의 차수는 나누는 식의 차수보다 항상 작아야 한다.

+10점 향상을 위한 문제 해결의 *Key*

Key 1 제곱의 합의 실수배와 합의 제곱이 같을 조건

n이 자연수이고 $a_1,\ a_2,\ a_3,\ \cdots,\ a_n$이 실수일 때,

$$n(a_1^{\,2}+a_2^{\,2}+a_3^{\,2}+\cdots+a_n^{\,2})=(a_1+a_2+a_3+\cdots+a_n)^2$$

이 성립하기 위한 조건은 $a_1=a_2=a_3=\cdots=a_n$이다.

예 ① $2(a^2+b^2)=(a+b)^2$이 성립하기 위한 조건 $\Rightarrow a=b$

② $3(a^2+b^2+c^2)=(a+b+c)^2$이 성립하기 위한 조건 $\Rightarrow a=b=c$

③ $4(a^2+b^2+c^2+d^2)=(a+b+c+d)^2$이 성립하기 위한 조건 $\Rightarrow a=b=c=d$

참고 ② $a,\ b,\ c$가 실수일 때, $3(a^2+b^2+c^2)=(a+b+c)^2$이 성립할 조건을 구하면 다음과 같다.

$3(a^2+b^2+c^2)=(a+b+c)^2$에서 $3(a^2+b^2+c^2)-(a+b+c)^2=0$이므로

$3a^2+3b^2+3c^2-(a^2+b^2+c^2+2ab+2bc+2ca)=0$

$2a^2+2b^2+2c^2-2ab-2bc-2ca=0$

$\therefore (a-b)^2+(b-c)^2+(c-a)^2=0$

이때 $a,\ b,\ c$가 실수이므로 $a=b=c$이다.

≫ 9쪽 009번, 010번

Key 2 곱셈 공식의 변형을 이용한 $x^4+y^4,\ x^5+y^5,\ x^6+y^6,\ \cdots$의 값

$x+y,\ x^2+y^2$의 값이 주어지면 곱셈 공식의 변형을 이용하여 xy의 값을 구한 후, 주어진 식을 변형하여 식의 값을 구한다.

① $x^3+y^3=(x+y)^3-3xy(x+y)$

② $x^4+y^4=(x^2+y^2)^2-2x^2y^2=(x+y)^4-4xy(x+y)^2+2x^2y^2$

③ $x^5+y^5=(x^2+y^2)(x^3+y^3)-x^2y^3-y^2x^3=(x^2+y^2)(x^3+y^3)-x^2y^2(x+y)$

④ $x^6+y^6=(x^2+y^2)^3-3x^2y^2(x^2+y^2)=(x^3+y^3)^2-2x^3y^3$

같은 방법으로 하면 $x^4+\dfrac{1}{x^4},\ x^5+\dfrac{1}{x^5},\ x^6+\dfrac{1}{x^6},\ \cdots$의 값도 구할 수 있다.

참고 $x^5-y^5=(x^2+y^2)(x^3-y^3)+x^2y^3-x^3y^2=(x^2+y^2)(x^3-y^3)-x^2y^2(x-y)$ 또는

$x^5-y^5=(x^2-y^2)(x^3+y^3)-x^2y^3+x^3y^2=(x^2-y^2)(x^3+y^3)+x^2y^2(x-y)$를 이용하여 구한다.

≫ 10쪽 020번 / 11쪽 021번

001
문화고, 서대전고, 영동고, 중앙여고, 효명고 응용

세 다항식 A, B, C가
$$A=x^3+x^2-4x-2, \quad B=2x^2-x-2,$$
$$C=x^3-3x+4$$
일 때, $(3A-2B)-(C+2A)$를 간단히 하면?

① $-3x^2-x+5$　　　② $-3x^2+x-2$
③ $-3x^2+x+2$　　　④ $3x^2-x-2$
⑤ $3x^2+3x-1$

002
마산여고, 반포고, 세광고, 순천고, 창덕여고 응용

다항식 $(3x^6-2x^5+4x^4+8x^3-4x^2+ax+1)^2$의 전개식에서 x^{10}의 계수와 x^2의 계수가 서로 같을 때, 상수 a의 값을 구하여라. (단, $a>0$)

003
경남여고, 마차고, 부개고, 전라고 응용

$(3^2+1)(3^4+1)(3^8+1)(3^{16}+1)=\dfrac{3^b-1}{a}$을 만족시키는 두 자연수 a, b에 대하여 $b-a$의 값을 구하여라.

004
남성여고, 대영고, 심석고, 정읍고 응용

$x+y=2$, $x^3+y^3=38$일 때,
$$x^2(x+1)(x-1)+y^2(y+1)(y-1)$$
의 값은?

① 120　　　② 124　　　③ 128
④ 132　　　⑤ 136

005
능주고, 배명고, 시온고, 충렬고 응용

$a+b+c=2$, $ab+bc+ca=1$, $abc=3$일 때, $(a+b)(b+c)(c+a)$의 값은?

① -3　　　② -1　　　③ 1
④ 3　　　⑤ 5

006
기전여고, 상명대부속여고, 속초고, 천안고 응용

$a+b=4$, $a^3+b^3=28$일 때, $(a-b)^3$의 값은? (단, $a>b$)

① -8　　　② -4　　　③ 2
④ 4　　　⑤ 8

007
근영여고, 압구정고, 진주고, 한서고 응용

$x+y=4$, $xy=2$일 때, $\dfrac{x^3}{y^2}+\dfrac{y^3}{x^2}$의 값은?

① 108　　　② 112　　　③ 116
④ 120　　　⑤ 124

008
경해여고, 망포고, 포산고, 해동고 응용

$a+b+c=0$, $a^2+b^2+c^2=8$일 때, $a^2b^2+b^2c^2+c^2a^2$의 값은?

① 12　　　② 14　　　③ 16
④ 18　　　⑤ 20

009

강릉고, 대구여고, 부천여고, 서도고 응용

세 실수 a, b, c에 대하여 $a^2+b^2+c^2=ab+bc+ca$이고 $abc=5$일 때, ab^2c^3의 값은?

① $20\sqrt{5}$ ② 25 ③ $25\sqrt{5}$

④ 30 ⑤ $30\sqrt{5}$

010

명지고, 신한고, 황지고 응용

$2x-y+4z=12$, $4x^2+y^2+16z^2=48$을 만족시키는 세 실수 x, y, z에 대하여 $x+y+z$의 값은?

① -4 ② -3 ③ -2

④ -1 ⑤ 0

011

금곡고, 백영고, 이의고, 합천여고 응용

두 다항식 $A(x)=x^3+4x^2+5x-8$, $B(x)=x^2+x+1$에 대하여 다항식 $A(x)+2x$를 다항식 $B(x)$로 나눈 몫을 $Q(x)$, 나머지를 $R(x)$라 할 때, $Q(1)-R(2)$의 값은?

① 3 ② 5 ③ 7

④ 9 ⑤ 11

012

연무고, 정신여고, 태장고, 환일고 응용

삼차다항식 $f(x)$에 대하여 $f(x)$는 x^2+x+1로 나누어떨어지고, $f(x)+12$는 x^2+2로 나누어떨어진다. $f(0)=4$일 때, $f(x)$의 최고차항의 계수를 구하여라.

013

계림고, 대성고, 수완고 응용

오른쪽 그림과 같이 $\overline{AB}=a$, $\overline{AD}=b$인 직사각형 ABCD가 있다. 세 사각형 AEHD, EBFI, IJGH가 모두 정사각형일 때, 사각형 JFCG의 넓이를 a, b에 대한 식으로 나타내면 $Aa^2+7ab+Bb^2$이다. 이때 두 상수 A, B에 대하여 $A-B$의 값을 구하여라.

$$\left(\text{단,}\ 0<\frac{3}{2}b<a<2b\right)$$

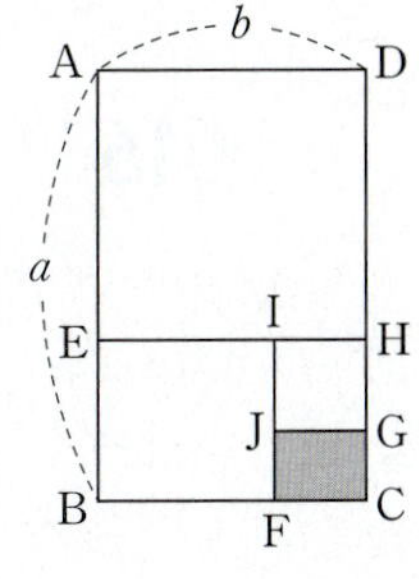

014

광교고, 논산고, 숙명여고 응용

한 모서리의 길이가 a인 정육면체 A의 각 모서리의 길이를 1씩 늘여 만든 새로운 정육면체를 B라 하자. 두 정육면체 A와 B의 부피 차이가 $\dfrac{49}{4}$일 때, 정육면체 B의 겉넓이는?

① $\dfrac{75}{2}$ ② $\dfrac{77}{2}$ ③ $\dfrac{79}{2}$

④ $\dfrac{81}{2}$ ⑤ $\dfrac{83}{2}$

015

세종국제고, 중흥고, 청주외고, 호남고 응용

오른쪽 그림과 같은 직육면체의 겉넓이가 56이고, 삼각형 BGD의 세 변의 길이의 제곱의 합이 88일 때, 직육면체의 모든 모서리의 길이의 합을 구하여라.

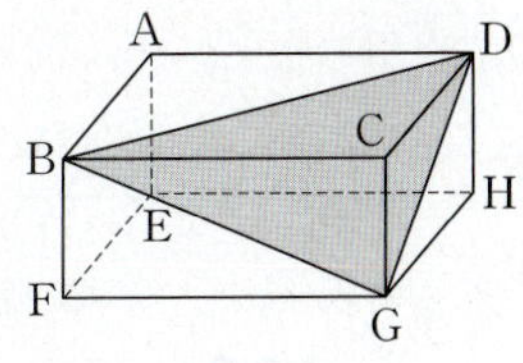

016 강화고, 거제고, 장성고, 해룡고 응용

두 다항식 X, Y에 대하여 $X \odot Y = 2X + Y$, $X \odot Y = X - 2Y$로 정의하자. 두 다항식
$A = 2x^2 + 4x - 3$, $B = -3x^2 + x + 1$에 대하여 $A \odot (B \odot A)$를 간단히 하면?

① $2x^2 - x + 4$ ② $2x^2 - 6x - 3$ ③ $2x^2 - 6x + 3$

④ $10x^2 - 8x - 1$ ⑤ $10x^2 + 8x + 1$

017 무학여고, 수지고, 정읍고 응용

오른쪽과 같이 수의 곱셈에서 일정한 규칙이 나오는 계
산이 있다. 오른쪽 규칙을 이용하여 다항식
$$(x^6 + x^5 + x^4 + x^3 + x^2 + x + 1)^2$$
을 전개한 식에서 x^8의 계수를 a, x^3의 계수를 b라 할 때,
$a + b$의 값을 구하여라.

$$1 \times 1 = 1$$
$$11 \times 11 = 121$$
$$111 \times 111 = 12321$$
$$1111 \times 1111 = 1234321$$

018 금당고, 대아고, 도당고, 중동고, 휘문고 응용

두 다항식 A, B에 대하여 $A + B = 3x^2 + 2x + 1$, $A - B = 5x^2 - 8x + 3$일 때, 다항식 AB의 전
개식에서 x^2의 계수는?

① -21 ② -19 ③ -17 ④ -15 ⑤ -13

019 남원고, 덕원고, 복성고, 선사고 응용

두 다항식 $A = x^4 - 8x^2 + 5x + 2$, $B = -3x^3 - 4x + 3$에 대하여 $x - \dfrac{1}{x} = -1$일 때, $A + B$의 값
을 구하여라.

020 매탄고, 무학여고, 서천고, 혜화여고 응용

$x - \dfrac{1}{x} = 2$일 때, $x^5 - \dfrac{1}{x^5}$의 값은?

① 58 ② 64 ③ 70 ④ 76 ⑤ 82

021

정화여고, 청명고, 한영고 응용

$x+y=-1$, $x^2+y^2=3$일 때, x^7+y^7의 값은?

① -31　　② -29　　③ -27　　④ -25　　⑤ -23

022

대원외고, 제일여고, 신남고 응용

$x^4-7x^2+1=0$일 때, $x^4-2x^3+3x+\dfrac{3}{x}-\dfrac{2}{x^3}+\dfrac{1}{x^4}$의 값은? (단, $x>0$)

① 16　　② 18　　③ 20　　④ 22　　⑤ 24

023

백양고, 성심여고, 영등포여고 응용

$a=\sqrt{6}$일 때, $\{(a+2)^3-(a-2)^3\}^2-\{(a+2)^3+(a-2)^3\}^2$의 값은?

① -32　　② -28　　③ -24　　④ -20　　⑤ -16

024

경원고, 삼산고, 세일고 응용

$a+b+c=2$, $a^2+b^2+c^2=14$, $abc=-6$일 때, $(a+2b+2c)(2a+b+2c)(2a+2b+c)$의 값은?

① 18　　② 20　　③ 22　　④ 24　　⑤ 26

025

문영여고, 부천고, 송도고 응용

0이 아닌 세 실수 a, b, c는 $\dfrac{1}{a}+\dfrac{1}{b}+\dfrac{1}{c}=2$, $abc=9$, $(a+b)(b+c)(c+a)=135$를 만족할 때, $a+b+c$의 값을 구하여라.

026

모든 실수 x에 대하여 등식 $(x-a)(x-b)(x+c)=(x+a)(x+b)(x-c)$가 항상 성립할 때, 보기 중 옳은 것만을 있는 대로 고른 것은? (단, a, b, c는 실수이다.)

> **보기**
> ㄱ. a, b, c 중 적어도 하나는 0이다.　　　　ㄴ. $b=0$이면 $a=c$이다.
> ㄷ. a, b, c가 연속한 세 정수이면 $a+b+c=0$이다.

① ㄱ　　　　② ㄱ, ㄴ　　　　③ ㄱ, ㄷ　　　　④ ㄴ, ㄷ　　　　⑤ ㄱ, ㄴ, ㄷ

027

오른쪽 그림과 같이 $\overline{DG}=x$, $\overline{GF}=y$인 직사각형 DEFG가 정삼각형 ABC에 내접하고 있다. 정삼각형 ABC의 넓이가 $ax^2+bxy+cy^2$일 때, $4ac+b$의 값을 구하여라. (단, a, b, c는 상수이다.)

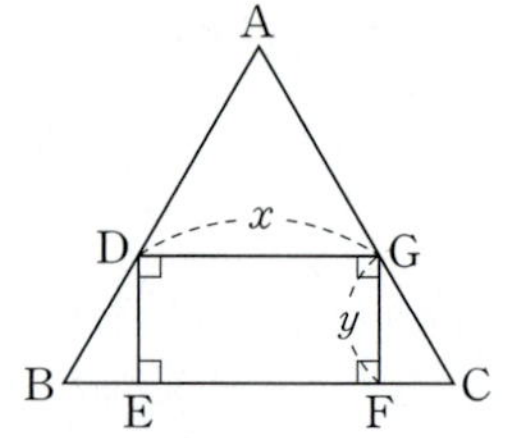

028

오른쪽 그림은 한 모서리의 길이가 $x+3$인 정육면체의 각 면의 한가운데에 가로의 길이와 세로의 길이가 모두 x이고, 높이가 $x+3$인 직육면체 모양으로 구멍을 뚫은 것이다. 이 입체도형의 부피가 $ax+b$일 때, 두 상수 a, b에 대하여 $a+b$의 값을 구하여라. (단, 직육면체 모양의 구멍의 각 모서리는 정육면체의 모서리와 평행하다.)

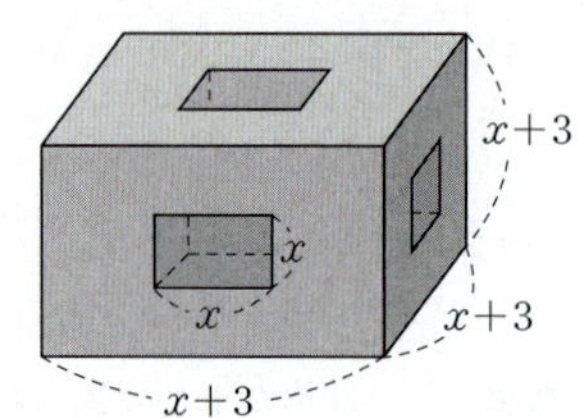

029

오른쪽 그림과 같이 반지름의 길이가 같은 3개의 작은 원이 서로 외접하면서 큰 원에 내접하고 있다. 작은 원의 반지름의 길이를 r, 큰 원의 반지름의 길이를 R이라 하면 $\dfrac{r}{R}=a$이다. a^2+6a의 값은?

(단, a는 상수이다.)

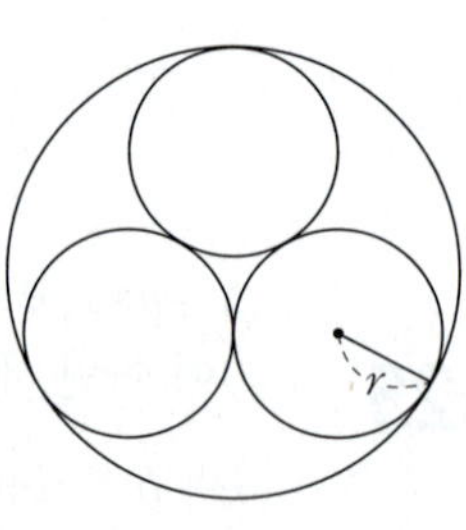

① 2　　　　② $\dfrac{5}{2}$　　　　③ 3

④ $\dfrac{7}{2}$　　　　⑤ 4

030

📄 심인고, 제일고, 한진고 응용

오른쪽 그림과 같이 서로 외접하는 작은 두 구가 반지름의 길이가 10인 큰 구에 내접하고 있다. 작은 두 구의 겉넓이의 합이 240π일 때, 내접하는 큰 구와 작은 구의 부피의 차는?

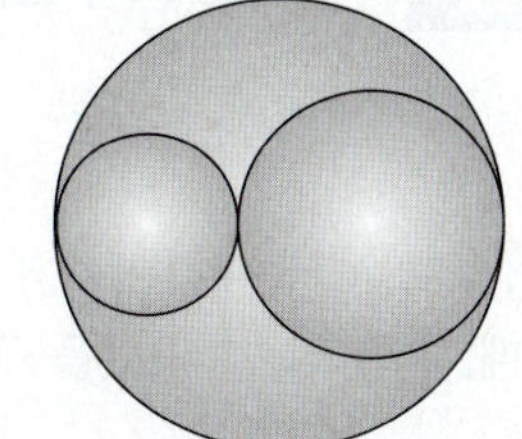

① $\dfrac{631}{3}\sqrt{5}\,\pi$　　② $\dfrac{634}{3}\sqrt{5}\,\pi$　　③ $\dfrac{637}{3}\sqrt{5}\,\pi$

④ $\dfrac{640}{3}\sqrt{5}\,\pi$　　⑤ $\dfrac{643}{3}\sqrt{5}\,\pi$

031

📄 대구고, 배제고, 법성고, 원화여고 응용

오른쪽 그림과 같이 $\overline{AB}=2$, $\overline{BC}=4$인 직사각형 ABCD와 선분 BC를 지름으로 하는 반원이 있다. 반원 위의 한 점 P에서 선분 AB에 내린 수선의 발을 Q, 선분 AD에 내린 수선의 발을 R이라 할 때, 직사각형 AQPR의 둘레의 길이는 8이다. 직사각형 AQPR의 대각선의 길이는?

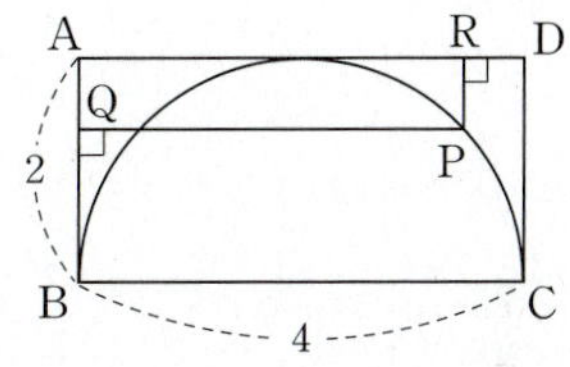

① $\sqrt{6}$　　② $2\sqrt{2}$　　③ $\sqrt{10}$
④ $2\sqrt{3}$　　⑤ $\sqrt{14}$

032

📄 경주여고, 사상고 응용

세 실수 x, y, z가 다음 조건을 모두 만족시킨다.

> ㈎ x, y, $2z$ 중 적어도 하나는 1이다.　　㈏ $x+y+2z=xy+2yz+2zx$

이때 xyz의 값은?

① $\dfrac{1}{4}$　　② $\dfrac{1}{2}$　　③ 1　　④ 2　　⑤ 4

033

📄 문정고, 신현고 응용

직각삼각형 ABC의 세 변의 길이가 a, $a+b+1$, $a+b+2$이고, $a+b+2$는 어떤 자연수의 제곱인 수이다. a, b가 20 이하의 자연수라 할 때, $b-a$의 값은?

① 5　　② 6　　③ 7　　④ 8　　⑤ 9

034

이대부고, 창녕고, 한빛고 응용

네 실수 a, b, c, d에 대하여 $a^2+b^2=10$, $c^2-d^2=-7$, $ab=5$일 때, $b^2d^2-a^2c^2$의 값을 구하여라.

035

미추홀외고, 성도고, 신서고 응용

오른쪽 그림과 같이 반지름의 길이가 10인 사분원의 호 AB 위의 한 점 P에서 $\overline{\mathrm{OA}}$, $\overline{\mathrm{OB}}$에 내린 수선의 발을 각각 Q, R이라 하자. 사각형 PQOR의 넓이가 22일 때, $\overline{\mathrm{AQ}}+\overline{\mathrm{QR}}+\overline{\mathrm{RB}}$의 값을 구하여라.

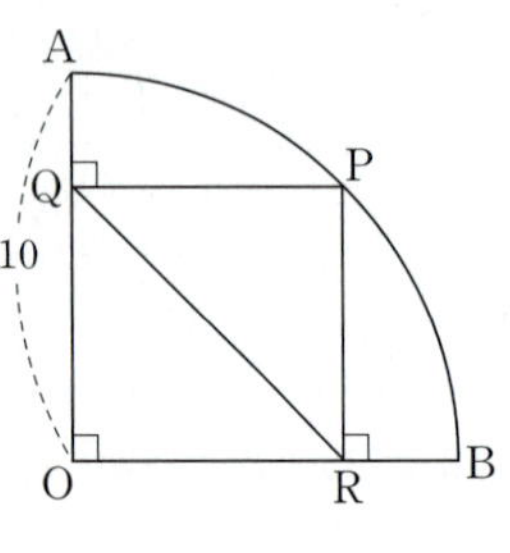

036

인창고, 청원고 응용

분수 $\dfrac{N^2+4}{N+3}$가 기약분수가 아닐 때, 조건을 만족하는 100 이하의 자연수 N의 개수를 구하여라.

037

고려고, 숭일고 응용

넓이가 150인 삼각형 ABC의 세 변의 길이 a, b, c에 대하여 $a^2=10b^2$이 성립하고,
$$(a+b-c)^2+a^2+b^2+c^2+2bc$$
$$=(a-b+c)^2+(-a+b+c)^2$$
을 만족시킨다. 이때 $b+c$의 값을 구하여라.

Key ❶ 나머지정리의 확장

x에 대한 다항식 $f(x)$를 $x+\dfrac{b}{a}$로 나누었을 때의 몫을 $Q(x)$, 나머지를 R이라 하면 다항식 $f(x)$를 $ax+b$로

나누었을 때의 몫과 나머지는 각각 $\dfrac{1}{a}Q(x)$, R이다.

> **참고** 다항식 $f(x)$를 $x+\dfrac{b}{a}$로 나누었을 때의 몫이 $Q(x)$, 나머지가 R이므로
>
> $$f(x)=\left(x+\frac{b}{a}\right)Q(x)+R=a\left(x+\frac{b}{a}\right)\cdot\frac{1}{a}Q(x)+R=(ax+b)\cdot\frac{1}{a}Q(x)+R$$

» 18쪽 046번

Key ❷ 삼차식으로 나눈 나머지

다항식 $f(x)$를 $x-\alpha$로 나눈 나머지가 r이고 $(x-\beta)^2$으로 나눈 나머지가 $px+q$일 때, 다항식 $f(x)$를
$(x-\alpha)(x-\beta)^2$으로 나눈 나머지는 나머지를 $a(x-\beta)^2+px+q$로 놓고 $f(\alpha)=r$을 이용하여 구한다.

> **참고** 다항식 $f(x)$를 $(x-\alpha)(x-\beta)^2$으로 나누었을 때의 몫을 $Q(x)$라 하면 나누는 식이 삼차식이므로 나머지는 이차 이하의 식이 되어야 한
> 다. 즉, 나머지를 ax^2+bx+c $(a, b, c$는 상수$)$로 놓으면
>
> $$f(x)=(x-\alpha)(x-\beta)^2Q(x)+ax^2+bx+c \qquad \cdots\cdots\ \text{㉠}$$
>
> 이때 다항식 $f(x)$를 $(x-\beta)^2$으로 나눈 나머지가 $px+q$이므로 ㉠에서 $(x-\alpha)(x-\beta)^2Q(x)$는 $(x-\beta)^2$으로 나누어떨어지고
> ax^2+bx+c를 $(x-\beta)^2$으로 나눈 나머지가 $px+q$가 되어야 한다.
> 즉, $ax^2+bx+c=a(x-\beta)^2+px+q$이므로 ㉠에 대입하면
>
> $$f(x)=(x-\alpha)(x-\beta)^2Q(x)+a(x-\beta)^2+px+q$$
>
> 이고, $f(\alpha)=r$를 이용하여 상수 a의 값을 구하면 나머지를 구할 수 있다.

» 19쪽 055번 / 24쪽 079번

Key ❸ 수의 나눗셈

자연수 n에 대하여 a^n을 b로 나눈 나머지는 a 또는 b를 x, $a-b=k$ $(a, b, k$는 상수$)$로 놓고 아래의 2가지 방
법으로 나머지를 구할 수 있다. 이때 나머지는 음수가 아님에 주의한다.

[방법1] $a=x$로 놓으면 $b=x-k$이므로 a^n을 b로 나눈 나머지는 x^n을 $x-k$로 나눈 나머지와 같다. 따라서 나머
지정리에 의하여 x 대신 k를 대입하면 나머지는 k^n이다. 이때 $k^n>0$이면 k^n이 나머지이고, $k^n<0$이면
나머지는 음수가 될 수 없으므로 나머지는 $b+k^n$이다.

[방법2] $b=x$로 놓으면 $a=x+k$이므로 a^n을 b로 나눈 나머지는 $(x+k)^n$을 x로 나눈 나머지와 같다. 따라서
나머지정리에 의하여 x 대신 0을 대입하면 나머지는 k^n이다. 같은 방법으로 $k^n>0$이면 k^n이 나머지이
고, $k^n<0$이면 나머지는 $b+k^n$이다.

» 19쪽 053번 / 23쪽 073번

Key ❹ 연조립제법

삼차다항식 $f(x)$가 모든 실수 x에 대하여 $f(x)=a(x-\alpha)^3+b(x-\alpha)^2+c(x-\alpha)+d$ $(a, b, c, d$는 상수$)$로
나타내어질 때, 다항식 $f(x)$를 $x-\alpha$로 조립제법을 반복하면 미정계수 a, b, c, d의 값을 정할 수 있다.

> **참고** $N=a(x-\alpha)^3+b(x-\alpha)^2+c(x-\alpha)+d$라 하면
>
> ① $N=(x-\alpha)\underbrace{\{a(x-\alpha)^2+b(x-\alpha)+c\}}_{P}+d$ ⟵ d는 N을 $x-\alpha$로 나눈 나머지
>
> ② $P=(x-\alpha)\underbrace{\{a(x-\alpha)+b\}}_{Q}+c$ ⟵ c는 P를 $x-\alpha$로 나눈 나머지
>
> ③ $Q=a(x-\alpha)+b$ ⟵ b는 Q를 $x-\alpha$로 나눈 나머지, a는 몫

» 19쪽 056번 / 23쪽 074번, 075번

042
순창고, 시흥고, 옥천고, 자양고 응용

$x+y=3$을 만족시키는 모든 실수 x, y에 대하여 등식 $3x^2-2y^2+xy-ax+by+9=0$이 항상 성립한다. 두 상수 a, b에 대하여 $a-b$의 값은?

① 7 ② 9 ③ 11
④ 13 ⑤ 15

043
금호중앙여고, 대광고, 매산고, 문화고 응용

삼차식 $f(x)$가 다음 조건을 모두 만족시킨다.

> (가) $f(0)=2$ (나) $f(x+1)=f(x)+2x^2$

$f(x)$를 x^2-5x+6으로 나눈 나머지를 $R(x)$라 할 때, $R(5)$의 값을 구하여라.

044
구현고, 남문고, 마산여고, 부광여고 응용

다항식 $f(x)$를 $x^2-8x+12$로 나눈 나머지가 $2x+1$이다. 다항식 $(x^2+1)f(x+3)$을 x^2-2x-3으로 나눈 나머지를 $R(x)$라 할 때, $R(-1)$의 값을 구하여라.

045
대부고, 독산고, 하동여고 응용

다항식 $f(x)$를 $(x-a)(x-b)$로 나눈 나머지가 $2x-1$이고, $(x-b)(x-c)$로 나눈 나머지는 $x-1$이다. 또 다항식 $f(x)$를 $(x-c)(x-a)$로 나눈 나머지가 $3x+3$일 때, 세 상수 a, b, c에 대하여 $a+b+c$의 값을 구하여라.

046
오금고, 음성고, 장훈고, 하남고 응용

다항식 $f(x)$를 $3x-1$로 나누었을 때의 몫과 나머지를 각각 $Q(x)$, R이라 할 때, 다항식 $xf(x)$를 $x-\dfrac{1}{3}$로 나누었을 때의 몫과 나머지를 차례로 구한 것은?

① $\dfrac{1}{3}xQ(x)$, R ② $\dfrac{1}{3}Q(x)+R$, $\dfrac{R}{3}$

③ $3xQ(x)$, R ④ $3xQ(x)+R$, $\dfrac{R}{3}$

⑤ $3xQ(x)+R$, R

047
대화고, 마포고, 송악고 응용

다항식 $f(x)=x^3+ax^2+bx+c$에 대하여 $f(x)+3$, $xf(x)+3$이 모두 일차식 $x-k$로 나누어떨어진다. 세 상수 a, b, c에 대하여 $a+b+c$의 값은? (단, k는 상수이다.)

① -4 ② -3 ③ -2
④ -1 ⑤ 0

048
덕문고, 문성고, 서대전고 응용

삼차다항식 $P(x)$에 대하여 $P(x)+4$는 $(x-2)^2$으로 나누어떨어지고, $5-P(x)$는 x^2-1로 나누어떨어질 때, $P(3)$의 값을 구하여라.

049
수지고, 숙명여고, 오현고 응용

다항식 x^3+x^2+2를 $x-2$로 나누었을 때의 몫과 나머지를 각각 $Q(x)$, R_1이라 하고, $Q(x)$를 $x+1$로 나눈 나머지를 R_2라 할 때, R_1-3R_2의 값을 구하여라.

050
건국사대부고, 다산고, 동백고, 명지고 응용

다항식 $f(x)=x^3+ax^2-5x+b$가 $(x-1)^2$으로 나누어떨어질 때, 두 상수 a, b에 대하여 $b-a$의 값을 구하여라.

051
금옥여고, 대건고, 동방고 응용

x에 대한 삼차다항식 $f(x)$에 대하여 $f(x)$는 x^2-x+2로 나누어떨어지고, $f(x)+28$은 x^2+5로 나누어떨어진다. $f(0)=12$일 때, $f(1)$의 값을 구하여라.

052
원화여고, 인창고, 중앙여고, 팔마고 응용

$f(x)=x^n(x^2+ax+b)$를 $(x-2)^2$으로 나누었을 때의 나머지는 $2^n(x-2)$이다. 이때 두 상수 a, b에 대하여 ab의 값은?

① -10 ② -6 ③ -2
④ 2 ⑤ 6

053
남지고, 잠실여고, 충남여고 응용

5^{197}을 124로 나눈 나머지는?

① 10 ② 15 ③ 20
④ 25 ⑤ 30

054
금곡고, 배재고, 세광고, 울산제일고 응용

x^3의 계수가 1인 삼차다항식 $f(x)$에 대하여 $f(x)$를 $x-1$로 나누면 나머지가 2, $x-2$로 나누면 나머지가 5, $x-3$으로 나누면 나머지가 8이다. $f(x)$를 $x-5$로 나누었을 때의 나머지는?

① 30 ② 32 ③ 34
④ 36 ⑤ 38

055
대아고, 대전용산고, 미추홀외고, 충렬고 응용

다항식 $f(x)$를 $(x-2)^2$으로 나눈 나머지가 $4x-3$이고 $x+1$로 나눈 나머지는 11이다. 다항식 $f(x)$를 $(x-2)^2(x+1)$로 나눈 나머지를 $R(x)$라 할 때, $R(1)$의 값은?

① 1 ② 3 ③ 5
④ 7 ⑤ 9

056
권선고, 양천고, 학성고, 효명고 응용

모든 실수 x에 대하여 등식
$$2x^{10}+1=a_{10}(x-1)^{10}+a_9(x-1)^9+a_8(x-1)^8+\cdots+a_1(x-1)+a_0$$
이 성립할 때, $a_2+a_4+a_6+a_8$의 값은?
$$(단, a_0, a_1, a_2, \cdots, a_{10}은 상수이다.)$$

① $2^{10}-4$ ② $2^{10}-1$ ③ $2^{10}+1$
④ $2^{11}-4$ ⑤ $2^{11}-2$

057 계남고, 낙생고, 부산중앙여고 응용

다항식 $f(x)$가 임의의 실수 x, y에 대하여 $f(x)f(y)=f(x+y)+f(x-y)$, $f(1)=3$을 만족시킬 때, $f(0)+f(2)$의 값은?

① 9   ② 10   ③ 11   ④ 12   ⑤ 13

058 창덕여고, 포항고, 한밭고 응용

다항식 $f(x)=x^3+ax^2+bx+c$는 0이 아닌 모든 실수 x에 대하여
$$f\left(x-1+\frac{1}{x}\right)=x^3+\frac{1}{x^3}-\left(x^2+\frac{1}{x^2}\right)+3$$
을 만족할 때, $f(2)$의 값을 구하여라.

059 내성고, 동아여고, 숭덕고, 함월고 응용

다항식 $x^{10}+px^2+q$를 다항식 $f(x)$로 나누면 몫이 $(x+1)(x^2+2)$이고, 나머지가 5이다. 이때 두 상수 p, q에 대하여 $q-p$의 값을 구하여라.

060 고려고, 광남고, 상일여고 응용

삼차다항식 $f(x)$는 $f(-1)=10$이고, 모든 실수 x에 대하여 $f(x)+f(-x+2)=4$를 만족한다. $f(x)$를 $x-1$로 나눈 나머지를 a, x^2-2x-3으로 나눈 나머지를 $bx+c$라 할 때, 세 상수 a, b, c에 대하여 $a+b+c$의 값을 구하여라.

061 미림여고, 삼정고, 양재고, 화명고 응용

다항식 $f(x)$를 $x-1$로 나누었을 때의 몫과 나머지를 각각 $Q(x)$, R이라 할 때, $x(x+2)f(x)$를 $x-1$로 나누었을 때의 몫과 나머지를 차례로 구한 것은? (단, R은 상수이다.)

① $x(x+2)Q(x)$, R ② $x(x+2)Q(x)$, $2R$

③ $x(x+2)Q(x)+R(x+3)$, $2R$ ④ $x(x+2)Q(x)+R(x+3)$, $-3R$

⑤ $x(x+2)Q(x)+R(x+3)$, $3R$

선덕여고, 영신고, 효정고 응용

062 이차 이상의 다항식 $f(x)$를 $(x-a)(x-b)$로 나눈 나머지를 $R(x)$라 할 때, $R(a+b)$는?

(단, a, b는 서로 다른 실수이다.)

① $\dfrac{f(a)-f(b)}{a-b}$ ② $\dfrac{f(a)-f(b)}{a+b}$ ③ $\dfrac{f(a)+f(b)}{a+b}$

④ $\dfrac{af(a)-bf(b)}{a-b}$ ⑤ $\dfrac{bf(a)-af(b)}{a-b}$

구암고, 마산중앙고, 신성고 응용

063 x에 대한 다항식 $f(x)$가 $f(0)=1$이고 $f(x)+x^2f\left(\dfrac{1}{x}\right)=6(x^2+x+1)$을 만족시킨다. 자연수 n에 대하여 $f(x)$를 $x-n$으로 나눈 나머지를 R_n이라 할 때, $R_1+R_2+R_3$의 값은?

① 79 ② 82 ③ 85 ④ 88 ⑤ 91

안산동산고, 함안고 응용

064 음이 아닌 정수 n에 대하여 $f_n(x)$를 $f_n(x)=x(x-2)(x-4)\cdots(x-2n)$으로 정의할 때, $\{f_0(x)+f_1(x)+f_2(x)+\cdots+f_{10}(x)\}^2$을 $f_2(x)$로 나눈 나머지는 $R(x)$이다. $R(1)$의 값은?

① -17 ② -15 ③ -13 ④ -11 ⑤ -9

달성고, 한대부고 응용

065 세 삼차다항식 $f(x)$, $g(x)$, $h(x)$에 대하여 $xf(x)=(x+1)g(x)=(x+2)h(x)$가 성립한다. $f(0)=-2$, $g(1)=6$일 때, $h(2)$의 값을 구하여라.

대덕여고, 문정고, 부천북고 응용

066 x^2의 계수가 1인 x에 대한 이차식 $f(x)$가 두 자연수 a, b에 대하여 $f(a)=f(b)=5$, $f(0)=17$을 만족시킬 때, 이차식 $f(x)$를 $x-2$로 나눈 나머지의 최댓값을 구하여라. (단, $a<b$)

067

이차 이상의 다항식 $f(x)$를 $(x-a)(x-b)$로 나눈 나머지를 $R(x)$라 할 때, 보기 중 옳은 것만을 있는 대로 고른 것은? (단, a, b는 서로 다른 실수이다.)

보기

$$\text{ㄱ. } f(a)-R(a)=0 \qquad\qquad \text{ㄴ. } f(a)-R(b)=f(b)-R(a)$$
$$\text{ㄷ. } af(b)-bf(a)=(a-b)R(0)$$

① ㄱ   ② ㄴ   ③ ㄱ, ㄷ   ④ ㄴ, ㄷ   ⑤ ㄱ, ㄴ, ㄷ

068

계수가 실수인 다항식 $f(x)$의 최고차항의 계수가 양수일 때, 다항식 $f(x)$가 모든 실수 x에 대하여 $\{f(x)\}^3=9x^2f(x)-18x^2+9x-1$을 만족시킨다. $\{f(x)\}^3$을 x^2-x로 나눈 나머지를 $R(x)$라 할 때, $R(10)$의 값을 구하여라.

069

민수는 $x-1$로 나누어떨어지는 다항식 $f(x)$를 다항식 $(x+4)(x-3)$으로 나누는 과정에서 $f(x)$의 일차항의 계수를 잘못 보아 몫을 x^2+x, 나머지를 6으로 구했다. 이때 다항식 $f(x)$를 $x+1$로 나눈 나머지는?

① -8 ② -4 ③ -2 ④ 2 ⑤ 6

070

최고차항의 계수가 1인 삼차다항식 $f(x)$가 다음 조건을 모두 만족시킨다.

(가) $f(x)$를 x로 나눈 나머지는 14이다.

(나) $f(x)$를 x^2+2x-3으로 나눈 나머지와 $f(2x-1)$을 x^2-1로 나눈 나머지는 같다.

이때 $f(x-1)$을 $x+1$로 나눈 나머지를 구하여라.

071

상동고, 수주고, 오산고, 진보고 응용

다항식 $(x+1)(x^2+4x+2)$를 이차다항식 $f(x)$로 나눈 나머지를 $g(x)$라 할 때, 다항식 $(x+1)(x^2+4x+2)$를 $g(x)$로 나눈 나머지는 $f(x)-x^2-4x$이다. 이때 $g(2)$의 값은?

① 5   ② 6   ③ 7   ④ 8   ⑤ 9

072

장덕고, 청주여고, 포천고 응용

x에 대한 다항식 $f(x)=x^{102}+x^{101}+x^{100}+ax^2+bx+c$를 $x-1$로 나누었을 때의 나머지는 20이고, x^2+x+1로 나누었을 때의 나머지는 $4x+1$이다. 다항식 $f(x)$를 $x+1$로 나누었을 때의 나머지는? (단, a, b, c는 상수이다.)

① 2   ② 5   ③ 8   ④ 11   ⑤ 14

073

대륜고, 동인고, 주덕고 응용

다항식 $f(x)=x^{1000}+x^{999}+x^{998}+x^2+1$에 대하여 $f(3)$을 26으로 나눈 나머지는?

① 17   ② 19   ③ 21   ④ 23   ⑤ 25

074

대정고, 사천여고, 신평고 응용

함수 $f(x)=x^3+4x^2-3x-1$에 대하여 $f(1.01)$의 값은?

① 1.010708   ② 1.070108   ③ 1.070801   ④ 1.080107   ⑤ 1.080701

075

살레시오여고, 우성고 응용

두 다항식
$$f(x)=2(x-1)^3-3(x-1)^2+4(x-1)+7, \quad g(x)=a(x+1)^3+b(x+1)^2+c(x+1)+d$$
에 대하여 $f(x)=g(x)$일 때, $a-b+c-d$의 값을 구하여라. (단, a, b, c, d는 상수이다.)

076 다항식 x^5-1을 $(x-1)^3$으로 나누었을 때의 몫을 $Q(x)$라 하면

$$x^5-1=(x-1)^3 Q(x)+px^2+qx+r$$

과 같이 나타낼 수 있다. 이때 세 상수 p, q, r에 대하여 $p-q+r$의 값은?

① 30   ② 32   ③ 34   ④ 36   ⑤ 38

077 이차다항식 $f(x)=ax^2+bx+1$에 대하여 $f(x^2)$을 $f(x)$로 나누면 나누어떨어진다. 이때 $a+b$의 최댓값은? (단, $a\neq 0$, b는 상수이다.)

① -1 ② 0   ③ 1   ④ 2   ⑤ 3

078 다항식 $f(x)$를 $(x-1)^3$으로 나눈 나머지는 x^2+x+1이고, $(x-3)^2$으로 나눈 나머지는 $2x-1$이다. 다항식 $f(x)$를 $(x-1)^2(x-3)$으로 나눈 나머지를 $R(x)$라 할 때, $R(2)$의 값은?

① 3   ② 4   ③ 5   ④ 6   ⑤ 7

079 다항식 $f(x)$를 $x-4$로 나눈 나머지가 -3이고, 다항식 $f(x^2)$을 x^2+3으로 나눈 나머지는 $4x+3$이다. 다항식 $f(x^2)$을 $(x-2)(x^2+3)$으로 나눈 나머지를 $R(x)$라 할 때, $R(3)$의 값은?

① -9 ② -6 ③ -3 ④ 0   ⑤ 3

080

📄 문영여고, 보인고, 상문고, 야탑고 응용

임의의 실수 x에 대하여 다항식 $f(x)$가
$$f(x^2+x)=x^2f(x)+2x+3$$
을 만족시킬 때, $f(2)$의 값을 구하여라.

081

📄 성산고, 전남고, 한성고 응용

삼차다항식 $f(x)$를 $2x-1$로 나누었을 때의 몫이 $Q(x)$, 나머지가 10이다. 다항식 $f(x)$를 $2Q(x)+3$으로 나누었을 때의 나머지를 $g(x)$라 할 때, $g\left(\dfrac{5}{2}\right)$의 값을 구하여라.

082

📄 경기고, 숭의여고, 영남고 응용

x에 대한 사차다항식 $2x^4-5x^3+14x^2-28x+9$를
$$a(2x-4)^4+b(2x-4)^3+c(2x-4)^2+d(2x-4)+e$$
로 나타낼 때, $ac+bd+e$의 값을 구하여라.
$$\text{(단, } a, b, c, d, e\text{는 상수이다.)}$$

083

📄 서강고, 중흥고, 진주동명고 응용

삼차다항식 $f(x)$가 다음 조건을 모두 만족시킨다.

> (가) $f(x)$를 $x-1$로 나눈 나머지는 5이다.
> (나) $f(x)$를 $(x-1)^2$으로 나눈 몫과 나머지가 같다.
> (다) $f(x)$를 $(x-1)^3$으로 나눈 나머지를 $R(x)$라 할 때, $R(2)=12$이다.

이때 $f(-1)$의 값을 구하여라.

📄 중동고, 평내고 응용

084 1보다 큰 두 자연수 m, k에 대하여 등식

$$a_0+a_1x+a_2x^2+\cdots+a_{94}x^{94}=(x^m-m)^k \ (a_{94}\neq0, \ a_0>0)$$

이 모든 실수 x에 대하여 성립할 때, $a_1+a_3+a_5+\cdots+a_{93}$의 값은?

(단, a_0, a_1, a_2, $\cdots$, a_{94}는 상수이다.)

① -94 　　　② -71 　　　③ -47 　　　④ -24 　　　⑤ 0

📄 명일여고, 휘문고 응용

085 x에 대한 다항식 $x(x-a)(x-b)-12$가 $x-k$로 나누어떨어지도록 하는 세 정수 a, b, k의 순서쌍 (a, b, k)의 개수를 n, $a+b+k$의 최댓값과 최솟값을 각각 M, m이라 할 때, $M+m+n$의 값을 구하여라. (단, $0<a<b$)

📄 신일고, 영북고, 중경고 응용

086 최고차항의 계수가 1인 이차다항식 $f(x)$를 $x-1$로 나누었을 때의 몫을 $Q_1(x)$라 하고, $f(x)$를 $x-2$로 나누었을 때의 몫을 $Q_2(x)$라 하면 $Q_1(x)$, $Q_2(x)$가 다음 조건을 모두 만족시킨다.

(가) $Q_2(1)=f(2)$ 　　　　　　　　(나) $Q_1(1)+Q_2(1)=4$

이때 $f(3)$의 값을 구하여라.

📄 경원고, 세일고 응용

087 상수가 아닌 두 다항식 $f(x)$, $g(x)$에 대하여 $f(x)$를 $g(x)$로 나누었을 때의 몫을 $q(x)$, 나머지를 $r(x)$라 할 때, 보기 중 옳은 것만을 있는 대로 고른 것은?

> ──보기──
> ㄱ. $g(x)$가 이차다항식이면 $r(x)$는 일차다항식이다.
> ㄴ. $f(x)g(x)$를 $\{g(x)\}^2$으로 나눈 나머지는 $g(x)r(x)$이다.
> ㄷ. $\{f(x)\}^2$을 $g(x)q(x)$로 나눈 나머지는 $\{r(x)\}^2$이다.

① ㄱ 　　　② ㄴ 　　　③ ㄷ 　　　④ ㄱ, ㄴ 　　　⑤ ㄴ, ㄷ

📄 영동고, 진주외고 응용

088 최고차항의 계수가 1인 이차다항식 $f(x)$에 대하여 $f(x)$를 $x-1$로 나누었을 때의 몫이 $A(x)$, 나머지는 $B(x)$이다. 보기 중 옳은 것만을 있는 대로 고른 것은?

---보기---
ㄱ. $\{f(x)\}^2$을 $x-1$로 나눈 나머지는 $\{B(x)\}^2$이다.
ㄴ. $\{f(x)\}^2$을 $(x-1)^2$으로 나눈 나머지는 $\{B(x)\}^2$이다.
ㄷ. $xf(x)$를 $(x-1)^2$으로 나눈 나머지는 $B(x)$이다.

① ㄱ   ② ㄴ   ③ ㄷ   ④ ㄱ, ㄴ   ⑤ ㄱ, ㄷ

📄 능인고, 만년고, 명신고 응용

089 다항식 $f(x)$를 x^3-4x^2-x+4로 나누었을 때의 몫이 $Q(x)$, 나머지가 $x(x-1)$이고, $f(x^2)$을 $(x-1)^2$으로 나눈 나머지는 $Q(x)$와 같다. 이때 $f(x)$를 $x-2$로 나눈 나머지는?

① -12 ② -10 ③ -8 ④ -6 ⑤ -4

📄 개포고, 경북여고, 송탄고 응용

090 최고차항의 계수가 1인 두 다항식 $f(x)$, $g(x)$가 다음 조건을 모두 만족시킨다.

(가) $g(x)$는 삼차다항식이다.　　　　(나) $f(x)$를 $g(x)$로 나눈 몫과 나머지가 같다.
(다) $g(1)=g(-1)=0$, $g(2)=6$　　(라) $f(1)=f(-1)+4$

$f(x)$를 x^2-1로 나누었을 때의 몫을 $Q(x)$, 나머지를 $R(x)$라 할 때, $R(1)=5$이다. 이때 $Q(-2)+R(2)$의 값을 구하여라.

📄 살레시오고, 여의도고 응용

091 다음 조건을 모두 만족시키는 이차다항식 $P(x)$의 합을 $Q(x)$라 하자.

(가) $P(1)P(2)=0$
(나) 사차다항식 $P(x)\{P(x)-3\}$은 $x(x-3)$으로 나누어떨어진다.

이때 $Q(x)$를 $x-3$으로 나눈 나머지를 구하여라.

Advice

1 인수분해 공식 (1)

(1) $ma+mb=m(a+b)$

(2) $a^2+2ab+b^2=(a+b)^2$, $a^2-2ab+b^2=(a-b)^2$

(3) $a^2-b^2=(a+b)(a-b)$

(4) $x^2+(a+b)x+ab=(x+a)(x+b)$

(5) $acx^2+(ad+bc)x+bd=(ax+b)(cx+d)$

▶ 인수분해는 다항식의 전개 과정을 거꾸로 생각한 것이다.

2 인수분해 공식 (2)

(1) $a^2+b^2+c^2+2ab+2bc+2ca=(a+b+c)^2$

(2) $a^3+3a^2b+3ab^2+b^3=(a+b)^3$,
$a^3-3a^2b+3ab^2-b^3=(a-b)^3$

(3) $a^3+b^3=(a+b)(a^2-ab+b^2)$,
$a^3-b^3=(a-b)(a^2+ab+b^2)$

(4) $a^4+a^2b^2+b^4=(a^2+ab+b^2)(a^2-ab+b^2)$

(5) $a^3+b^3+c^3-3abc=(a+b+c)(a^2+b^2+c^2-ab-bc-ca)$

▶ 특별한 언급이 없으면 계수를 유리수 범위까지 인수분해한다.

3 복잡한 식의 인수분해

(1) 치환을 이용한 인수분해

　① 공통부분이 있을 때 ⇨ 공통부분을 X로 치환하여 인수분해

　② 공통부분이 없을 때 ⇨ 공통부분이 생기도록 식을 변형한 후 공통부분을 X로 치환하여 인수분해

(2) 복이차식 x^4+ax^2+b의 인수분해

　$x^2=X$로 치환하여 X^2+aX+b로 나타낸 후 다음과 같이 인수분해한다.

　① X^2+aX+b가 인수분해될 때 ⇨ X^2+aX+b를 인수분해한 후 $X=x^2$을 대입하여 정리

　② X^2+aX+b가 인수분해되지 않을 때 ⇨ x^4+ax^2+b에서 상수항 또는 이차항을 변형하여 A^2-B^2 꼴로 바꾸어 인수분해

　　예 ① $x^4-8x^2+7=x^4-8x^2+16-9=(x^2-4)^2-3^2=(x^2-1)(x^2-7)$
　　　　　　$=(x+1)(x-1)(x^2-7)$

　　　② $x^4-7x^2+9=x^4-6x^2+9-x^2=(x^2-3)^2-x^2=(x^2+x-3)(x^2-x-3)$

(3) 여러 개의 문자를 포함한 다항식의 인수분해

　① 문자의 차수가 모두 다를 때 ⇨ 차수가 가장 낮은 문자에 대하여 내림차순으로 정리한 후 인수분해

　② 문자의 차수가 모두 같을 때 ⇨ 어느 한 문자에 대하여 내림차순으로 정리한 후 인수분해

　참고 여러 개의 문자를 포함한 다항식을 차수가 가장 낮은 문자에 대하여 내림차순으로 정리하면
　　　　① 공통인수로 묶어낼 수 있는 형태　② 상수항이 인수분해되는 형태
　　　로 변형된다.

▶ 상수 a, b에 대하여 x^4+ax^2+b와 같이 짝수 차수의 항으로만 이루어진 다항식을 복이차식이라 한다.

▶ 여러 개의 문자가 포함된 다항식이라 함은 일반적으로 3개 이상의 문자가 포함된 다항식을 말한다.

4 인수정리와 조립제법을 이용한 인수분해

삼차 이상의 다항식 $f(x)$는 인수정리와 조립제법을 이용하여 다음과 같은 순서로 인수분해한다.

① 인수정리에 의하여 $f(\alpha)=0$인 상수 α를 구한다.

② 조립제법을 이용하여 $f(x)$를 $x-\alpha$로 나누었을 때의 몫 $Q(x)$를 구한다.

③ $f(x)=(x-\alpha)Q(x)$ 꼴로 나타낸다.

이때 인수분해 공식을 이용하거나 ①, ② 과정을 반복하여 $Q(x)$가 더 이상 인수분해되지 않을 때까지 인수분해한다.

> **참고** 다항식 $f(x)$의 계수가 모두 정수일 때, $f(\alpha)=0$을 만족하는 α의 값은
> $$\pm \frac{f(x)의\ 상수항의\ 양의\ 약수}{f(x)의\ 최고차항의\ 양의\ 약수}$$
> 중에서 찾을 수 있다.

▶ 인수정리
다항식 $f(x)$가 일차식 $x-\alpha$로 나누어떨어진다.
$\Longleftrightarrow f(\alpha)=0$
$\Longleftrightarrow f(x)=(x-\alpha)Q(x)$
$\Longleftrightarrow f(x)$는 $x-\alpha$를 인수로 갖는다.

+10점 향상을 위한 문제 **해결**의 **Key**

Key ① x^n+1, x^n-1 꼴의 인수분해

① $x^n-1=(x-1)(x^{n-1}+x^{n-2}+x^{n-3}+\cdots+x+1)$ (단, n은 자연수)

② $x^n+1=(x+1)(x^{n-1}-x^{n-2}+x^{n-3}-\cdots-x+1)$ (단, n은 홀수)

» 37쪽 130번

Key ② 순환 꼴의 인수분해

순환 꼴의 식을 한 문자에 대하여 내림차순으로 정리한다.

① 공통인수가 있다. ⇨ 공통인수로 묶어 내어 인수분해한다.

② 공통인수가 없다. ⇨ 일반적으로 상수항이 인수분해되므로

$acx^2+(ad+bc)x+bd=(ax+b)(cx+d)$를 이용하여 인수분해한다.

Key ③ 인수분해를 이용한 삼각형의 모양 결정

주어진 식을 인수분해하여 삼각형의 세 변의 길이 사이의 관계식을 구한다.

즉, 삼각형 ABC의 세 변의 길이가 a, b, c일 때, 삼각형 ABC의 모양은 다음과 같다.

① $a=b$이면 이등변삼각형

② $a=b=c$이면 정삼각형

③ $a^2+b^2=c^2$이면 빗변의 길이가 c인 직각삼각형

$\quad a^2+c^2=b^2$이면 빗변의 길이가 b인 직각삼각형

$\quad b^2+c^2=a^2$이면 빗변의 길이가 a인 직각삼각형

④ $a^2+b^2=c^2$이고 $a=b$이면 빗변의 길이가 c인 직각이등변삼각형

» 35쪽 123번, 124번 / 37쪽 132번

092 　　金명여고, 남성고, 배문고, 양운고 응용

다항식 x^4+ax^2+bx+2가 $(x-1)^2 f(x)$로 인수분해될 때, $b+f(1)$의 값은?

① -3　　　② -1　　　③ 1
④ 3　　　⑤ 5

093 　　고창고, 문태고, 상문고, 충북고 응용

다항식 $f(x)=x^3+6x^2+3x-10$에 대하여 보기 중 옳은 것만을 있는 대로 고른 것은?

━━━━━━━━━━━ 보기 ━
ㄱ. $f(x)$는 $x-1$을 인수로 갖는다.
ㄴ. $f(x)$는 $x+5$로 나누어떨어진다.
ㄷ. x가 2 이상의 자연수이면 $f(x)$의 값은 짝수이다.
━━━━━━━━━━━━━━━

① ㄱ　　　② ㄱ, ㄴ　　　③ ㄱ, ㄷ
④ ㄴ, ㄷ　　　⑤ ㄱ, ㄴ, ㄷ

094 　　덕원고, 연제고, 청주고, 호산고 응용

다항식 $f(x)=x^3-5x^2+7x+1$을 이차항의 계수가 1인 서로 다른 두 이차식 $g(x)$, $h(x)$로 각각 나눈 나머지는 모두 $-x+5$이다. 이때 다항식 $g(x)$를 $x+1$로 나눈 나머지를 R_1, 다항식 $h(x)$를 $x-3$으로 나눈 나머지를 R_2라 할 때, R_1+R_2의 값을 구하여라. (단, $g(0)=4$)

095 　　선덕여고, 안동고, 인천남고, 토평고, 함평고 응용

다항식 $(x^2+2x-1)(x^2+2x-10)+14$를 인수분해하면 $(x-1)(x-2)(x+a)(x+b)$이다. 이때 두 상수 a, b에 대하여 a^2+b^2의 값을 구하여라.

096 　　가락고, 울산제일고, 중흥고, 해동고 응용

부피가 $(x^3+3x^2-9x+5)\pi$인 원기둥이 있다. 이 원기둥의 높이와 밑면의 반지름의 길이가 각각 최고차항의 계수가 1인 x에 대한 일차식으로 나타내어질 때, 이 원기둥의 겉넓이는? (단, $x>1$)

① $4(x-1)(x+2)\pi$　　② $4(x+1)(x+2)\pi$
③ $4(x-1)(x+3)\pi$　　④ $4(x+1)(x+3)\pi$
⑤ $4(x+2)(x+3)\pi$

097 　　진주동명고, 세종국제고 응용

1이 아닌 두 자연수 a, b에 대하여
$$1898=11^3+4\cdot11^2+7\cdot11+6=a\times b$$
로 나타낼 때, $a+b$의 값을 구하여라. (단, a는 소수이다.)

098 　　동래고, 부천고, 성서고, 잠신고 응용

$\sqrt{14\times17\times20\times23+81}$의 값은?

① 311　　　② 321　　　③ 331
④ 341　　　⑤ 351

099 　　영주고, 진주외고, 휘문고 응용

$\dfrac{100^4-3\cdot100^2\cdot30^2+30^4}{100^2-100\cdot30-30^2}$의 값은?

① 11900　　　② 12100　　　③ 12300
④ 12500　　　⑤ 12700

100

상동고, 소사고, 전남고 응용

다항식 $x^3-2x^2-(2m+3)x-10$이 서로 다른 3개의 일차식의 인수를 갖고, 그 중 2개의 일차식의 인수가 다항식 x^2-4x-m의 인수일 때, 상수 m의 값을 구하여라.

101

양산고, 용인고, 장성고 응용

a, b가 정수이고 n이 100 이하의 자연수일 때, 다항식 $x^3+(ab-1)x-n$ 중에서 $(x+1)(x-a)(x-b)$의 꼴로 인수분해되는 다항식의 개수를 구하여라. (단, $a>b$)

102

개포고, 덕적고, 선유고, 은혜고 응용

세 실수 x, y, z에 대하여
$$[x,\ y,\ z]=(x+y+z)(x-y-z)$$
라 정의하자. a, b, c가 삼각형의 세 변의 길이일 때, $[a,\ b,\ c]+[a,\ b,\ -c]=0$이 성립하는 삼각형은 어떤 삼각형인가?

① 정삼각형
② $a=b$인 이등변삼각형
③ $a=c$인 이등변삼각형
④ 빗변의 길이가 a인 직각삼각형
⑤ 빗변의 길이가 c인 직각삼각형

103

경덕여고, 삼정고, 신천고, 죽장고, 진주여고 응용

다항식 $(x-1)(x+2)(x-3)(x+4)+k$가 x에 대한 이차식 $f(x)$의 제곱으로 인수분해될 때, $f(1)+k$의 값을 구하여라. (단, k는 상수이다.)

104

마차고, 부개고, 한영고 응용

$a+b=5$, $ab=2$일 때, $a^2(b-1)-b^2(a-1)$의 값은?
(단, $a>b$)

① $-3\sqrt{17}$ ② $-2\sqrt{17}$ ③ $-3\sqrt{7}$
④ $-2\sqrt{7}$ ⑤ $-\sqrt{17}$

105

건국고, 과천외고, 무학여고, 약목고 응용

세 실수 a, b, c가
$a+b=3+\sqrt{5}$, $b+c=-3+\sqrt{5}$를 만족시킬 때,
$a^2(b+c)-b^2(c-a)-c^2(a+b)$의 값은?

① -28 ② -24 ③ -20
④ -16 ⑤ -12

106

대원외고, 제일여고, 산남고 응용

$\dfrac{b}{a}+\dfrac{c}{b}+\dfrac{a}{c}=3$, $\dfrac{b^2}{a^2}+\dfrac{c^2}{b^2}+\dfrac{a^2}{c^2}=5$가 성립할 때,
$\dfrac{b^3}{a^3}+\dfrac{c^3}{b^3}+\dfrac{a^3}{c^3}$의 값을 구하여라. (단, $abc\neq0$)

107

보성여고, 상산고, 영덕고 응용

다항식 $x^4-4x^3-3x^2-4x+1$을 인수분해하면 $(x^2+ax+1)(x^2+bx+1)$이다. 이때 두 상수 a, b에 대하여 a^2+b^2의 값을 구하여라.

108

다항식 $f(x)$가 다음 조건을 모두 만족시킬 때, $f(0)$의 값을 구하여라.

> (가) $f(x)$를 x^3+1로 나눈 몫은 $2x+1$이다.
> (나) $f(x)$를 x^2-x+1로 나눈 나머지는 $-2x+3$이다.
> (다) $f(x)$를 $x-1$로 나눈 나머지는 9이다.

109

다항식 $x^2-2y^2-xy-2x+7y+k$가 x, y에 대한 두 일차식의 곱으로 인수분해될 때, 상수 k의 값은?

① -3　　　② -1　　　③ 1　　　④ 3　　　⑤ 5

110

$n=\dfrac{x^3+3x^2+14x+12}{x^2+3x+2}$가 자연수가 되도록 하는 모든 자연수 x의 값의 합은?

① 15　　　② 17　　　③ 19　　　④ 21　　　⑤ 23

111

x에 대한 다항식 $x^2+kx+10$이 $(x+a)(x+b)$ 꼴로 인수분해되는 다항식의 개수는? (단, a, b, k는 정수이다.)

① 4　　　② 5　　　③ 6　　　④ 7　　　⑤ 8

112

다항식 x^3-x+n 중에서 $x-a$ 꼴의 일차식을 인수로 갖는 다항식의 개수는?

(단, n과 a는 모두 정수이고, $-100\leq n\leq 100$이다.)

① 5　　　② 6　　　③ 7　　　④ 8　　　⑤ 9

113

임의의 자연수 n에 대하여
$$n(n+1)(n+2)(n+3)+1=N^2$$
이라 할 때, 다음 중 자연수 N이 될 수 <u>없는</u> 수는?

① 5   ② 29   ③ 41   ④ 110   ⑤ 271

114

$a>b>c\geq2$인 세 자연수 a, b, c에 대하여 $(a+b+c)(ab+bc+ca)-abc=k$일 때, 보기 중 옳은 것만을 있는 대로 고른 것은? (단, k는 자연수이다.)

보기

ㄱ. $a=6$, $b=5$, $c=2$이면 $k=616$이다.   ㄴ. $k\geq210$이다.
ㄷ. $k=770$이면 $a+b+c=14$이다.

① ㄱ   ② ㄱ, ㄴ   ③ ㄱ, ㄷ   ④ ㄴ, ㄷ   ⑤ ㄱ, ㄴ, ㄷ

115

오른쪽 그림과 같이 정팔면체의 여섯 개의 꼭짓점에 자연수를 적고, 여덟 개의 정삼각형의 면에는 각각의 삼각형의 꼭짓점에 적힌 세 수의 곱을 적는다. 여덟 개의 면에 적힌 수들의 합이 231일 때, 여섯 개의 꼭짓점에 적힌 수들의 합을 구하여라.

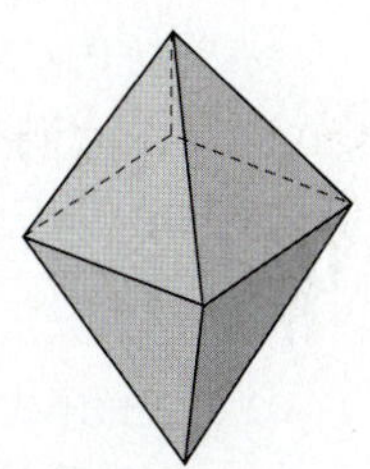

116

보기 중 $\dfrac{a+c}{a+b}=\dfrac{a^3+c^3}{a^3+b^3}$을 만족하는 세 자연수 a, b, c의 순서쌍 (a, b, c)를 있는 대로 고른 것은?

보기

ㄱ. $(3, 3, 10)$ ㄴ. $(7, 5, 5)$ ㄷ. $(12, 20, 8)$
ㄹ. $(6, 10, 16)$ ㅁ. $(12, 8, 4)$

① ㄱ, ㄹ   ② ㄱ, ㅁ   ③ ㄴ, ㄷ   ④ ㄴ, ㅁ   ⑤ ㄷ, ㄹ

117 $n \geq 5$인 자연수 n에 대하여 $n^4 - 15n^2 + 14$가 $(n+1)(n+3)$의 배수가 되도록 하는 자연수 n의 최댓값을 구하여라.

118 자연수 n에 대하여 소수 p가 $p = n^4 - 8n^2 + 4$ 꼴로 나타내어질 때, p의 값은?

① 7　　　　② 11　　　　③ 13　　　　④ 17　　　　⑤ 19

119 x^6을 $x^2 - 4$로 나누면 몫이 $a_0 + a_1 x + a_2 x^2 + a_3 x^3 + a_4 x^4$이고, 나머지가 2^6이다. 이때 $a_0 + a_2 + a_4$의 값은? (단, a_0, a_1, a_2, a_3, a_4는 상수이다.)

① 21　　　　② 22　　　　③ 23　　　　④ 24　　　　⑤ 25

120 다항식 $f(x) = x^4 + kx^2 + 144$가 이차항의 계수가 1이고 일차항의 계수와 상수항이 모두 정수인 이차식의 곱으로 인수분해될 때, 자연수 k의 개수는?

① 11　　　　② 12　　　　③ 13　　　　④ 14　　　　⑤ 15

121 다항식 $f(x) = x^4 + ax^3 + bx^2 - 2ax + 4$를 인수분해하였을 때, 계수가 정수인 일차식의 개수를 $N(a, b)$로 정의하자. $N(2, -3) + N(0, -13)$의 값을 구하여라. (단, a, b는 정수이다.)

122

📄 원통고, 제일고 응용

모든 실수 x에 대하여 두 이차다항식 $P(x)$, $Q(x)$가 다음 조건을 모두 만족시킨다.

> (개) $P(x)+Q(x)=2$ (내) $\{P(x)\}^3+\{Q(x)\}^3=6x^4+12x^3+6x^2+2$

$P(x)$의 최고차항의 계수가 양수일 때, $P(2)-Q(2)$의 값을 구하여라.

123

📄 경기여고, 명신고, 수완고 응용

삼각형 ABC의 세 변의 길이 a, b, c에 대하여 $(a-b)c^4-2(a^3-b^3)c^2+(a^4-b^4)(a+b)=0$이 성립할 때, 삼각형 ABC는 어떤 삼각형인가?

① 정삼각형   ② $b=c$인 이등변삼각형
③ 빗변의 길이가 a인 직각삼각형
④ $a=b$인 이등변삼각형 또는 빗변의 길이가 c인 직각삼각형
⑤ $b=c$인 이등변삼각형 또는 빗변의 길이가 a인 직각삼각형

124

📄 세경고, 여의도고 응용

삼각형 ABC의 세 변의 길이 a, b, c에 대하여 $b^4-(a^2+2c^2)b^2+c^2(a^2+c^2)=0$이 성립할 때, 보기 중 옳은 것만을 있는 대로 고른 것은?

> 보기
>
> ㄱ. $a=b$이면 삼각형 ABC는 정삼각형이다.   ㄴ. $b>c$이면 삼각형 ABC는 예각삼각형이다.
> ㄷ. $b=c=5$, $a=6$이면 삼각형 ABC의 넓이는 12이다.

① ㄱ   ② ㄱ, ㄴ   ③ ㄱ, ㄷ   ④ ㄴ, ㄷ   ⑤ ㄱ, ㄴ, ㄷ

125

📄 백양고, 성심여고 응용

모든 실수 x에 대하여 등식 $a_nx^n+a_{n-1}x^{n-1}+a_{n-2}x^{n-2}+\cdots+a_1x+a_0=(x^l-x+1)^m$이 성립한다. $n=2k+1$일 때, $a_1+a_3+a_5+\cdots+a_{2k-1}+a_{2k+1}$의 값을 구하시오. (단, $l\geq2$이고, l, m, n, k는 자연수이다.)

서술형 체감난도가 높았던 **서술형** 기출

126

□ 건국사대부고, 금곡고, 신한고 응용

다항식 $x^{12}-1$을 $(x+1)^2$으로 나눈 나머지를 $R(x)$라 할 때, $R(-4)$의 값을 구하여라.

127

□ 대아고, 서대전여고, 성신고, 보성고 응용

100개의 다항식

$$x^4+x^2-1,\ x^4+x^2-2,\ x^4+x^2-3,\ \cdots,\ x^4+x^2-100$$

중에서 모든 항의 계수가 정수이며 x에 대한 일차식 2개와 이차식 1개의 곱으로 인수분해되는 다항식은 3개 있다. 이 세 다항식의 상수항을 n_1, n_2, n_3이라 할 때, $|n_1+n_2+n_3|$의 값을 구하여라.

128

□ 순심고, 염광고 응용

삼각형 ABC의 세 변의 길이가 a, b, $\sqrt{3}$이고 넓이는 $\dfrac{3\sqrt{3}}{8}$이다. 삼각형 ABC의 세 변의 길이 a, b, $\sqrt{3}$이

$$a^4+b^4+9+2a^2b^2-6a^2-6b^2=0$$

을 만족시킬 때, $3\left(\dfrac{b}{a}+\dfrac{a}{b}\right)^2$의 값을 구하여라.

129

□ 신장고, 장안고, 진영고 응용

3 이상의 자연수 n에 대하여 밑면의 가로의 길이와 세로의 길이가 각각 n^2+3n, $n+1$이고 높이가 n^3+3n^2+2n+2인 직육면체가 있다. 이 직육면체를 한 모서리의 길이가 5인 정육면체로 조각낼 때, 이 정육면체의 최대 개수를 구하여라.

(단, 남은 조각을 붙여서 정육면체를 만들 수는 없다.)

130 대원외고, 양천고, 진선여고 응용

자연수 n에 대하여 등식 $x^n-1=(x-1)(x^{n-1}+x^{n-2}+x^{n-3}+\cdots+x+1)$이 성립한다. 다항식 $x^{13}+2x^{12}+3x^{11}+3x^{10}+2x^9+x+4$를 x^3+x^2+x+1로 나눈 나머지를 $R(x)$라 할 때, $R(10)$의 값을 구하여라.

131 오산고, 중일고 응용

다항식 $f(x)=x^5-2px^4+x^3-qx^2+x-2$가 계수가 정수인 일차식을 인수로 갖도록 하는 두 자연수 p, q에 대하여 $p+q$의 값은? (단, 인수분해한 후 다른 사차식의 계수도 모두 정수이다.)

① 2   ② 3   ③ 4   ④ 5   ⑤ 6

132 충남여고, 한진고 응용

삼각형 ABC의 세 변의 길이 a, b, c 사이에 다음의 관계가 성립할 때, 삼각형 ABC의 넓이는? (단, a, b는 자연수이다.)

(가) $2a^3+2a^2b+2ab^2+2b^3-2ac-2bc-a^2c^2-b^2c^2+c^3=0$
(나) $a^3+a^2b+ab^2+b^3-a^2c-b^2c-ac^2-bc^2+c^3=0$

① 2   ② $\dfrac{5}{2}$ ③ 3   ④ $\dfrac{7}{2}$ ⑤ 4

133 중동고, 해원여고 응용

다항식 $P(x)$를 x^2-4로 나누었을 때의 몫이 $Q(x)$, 나머지는 $-3x+k$이고 $P(x)$를 x^4-3x^2+3x+2로 나눈 나머지는 x^3+3x^2-4x이다. $Q(x)$를 x^3-2x^2+x+1로 나눈 나머지를 $R(x)$라 할 때, $R(1)+k$의 값을 구하여라. (단, k는 상수이다.)

04 복소수

1 두 복소수가 서로 같을 조건

a, b, c, d가 실수일 때, 두 복소수 $a+bi$, $c+di$에 대하여

(1) $a+bi=c+di$이면 $a=c$, $b=d$

　역으로 $a=c$, $b=d$이면 $a+bi=c+di$이다.

(2) $a+bi=0$이면 $a=0$, $b=0$

　역으로 $a=0$, $b=0$이면 $a+bi=0$이다.

2 복소수의 사칙연산

네 실수 a, b, c, d에 대하여

(1) $(a+bi)+(c+di)=(a+c)+(b+d)i$,

　$(a+bi)-(c+di)=(a-c)+(b-d)i$

(2) $(a+bi)(c+di)=(ac-bd)+(ad+bc)i$

(3) $\dfrac{a+bi}{c+di}=\dfrac{ac+bd}{c^2+d^2}+\dfrac{bc-ad}{c^2+d^2}i$ (단, $c+di\neq0$)

> **참고** 복소수의 연산에 대한 기본 성질
>
> 　세 복소수 z_1, z_2, z_3에 대하여
>
> 　(1) 교환법칙 : $z_1+z_2=z_2+z_1$, $z_1z_2=z_2z_1$
>
> 　(2) 결합법칙 : $(z_1+z_2)+z_3=z_1+(z_2+z_3)$, $(z_1z_2)z_3=z_1(z_2z_3)$
>
> 　(3) 분배법칙 : $z_1(z_2+z_3)=z_1z_2+z_1z_3$, $(z_1+z_2)z_3=z_1z_3+z_2z_3$

3 켤레복소수의 성질

두 복소수 z_1, z_2에 대하여 다음이 성립한다.

(1) $\overline{(\overline{z_1})}=z_1$　　　　　　　(2) $z_1+\overline{z_1}=(\text{실수})$, $z_1\overline{z_1}=(\text{실수})$

(3) $\overline{z_1+z_2}=\overline{z_1}+\overline{z_2}$, $\overline{z_1-z_2}=\overline{z_1}-\overline{z_2}$

(4) $\overline{z_1z_2}=\overline{z_1}\cdot\overline{z_2}$, $\overline{\left(\dfrac{z_1}{z_2}\right)}=\dfrac{\overline{z_1}}{\overline{z_2}}$ (단, $z_2\neq0$)

4 허수단위 i의 거듭제곱

허수단위 i의 거듭제곱은 다음과 같은 규칙성을 갖는다.

$$i^{4k+1}=i,\ i^{4k+2}=-1,\ i^{4k+3}=-i,\ i^{4k+4}=1 \ (\text{단, } k\text{는 음이 아닌 정수})$$

5 음수의 제곱근

두 실수 a, b에 대하여

(1) $a<0$, $b<0$이면 $\sqrt{a}\sqrt{b}=-\sqrt{ab}$

　역으로 $\sqrt{a}\sqrt{b}=-\sqrt{ab}$이면 $a<0$, $b<0$ 또는 $a=0$ 또는 $b=0$

(2) $a>0$, $b<0$이면 $\dfrac{\sqrt{a}}{\sqrt{b}}=-\sqrt{\dfrac{a}{b}}$

　역으로 $\dfrac{\sqrt{a}}{\sqrt{b}}=-\sqrt{\dfrac{a}{b}}$이면 $a>0$, $b<0$ 또는 $a=0$

Key ❶ 복소수 $z=a+bi$ (a, b는 실수)가 실수 또는 순허수일 조건

(1) 복소수 z가 실수일 조건

복소수 $z=a+bi$가 실수이려면 $b=0$이어야 하므로 $z^2 \geq 0$ 또는 $z=\bar{z}$

>> 43쪽 154번

(2) 복소수 z가 순허수일 조건

복소수 $z=a+bi$가 순허수이려면 $a=0$, $b\neq0$이어야 하므로 $z^2<0$

>> 40쪽 134번 / 42쪽 152번

Key ❷ 실수가 아닌 두 복소수 α, β에 대하여 $\alpha+\beta$, $\alpha\beta$가 모두 실수일 조건 $\Rightarrow \beta=\bar{\alpha}$

실수가 아닌 두 복소수 α, β를 $\alpha=a+bi$, $\beta=c+di$ (a, b, c, d는 실수)라 하면

① $\alpha+\beta=(a+bi)+(c+di)=a+c+(b+d)i$이므로 $\alpha+\beta$가 실수이려면

$$b+d=0 \qquad \therefore d=-b \qquad \cdots\cdots \ \bigcirc$$

② $\alpha\beta=(a+bi)(c+di)=(ac-bd)+(ad+bc)i$이므로 $\alpha\beta$가 실수이려면 $ad+bc=0$

$\bigcirc$에서 $d=-b$이므로 $a(-b)+bc=b(-a+c)=0 \qquad \therefore b=0$ 또는 $a=c$

그런데 $b=d=0$이면 α, β는 실수이고, 이는 조건에 맞지 않으므로 $a=c$

①, ②에서 $\beta=c+di=a+(-b)i=a-bi$이므로 $\beta=\bar{a}$

>> 43쪽 153번

Key ❸ 복소수의 거듭제곱

복소수 z의 거듭제곱은 $z^n=1$이 되는 n의 값을 기준으로 반복된다. (복호동순)

① $z=\dfrac{-1\pm\sqrt{3}i}{2}$일 때, $z^2=\left(\dfrac{-1\pm\sqrt{3}i}{2}\right)^2=\dfrac{-2\mp2\sqrt{3}i}{4}=\dfrac{-1\mp\sqrt{3}i}{2}$

$$z^3=z^2z=\left(\dfrac{-1\mp\sqrt{3}i}{2}\right)\left(\dfrac{-1\pm\sqrt{3}i}{2}\right)=\dfrac{4}{4}=1$$

$\Rightarrow z^3=1$이므로 자연수 k에 대하여 $z^{3k-2}+z^{3k-1}+z^{3k}=0$

② $z=\dfrac{1\pm\sqrt{3}i}{2}$일 때, $z^2=\left(\dfrac{1\pm\sqrt{3}i}{2}\right)^2=\dfrac{-2\pm2\sqrt{3}i}{4}=\dfrac{-1\pm\sqrt{3}i}{2}$

$$z^3=z^2z=\left(\dfrac{-1\pm\sqrt{3}i}{2}\right)\left(\dfrac{1\pm\sqrt{3}i}{2}\right)=\dfrac{-4}{4}=-1$$

$$z^6=(z^3)^2=(-1)^2=1$$

$\Rightarrow z^6=1$이므로 자연수 k에 대하여 $z^{6k-5}+z^{6k-4}+z^{6k-3}+z^{6k-2}+z^{6k-1}+z^{6k}=0$

③ $z=\dfrac{\sqrt{3}\pm i}{2}$일 때, $z^2=\left(\dfrac{\sqrt{3}\pm i}{2}\right)^2=\dfrac{2\pm2\sqrt{3}i}{4}=\dfrac{1\pm\sqrt{3}i}{2}$ ($\leftarrow$ ②의 z)

$$z^4=(z^2)^2=\left(\dfrac{1\pm\sqrt{3}i}{2}\right)^2=\dfrac{-2\pm2\sqrt{3}i}{4}=\dfrac{-1\pm\sqrt{3}i}{2}$$

$$z^6=z^4z^2=\left(\dfrac{-1\pm\sqrt{3}i}{2}\right)\left(\dfrac{1\pm\sqrt{3}i}{2}\right)=\dfrac{-4}{4}=-1$$

$$z^{12}=(z^6)^2=(-1)^2=1$$

$\Rightarrow z^{12}=1$이므로 자연수 k에 대하여

$$z^{12k-11}+z^{12k-10}+z^{12k-9}+\cdots+z^{12k-1}+z^{12k}=0$$

>> 46쪽 165번, 168번

134
📋 내성고, 동인천고, 문태고, 이화여고, 화명고 응용

복소수 $z=(1+i)x^2-x-2-i$에 대하여 z^2이 음의 실수일 때, z^2의 값을 구하여라. (단, x는 실수이고 $i=\sqrt{-1}$이다.)

135
📋 수완고, 용인고, 데레사여고 응용

실수부분이 0이 아니고 $z^3=i$를 만족하는 복소수 z의 허수부분은? (단, $i=\sqrt{-1}$이다.)

① $-\dfrac{\sqrt{3}}{2}$ ② -1 ③ $-\dfrac{1}{2}$

④ $\dfrac{1}{2}$ ⑤ $\dfrac{\sqrt{3}}{2}$

136
📋 신라고, 원통고, 제일고 응용

임의의 복소수 z에 대하여 항상 실수인 것을 보기 중 있는 대로 고른 것은?

(단, $\bar{z}$는 z의 켤레복소수이고, $i=\sqrt{-1}$이다.)

─ 보기 ─
ㄱ. $z^2-(\bar{z})^2$ ㄴ. $i(z-\bar{z})$
ㄷ. $(1-z)(1-\bar{z})$

① ㄱ ② ㄱ, ㄴ ③ ㄱ, ㄷ
④ ㄴ, ㄷ ⑤ ㄱ, ㄴ, ㄷ

137
📋 경덕여고, 광문고, 능인고, 해동고 응용

두 복소수 α, β가 $\bar{\alpha}+\beta=4i$, $\bar{\alpha}\beta=-2$를 만족시킬 때, $\dfrac{1}{\alpha}+\dfrac{1}{\beta}$의 값은? (단, $\bar{\alpha}$, $\bar{\beta}$는 각각 α, β의 켤레복소수이고, $i=\sqrt{-1}$이다.)

① $-2i$ ② $-i$ ③ 0
④ i ⑤ $2i$

138
📋 부천북고, 중앙여고, 지족고 응용

임의의 복소수 ω에 대하여 $\dfrac{\omega-\bar{\omega}z}{1-z}$가 실수가 되도록 하는 복소수 z의 값으로 적당한 것을 보기 중 있는 대로 고른 것은? (단, $\bar{\omega}$는 ω의 켤레복소수이고, $z\neq1$, $i=\sqrt{-1}$이다.)

─ 보기 ─
ㄱ. $-i$ ㄴ. $\dfrac{1-2\sqrt{2}i}{3}$ ㄷ. $\dfrac{\sqrt{3}+i}{2}$

① ㄱ ② ㄴ ③ ㄱ, ㄴ
④ ㄴ, ㄷ ⑤ ㄱ, ㄴ, ㄷ

139
📋 경복고, 무학여고, 장덕고, 효정고 응용

$i+2i^2+3i^3+4i^4+\cdots+100i^{100}$의 실수부분을 a, 허수부분을 b라 할 때, $a-b$의 값은? (단, $i=\sqrt{-1}$이다.)

① 0 ② 50 ③ 100
④ 150 ⑤ 200

140
📋 고려고, 숭일고, 운정고, 정화여고 응용

두 복소수 α, β에 대하여 보기 중 옳은 것의 개수는?

(단, $\bar{\alpha}$, $\bar{\beta}$는 각각 α, β의 켤레복소수이다.)

─ 보기 ─
ㄱ. $\alpha=\bar{\beta}$이면 $\alpha+\beta$, $\alpha\beta$는 모두 실수이다.
ㄴ. $\alpha=\bar{\beta}$이고 $\alpha\beta=0$이면 $\alpha=0$이다.
ㄷ. $\alpha^2+\beta^2=0$이면 $\alpha=0$이고 $\beta=0$이다.
ㄹ. $\alpha=\bar{\beta}$이면 $\alpha\bar{\beta}+\bar{\alpha}\beta$는 실수이다.

① 0 ② 1 ③ 2
④ 3 ⑤ 4

141

세종국제고, 한영고, 현대고 응용

복소수 $z=a+bi$ (a, b는 실수)에 대하여 $\hat{z}=b-ai$라 정의할 때, 보기 중 옳은 것만을 있는 대로 고른 것은?
(단, $\bar{z}$는 z의 켤레복소수이고, $i=\sqrt{-1}$이다.)

보기

ㄱ. $\hat{z}$가 순허수이면 z는 실수이다.

ㄴ. $\overline{(\hat{z})}=\widehat{(\bar{z})}$

ㄷ. $z\hat{z}=z+\hat{z}$이면 $ab=\dfrac{1}{2}$이다.

① ㄱ　　　　② ㄷ　　　　③ ㄱ, ㄴ
④ ㄱ, ㄷ　　　　⑤ ㄱ, ㄴ, ㄷ

142

경해여고, 금호고, 배문고, 한림고 응용

제곱하여 $2-3i$가 되는 복소수를 z라 할 때,
$z^3-4z+6+\dfrac{13}{z}$의 값을 구하여라. (단, $i=\sqrt{-1}$이다.)

143

상주여고, 용산고, 평내고 응용

등식 $\dfrac{1}{i}-\dfrac{1}{i^2}+\dfrac{1}{i^3}-\dfrac{1}{i^4}+\cdots+\dfrac{(-1)^{n+1}}{i^n}=1$을 만족하는 두 자리 자연수 n의 개수를 구하여라. (단, $i=\sqrt{-1}$이다.)

144

강남여고, 압구정고, 양천고 응용

자연수 n에 대하여 복소수 z_n을
$$z_1=1+i, \quad z_2=iz_1, \quad z_3=iz_2, \quad \cdots, \quad z_{n+1}=iz_n$$
으로 정의할 때, $z_{101}-z_{203}=a+bi$이다. 이때 두 실수 a, b에 대하여 a^2+b^2의 값은? (단, $i=\sqrt{-1}$이다.)

① 6　　　　② 8　　　　③ 10
④ 12　　　　⑤ 14

145

문영여고, 백양고, 서강고 응용

자연수 n과 실수부분이 0이 아닌 복소수 z에 대하여
$$f(n)=\left\{\frac{(z-\bar{z})i-(z+\bar{z})i^3}{z}\right\}^{2n}$$
으로 정의할 때, $\dfrac{f(4)\cdot f(6)}{\{f(5)\}^2}$의 값을 구하여라.

(단, $\bar{z}$는 z의 켤레복소수이고, $i=\sqrt{-1}$이다.)

146

계남고, 금당고, 잠실여고, 한밭고 응용

$\left(\dfrac{1+i}{2}\right)^m=\dfrac{1}{4^n}$을 만족하는 두 자리 자연수 m, n에 대하여 $m+n$의 최댓값을 구하여라. (단, $i=\sqrt{-1}$이다.)

147

계성고, 대덕여고, 복성고, 삼산고 응용

$z+\dfrac{1}{z}=\dfrac{1}{3}$을 만족하는 복소수 z에 대하여
$z^2+\bar{z}^2=-\dfrac{q}{p}$이다. 서로소인 두 자연수 p, q에 대하여
$p+q$의 값은? (단, $\bar{z}$는 z의 켤레복소수이다.)

① 20　　　　② 22　　　　③ 24
④ 26　　　　⑤ 28

148

보성여고, 사상고, 오금고, 이대부고 응용

0이 아닌 두 실수 a, b에 대하여 $\dfrac{\sqrt{b}}{\sqrt{a}}=-\sqrt{\dfrac{b}{a}}$이고,
복소수 z를 $z=a+bi$라 하면 $z^2=\bar{z}$를 만족시킨다. 이때
$z+z^2+z^3+\cdots+z^{50}$의 값을 구하여라.
(단, $\bar{z}$는 z의 켤레복소수이고, $i=\sqrt{-1}$이다.)

149 보성고, 송도고 응용

좌표평면 위의 점 $P(x, y)$에 대하여 복소수 z를 $z=(2x+y-10)+(3x+y-10)i$라 할 때, z^2이 실수가 되는 두 자연수 x, y의 순서쌍 (x, y)의 개수는? (단, $i=\sqrt{-1}$이다.)

① 4 ② 5 ③ 6 ④ 7 ⑤ 8

150 낙생고, 대아고, 사천고 응용

복소수 α에 대하여 $\alpha\bar{\alpha}=3$이고 $z=\dfrac{2\alpha+3}{\alpha+2}$일 때, $z\bar{z}$의 값은?

(단, $\bar{\alpha}$, $\bar{z}$는 각각 α, z의 켤레복소수이다.)

① 2 ② 3 ③ 4 ④ 5 ⑤ 6

151 인창고, 충렬고 응용

a, b가 0이 아닌 상수일 때, 두 복소수 $z=a+bi$, $w=b+ai$에 대하여 보기 중 옳은 것만을 있는 대로 고른 것은? (단, $\bar{z}$, $\bar{w}$는 각각 z, w의 켤레복소수이고, $i=\sqrt{-1}$이다.)

보기

ㄱ. $\overline{zw}=\bar{z}w$ ㄴ. $z\bar{z}=w\bar{w}$ ㄷ. $\dfrac{\bar{z}}{z}+\dfrac{w}{\bar{w}}=0$ ㄹ. $i(z+w)=\bar{z}+\bar{w}$

① ㄱ, ㄴ ② ㄱ, ㄹ ③ ㄴ, ㄷ ④ ㄴ, ㄹ ⑤ ㄷ, ㄹ

152 미추홀외고, 세일고, 장수고 응용

순허수가 아닌 허수 z에 대하여 $\left(z-\dfrac{3}{z}\right)^2$이 음의 실수일 때, $z\bar{z}$의 값은?

(단, $\bar{z}$는 z의 켤레복소수이다.)

① 1 ② 2 ③ 3 ④ 4 ⑤ 5

서초고, 심석고, 잠실고 응용

153

실수가 아닌 두 복소수 z, w에 대하여 $z+w$, zw가 모두 실수일 때, 보기 중 옳은 것만을 있는 대로 고른 것은? (단, $\bar{z}$, $\bar{w}$는 각각 z, w의 켤레복소수이다.)

보기

ㄱ. $\overline{z+w}=z+w$ ㄴ. $\dfrac{\bar{z}}{z}=\dfrac{\bar{w}}{w}$ ㄷ. $z-\bar{w}=\bar{z}-w$

① ㄱ ② ㄱ, ㄴ ③ ㄱ, ㄷ ④ ㄴ, ㄷ ⑤ ㄱ, ㄴ, ㄷ

부천여고, 속초고, 정신여고 응용

154

실수가 아닌 복소수 z에 대하여 $\dfrac{z}{1+z^2}$와 $\dfrac{z^2}{1+z}$이 모두 실수일 때, $z+\bar{z}$의 값은?

(단, $\bar{z}$는 z의 켤레복소수이다.)

① -2 ② -1 ③ 0 ④ 1 ⑤ 2

배재고, 수원여고, 태장고 응용

155

두 복소수 $\alpha=\dfrac{\sqrt{2}}{2}+\dfrac{\sqrt{2}}{2}i$, $\beta=\dfrac{\sqrt{2}}{2}-\dfrac{\sqrt{2}}{2}i$에 대하여 $\alpha^6+\alpha^5\beta+\alpha^4\beta^2+\cdots+\alpha\beta^5+\beta^6$의 값은?

(단, $i=\sqrt{-1}$이다.)

① -2 ② -1 ③ 0 ④ 1 ⑤ 2

살레시오고, 팔마고 응용

156

복소수 $z=a+bi$에 대하여 보기 중 옳은 것만을 있는 대로 고른 것은?

(단, a, b는 0이 아닌 실수, $\bar{z}$는 z의 켤레복소수, $i=\sqrt{-1}$이다.)

보기

ㄱ. $\dfrac{z}{\bar{z}}-\dfrac{\bar{z}}{z}$는 순허수이다. ㄴ. $(z-\bar{z})^4=\overline{(z-\bar{z})^4}$

ㄷ. $zi=\bar{z}$를 만족하면 $\dfrac{b}{a}+\dfrac{a}{b}=2$이다.

① ㄴ ② ㄱ, ㄴ ③ ㄱ, ㄷ ④ ㄴ, ㄷ ⑤ ㄱ, ㄴ, ㄷ

157 복소수 $z=\dfrac{\sqrt{5}+2i}{2-\sqrt{5}i}$에 대하여 $\omega=\dfrac{z(1-\bar{z})}{\sqrt{2}}$라 할 때, $\omega^n=1$을 만족시키는 100 이하의 자연수 n의 개수를 구하여라. (단, $\bar{z}$는 z의 켤레복소수이고, $i=\sqrt{-1}$이다.)

158 자연수 n에 대하여 $f(n)=\left(\dfrac{\sqrt{2}}{1-i}\right)^{2n}+\left(\dfrac{\sqrt{2}}{1+i}\right)^{2n}$이라 할 때, $f(1)+f(2)+f(3)+\cdots+f(50)$의 값은? (단, $i=\sqrt{-1}$이다.)

① -2 ② -1 ③ 0 ④ 1 ⑤ 2

159 자연수 n에 대하여 $f(n)$을 $f(n)=i^n+\dfrac{1}{i^{n+1}}$과 같이 정의할 때, 두 복소수 α, β에 대하여 $\alpha=f(2030)$, $\beta=f(1)+f(2)+f(3)+\cdots+f(2030)$이다. 이때 $\alpha\bar{\alpha}-\alpha\beta-\bar{\alpha}\bar{\beta}+\beta\bar{\beta}$의 값은?

(단, $\bar{\alpha}$, $\bar{\beta}$는 각각 α, β의 켤레복소수이고, $i=\sqrt{-1}$이다.)

① 10 ② 14 ③ 18 ④ 22 ⑤ 26

160 복소수 $z_n=i^n+i^{n+5}$일 때, 보기 중 옳은 것만을 있는 대로 고른 것은?

(단, n은 자연수이고, $i=\sqrt{-1}$이다.)

> **보기**
>
> ㄱ. $z_1z_3=z_2z_4$ ㄴ. $z_1+z_2+z_3+\cdots+z_{21}=z_5$ ㄷ. $\dfrac{z_{1004}}{z_{1001}}=\dfrac{z_{1003}}{z_{1002}}$

① ㄱ   ② ㄴ   ③ ㄱ, ㄴ   ④ ㄱ, ㄷ   ⑤ ㄴ, ㄷ

161 📑 관악고, 명일여고, 설월여고 응용

정수 a_1, a_2, a_3, $\cdots$, a_{19}는 1 또는 -1의 값을 갖고 $a_1\,a_2\,a_3\cdots a_{19}=-1$일 때, $\sqrt{a_1}\,\sqrt{a_2}\,\sqrt{a_3}\cdots\sqrt{a_{19}}=k$이다. 이때 k의 값이 될 수 있는 수를 모두 적은 것은?

(단, $i=\sqrt{-1}$이다.)

① -1, $-i$ ② -1, i ③ 1, $-i$ ④ 1, i ⑤ $-i$, i

162 📑 대건고, 오산고, 창덕고 응용

복소수 $z=\dfrac{\sqrt{3}+i}{2}$에 대하여 $2z^2+4z^4+6z^6+\cdots+22z^{22}=a+bi$일 때, $\dfrac{b^2}{a}$의 값은?

(단, a, b는 실수이고, $i=\sqrt{-1}$이다.)

① -48 ② -36 ③ -24 ④ 24 ⑤ 36

163 📑 인항고, 한대부고 응용

$\omega=\dfrac{-1+\sqrt{3}i}{2}$이고 자연수 n에 대하여 $f(n)=\omega^n+\overline{(\omega^n)}$으로 정의할 때, 보기 중 옳은 것만을 있는 대로 고른 것은? (단, $\overline{\omega}$는 ω의 켤레복소수이고, $i=\sqrt{-1}$이다.)

┌─ 보기 ─
ㄱ. $f(n)=\overline{f(n)}$ ㄴ. $f(1)+f(2)+\cdots+f(100)=-1$

ㄷ. $f(3)+f(6)+f(9)+\cdots+f(30)=20$

① ㄷ   ② ㄱ, ㄴ   ③ ㄱ, ㄷ   ④ ㄴ, ㄷ   ⑤ ㄱ, ㄴ, ㄷ

164 📑 강동고, 장유고 응용

복소수 $z_0=\dfrac{-1-\sqrt{3}i}{2}$에 대하여 $z_n=z_0\left(\dfrac{-1+\sqrt{3}i}{2}\right)^n$으로 정의할 때, $z_1+z_2+z_3+\cdots+z_{100}$의 값을 구하여라. (단, n은 자연수이고, $i=\sqrt{-1}$이다.)

165

양재고, 함안고 응용

두 복소수 $z_1 = \dfrac{\sqrt{2}+\sqrt{2}i}{2}$, $z_2 = \dfrac{-\sqrt{2}+\sqrt{2}i}{2}$ 에 대하여 보기 중 옳은 것만을 있는 대로 고른 것은? (단, $i = \sqrt{-1}$ 이다.)

<표>보기

ㄱ. $(z_2)^3 = z_1$ ㄴ. $(z_1)^{n+4} = (z_1)^n$

ㄷ. $(z_1)^a \times (z_2)^b = i$ 를 만족하는 두 자연수 a, b에 대하여 $a+b$의 최솟값은 4이다.

① ㄱ ② ㄱ, ㄴ ③ ㄱ, ㄷ ④ ㄴ, ㄷ ⑤ ㄱ, ㄴ, ㄷ

166

금옥여고, 명지고, 부일외고 응용

두 복소수 $z = \dfrac{1+\sqrt{3}i}{2}$, $w = \dfrac{\sqrt{3}+i}{2}$ 일 때, $z^n = w^n = 1$을 만족시키는 100 이하의 자연수 n의 개수는? (단, $i = \sqrt{-1}$ 이다.)

① 8 ② 9 ③ 10 ④ 11 ⑤ 12

167

온양고, 청담고, 포항고 응용

0이 아닌 두 실수 a, b에 대하여 $\dfrac{\sqrt{a}}{\sqrt{b}} = -\sqrt{\dfrac{a}{b}}$ 가 성립할 때,

$\left(\sqrt{a^2 b} - \sqrt{-\dfrac{a}{b}}\right)\left(\sqrt{-b} - \sqrt{\dfrac{1}{ab}}\right)$ 을 간단히 하면?

① $-\left(ab + \dfrac{1}{b}\right)i$ ② $\left(ab - \dfrac{1}{b}\right)i$ ③ $\left(-ab + \dfrac{1}{b}\right)i$

④ $\left(ab + \dfrac{1}{b}\right)i$ ⑤ 0

168

국제고, 매산고 응용

세 복소수 $a = \dfrac{1+i}{\sqrt{2}}$, $b = \dfrac{-1+\sqrt{3}i}{2}$, $c = \dfrac{1+i}{1-i}$ 에 대하여 $a^n + b^n + c^n = 1$을 만족시키는 자연수 n의 최솟값은? (단, $i = \sqrt{-1}$ 이다.)

① 8 ② 10 ③ 12 ④ 14 ⑤ 16

서술형 **체감난도가 높았던 서술형 기출**

169

상일여고, 청명고 응용

복소수 $z=\dfrac{\sqrt{3}+i}{2}$ 에 대하여

$$(z+\bar{z})+(z^2+\overline{z^2})+(z^3+\overline{z^3})+\cdots+(z^{60}+\overline{z^{60}})$$

의 값을 구하여라.

(단, $\bar{z}$는 z의 켤레복소수이고, $i=\sqrt{-1}$이다.)

170

부산고, 수성고 응용

네 자연수 a, b, c, d에 대하여 $\alpha=a+bi$, $\beta=c+di$일 때, 두 복소수 α, β가 다음 조건을 모두 만족시킨다.

> (가) $\bar{\alpha}\beta=\alpha\bar{\beta}$　　　　　　(나) $\alpha\beta=6i$

이때 $a+b+c+d$의 값을 구하여라.

(단, $\bar{\alpha}$, $\bar{\beta}$는 각각 α, β의 켤레복소수이고, $i=\sqrt{-1}$이다.)

171

시흥고, 한성고 응용

실수가 아닌 복소수 z가 $z^2=-\bar{z}$를 만족시킬 때, $(z^{20}-2z^{13}+1)^n=1$이 되도록 하는 두 자리 자연수 n의 개수를 구하여라. (단, $\bar{z}$는 z의 켤레복소수이다.)

172

자양고, 풍문여고 응용

세 수 x, y, z가 1, $-i$, i 중 어느 하나의 값을 갖고, $x^3+y^3+z^3$의 값이 실수일 때, $x^{10}+y^{10}+z^{10}=k$이다. 이때 모든 상수 k의 값의 합을 구하여라. (단, $i=\sqrt{-1}$이다.)

173 대성고, 매원고, 성심여고 응용

복소수 $z=a+bi$가 $a^2+b^2=1$을 만족시킬 때, $\left(\dfrac{az^2-a}{bz^2+b}\right)^{1004}$의 값은?

(단, a, b는 실수, $ab\neq 0$, $i=\sqrt{-1}$이다.)

① 0 　　② i 　　③ $-i$ 　　④ 1 　　⑤ -1

174 경기여고, 영북고 응용

a, b, c, d가 자연수일 때 두 복소수 $z=a+bi$, $w=c+di$에 대하여 $z\bar{z}=10$이고 $(z+w)\overline{(z+w)}=41$이다. 이때 $w\bar{w}$의 최댓값과 최솟값의 차는?

(단, $\bar{z}$, $\bar{w}$는 각각 z, w의 켤레복소수이고, $i=\sqrt{-1}$이다.)

① 3 　　② 4 　　③ 5 　　④ 6 　　⑤ 7

175 공주여고, 문현고, 한영외고 응용

$\left(\dfrac{1+i}{1-i}\right)^m+\left(\dfrac{1-i}{1+i}\right)^n$의 값이 -2 또는 2가 되는 40 이하의 두 자연수 m, n의 순서쌍 (m, n)의 개수를 구하여라. (단, $i=\sqrt{-1}$이다.)

176 고창고, 원덕고 응용

0이 아닌 세 복소수 α, β, γ가 다음 조건을 모두 만족시킨다.

(가) $\alpha+\beta+\gamma=0$	(나) $\dfrac{1}{\alpha}+\dfrac{1}{\beta}+\dfrac{1}{\gamma}=0$

이때 $\dfrac{\gamma}{\alpha}+\overline{\left(\dfrac{\alpha}{\beta}\right)}$의 값은? $\left(\text{단, } \overline{\left(\dfrac{\alpha}{\beta}\right)}\text{는 } \dfrac{\alpha}{\beta}\text{의 켤레복소수이다.}\right)$

① $-i$ 　　② -1 　　③ 0 　　④ i 　　⑤ 1

서대전고, 효명고 응용

177 x에 대한 다항식 A를 x^2+1로 나눈 나머지를 $R(A)$라 할 때, 보기 중 옳은 것만을 있는 대로 고른 것은?

보기

ㄱ. $R(x^{16}+x^{10}+2)=2$　　　　　　　　ㄴ. $R(x^8+x^3+5)=R(x^{23}+x^4+5)$

ㄷ. 자연수 k에 대하여 $n=4k-1$이면 $R(x^n+x+10)=10$이다.

① ㄱ　　　　　② ㄴ　　　　　③ ㄱ, ㄷ　　　　　④ ㄴ, ㄷ　　　　　⑤ ㄱ, ㄴ, ㄷ

센텀고, 영등포여고 응용

178 0이 아닌 서로 다른 세 복소수 z_1, z_2, z_3이 다음 조건을 모두 만족시킬 때, $z_1{}^2+z_2{}^2+z_3{}^2$의 값을 구하여라. (단, $i=\sqrt{-1}$이다.)

(가) $z_1+z_2+z_3=0$　　　　　　　　(나) $\dfrac{z_2}{z_1}=\dfrac{-1+\sqrt{3}i}{2}$

동래고, 석산고 응용

179 두 복소수 z_1, z_2에 대하여 $z_1\overline{z_1}=4$, $z_2\overline{z_2}=4$, $z_1+z_2=2i$인 관계가 성립할 때, $z_1{}^2+z_2{}^2$의 값은?

(단, $\overline{z_1}$, $\overline{z_2}$는 각각 z_1, z_2의 켤레복소수이고, $i=\sqrt{-1}$이다.)

① -2　　　　　② 0　　　　　③ 2　　　　　④ 4　　　　　⑤ 6

중동고, 학성고 응용

180 네 실수 a, b, c, d에 대하여 $a^2+b^2=16$, $c^2+d^2=9$이고 $z_1=a+bi$, $z_2=c+di$라 할 때, $3z_1+4z_2=-6i$를 만족시킨다. 이때 $9z_1{}^2+16z_2{}^2$의 값은? (단, $i=\sqrt{-1}$이다.)

① 240　　　　　② 252　　　　　③ 264　　　　　④ 276　　　　　⑤ 288

이차방정식

1 이차방정식의 풀이

(1) 계수가 실수인 x에 대한 이차방정식 $(ax-b)(cx-d)=0$의 해는

$$x=\frac{b}{a} \text{ 또는 } x=\frac{d}{c}$$

(2) 계수가 실수인 x에 대한 이차방정식 $ax^2+bx+c=0$의 해는

$$x=\frac{-b\pm\sqrt{b^2-4ac}}{2a}$$

특히 이차방정식 $ax^2+2b'x+c=0$의 해는 $x=\dfrac{-b'\pm\sqrt{b'^2-ac}}{a}$

> ▶ 이차방정식의 해를 구할 때는 주로 인수분해를 이용하고, 실수의 범위에서 인수분해가 되지 않는 경우에는 근의 공식을 이용한다.

2 이차방정식의 근의 판별

계수가 실수인 이차방정식 $ax^2+bx+c=0$의 판별식 D를 $D=b^2-4ac$라 하면

(1) $D>0 \Rightarrow$ 서로 다른 두 실근을 갖는다.

(2) $D=0 \Rightarrow$ 중근(서로 같은 두 실근)을 갖는다.

(3) $D<0 \Rightarrow$ 서로 다른 두 허근을 갖는다.

3 이차방정식의 근과 계수의 관계

이차방정식 $ax^2+bx+c=0$의 두 근을 α, β라 하면 $\alpha+\beta=-\dfrac{b}{a}$, $\alpha\beta=\dfrac{c}{a}$

4 이차방정식의 작성

두 수 α, β를 두 근으로 하고 x^2의 계수가 a인 이차방정식은

$$a(x-\alpha)(x-\beta)=0 \Rightarrow a\{x^2-(\alpha+\beta)x+\alpha\beta\}=0$$

특히 x^2의 계수가 1인 이차방정식은 $x^2-(\alpha+\beta)x+\alpha\beta=0$이다.

> ▶ 이차방정식
> $ax^2+bx+c=0$의 두 근을
> α, β라 하면 이차식
> ax^2+bx+c는
> $$ax^2+bx+c$$
> $$=a(x-\alpha)(x-\beta)$$
> 와 같이 인수분해된다.

5 이차방정식의 켤레근

(1) a, b, c가 유리수일 때, 이차방정식 $ax^2+bx+c=0$의 한 근이 $p+q\sqrt{m}$이면 다른 한 근은 $p-q\sqrt{m}$이다. (단, p, q는 유리수, $q\neq0$, $\sqrt{m}$은 무리수)

(2) a, b, c가 실수일 때, 이차방정식 $ax^2+bx+c=0$의 한 근이 $p+qi$이면 다른 한 근은 $p-qi$이다. (단, p, q는 실수, $q\neq0$, $i=\sqrt{-1}$)

6 이차방정식의 실근의 부호

a, b, c가 실수인 이차방정식 $ax^2+bx+c=0$의 두 실근을 α, β라 하고, 판별식 D를 $D=b^2-4ac$라 하면

(1) 두 근이 모두 양수 $\Rightarrow D\geq0$, $\alpha+\beta>0$, $\alpha\beta>0$

(2) 두 근이 모두 음수 $\Rightarrow D\geq0$, $\alpha+\beta<0$, $\alpha\beta>0$

(3) 두 근이 서로 다른 부호 $\Rightarrow \alpha\beta<0$

참고 (1) 두 근이 모두 양수이거나 음수일 때, $D \geq 0$을 확인하는 이유

⇨ 대소 비교는 실수에서만 가능하므로 주어진 이차방정식은 반드시 실근을 가져야 한다.

(2) 두 근의 부호가 다를 때, $\alpha\beta < 0$만 확인하는 이유

① 근과 계수의 관계에서 $\alpha\beta = \dfrac{c}{a} < 0$이므로 $ac < 0$이다. 즉, 판별식 $D = b^2 - 4ac$에서

$ac < 0$이므로 $D = b^2 - 4ac > 0$이다. 따라서 항상 서로 다른 두 실근을 갖는다.

② $\alpha < 0 < \beta$라 할 때, $|\alpha| < |\beta|$이면 $\alpha + \beta > 0$이고 $|\alpha| > |\beta|$이면 $\alpha + \beta < 0$이므로 $\alpha + \beta$의

값의 부호는 알 수 없다.

따라서 이차방정식의 두 실근의 부호가 다르면 (두 근의 곱) < 0만 확인한다.

(3) 두 근의 부호가 다를 때, 절댓값에 대한 조건이 주어지면 $\alpha + \beta$의 부호도 함께 확인한다.

① 두 근의 절댓값이 같다. ⇨ $\alpha + \beta = 0$, $\alpha\beta < 0$

② 양수인 근의 절댓값이 음수인 근의 절댓값보다 크다. ⇨ $\alpha + \beta > 0$, $\alpha\beta < 0$

③ 음수인 근의 절댓값이 양수인 근의 절댓값보다 크다. ⇨ $\alpha + \beta < 0$, $\alpha\beta < 0$

+10점 향상을 위한 문제 해결의 *Key*

Key 1 절댓값 기호 | |를 포함한 이차방정식의 풀이

절댓값 기호를 포함한 x에 대한 이차방정식은 다음과 같은 순서로 푼다.

① 절댓값 기호 안의 식의 값이 0이 되는 x의 값을 기준으로 범위를 나눈다.

② $|A| = \begin{cases} A & (A \geq 0) \\ -A & (A < 0) \end{cases}$ 임을 이용하여 절댓값 기호를 없앤다.

③ ②에서 절댓값 기호를 없앤 이차방정식을 푼 다음 ①에서 나눈 범위에 해당하는 근을 선택한다.

» 57쪽 209번

Key 2 가우스 기호 [ ]를 포함한 이차방정식의 풀이

가우스 기호를 포함한 x에 대한 이차방정식은 다음과 같은 순서로 푼다.

① $[x]$를 하나의 문자로 보고 $[x]$에 대한 이차방정식을 푼다.

② $[x] = n$ (n은 정수)이면 $n \leq x < n+1$임을 이용하여 x의 값의 범위를 구한다.

③ ②에서 구한 모든 x의 값의 범위가 가우스 기호를 포함한 이차방정식의 해이다.

예 방정식 $[x]^2 - [x] - 2 = 0$에서 $([x]+1)([x]-2) = 0$이므로 $[x] = -1$ 또는 $[x] = 2$

(i) $[x] = -1$일 때, $-1 \leq x < 0$ (ii) $[x] = 2$일 때, $2 \leq x < 3$

(i), (ii)에 의하여 주어진 방정식의 해는 $-1 \leq x < 0$ 또는 $2 \leq x < 3$이다.

» 55쪽 201번

Key 3 방정식 $f(ax+b) = 0$의 해

이차방정식 $f(x) = 0$의 두 근을 α, β라 하면 $f(\alpha) = 0$ 또는 $f(\beta) = 0$이다.

따라서 이차방정식 $f(ax+b) = 0$ $(a \neq 0)$의 두 근은 $ax+b = \alpha$, $ax+b = \beta$를 만족시키는 x의 값, 즉

$$x = \frac{\alpha - b}{a} \ \text{또는} \ x = \frac{\beta - b}{a}$$

예 이차방정식 $f(x) = 0$의 두 근이 α, β이고 $\alpha + \beta = 6$일 때, 이차방정식 $f(4x-3) = 0$의 두 근은 $4x-3 = \alpha$, $4x-3 = \beta$에서

$\dfrac{\alpha+3}{4}$, $\dfrac{\beta+3}{4}$이므로 두 근의 합은 $\dfrac{\alpha+3}{4} + \dfrac{\beta+3}{4} = \dfrac{\alpha+\beta+6}{4} = \dfrac{6+6}{4} = 3$이다.

» 52쪽 187번

181
📄 경남여고, 대구여고, 방산고, 상지여고 응용

x에 대한 이차방정식
$$x^2+2(k+a)x+k^2+a^2+4k-b+5=0$$
이 실수 k의 값에 관계없이 항상 중근을 갖도록 하는 두 상수 a, b에 대하여 $a+b$의 값을 구하여라.

182
📄 강릉고, 과천외고, 달성고, 진주여고 응용

x에 대한 이차방정식
$$2x^2+2(a+b-1)x+(a+b)^2+1=0$$
이 실근을 갖도록 하는 두 실수 a, b에 대하여 $a^3+b^3-3ab+10$의 값을 구하여라.

183
📄 광남고, 문현고, 효원고 응용

$x+\dfrac{1}{x}=\sqrt{6}$일 때, $\dfrac{1}{x^4}=a+b\sqrt{3}$이다. 이때 두 정수 a, b에 대하여 $a+b$의 값을 구하여라. (단, $x>1$)

184
📄 군산동고, 마산여고, 신일고, 이리고 응용

이차방정식 $x^2-3x-1=0$의 두 근을 α, β라 할 때, 보기 중 옳은 것만을 있는 대로 고른 것은?

──────── 보기 ────────
ㄱ. $\alpha^2+\beta^2=11$ ㄴ. $\dfrac{\beta^2}{\alpha}+\dfrac{\alpha^2}{\beta}=-32$
ㄷ. $(3+3\alpha-\alpha^2)(5+3\beta-\beta^2)=8$

① ㄱ ② ㄱ, ㄴ ③ ㄱ, ㄷ
④ ㄴ, ㄷ ⑤ ㄱ, ㄴ, ㄷ

185
📄 남원고, 매산여고, 제일여고 응용

이차방정식 $4x^2+ax+b=0$에서 a를 잘못 보고 풀어 두 근 -4, 1을 얻었고, b를 잘못 보고 풀어 두 근 -2, 1을 얻었다. 이 이차방정식의 올바른 두 근을 α, β라 할 때, $\alpha^2+\beta^2$의 값을 구하여라. (단, a, b는 상수이다.)

186
📄 능주고, 도당고, 대구만년고, 학성고 응용

이차방정식 $2x^2-3x-4=0$의 두 근을 α, β라 할 때,
$$(2\alpha^4-5\alpha^3+\alpha^2+2\alpha-2)(2\beta^4-5\beta^3+\beta^2+2\beta-2)$$
의 값을 구하여라.

187
📄 강화고, 명문고, 삼숭고, 양명고, 진선여고 응용

이차다항식 $f(x)$에 대하여 $f(2x+1)=4x^2-30x+11$일 때, 이차방정식 $f(x)=0$의 두 근의 합을 구하여라.

188
📄 압구정고, 장안고, 평내고 응용

다음 조건을 모두 만족시키는 두 실수 m, n에 대하여 $n-m$의 값은?

(가) 이차방정식 $x^2-4mx+3n=0$은 서로 다른 두 허근을 갖고, 그 중 한 근이 α이다.
(나) 이차방정식 $x^2-2nx+m+2=0$은 서로 다른 두 허근을 갖고, 그 중 한 근이 $\alpha+1$이다.

① $\dfrac{5}{9}$ ② $\dfrac{7}{9}$ ③ 1
④ $\dfrac{11}{9}$ ⑤ $\dfrac{13}{9}$

189

경원고, 대명여고, 문정고, 부평고 응용

이차방정식 $x^2+4x-2=0$의 두 근을 α, β라 할 때,

$\alpha\beta^2+4\alpha\beta+2\alpha-\dfrac{4}{\alpha}-\dfrac{8\beta}{\alpha}-\dfrac{2\beta^2}{\alpha}$의 값은?

① -18　　② -16　　③ -14

④ -12　　⑤ -10

190

성서고, 이현고, 창녕고, 호남고 응용

x에 대한 이차방정식 $x^2-2(m+2)x+m^2+4m-5=0$의 두 근이 모두 음수이고 두 근의 비가 $1:3$일 때, 실수 m의 값은?

① -12　　② -10　　③ -8

④ -6　　⑤ -4

191

금곡고, 대구고, 은혜고, 한빛고 응용

이차방정식 $x^2-8x+4=0$의 두 근을 α, β라 할 때,

$\dfrac{5}{\alpha}+\dfrac{1}{\beta}+\alpha$의 값을 구하여라.

192

명진고, 인천외고, 중일고 응용

세 상수 a, b, c에 대하여 이차방정식
$$(x-a)(x-b)+(x-b)(x-c)+(x-c)(x-a)=0$$
의 두 근이 -6, 4일 때, 이차방정식
$$(x-a)^2+(x-b)^2+(x-c)^2=0$$
의 두 근의 곱을 구하여라.

193

시온고, 영덕고, 운남고 응용

이차방정식 $x^2+2ax-2a+3=0$의 두 실근 α, β가 다음 조건을 모두 만족시킬 때, 정수 a의 최솟값은? (단, $\alpha\beta\neq0$)

> (가) $\dfrac{\sqrt{\alpha}}{\sqrt{\beta}}=-\sqrt{\dfrac{\alpha}{\beta}}$　　(나) $|\alpha+\beta|=-\alpha-\beta$

① -1　　② 0　　③ 1

④ 2　　⑤ 3

194

장성고, 천안고, 황지고 응용

오른쪽 그림과 같이 정사각형 ABCD의 변 BC 위에 $\overline{\text{BE}}=3$인 점 E를 잡고, 변 CD 위에 $\overline{\text{CF}}=4$인 점 F를 잡으면 사각형 AECF의 넓이가 55이다. 이때 정사각형 ABCD의 넓이를 구하여라.

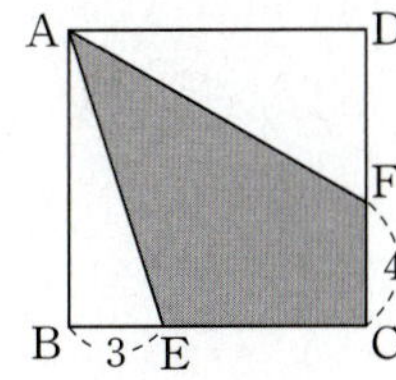

195

진주고, 포항고, 해룡고 응용

오른쪽 그림의 직사각형 ABCD에서 정사각형 ABFE를 떼어 낸 직사각형 DEFC는 직사각형 ABCD와 닮음이다. 직사각형 ABCD의 세로의 길이를 1, 가로의 길이를 a라 할 때, 1과 a를 두 근으로 하고, 이차항의 계수가 1인 이차방정식은 $x^2-px+q=0$이다. 이때 두 상수 p, q에 대하여 $p+q$의 값은? (단, $a>1$)

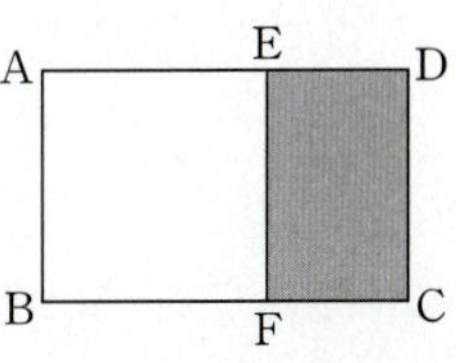

① $\sqrt{5}-1$　　② $1+\sqrt{5}$　　③ 2

④ $2\sqrt{5}-1$　　⑤ $2+\sqrt{5}$

⬚ 계림고, 근영여고, 서천고, 영흥고 응용

196 세 유리수 a, b, c에 대하여 x에 대한 이차방정식 $ax^2+b\sqrt{2}x+c=0$의 한 근 α가 $\alpha=1+\sqrt{2}$이고, 다른 한 근이 β일 때, $\alpha-\dfrac{1}{\beta}$의 값을 구하여라.

⬚ 남성고, 대성고 응용

197 0이 아닌 서로 다른 두 실수 x, y가 다음을 모두 만족시키고 x, y의 값 중 작은 값을 α라 할 때, $\alpha+\dfrac{1}{\alpha}$의 값을 구하여라.

> (가) $x+y=4$
>
> (나) x, y의 값은 각각 $\dfrac{1}{x}$, $\dfrac{1}{y}$의 값 중 어느 하나와 같다.

⬚ 수지고, 인천고, 하남고 응용

198 x에 대한 이차방정식 $x^2-ax+4=0$의 서로 다른 두 실근을 α, β라 할 때, 보기 중 옳은 것만을 있는 대로 고른 것은?

> ──── 보기 ────
> ㄱ. $|\alpha+\beta|=|\alpha|+|\beta|$　　　　ㄴ. $\alpha^2+\beta^2>8$　　　　ㄷ. $\alpha>4$이면 $\beta>4$이다.

① ㄱ　　　② ㄱ, ㄴ　　　③ ㄱ, ㄷ　　　④ ㄴ, ㄷ　　　⑤ ㄱ, ㄴ, ㄷ

⬚ 가락고, 고려고, 마포고 응용

199 a, b, c가 실수일 때, x에 대한 두 이차방정식 $ax^2+bx+c=0$, $ax^2+2bx+c=0$의 근에 대한 설명으로 보기 중 옳은 것만을 있는 대로 고른 것은?

> ──── 보기 ────
> ㄱ. 이차방정식 $ax^2+2bx+c=0$이 허근을 가지면 $ax^2+bx+c=0$도 허근을 갖는다.
> ㄴ. $ac<0$이면 두 이차방정식은 모두 실근을 갖는다.
> ㄷ. $ac>0$이면 두 이차방정식은 실수인 공통근을 갖지 않는다.

① ㄴ　　　② ㄱ, ㄴ　　　③ ㄱ, ㄷ　　　④ ㄴ, ㄷ　　　⑤ ㄱ, ㄴ, ㄷ

200

두 정수 p, q에 대하여 이차방정식 $x^2-px+q=0$이 서로 다른 두 허근 z_1, z_2를 가질 때, 보기 중 옳은 것만을 있는 대로 고른 것은?

> ─ 보기 ─
>
> ㄱ. $q>0$
> ㄴ. $z_1=kz_2$ ($k\neq0$인 상수)가 성립하면 $p=0$이다.
> ㄷ. $z_1z_2=1$이면 $p+q=1$이다.

① ㄱ ② ㄴ ③ ㄱ, ㄴ ④ ㄱ, ㄷ ⑤ ㄴ, ㄷ

201

방정식 $[2x]^2+[x]-5=0$을 만족시키는 실수 x의 값의 범위가 $a\leq x<b$일 때, $4(a+b)$의 값을 구하여라. (단, $[x]$는 x보다 크지 않은 최대의 정수이다.)

202

이차방정식 $x^2-(k+3)x+25=0$의 한 허근이 ω이고, ω^3은 실수이다. 이때 자연수 k의 값은?

① 1 ② 2 ③ 3 ④ 4 ⑤ 5

203

이차방정식 $x^2+x-1=0$의 두 근을 α, β라 할 때, $|\alpha^7-\beta^7|$의 값은?

① 13 ② 26 ③ $13\sqrt{5}$ ④ $26\sqrt{5}$ ⑤ $39\sqrt{5}$

204

서로소인 두 자연수 m, n에 대하여 x에 대한 이차방정식 $mx^2-18x+n=0$의 두 근이 서로 다른 소수일 때, 모든 n의 값의 합을 구하여라.

205

📄 반포고, 야탑고 응용

오른쪽 그림과 같이 ∠B$=90°$인 직각삼각형 ABC의 꼭짓점 B에서 선분 AC에 내린 수선의 발을 H라 하면 $\overline{AB}=a$, $\overline{BC}=b$, $\overline{BH}=c$이다. 이차방정식 $ax^2-bx+c=0$에 대하여 보기 중 옳은 것만을 있는 대로 고른 것은?

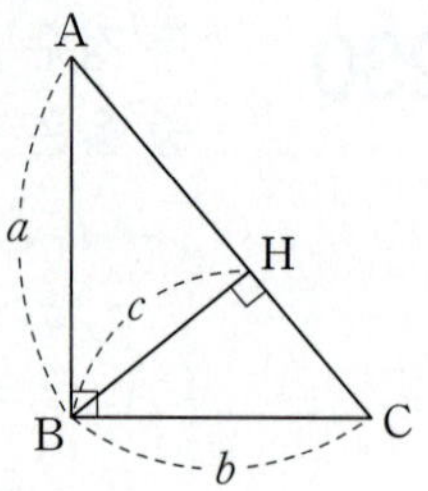

> ─ 보기
> ㄱ. $a=1$, $b=2$이면 이차방정식은 서로 다른 두 허근을 갖는다.
> ㄴ. $a=3$, $b=4$이면 이차방정식은 중근을 갖는다.
> ㄷ. $b=3a$이면 이차방정식은 서로 다른 두 실근을 갖는다.

① ㄱ   ② ㄷ   ③ ㄱ, ㄴ   ④ ㄱ, ㄷ   ⑤ ㄴ, ㄷ

206

📄 대원외고, 동산고, 영남고, 효자고 응용

두 이차식 $f(x)=x^2-3x-2$, $g(x)=x^2+ax+b$가 다음 조건을 모두 만족시킬 때, $g(5)$의 값을 구하여라. (단, a, b는 실수이고, $\alpha\neq\beta$이다.)

> ─ 보기
> (가) $f(\alpha)=0$, $f(\beta)=0$ (나) $g(\alpha)=\beta$, $g(\beta)=\alpha$

207

📄 경기고, 한대부고 응용

다항식 $f(x)=x^2+ax+b$가 $x-m$, $x-n$으로 나누어떨어지고, 다항식 $g(x)$를
$$g(x)=x^2+(m+n-mn)x-m^2n-mn^2$$
으로 정의할 때, 보기 중 옳은 것만을 있는 대로 고른 것은? (단, $mn\neq0$)

> ─ 보기
> ㄱ. $f(m)=f(n)$ ㄴ. $g(x)$를 $x-b$로 나누면 나누어떨어진다.
> ㄷ. $2m+n=0$이면 $f(x)$와 $g(x)$는 공통인 근을 갖는다.

① ㄱ   ② ㄱ, ㄴ   ③ ㄱ, ㄷ   ④ ㄴ, ㄷ   ⑤ ㄱ, ㄴ, ㄷ

208

📄 금당고, 숭일고 응용

두 상수 a, b에 대하여 이차방정식 $x^2-ax+b=0$의 두 근 α, β의 부호가 서로 다를 때, 이차방정식 $x^2-(3a-b)x-6b=0$의 두 근은 $|\alpha|+|\beta|$, $|\alpha||\beta|$이다. 이때 $a-b$의 값을 구하여라.

209 x에 대한 이차방정식 $x^2-2(a+2)|x|+a^2+2a+2=0$이 실근을 갖도록 하는 실수 a의 값의 범위는?

① $a\leq-2$ ② $a\leq-1$ ③ $a\geq-2$ ④ $a\geq-1$ ⑤ $a\geq0$

210 오른쪽 그림과 같이 선분 AB를 지름으로 하는 반원이 있다. $\overline{AB}=8$이고, 호 AB 위의 한 점 P에서 선분 AB에 내린 수선의 발을 H라 하면 $\overline{PH}=3$이다. 두 선분 PA, PB의 길이를 두 근으로 하고, 이차항의 계수가 1인 이차방정식은 $x^2+ax+b=0$이라 할 때, a^2-b의 값을 구하여라. (단, a, b는 상수이다.)

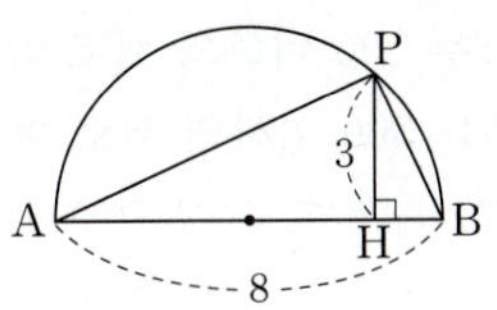

211 오른쪽 그림과 같이 $\overline{AD}=180$인 직사각형 ABCD가 있다. 점 P는 점 A를 출발하여 D의 방향으로 매초 a^2만큼, 점 Q는 점 C를 출발하여 B의 방향으로 매초 $6a$만큼 이동한다. 두 점 P, Q가 동시에 출발하여 4초 후 사다리꼴 ABQP와 사다리꼴 PQCD의 넓이의 비가 $2:3$이 되었을 때, 상수 a의 값을 구하여라. (단, $a>0$)

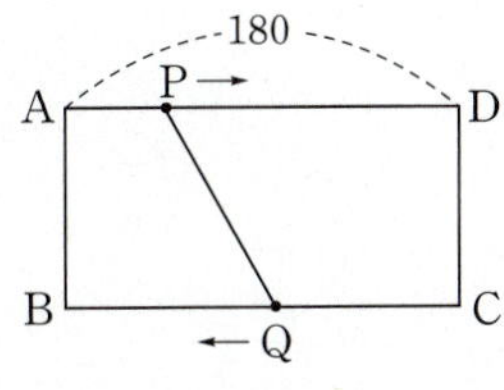

212 직선 l 위의 네 점 A, B, C, D에 대하여 $\overline{AB}$를 지름으로 하는 원 O_1과 $\overline{BC}$를 지름으로 하는 원 O_2가 점 B에서 서로 외접하고 있다. $\overline{AD}=6$인 점 D에서 직선 l에 수직인 직선이 원 O_1과 만나는 점을 G, 점 G를 지나고 직선 l과 평행한 직선이 원 O_2와 만나는 점을 F, 점 F에서 직선 l에 내린 수선의 발을 E라 하자. 보기 중 옳은 것만을 있는 대로 고른 것은? (단, $\overline{AB}=8$, $\overline{BC}=16$)

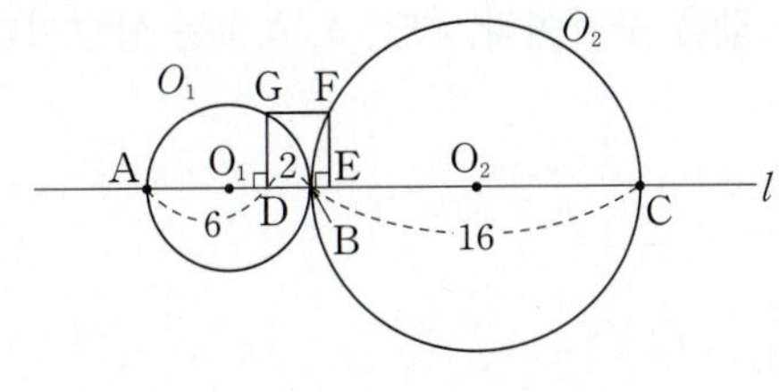

보기

ㄱ. $\overline{DG}=2$ ㄴ. $\overline{BE}\cdot\overline{CE}=12$

ㄷ. 선분 BE의 길이와 선분 CE의 길이는 이차방정식 $x^2-16x+12=0$의 두 근이다.

① ㄱ ② ㄱ, ㄴ ③ ㄱ, ㄷ ④ ㄴ, ㄷ ⑤ ㄱ, ㄴ, ㄷ

STEP 2 고난도 기출

서술형 체감난도가 높았던 **서술형** 기출

213

광주고, 심인고, 오산고 응용

이차방정식 $x^2-ax+b=0$의 두 근이 α, β일 때, 다음 조건을 모두 만족시키는 a, b의 순서쌍 (a, b)의 개수를 구하여라. (단, a, b는 상수이다.)

(가) α와 β는 각각 3개의 양의 약수를 갖는다.

(나) α와 β는 100 이하의 서로 다른 자연수이다.

(다) a와 b는 300 이하의 서로 다른 자연수이다.

214

대륜고, 백양고, 환일고 응용

계수가 모두 실수인 이차방정식 $ax^2+bx+c=0$의 두 근을 α, β라 할 때, α가 허수이고 $\dfrac{\alpha^2}{\beta^4}$이 양의 실수이다. 이때 $\left(\dfrac{3\beta}{\alpha}\right)^3$의 값을 구하여라. (단, a, b, c는 상수이다.)

215

둔촌고, 원화여고 응용

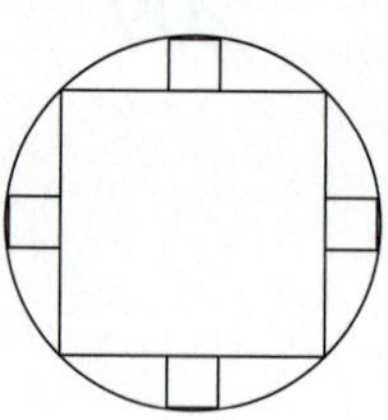

오른쪽 그림과 같이 원의 내부에 큰 정사각형 1개와 작은 정사각형 4개가 내접하고 있는 문양이 있다. 큰 정사각형의 한 변의 길이가 12일 때, 작은 정사각형의 한 변의 길이는 a이다. 이때 $10a$의 값을 구하여라. (단, $a>0$)

216

송탄고, 전남고, 혜화여고 응용

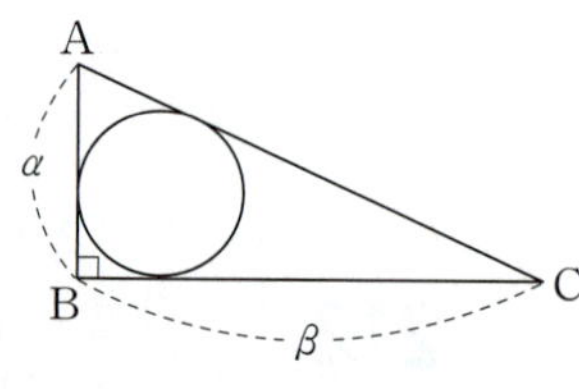

이차방정식 $x^2-8x+2=0$의 두 실근을 α, β라 하자. 오른쪽 그림과 같이 $\overline{AB}=\alpha$, $\overline{BC}=\beta$인 직각삼각형 ABC에 내접하는 원의 반지름의 길이를 한 근으로 하고 이차항의 계수가 1인 이차방정식이 $x^2+mx+n=0$일 때, m^2+n^2의 값을 구하여라.

(단, m, n은 유리수이다.)

217

📑 신림고, 염광고, 인천남고 응용

두 다항식 $f(x)$, $g(x)$를 x^2+x+1로 나눈 나머지를 각각 $R(x)$, $R'(x)$라 하자. 다항식 $f(x)+g(x)$를 x^2+x+1로 나눈 나머지가 $2x+2$이고, 다항식 $f(x)g(x)$를 x^2+x+1로 나눈 나머지가 $17x-5$일 때, $R(5)$의 값은?

(단, $R(x)$, $R'(x)$는 계수가 정수인 일차다항식이고, $R(x)$의 일차항의 계수는 양수이다.)

① 12　　　② 13　　　③ 14　　　④ 15　　　⑤ 16

218

📑 선유고, 여의도고 응용

x에 대한 이차방정식 $x^2+px+q=0$이 서로 다른 두 실근 α, β를 갖는다. $|\alpha|$, $|\beta|$가 이차방정식 $x^2-(2p-q)x+2p+q=0$의 두 근일 때, 두 상수 p, q에 대하여 p^2+q^2의 값은?

① $\dfrac{1}{4}$　　　② $\dfrac{1}{2}$　　　③ $\dfrac{3}{4}$　　　④ 1　　　⑤ $\dfrac{5}{4}$

219

📑 충북고, 현대고 응용

오른쪽 그림과 같이 $\overline{AB}=a$, $\overline{BC}=b$인 직각삼각형 ABC에서 두 점 P, Q는 각각 선분 AB와 선분 BC 위에 있고, 두 점 R, S는 선분 AC 위에 있도록 하는 한 변의 길이가 k $(k>0)$인 정사각형 PQRS를 만들었다. 이차방정식 $x^2-8x+14=0$의 두 실근을 a, b라 할 때, 선분 AC의 길이와 k의 값을 두 근으로 하는 x에 대한 이차방정식은 $25x^2+px+q=0$이다. 이때 두 상수 p, q에 대하여 $q-p$의 값을 구하여라.

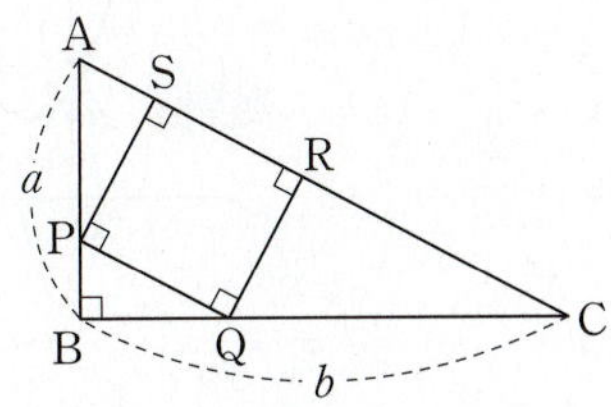

06 이차방정식과 이차함수

1 이차함수의 그래프와 x축의 위치 관계

이차함수 $y=ax^2+bx+c\ (a\neq0)$의 그래프와 x축의 위치 관계는 이차방정식 $ax^2+bx+c=0$ … ㉠의 판별식을 $D=b^2-4ac$라 할 때, D의 부호에 따라 다음과 같다.

판별식 D의 부호	$D>0$	$D=0$	$D<0$
이차방정식 ㉠의 실근의 개수	2	1	없다.
$ax^2+bx+c=0\ (a>0)$ 의 그래프			
위치 관계	서로 다른 두 점에서 만난다.	한 점에서 만난다 (접한다).	만나지 않는다.

2 이차함수의 그래프와 직선의 위치 관계

이차함수 $y=ax^2+bx+c\ (a\neq0)$의 그래프와 직선 $y=mx+n$의 교점의 x좌표는 이차방정식 $ax^2+bx+c=mx+n$, 즉 $ax^2+(b-m)x+c-n=0$의 실근과 같다.

3 이차함수의 최대, 최소

이차함수 $y=ax^2+bx+c\ (a\neq0)$의 최대, 최소는 이차함수의 식을 $y=a(x-p)^2+q$의 꼴로 변형한 후 다음과 같이 구한다.
① $a>0$일 때, $x=p$에서 최솟값 q를 갖고 최댓값은 없다.
② $a<0$일 때, $x=p$에서 최댓값 q를 갖고 최솟값은 없다.

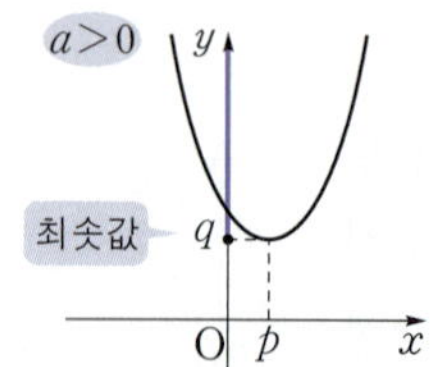

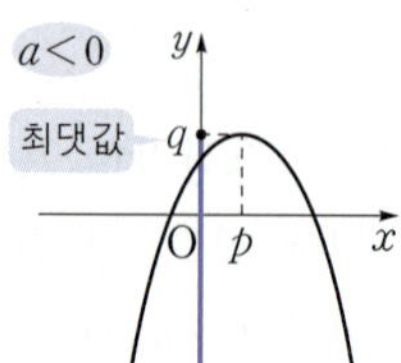

4 x의 값의 범위가 주어진 이차함수의 최대, 최소 (1)

x의 값의 범위가 $\alpha\leq x\leq\beta$이고, 이차함수 $y=a(x-p)^2+q$의 꼭짓점의 x좌표 p가 주어진 범위에 포함될 때 $\Rightarrow f(x)=a(x-p)^2+q$라 하면 $f(p)$, $f(\alpha)$, $f(\beta)$ 중에서 가장 큰 값이 최댓값, 가장 작은 값이 최솟값이다.

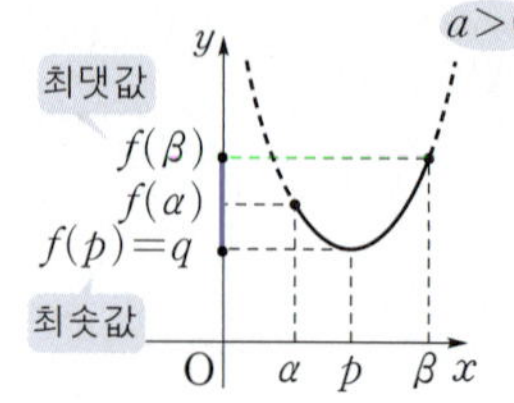

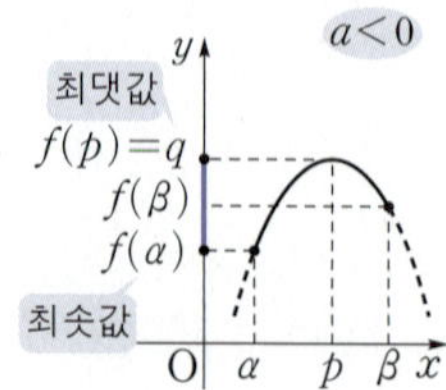

5 x의 값의 범위가 주어진 이차함수의 최대, 최소 (2)

x의 값의 범위가 $\alpha \leq x \leq \beta$이고, 이차함수 $y=a(x-p)^2+q$의 꼭짓점의 x좌표 p가 주어진 범위에 포함되지 않을 때 $\Rightarrow f(x)=a(x-p)^2+q$라 하면 $f(\alpha)$, $f(\beta)$ 중에서 가장 큰 값이 최댓값, 가장 작은 값이 최솟값이다.

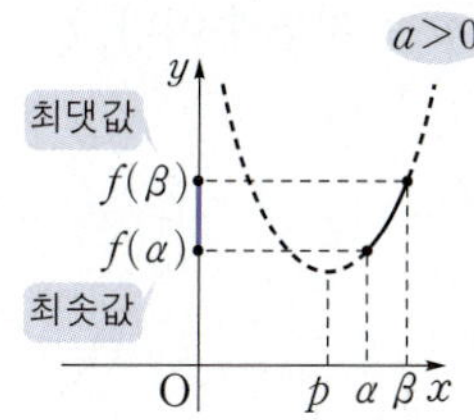

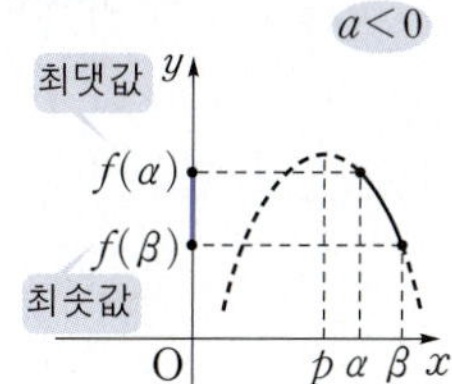

+10점 향상을 위한 문제 해결의 Key

Key 1 이차함수의 그래프와 x축과의 두 교점 사이의 거리

이차함수 $y=ax^2+bx+c$ $(a\neq 0)$의 그래프와 x축과의 두 교점의 x좌표를 α, β $(\alpha\neq\beta)$라 하면 두 교점 사이의 거리는 $|\alpha-\beta|$이고 이차방정식 $ax^2+bx+c=0$의 두 실근은 α, β $(\alpha\neq\beta)$이므로

$$|\alpha-\beta|=\frac{\sqrt{b^2-4ac}}{|a|}$$

참고 이차방정식의 근과 계수의 관계에 의하여 $\alpha+\beta=-\dfrac{b}{a}$, $\alpha\beta=\dfrac{c}{a}$이므로

$$(\alpha-\beta)^2=(\alpha+\beta)^2-4\alpha\beta=\left(-\frac{b}{a}\right)^2-4\cdot\frac{c}{a}=\frac{b^2}{a^2}-\frac{4c}{a}=\frac{b^2-4ac}{a^2} \qquad \therefore |\alpha-\beta|=\frac{\sqrt{b^2-4ac}}{|a|}$$

$\Rightarrow$ $|\alpha-\beta|$의 값은 이차함수 $y=ax^2+bx+c$의 그래프와 x축과의 두 교점 사이의 거리와 같다.

» 65쪽 240번

Key 2 두 이차함수의 그래프가 접할 때, 접점의 x좌표

두 이차함수 $y=a(x-p)^2+q$와 $y=-b(x-m)^2+n$이 한 점 P에서 접할 때, 점 P의 x좌표는 $\dfrac{ap+bm}{a+b}$이다.

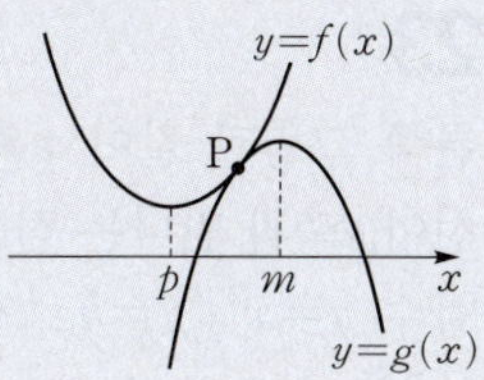

참고 상수 p, q, m, n과 양수 a, b에 대하여 두 이차함수 $f(x)=a(x-p)^2+q$와

$g(x)=-b(x-m)^2+n$의 그래프가 오른쪽 그림과 같이 한 점 P에서 접한다고 하면 이차방정식

$a(x-p)^2+q=-b(x-m)^2+n$은 중근을 갖고, 그 중근은 점 P의 x좌표이다. 이때

$a(x-p)^2+q=-b(x-m)^2+n$에서 이차방정식

$$(a+b)x^2-2(ap+bm)x+ap^2+bm^2+q-n=0 \qquad \cdots\cdots \text{㉠}$$

㉠이 중근을 가져야 하므로 이차방정식 ㉠의 판별식을 D라 하면

$$D=\{2(ap+bm)\}^2-4(a+b)(ap^2+bm^2+q-n)=0 \qquad \cdots\cdots \text{㉡}$$

따라서 근의 공식을 이용하여 이차방정식 ㉠의 해를 구하면 $x=\dfrac{ap+bm\pm\sqrt{D}}{a+b}$이고, ㉡에서 $D=0$이므로 점 P의 x좌표는

$$\frac{ap+bm}{a+b}$$

$\Rightarrow$ 함수 $y=f(x)$의 꼭짓점을 A, 함수 $y=g(x)$의 꼭짓점을 B라 하면 점 P의 x좌표는 두 점 A, B를 잇는 선분 AB를 $b:a$로 내분하는 점의 x좌표와 같다. (☞ 공통수학 2 본문 6쪽 선분의 내분점 참조)

» 62쪽 227번

220

이차함수 $y=x^2-5x-3$의 그래프와 직선 $y=2x-1$이 서로 다른 두 점에서 만나고, 두 교점의 좌표가 $(x_1,\ y_1)$, $(x_2,\ y_2)$이다. y_1+y_2의 값을 a, y_1y_2의 값을 b라 할 때, $a-b$의 값을 구하여라.

221

이차함수 $f(x)=x^2-4x+2$에 대하여 서로 다른 두 실수 a, b가 $f(a)=3-2a$, $f(b)=3-2b$를 만족시킬 때, a^3+b^3의 값을 구하여라.

222

이차함수 $f(x)=-x^2-2ax+3$의 그래프와 직선 $y=-3x+7$의 두 교점을 이은 선분 위에 두 교점이 아닌 점 $(1,\ 4)$가 있도록 하는 실수 a의 값의 범위는?

① $a<-1$ ② $a>-1$ ③ $a<1$
④ $a>1$ ⑤ $-1<a<1$

223

오른쪽 그림과 같이 x축에 평행한 직선이 y축과 만나는 점을 P, 두 이차함수 $y=x^2$, $y=kx^2$의 그래프와 제1사분면에서 만나는 점을 각각 Q, R이라 한다. $\overline{PQ}:\overline{QR}=2:1$이 되는 상수 k에 대하여 $9k$의 값을 구하여라. (단, $0<k<1$)

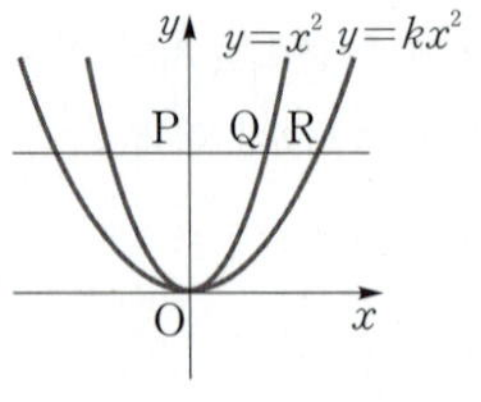

224

이차함수 $y=x^2-2ax+a^2+a-4$의 그래프와 직선 $y=2x-k$가 서로 다른 두 점에서 만나도록 하는 모든 자연수 k의 개수를 $f(a)$라 할 때, $f(2)+f(4)+f(6)$의 값을 구하여라. (단, a는 자연수이다.)

225

이차함수 $f(x)=x^2-2kx+k^2+k$의 그래프와 일차함수 $g(x)=-2ax-a^2+b-1$의 그래프가 k의 값에 관계없이 항상 접하도록 하는 두 상수 a, b에 대하여 $2a+3b$의 값을 구하여라. (단, k는 상수이다.)

226

함수 $f(x)=\begin{cases}(x-1)(x-5) & (x<1\ \text{또는}\ x>5) \\ -(x-1)(x-5) & (1\le x\le 5)\end{cases}$의 그래프와 직선 $y=x+k$가 서로 다른 네 점에서 만나도록 하는 실수 k의 값의 범위는 $a<k<b$이다. 이때 $4(b-a)$의 값을 구하여라.

227

이차항의 계수가 3이고 꼭짓점의 x좌표가 α인 이차함수 $y=f(x)$와 이차항의 계수가 -4이고 꼭짓점의 x좌표가 β인 이차함수 $y=g(x)$가 있다. 두 이차함수의 그래프가 한 점 P에서 접할 때, 점 P의 x좌표를 α와 β를 이용하여 나타내면 $\dfrac{k\alpha+l\beta}{7}$이다. 이때 두 상수 k, l에 대하여 $l-k$의 값을 구하여라.

228
경기여고, 마차고, 사천고, 수완고 응용

이차함수 $f(x)=ax^2-2bx-a+6$의 그래프가 x축과 접하거나 x축과 만나지 않도록 하는 두 정수 a, b의 순서쌍 (a, b)의 개수를 구하여라.

229
광동고, 대전외고, 명문고, 소사고 응용

이차함수 $f(x)$가 다음 조건을 모두 만족시킨다.

> ㈎ 모든 실수 x에 대하여 $f(x)\geq f(4)$이다.
> ㈏ $f(6)=0$

양수 k에 대하여 $f(x)=kx$의 두 실근의 곱은?

① 6   ② 8   ③ 10
④ 12   ⑤ 14

230
동백고, 문성고, 안동고 응용

두 이차함수 $f(x)$와 $g(x)$의 최고차항의 계수가 각각 1, -1이고, 두 이차함수의 그래프의 교점의 x좌표는 α, β이다. $h(x)=f(x)-g(x)$라 할 때, 함수 $h(x)$는 $x=2$에서 최솟값 -6을 갖는다. 이때 $\alpha^2+\beta^2$의 값을 구하여라.

231
신성고, 여주고, 정읍고, 충남여고 응용

이차함수 $f(x)=x^2+a$에 대하여 $y=f(x)$의 그래프와 x축이 만나는 두 점을 A, B라 하고, 꼭짓점을 C라 하자. 삼각형 ABC가 정삼각형일 때, 상수 a의 값은?

① -5 ② -4 ③ -3
④ -2 ⑤ -1

232
금명여고, 대아고, 장덕고, 호산고 응용

이차함수 $y=x^2-5x+4$의 그래프가 y축과 만나는 점을 A, x축과 만나는 두 점을 각각 B, C라 하자. 점 $P(a, b)$가 점 A에서 이차함수 $y=x^2-5x+4$의 그래프를 따라 점 B를 거쳐 점 C까지 움직일 때, $a-b$의 최댓값과 최솟값의 합을 구하여라. (단, (점 B의 x좌표)<(점 C의 x좌표))

233
상동고, 약목고, 음성고 응용

오른쪽 그림과 같은 직각삼각형 모양의 땅에 직사각형 모양의 화단을 만들려고 한다. 직각삼각형 ABC에서 $\overline{BC}=16$, $\overline{AC}=8$, $\angle C=90°$일 때, 직사각형 모양의 화단의 넓이의 최댓값을 구하여라.

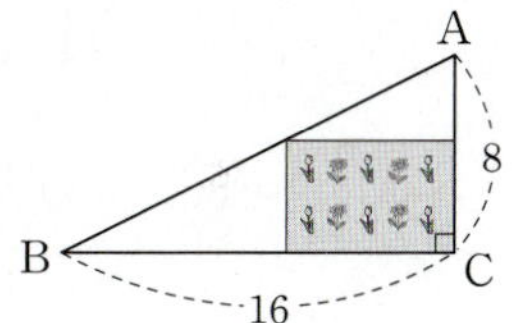

234
계남고, 대정고, 잠실고, 청주여고 응용

어느 상점에서 판매하는 A상품 한 개의 가격은 p원이고, 하루 평균 n개의 상품이 팔린다고 한다. 이 상품 한 개의 가격을 $x\,\%$ 할인하여 판매하면 하루 판매량이 $2x\,\%$ 늘어난다고 할 때, 하루 판매 금액을 최대로 하려면 이 상품의 가격을 몇 $\%$ 할인하여 판매해야 하는가? (단, $0\leq x\leq 50$이고, 판매 금액은 판매 가격과 판매량의 곱으로만 정해진다.)

① 10 $\%$ ② 15 $\%$ ③ 20 $\%$
④ 25 $\%$ ⑤ 30 $\%$

235

📑 대건고, 명신고, 상문고, 영북고 응용

이차방정식 $x^2+x+3=0$의 두 근을 α, β라 할 때, 이차함수 $f(x)=x^2+mx+n$에 대하여 $f(\alpha)=-4\beta-5$, $f(\beta)=-4\alpha-5$이다. 두 상수 m, n에 대하여 $m+n$의 값을 구하여라.

236

📑 중앙여고, 진주외고, 평창고 응용

꼭짓점의 x좌표가 4인 이차함수 $y=f(x)$의 그래프가 오른쪽 그림과 같다. 다항식 $f(x)$를 $x-4$로 나누었을 때의 몫을 $Q(x)$, 나머지를 R이라 할 때, 보기 중 옳은 것만을 있는 대로 고른 것은?

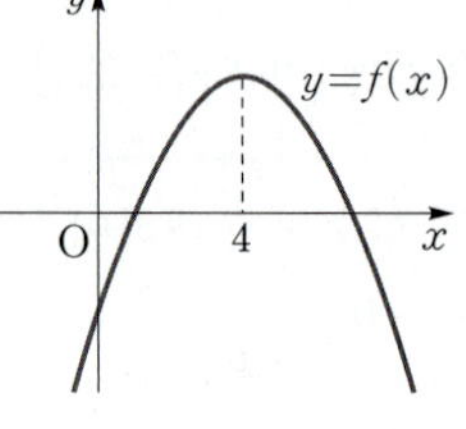

보기

ㄱ. $R>0$ ㄴ. $Q(0)>0$
ㄷ. $f(-1)<Q(-1)$

① ㄱ ② ㄴ ③ ㄱ, ㄴ ④ ㄴ, ㄷ ⑤ ㄱ, ㄴ, ㄷ

237

📑 원종고, 장안고, 혜화여고 응용

두 함수 $f(x)=x^2-3x+1$과 $g(x)=x+4$의 그래프가 서로 다른 두 점에서 만난다. 방정식 $f(2x-a)=g(2x-a)$의 두 실근의 합이 4일 때, 상수 a의 값은?

① 1 ② 2 ③ 3 ④ 4 ⑤ 5

238

📑 구현고, 세광고, 숭의여고 응용

이차함수 $f(x)=ax^2+bx+c$가 다음 조건을 모두 만족시킬 때, 보기 중 옳은 것만을 있는 대로 고른 것은? (단, a, b, c는 실수이다.)

(가) 함수 $y=f(x)$의 그래프와 x축이 만나는 점의 x좌표의 곱이 0이다.
(나) $f(-2)+f(2)>0$ (다) $-2\leq x_1<x_2\leq 2$이면 $f(x_1)>f(x_2)$이다.

보기

ㄱ. $f(1)<0$ ㄴ. $b>-4a$
ㄷ. 방정식 $f(x)=0$의 두 근의 합은 4보다 크거나 같다.

① ㄱ ② ㄱ, ㄴ ③ ㄱ, ㄷ ④ ㄴ, ㄷ ⑤ ㄱ, ㄴ, ㄷ

239

x에 대한 방정식 $x^2-6|x|+m=0$이 서로 다른 네 실근을 갖도록 하는 정수 m의 개수는?

① 5 　　② 6 　　③ 7 　　④ 8 　　⑤ 9

240

다항식 $x^3-(4a+1)x^2+(5a^2+4a-2)x-2a^3-3a^2+2a$를 $x-a$로 나눈 몫을 $f(x)$라 할 때, x에 대한 함수 $y=f(x)$의 그래프와 x축이 만나는 두 점 사이의 거리는 7이다. 이때 양수 a의 값은?

① 6 　　② 7 　　③ 8 　　④ 9 　　⑤ 10

241

오른쪽 그림과 같이 이차함수 $y=-x^2+8x+a$의 그래프와 x축이 만나는 두 점을 A, B라 하고, 점 A를 지나는 직선 $y=x+b$가 이차함수의 그래프와 만나는 점을 C라 할 때, 삼각형 ABC의 넓이를 구하여라. (단, $\overline{AB}=6$)

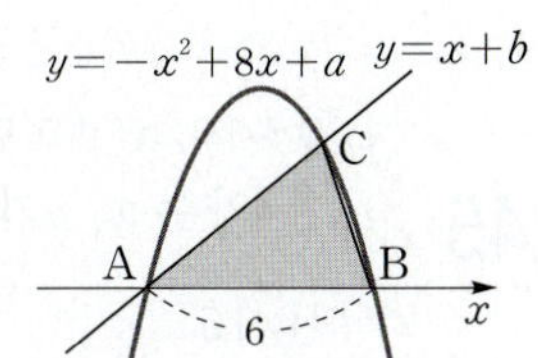

242

함수 $f(x)=x^2-ax+ab$의 그래프와 y축이 만나는 점을 A, 점 A를 지나고 x축에 평행한 직선이 곡선 $y=f(x)$와 만나는 점 중 A가 아닌 점을 B라 하자. 또 두 점 O, B를 지나는 일차함수 $y=g(x)$의 그래프와 곡선 $y=f(x)$가 만나는 점 중 B가 아닌 점을 C, 점 C를 지나고 x축에 평행한 직선이 곡선 $y=f(x)$와 만나는 점 중 C가 아닌 점을 D라 하자. 두 양수 a, b가 다음 조건을 모두 만족시킬 때, a^2+b^2의 값은? (단, $0<b<a$, O는 좌표평면의 원점이다.)

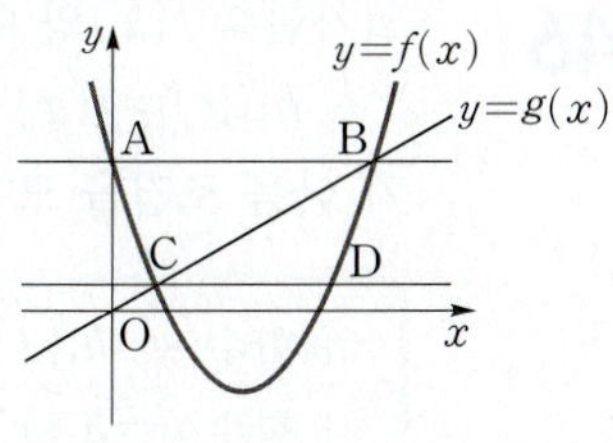

(개) $f(1)+g(1)=1$	(내) 사다리꼴 ACDB의 넓이는 $4b$이다.

① 8 　　② 10 　　③ 12 　　④ 14 　　⑤ 16

243 이차함수 $y=f(x)$의 그래프가 오른쪽 그림과 같을 때, x에 대한 방정식
$$\{f(x)\}^2-af(x)+3p=0$$
의 실근이 1개 존재하도록 하는 10 이하의 모든 소수 p의 값의 합을 구하여라. (단, a, p는 상수이다.)

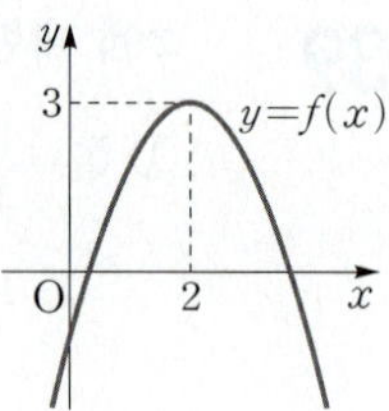

244 최고차항의 계수가 1인 이차함수 $f(x)$는 모든 실수 x에 대하여 $x=2$일 때, 최솟값 -1을 갖는다. 이때 방정식 $\{f(x)\}^2-2f(x)-6=0$의 모든 실근의 합은?

① 2　　　　② 4　　　　③ 6　　　　④ 8　　　　⑤ 10

245 두 양수 x, y가 $4x+3y=8$을 만족시킬 때, $\left(\sqrt{4x+1}+\sqrt{3y+1}\right)^2$의 최댓값은?

① 16　　　　② 18　　　　③ 20　　　　④ 22　　　　⑤ 24

246 일차함수 $f(x)$와 이차항의 계수가 1인 이차함수 $g(x)$에 대하여 두 함수
$$h_1(x)=f(x)+g(x),\ h_2(x)=f(x)-g(x)$$
가 다음 조건을 모두 만족시킨다.

> (가) 함수 $y=h_1(x)$의 그래프는 x축에 접한다.
> (나) 함수 $y=h_1(x)$의 그래프와 함수 $y=h_2(x)$의 그래프는 오직 한 점 $(1,\ 4)$에서 접한다.
> (다) 모든 실수 x에 대하여 두 부등식 $h_1(x)\geq h_1(\alpha)$, $h_2(x)\leq h_2(\beta)$가 성립한다.
> (단, α, β는 $\alpha<\beta$인 상수이다.)

이때 $f(\beta)+g(\alpha)$의 값은?

① 16　　　　② 18　　　　③ 20　　　　④ 22　　　　⑤ 24

247 $-2 \leq x \leq 0$에서 함수 $f(x) = -x^2 + 2ax - a^2 - a + 1$의 최댓값이 1이 되도록 하는 모든 실수 a의 값의 합은?

① -4 ② -3 ③ -2 ④ -1 ⑤ 0

248 두 이차함수 $y=f(x)$, $y=g(x)$와 일차함수 $y=h(x)$에 대하여 오른쪽 그림과 같이 두 함수 $y=f(x)$, $y=h(x)$의 그래프가 접하는 점의 x좌표를 α, 두 함수 $y=g(x)$, $y=h(x)$의 그래프가 접하는 점의 x좌표를 β라 할 때, 다음 조건을 모두 만족시킨다.

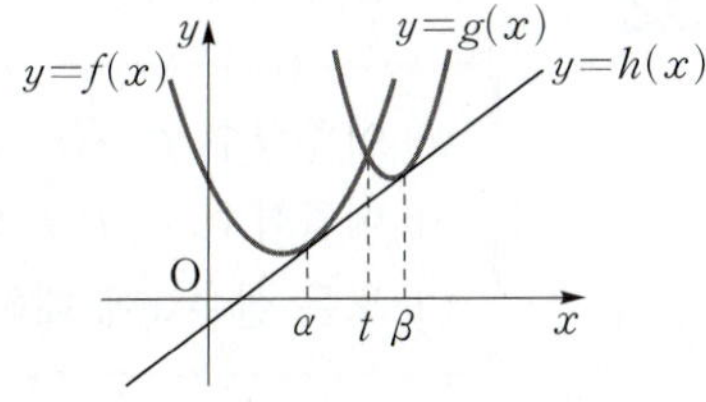

> (가) 두 함수 $y=f(x)$와 $y=g(x)$의 최고차항의 계수는 각각 1과 9이다.
> (나) 두 양수 α, β에 대하여 $\alpha : \beta = 1 : 2$이다.

두 이차함수 $y=f(x)$와 $y=g(x)$의 그래프가 만나는 점 중에서 x좌표가 α와 β 사이에 있는 점의 x좌표를 t라 할 때, $\dfrac{4t}{\alpha}$의 값을 구하여라.

249 두 학생 A, B가 주사위 던져 나온 눈의 수를 각각 a, b라 할 때, 이차함수 $y=x^2+2ax+b$의 그래프와 x축의 교점의 개수를 학생 A의 점수, 이차함수 $y=x^2+2bx+3a$의 그래프와 x축의 교점의 개수를 학생 B의 점수로 정한다. 학생 A가 던진 주사위의 눈의 수가 2일 때, 학생 A가 학생 B보다 더 높은 점수를 얻기 위한 b의 개수는? (단, 주사위의 눈은 1부터 6까지이다.)

① 1 ② 2 ③ 3 ④ 4 ⑤ 5

250 오른쪽 그림과 같이 어느 호수에 설치된 분수의 한 물줄기는 포물선 모양을 그리며 떨어지고, 이 물줄기의 시작 지점과 끝 지점 사이의 거리는 6 m, 수면으로부터 최고 높이는 9 m이다. 물줄기의 시작 지점으로부터 왼쪽으로 2 m 떨어진 지점에서 레이저 광선을 쏘면 레이저 광선과 물줄기가 맞닿는다고 할 때, 수면으로부터 레이저 광선과 물줄기가 만나는 지점까지의 높이는 a m이다. 이때 상수 a의 값을 구하여라.

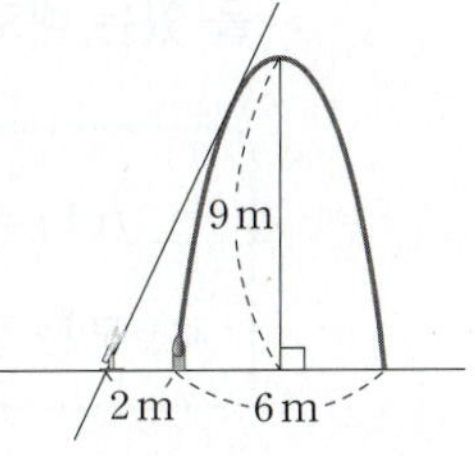

(단, 물줄기의 시작 지점과 끝 지점, 레이저를 쏘는 지점은 한 직선 위에 있다.)

251 崇一고, 여산고, 중화고 응용

$0\leq x\leq 2$에서 정의된 이차함수 $f(x)=-x^2+2ax+2a$의 최댓값을 M, 최솟값을 m이라 할 때, $M-m=2$를 만족하는 모든 실수 a의 값의 합을 구하여라.

252 대화고, 신장고, 조치원고 응용

이차항의 계수가 1인 이차함수 $y=f(x)$와 일차함수 $y=g(x)$가 다음 조건을 모두 만족시킨다.

> ㈎ 이차함수 $y=f(x)$의 그래프는 x축에 접한다.
> ㈏ 이차함수 $y=f(x)$와 일차함수 $y=g(x)$의 그래프는 $x=\alpha$인 점에서 접한다.
> ㈐ 모든 실수 x에 대하여 $f(x)\geq f(\beta)$가 성립한다.

$f(x)$를 $g(x)$로 나누었을 때의 나머지가 25일 때, $|\alpha-\beta|$의 값은?

① 7 ② 8 ③ 9 ④ 10 ⑤ 11

253 선덕여고, 이현고 응용

이차함수 $y=f(x)$가 다음 조건을 모두 만족시킨다.

> ㈎ 모든 실수 x에 대하여 $f(2+x)=f(2-x)$이다.
> ㈏ x의 값의 범위가 $0\leq x\leq 3$일 때, 함수 $y=f(x)$의 최댓값은 4, 최솟값은 0이다.
> ㈐ 이차함수 $y=f(x)$의 그래프와 직선 $y=2x+1$은 접한다.

이때 $f(3)$의 값을 구하여라.

254 동패고, 살레시오고, 풍문여고 응용

모든 실수 x에 대하여 이차함수 $f(x)$는 $2f(x)+f(2-x)=x^2$을 만족할 때, 보기 중 옳은 것만을 있는 대로 고른 것은?

> ─ 보기 ─
> ㄱ. $f(1)=\dfrac{1}{3}$　　　　ㄴ. $f(x)$의 최솟값은 $-\dfrac{4}{3}$이다.
> ㄷ. 모든 실수 x에 대하여 $f(x)=f(-4-x)$이다.

① ㄱ ② ㄱ, ㄴ ③ ㄱ, ㄷ ④ ㄴ, ㄷ ⑤ ㄱ, ㄴ, ㄷ

사상고, 영주고, 죽장고 응용

255 오른쪽 그림과 같이 $\overline{AB}=10$, $\overline{BC}=18$인 직사각형 ABCD에서 $\overline{AP}=\overline{BQ}=\overline{CR}=\overline{DS}$가 되도록 네 점 P, Q, R, S를 잡았다. 사각형 PQRS의 넓이의 최솟값을 a, 그때의 $\overline{AP}$의 길이를 b라 할 때, $a-b$의 값을 구하여라.

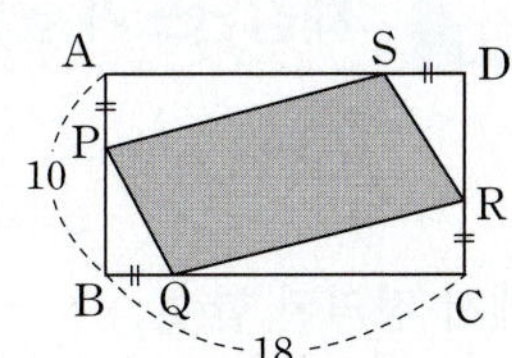

남지고, 성심여고, 중앙고 응용

256 오른쪽 그림은 두 이차함수 $y=-x^2+6x$, $y=x^2-6x$의 그래프이다. 직사각형 ABCD에서 두 점 A, D는 이차함수 $y=-x^2+6x$의 그래프 위의 점이고, 두 점 B, C는 이차함수 $y=x^2-6x$의 그래프 위의 점이다. 이때 직사각형 ABCD의 둘레의 길이의 최댓값을 구하여라.

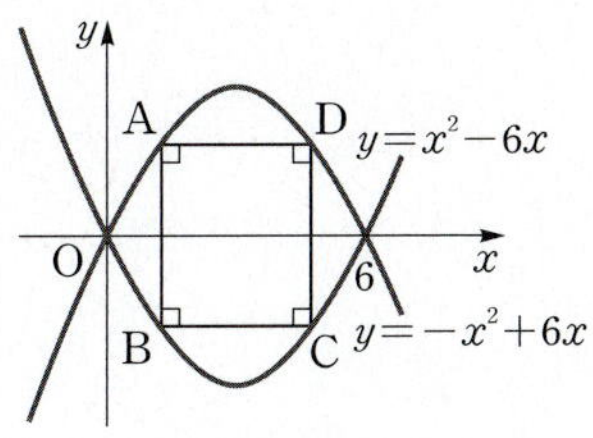

대륜고, 이화여고, 휘문고 응용

257 오른쪽 그림과 같은 직각삼각형 ABC에서 점 P가 변 AC 위를 움직일 때, $\overline{PB}^2+\overline{PC}^2$의 최솟값은 m이다. 이때 $8m$의 값은?

① 15　　　　② 16　　　　③ 17
④ 18　　　　⑤ 19

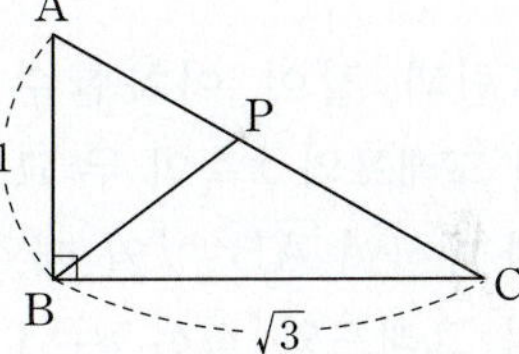

유성고, 중동고 응용

258 오른쪽 그림과 같이 $\angle A=90°$이고 $\overline{AB}=4\sqrt{2}$인 직각이등변삼각형 ABE와 가로의 길이와 세로의 길이의 비가 $2:1$인 직사각형 BCDE의 변 BE를 일치시킨 오각형 ABCDE가 있다. 변 AB 위의 한 점 F에서 변 CD에 내린 수선의 발을 G라 하고, 점 F를 지나고 변 CD와 평행한 직선이 변 AE와 만나는 점을 H라 한다. 오각형 FGDEH의 넓이의 최댓값을 S라 할 때, $3S$의 값을 구하여라. (단, 점 F는 꼭짓점 A, 꼭짓점 B가 아니다.)

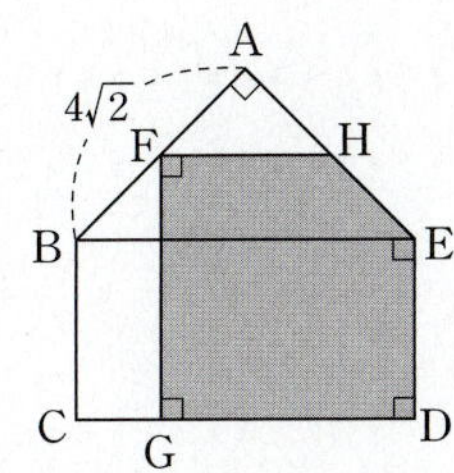

서술형 체감난도가 높았던 **서**술형 기출

259

📑 대부고, 사천여고, 오금고, 해원여고 응용

$0 \le x \le 3$에서 정의된 함수
$$y=(-x^2+2x+4)^2-2(-2x^2+4x-2)-2$$
의 최댓값을 M, 최솟값을 m이라 할 때, $M-m$의 값을 구하여라.

261

📑 계성고, 동인고, 명지고, 순창고 응용

이차함수 $y=x^2-2ax+a+1\,(0 \le x \le 2)$의 최솟값을 $f(a)$라 하자. $-1 \le a \le 3$일 때, 함수 $f(a)$의 최댓값과 최솟값의 곱을 구하여라.

260

📑 센텀고, 양천고, 충주고 응용

오른쪽 그림과 같이 이차함수 $y=f(x)$의 그래프와 x축의 두 교점 A, B에 대하여 $\overline{AB}=l$일 때, $y=f(x)$의 그래프와 직선 $y=1$의 두 교점 C, D에 대하여 $\overline{CD}=l+1$이고, $y=f(x)$의 그래프와 직선 $y=4$의 두 교점 E, F에 대하여 $\overline{EF}=l+3$이다. 이때 $10l$의 값을 구하여라.

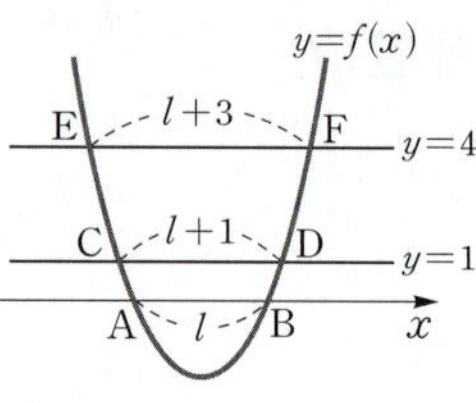

262

📑 대성고, 송악고 응용

x, y, z가 실수이고 $x+y+z=4$, $x^2-2y^2-2z^2=8$이다. x의 최솟값을 a, 그때의 y, z의 값을 각각 b, c라 할 때, $ab-c$의 값을 구하여라.

1등급 학생들도 틀렸던 최상위 기출

263 🔖 숭덕여고, 효천고 응용

이차함수 $f(x)=x^2+ax+b$는 모든 실수 x에 대하여 $f(x)=f(n-x)$인 관계가 성립할 때, 보기 중 옳은 것만을 있는 대로 고른 것은? (단, a, b는 실수이고, $n>0$이다.)

<보기>

ㄱ. 이차함수 $y=f(x)$의 그래프는 직선 $x=\dfrac{n}{2}$에 대하여 대칭이다.

ㄴ. $b\le\dfrac{n^2}{4}$이면 이차함수 $y=f(x)$의 그래프는 x축과 만나지 않는다.

ㄷ. $-n\le x\le n$에서 이차함수 $f(x)$의 최댓값과 최솟값의 차는 $2n^2$이다.

① ㄱ   ② ㄱ, ㄴ   ③ ㄱ, ㄷ   ④ ㄴ, ㄷ   ⑤ ㄱ, ㄴ, ㄷ

264 🔖 덕원고, 청주외고 응용

오른쪽 그림과 같이 $135°$로 꺾인 벽면이 있는 땅에 길이가 $150\,\text{m}$인 철망으로 울타리를 설치하여 직사각형 모양의 X화단과 사다리꼴 모양의 Y화단을 만들려고 한다. X화단의 넓이가 Y화단의 넓이의 2배일 때, Y화단의 넓이의 최댓값은?

(단, 벽면에는 울타리를 설치하지 않고, 철망의 폭은 무시한다.)

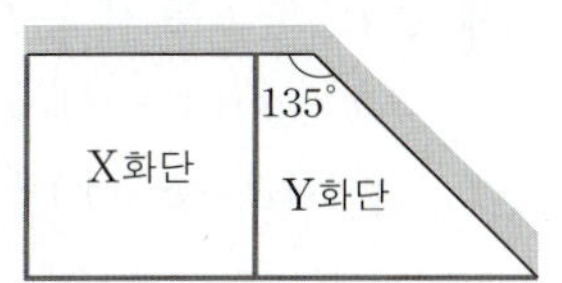

① $650\,\text{m}^2$ ② $700\,\text{m}^2$ ③ $750\,\text{m}^2$ ④ $800\,\text{m}^2$ ⑤ $850\,\text{m}^2$

265 🔖 보인고, 정화여고 응용

오른쪽 그림과 같이 $\overline{AB}=5$, $\overline{BC}=3$, $\overline{CA}=4$이고 $\angle C=90°$인 직각삼각형 ABC의 두 꼭짓점 B, C를 각각 중심으로 하는 두 원 O_1, O_2가 서로 외접하고 있다. 변 AB와 원 O_1의 교점을 P, 변 AC와 원 O_2의 교점을 Q라 할 때, $\overline{PQ}^2$의 최솟값은 m이다. 이때 $50m$의 값을 구하여라.

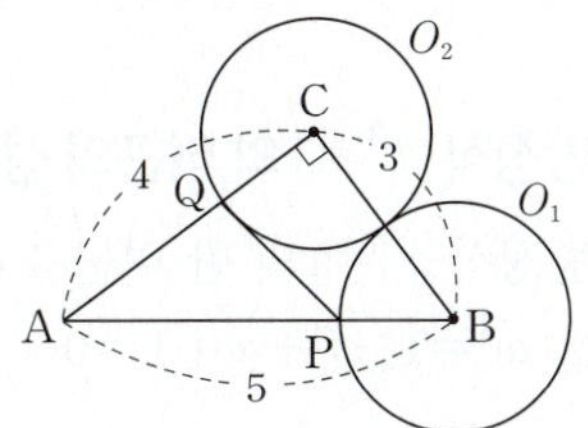

266 🔖 수주고, 인창고 응용

한 자리의 자연수 a, b에 대하여 두 이차함수 $y=a(x+1)^2$, $y=bx^2$의 그래프와 직선 $x=t\ (t\ge1)$가 만나는 점을 각각 P, Q라 하자. $\overline{PQ}\le10$인 1 이상의 실수 t가 존재하도록 하는 a, b의 순서쌍 (a, b)의 개수를 구하여라.

여러 가지 방정식

1 삼차방정식과 사차방정식의 풀이

(1) 방정식 $f(x)=0$에서 다항식 $f(x)$가 $f(\alpha)=0$이면 $x-\alpha$는 $f(x)$의 인수이므로 조립제법을 이용하여 $f(x)=(x-\alpha)Q(x)$ 꼴로 인수분해한다.

(2) ① 공통부분이 있는 방정식: 방정식에 공통부분이 있으면 공통부분을 치환하여 식을 간단히 한 후 인수분해한다.

　② $ax^4+bx^2+c=0\ (a\neq0)$의 풀이 방법

　　(i) $x^2=t$로 치환한 후 인수분해한다.

　　(ii) 인수분해가 되지 않으면 $A^2-B^2=0$ 꼴로 변형하여 인수분해한다.

▶ 인수정리
다항식 $f(x)$에 대하여 $f(\alpha)=0$이면 다항식 $f(x)$는 $x-\alpha$를 인수로 갖는다.

2 삼차방정식의 근과 계수의 관계

(1) 삼차방정식 $ax^3+bx^2+cx+d=0\ (a\neq0)$의 세 근을 α, β, γ라 하면
$$\alpha+\beta+\gamma=-\frac{b}{a},\ \alpha\beta+\beta\gamma+\gamma\alpha=\frac{c}{a},\ \alpha\beta\gamma=-\frac{d}{a}$$

(2) 세 수 α, β, γ를 세 근으로 하고 x^3의 계수가 1인 삼차방정식은
$$(x-\alpha)(x-\beta)(x-\gamma)=0 \text{ 또는}$$
$$x^3-(\alpha+\beta+\gamma)x^2+(\alpha\beta+\beta\gamma+\gamma\alpha)x-\alpha\beta\gamma=0$$

3 삼차방정식의 켤레근

삼차방정식 $ax^3+bx^2+cx+d=0\ (a\neq0)$에서

(1) a, b, c, d가 유리수일 때, $p+q\sqrt{m}$이 근이면 $p-q\sqrt{m}$도 근이다.

$$\text{(단, } p,\ q\text{는 유리수, } q\neq0,\ \sqrt{m}\text{은 무리수)}$$

(2) a, b, c, d가 실수일 때, $p+qi$가 근이면 $p-qi$도 근이다.

$$\text{(단, } p,\ q\text{는 실수, } q\neq0,\ i=\sqrt{-1}\text{)}$$

4 방정식 $x^3=1$의 허근의 성질

방정식 $x^3=1$의 한 허근을 ω라 하면 다음이 성립한다.

(1) $\omega^3=1$, $\omega^2+\omega+1=0$　　　　(2) $\omega+\overline{\omega}=-1$, $\omega\overline{\omega}=1$

(3) $\omega^2=\overline{\omega}=\dfrac{1}{\omega}$　　　　　　　　　　(단, $\overline{\omega}$는 ω의 켤레복소수)

▶ 방정식 $x^3=-1$의 한 허근을 ω라 하면
$$\omega^3=-1,$$
$$\omega^2-\omega+1=0,$$
$$\omega+\overline{\omega}=1,\ \omega\overline{\omega}=1$$

5 미지수가 2개인 연립이차방정식의 풀이

(1) $\begin{cases}(\text{일차식})=0\\(\text{이차식})=0\end{cases}$의 꼴 ⇨ 일차식에서 한 미지수를 다른 미지수로 나타낸 다음, 이차방정식에 대입하여 미지수가 1개인 이차방정식을 만들어 푼다.

(2) $\begin{cases}(\text{이차식})=0\\(\text{이차식})=0\end{cases}$의 꼴 ⇨ 이차식 중 하나가 두 일차식의 곱으로 인수분해되면 인수분해로 얻어진 각각의 일차방정식과 나머지 이차방정식을 연립하여 푼다.

Advice

▶ 두 실수 a, b에 대하여
① $a^2+b^2=0$
　$\Rightarrow a=0,\ b=0$
② $|a|+|b|=0$
　$\Rightarrow a=0,\ b=0$
③ $a+bi=0$
　$\Rightarrow a=0,\ b=0$

6 부정방정식의 풀이

(1) 정수 조건이 주어진 경우

주어진 방정식을 (일차식)×(일차식)$=k$ (k는 정수) 꼴로 변형한 다음, 두 일차식의 곱이 k가 되는 정수를 찾아서 해를 구한다.

(2) 실수 조건이 주어진 경우

[방법1] 주어진 방정식이 $A^2+B^2=0$ 꼴로 변형되면 $A=0$, $B=0$임을 이용한다.

[방법2] 한 문자에 대하여 내림차순으로 정리하여 이차방정식이 되면 판별식 $D \geq 0$임을 이용한다.

+10점 향상을 위한 문제 해결의 Key

Key ① 삼차방정식 $(x-\alpha)(ax^2+bx+c)=0$이 중근을 가질 조건

삼차방정식 $(x-\alpha)(ax^2+bx+c)=0$이 중근을 가질 조건은 다음과 같은 두 가지 경우이다.

(i) $ax^2+bx+c=0$이 $x \neq \alpha$인 중근을 갖는다. $\Rightarrow$ 판별식 $D=b^2-4ac=0$, $a\alpha^2+b\alpha+c \neq 0$

(ii) $ax^2+bx+c=0$의 한 근이 $x=\alpha$이다. $\Rightarrow a\alpha^2+b\alpha+c=0$

참고 삼차방정식 $(x-\alpha)(ax^2+bx+c)=0$에서 한 실근이 $x=\alpha$이므로 이차방정식 $ax^2+bx+c=0$의 한 근이 $x=\alpha$이면 주어진 삼차방정식은 중근을 갖는다.

» 74쪽 270번

Key ② 사차방정식 $ax^4+bx^2+c=0$ (a, b, c는 상수)가 서로 다른 네 실근을 가질 조건

사차방정식 $ax^4+bx^2+c=0$ (a, b, c는 상수)에서 $x^2=t$로 놓으면 $t \geq 0$이므로 $at^2+bt+c=0$ … ㉠이다.

이때 $t \geq 0$이므로 t에 대한 이차방정식 $at^2+bt+c=0$은 서로 다른 두 양의 실근을 가져야 한다.

(i) 이차방정식 ㉠의 판별식을 D라 하면 $D=b^2-4ac>0$

(ii) (두 근의 합)$=-\dfrac{b}{a}>0$

(iii) (두 근의 곱)$=\dfrac{c}{a}>0$

(i), (ii), (iii)을 동시에 만족하면 주어진 사차방정식은 서로 다른 네 실근을 갖는다.

» 74쪽 269번

Key ③ x, y에 대한 대칭식인 연립일차방정식의 풀이

대칭식으로 이루어진 연립방정식은 $x+y=a$, $xy=b$로 놓고 x, y가 t에 대한 이차방정식 $t^2-at+b=0$의 두 근임을 이용하여 푼다.

참고 x^2+y^2, $\dfrac{y}{x}+\dfrac{x}{y}$와 같이 x와 y를 서로 바꾸어도 원래의 식과 같아지는 식을 대칭식이라 한다.

» 79쪽 297번

267

근영여고, 영남고, 주덕고 응용

오른쪽 그림과 같이 원 밖의 한 점 P에서 원에 그은 접선의 접점을 T라 하고, 점 P를 지나는 직선이 원과 만나는 두 점을 A, B라 하자.

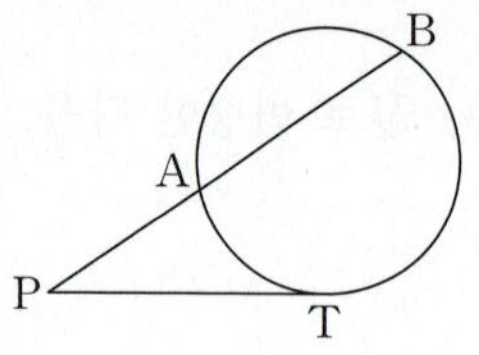

$\overline{PA} = x^2 - 2x + 6$, $\overline{AB} = 4x$, $\overline{PT} = \sqrt{21}x$가 되도록 하는 모든 양의 실수 x의 값의 합을 구하여라.

268

송악고, 장안고, 충북고 응용

복소수 $z = a^2 + 3a + 4i$에 대하여 z^4이 음의 실수가 되도록 하는 실수 a의 값은? (단, $a < 0$이고, $i = \sqrt{-1}$이다.)

① -5　　② -4　　③ -3
④ -2　　⑤ -1

269

강동고, 경남여고, 남성여고, 춘천고 응용

사차방정식 $x^4 - 8x^2 + 4n - 3 = 0$이 서로 다른 네 실근을 갖도록 하는 정수 n의 개수를 구하여라.

270

경주여고, 반포고, 법성고, 한대부고 응용

임의의 실수 x에 대한 삼차방정식

$$x^3 + 2x^2 + x = a^3 + 2a^2 + a$$

가 중근을 갖기 위한 모든 실수 a의 개수를 구하여라.

271

보성고, 창덕여고, 황지고 응용

함수 $f(x)$가 $f(x) = x^3 + 4$이고 삼차방정식 $x^3 + x + 2 = 0$의 세 근을 α, β, γ라 할 때, $f(\alpha)f(\beta)f(\gamma)$의 값은?

① 12　　② 16　　③ 20
④ 24　　⑤ 28

272

근화여고, 동패고, 미림여고, 부천여고 응용

방정식 $x^3 = 1$의 한 허근을 ω라 할 때, 보기 중 옳은 것만을 있는 대로 고른 것은? (단, $\overline{\omega}$는 ω의 켤레복소수이다.)

＜보기＞
ㄱ. $1 + \omega + \omega^2 + \cdots + \omega^{2029} = \omega^2$
ㄴ. $\dfrac{1}{1+\omega} + \dfrac{1}{1+\overline{\omega}} = 1$
ㄷ. $(1+\omega)(1+\omega^2)(1+\omega^3)\cdots(1+\omega^{11}) = 8$

① ㄱ　　② ㄴ　　③ ㄱ, ㄴ
④ ㄱ, ㄷ　　⑤ ㄴ, ㄷ

273

거제고, 건국사대부고, 군산동고, 대동고 응용

방정식 $(x^2 - 4x + 3)(x^2 - 6x + 8) = 120$의 한 허근을 ω라 할 때, $2\omega^2 - 10\omega + 46$의 값을 구하여라.

274

광주고, 남악고, 대영고, 한영고 응용

삼차방정식 $x^3 - 1 = 0$의 한 허근을 ω라 할 때, ω가 삼차방정식 $2x^3 + (2a - b)x^2 + (2b - a)x + 1 = 0$의 한 허근이 되도록 하는 두 실수 a, b에 대하여 $a + b$의 값을 구하여라.

275
경복고, 백양고, 속초여고, 오금고 응용

삼차방정식 $x^3+1=0$의 한 허근을 ω라 할 때, $\left(\dfrac{2\omega^3-\omega^2+\omega+3}{\omega^3+3\omega^2-2\omega+4}\right)^n$의 값이 자연수가 되도록 하는 두 자리 자연수 n의 개수를 구하여라.

276
고성중앙고, 성도고, 세일고, 전주성심여고 응용

방정식 $x^3=1$의 한 허근을 ω라 할 때, 자연수 n에 대하여 $f(n)$을 $f(n)=\dfrac{1}{\omega^n+1}$로 정의한다. 이때 $f(1)+f(2)+f(3)+\cdots+f(60)$의 값을 구하여라.

277
대연고, 문현고, 원통고, 진보고, 효천고 응용

두 연립방정식 $\begin{cases} 2x-y=-1 \\ x+y=a \end{cases}$, $\begin{cases} x-by=7 \\ x^2+y^2=10 \end{cases}$의 해가 같을 때, 두 정수 a, b에 대하여 $a-b$의 값을 구하여라.

278
구미고, 속초고, 양운고, 원화여고 응용

연립방정식 $\begin{cases} 3x-y=k \\ x^2+y^2=10 \end{cases}$의 해가 오직 한 쌍만 존재하도록 하는 모든 실수 k의 값의 곱은?

① -100 ② -81 ③ -64

④ -49 ⑤ -36

279
금당고, 부천북고, 산남고, 서도고 응용

연립방정식 $\begin{cases} ax+z=0 \\ y+2az=0 \\ x-y+z=0 \end{cases}$ 의 해가 무수히 많도록 하는 상수 a의 값을 구하여라. (단, $a<0$)

280
대륜고, 보성여고, 부일외고 응용

한 근이 $2-3i$인 삼차방정식 $x^3+ax^2+bx+c=0$과 이차방정식 $x^2+(a+3)x+3=0$이 공통인 실근 m을 가질 때, b의 값을 구하여라. (단, a, b, c는 실수, $i=\sqrt{-1}$이다.)

281
기전여고, 세종국제고, 한영외고 응용

세 자리 자연수 N이 다음 조건을 모두 만족시킬 때, 세 자리 자연수 N을 구하여라.

> ㈎ 각 자리의 숫자의 합은 14이다.
> ㈏ 십의 자리 숫자와 일의 자리 숫자를 바꾼 수는 처음 수보다 18만큼 작다.
> ㈐ 각 자리의 숫자의 제곱의 합은 78이다.

282
강화고, 관악고, 소명여고 응용

오른쪽 그림과 같이 $\angle B=90°$인 직각삼각형 ABC의 외접원의 반지름의 길이가 6, 내접원의 반지름의 길이가 1일 때, $\overline{BC}$의 길이는 $a+b\sqrt{23}$이다. 이때 두 유리수 a, b에 대하여 $a+b$의 값을 구하여라. (단, $\overline{BC}<\overline{AB}$)

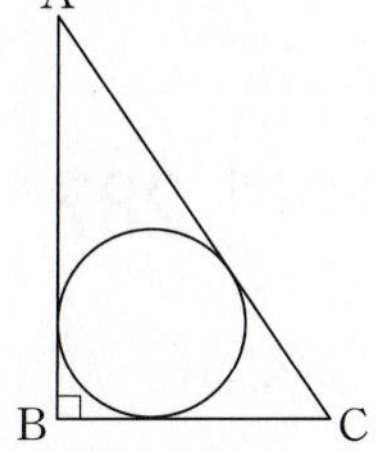

1등급 학생들을 힘들게 했던 고난도 기출

고난도

283

과천외고, 대구서부고, 동인고 응용

n^4-8n^2+4의 값이 소수가 되게 하는 정수 n의 개수를 a, 그때의 n^4-8n^2+4의 값을 b라 할 때, $a+b$의 값은?

① 13　　② 15　　③ 17　　④ 19　　⑤ 21

284

부평고, 송도고, 압구정고, 양재고 응용

x에 대한 이차방정식 $x^2-2(a+b)x+(a-b)^2+2ab+4a+3b+1=0$이 중근을 갖도록 하는 두 정수 a, b의 순서쌍 (a, b)의 개수를 구하여라.

285

매탄고, 상산고, 와부고 응용

x에 대한 삼차방정식 $x^3-12x^2+(k+32)x-4k=0$의 서로 다른 세 실근 4, α, β가 직각삼각형 ABC의 세 변의 길이일 때, 상수 k의 값은?

① 13　　② 15　　③ 17　　④ 19　　⑤ 21

286

금성고, 대광여고, 망포고 응용

삼차방정식 $x^3+ax^2+bx-12=0$이 한 실근과 두 허근 α, $\dfrac{\alpha^2}{2}$을 가질 때, 두 실수 a, b에 대하여 a^2+b^2의 값을 구하여라.

287

대광고, 상일여고, 영동고 응용

사차방정식 $x^4-px^2+q=0$은 2개의 정수인 실근을 갖고, 모든 근의 곱이 -80이다. 이때 p의 최댓값은? (단, p, q는 정수이다.)

① 9　　② 11　　③ 13　　④ 15　　⑤ 17

288

다음 조건을 모두 만족시키는 세 실수 a, b, c에 대하여 $k(a+b+c)$의 최댓값은?

(단, k는 상수이다.)

> (가) 삼차방정식 $x^3+ax^2+bx+c=0$은 실근 α와 허근 β를 갖는다.
> (나) 삼차방정식 $x^3-(k+2)x^2+(2k+4)x-4k=0$의 두 근은 $\alpha-1$, $\beta-1$이다.

① $\dfrac{1}{16}$　　② $\dfrac{1}{8}$　　③ $\dfrac{3}{16}$　　④ $\dfrac{1}{4}$　　⑤ $\dfrac{5}{16}$

289

x에 대한 방정식 $|x^2-4|-2x-k=0$이 서로 다른 세 실근을 갖도록 하는 모든 실수 k의 값의 곱을 구하여라.

290

삼차방정식 $x^3+x+1=0$의 한 허근을 ω라 할 때, 다항식 $f(x)=x^2-ax+b$에 대하여 $(\omega^2+\omega+1)f(\omega)=3$이 성립한다. 이때 두 실수 a, b에 대하여 a^3+b^3의 값을 구하여라.

291

자연수 n에 대하여 방정식 $x^3=1$의 한 허근을 ω라 할 때, $a_n+b_ni=\omega^n$이 성립한다.

$$(a_1^2+a_2^2+a_3^2+\cdots+a_n^2)+(b_1^2+b_2^2+b_3^2+\cdots+b_n^2)+(a_1+a_2+a_3+\cdots+a_n)$$

의 값이 정수가 되도록 하는 100 이하의 자연수 n의 개수를 구하여라.

(단, a_n, b_n은 실수이고, $i=\sqrt{-1}$이다.)

292

방정식 $x^3=1$의 한 허근을 ω라 하자. 자연수 n에 대하여 $f(n)$을

$$f(n)=\frac{1}{\omega}+\frac{1}{\omega^2}+\frac{1}{\omega^3}+\cdots+\frac{1}{\omega^n}$$

로 정의할 때, 보기 중 옳은 것만을 있는 대로 고른 것은?

> ─ 보기 ─
> ㄱ. $f(3)=0$　　　　　　　　　ㄴ. 자연수 k에 대하여 $f(3k+2)=-1$이다.
> ㄷ. $\{f(n)\}^2-f(n)=0$을 만족시키는 두 자리 자연수 n의 개수는 30이다.

① ㄱ　　② ㄱ, ㄴ　　③ ㄱ, ㄷ　　④ ㄴ, ㄷ　　⑤ ㄱ, ㄴ, ㄷ

293 대명여고, 수완고, 장유고 응용

사차방정식 $x^4+x^2+1=0$의 서로 다른 네 허근을 α, $\bar{\alpha}$, ω, $\bar{\omega}$라 할 때, 보기 중 옳은 것만을 있는 대로 고른 것은? (단, $\bar{\alpha}$와 $\bar{\omega}$는 각각 α와 ω의 켤레복소수이다.)

보기

ㄱ. α^3과 ω^3은 모두 실수이다.　　　ㄴ. $\alpha+\bar{\alpha}=1$이면 $\dfrac{5}{\alpha^2+4\alpha+1}=\bar{\alpha}$

ㄷ. $\omega+\bar{\omega}=-1$이면 $(1+\omega)(1+\omega^2)(1+\omega^3)=2$

① ㄱ　　　② ㄷ　　　③ ㄱ, ㄴ　　　④ ㄱ, ㄷ　　　⑤ ㄱ, ㄴ, ㄷ

294 논산고, 휘문고 응용

방정식 $x^7=1$의 근을 x_1, x_2, x_3, x_4, x_5, x_6, x_7이라 하자. $f(x)=\dfrac{x}{1+x^2}+\dfrac{x^2}{1+x^4}+\dfrac{x^3}{1+x^6}$으로 정의할 때, $x^7-1=(x-1)(x^6+x^5+x^4+x^3+x^2+x+1)$을 이용하여 구한 $f(x_1)+f(x_2)+f(x_3)+\cdots+f(x_7)$의 값은?

① $-\dfrac{21}{2}$　　　② $-\dfrac{17}{2}$　　　③ $-\dfrac{13}{2}$　　　④ $-\dfrac{9}{2}$　　　⑤ $-\dfrac{5}{2}$

295 방산고, 잠실여고, 팔마고, 함월고 응용

연립방정식 $\begin{cases} x+2y-3z=1 \\ 2x+y-z=2 \\ kx+y+z=10 \end{cases}$ 의 해가 존재하지 않도록 하는 실수 k의 값은?

① -8　　　② -4　　　③ 0　　　④ 4　　　⑤ 8

296 잠신고, 현서고, 효정고 응용

x, y에 대한 연립방정식 $\begin{cases} (2k+1)x+(2-k)y=5k \\ akx+(k+1)y=2b+3+7k \end{cases}$ 가 실수 k의 값에 관계없이 항상 일정한 근을 갖는다. 두 상수 a, b에 대하여 $a-b$의 값은?

① 6　　　② 7　　　③ 8　　　④ 9　　　⑤ 10

297

x, y에 대한 연립방정식 $\begin{cases} x^2+y^2+2(x+y)=k \\ x^2+xy+y^2=4 \end{cases}$ 의 해가 $x=\alpha$, $y=\beta$이다. $\alpha+\beta$가 항상 양수가

되도록 하는 실수 k의 값의 범위는 $a<k\le b$일 때, ab의 값을 구하여라.

298

연립방정식 $\begin{cases} \dfrac{xy}{2x+y}=\dfrac{2}{5} \\ \dfrac{yz}{y+3z}=\dfrac{4}{13} \\ \dfrac{zx}{z+x}=\dfrac{4}{3} \end{cases}$ 를 만족하는 0이 아닌 세 상수 x, y, z에 대하여 $x+y+z$의 값을 구

하여라.

299

최고차항의 계수가 음수인 삼차다항식 $f(x)$는 다음 조건을 모두 만족시킨다.

> (가) 다항식 $f(x)$를 $x-2$로 나눈 나머지는 -4이다.
> (나) 다항식 $f(x)$를 $x-a$로 나누었을 때, 나머지가 a^3인 실수 a는 1과 4뿐이다.

이때 $f(3)$의 값은?

① 18   ② 21   ③ 24   ④ 27   ⑤ 30

300

오른쪽 그림과 같은 사각형 ABCD에서 각 변의 길이는 모두 자연수이고 $\angle A = \angle C = 90°$, $\overline{AD}=5$, $\overline{CD}=7$이다. 이때 사각형 ABCD의 둘레의 길이의 최댓값을 구하여라.

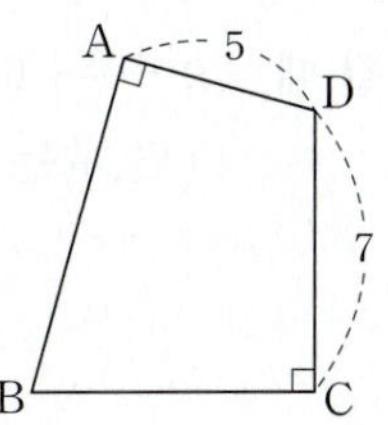

301

오른쪽 그림과 같이 두 함수 $y=-(x-1)^2+1$, $y=x^2$의 그래프 위에 각각 점 A와 점 C를 잡고, 직선 $y=x$ 위에 서로 다른 두 점 B와 D를 잡아 정사각형 ABCD를 만들었다. 정사각형 ABCD의 넓이가 $p+q\sqrt{5}$일 때, 두 유리수 p, q에 대하여 $p+q$의 값을 구하여라.

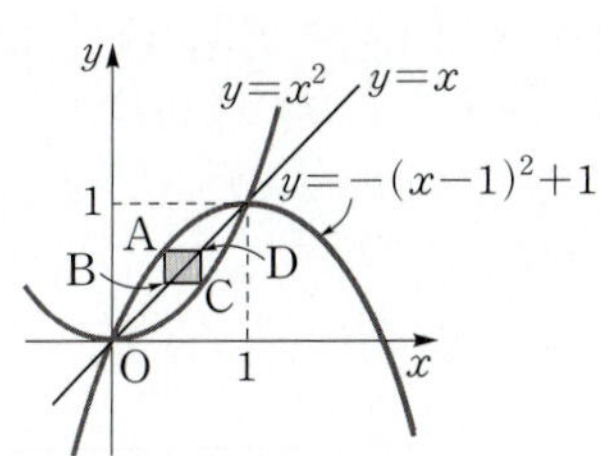

서술형 · 체감난도가 높았던 서술형 기출

302
▤ 강릉제일고, 달성고, 매산여고, 삼산고 응용

삼차방정식 $2x^3+x^2+x-1=0$의 한 허근을 ω라 할 때, $\dfrac{\omega}{1+\omega}+\dfrac{\overline{\omega}}{1+\overline{\omega}}$의 값을 구하여라.

(단, $\overline{\omega}$는 ω의 켤레복소수이다.)

303
▤ 대구여고, 성서고, 신서고 응용

a, b, c는 0이 아닌 서로 다른 복소수이고

$$\frac{b}{a-1}=\frac{c}{b-1}=\frac{a}{c-1}=k$$

를 만족시킬 때, $(k^2+k+6)^3$의 값을 구하여라.

(단, k는 허수, $a\neq1$, $b\neq1$, $c\neq1$이다.)

304
▤ 송탄제일고, 제천고, 함안고 응용

계수가 실수인 다항식 $f(x)$에 대하여 $x^3+2x-1=0$의 서로 다른 세 근이 모두 $(x^2+x+1)f(x)=1$의 근일 때, 차수가 최소인 다항식 $f(x)$에 대하여 $f(3)$의 값을 구하여라.

305
▤ 배재고, 운정고, 중흥고 응용

삼차방정식 $x^3-x-1=0$의 세 근을 α, β, γ라 할 때, $\{(\alpha-\beta)(\beta-\gamma)(\gamma-\alpha)\}^2$의 값을 구하여라.

306

☷ 고려고, 화명고 응용

x에 대한 사차방정식 $x^4-2(a+2)x^2+a^2=0$이 서로 다른 네 실근 α, β, γ, δ $(\alpha<\beta<\gamma<\delta)$ 를 갖고, 네 실근 사이에 $3(\gamma-\beta)=\delta-\alpha$인 관계가 성립한다. 모든 상수 a의 값의 합을 k라 할 때, $4k$의 값을 구하여라.

307

☷ 중동고, 울산제일고 응용

x에 대한 삼차방정식 $x^3-13x^2+(m-6)x-m=0$의 세 근이 모두 자연수일 때, 가장 큰 근을 α라 하자. 이때 $\alpha+m$의 값은?

① 63　　　　② 65　　　　③ 67　　　　④ 69　　　　⑤ 71

308

☷ 심석고, 현대고 응용

삼차방정식 $x^3-x^2-6x-2=0$의 서로 다른 세 근을 α, β, γ라 할 때, 다항식

$f(x)=(x+1)^3+a(x+1)^2+b(x+1)+c$에 대하여 $f\left(\dfrac{\beta+\gamma}{\alpha}\right)=f\left(\dfrac{\gamma+\alpha}{\beta}\right)=f\left(\dfrac{\alpha+\beta}{\gamma}\right)=3$

이다. 이때 세 상수 a, b, c에 대하여 $a+b+c$의 값을 구하여라.

309

☷ 광주국제고, 신목고 응용

$x\geq1$일 때, 방정식 $x[x]+99=[x^2]+[x]$의 실근의 개수는?

(단, $[x]$는 x보다 크지 않은 최대의 정수이다.)

① 48　　　　② 49　　　　③ 50　　　　④ 51　　　　⑤ 52

08 여러 가지 부등식

1 부등식의 기본 성질

① $a>b$이고 $b>c$이면 $a>c$

② $a>b$이면 $a+c>b+c$, $a-c>b-c$

③ $a>b$이고 $c>0$이면 $ac>bc$, $\dfrac{a}{c}>\dfrac{b}{c}$

④ $a>b$이고 $c<0$이면 $ac<bc$, $\dfrac{a}{c}<\dfrac{b}{c}$

> ▶ 허수에 대해서는 대소 관계를 생각할 수 없으므로 부등식에 포함된 문자는 모두 실수를 나타낸다.

2 연립부등식

(1) 연립일차부등식의 풀이

　① 각 일차부등식의 해를 구한다.

　② ①에서 구한 해를 수직선 위에 나타낸 후, 공통부분을 찾아 x의 값의 범위를 구한다.

(2) $A<B<C$ 꼴의 연립부등식

　부등식 $A<B<C$는 두 부등식 $A<B$와 $B<C$를 하나로 나타낸 것이므로

　$A<B<C$ 꼴의 연립부등식은 $\begin{cases} A<B \\ B<C \end{cases}$ 꼴로 고쳐서 푼다.

> ▶ $a>0$일 때,
> ① $|x|<a$이면
> 　$-a<x<a$
> ② $|x|>a$이면
> 　$x<-a$ 또는 $x>a$

3 이차함수의 그래프와 이차부등식의 해

이차방정식 $ax^2+bx+c=0$ $(a>0)$의 판별식을 $D=b^2-4ac$라 할 때

판별식 D의 부호	$D>0$	$D=0$	$D<0$
$y=ax^2+bx+c$ $(a>0)$ 의 그래프			
$ax^2+bx+c>0$의 해	$x<\alpha$ 또는 $x>\beta$	$x\neq\alpha$인 모든 실수	모든 실수
$ax^2+bx+c\geq0$의 해	$x\leq\alpha$ 또는 $x\geq\beta$	모든 실수	모든 실수
$ax^2+bx+c<0$의 해	$\alpha<x<\beta$	해가 없다.	해가 없다.
$ax^2+bx+c\leq0$의 해	$\alpha\leq x\leq\beta$	$x=\alpha$	해가 없다.

> ▶ 이차함수 $y=f(x)$의 그래프에서
> ① 부등식 $f(x)>0$의 해
> 　⇨ x축보다 위쪽에 있는 x의 값의 범위
> ② 부등식 $f(x)<0$의 해
> 　⇨ x축보다 아래쪽에 있는 x의 값의 범위

4 이차부등식의 작성

(1) 해가 $\alpha<x<\beta$이고, x^2의 계수가 1인 이차부등식은

　$(x-\alpha)(x-\beta)<0$ 또는 $x^2-(\alpha+\beta)x+\alpha\beta<0$

(2) 해가 $x<\alpha$ 또는 $x>\beta$이고, x^2의 계수가 1인 이차부등식은

　$(x-\alpha)(x-\beta)>0$ 또는 $x^2-(\alpha+\beta)x+\alpha\beta>0$

5 연립이차부등식의 풀이

① 연립부등식을 이루는 각 부등식의 해를 구한다.

② ①에서 구한 각 부등식의 해를 수직선 위에 나타낸 후, 공통부분을 찾아 x의
값의 범위를 구한다.

6 이차방정식의 근의 위치

이차함수 $f(x)=ax^2+bx+c\ (a>0)$에 대하여 이차방정식 $f(x)=0$의 판별식
을 D라 할 때,

① 두 근이 모두 p보다 크다. $\Rightarrow D\geq0,\ f(p)>0,\ -\dfrac{b}{2a}>p$

② 두 근이 모두 p보다 작다. $\Rightarrow D\geq0,\ f(p)>0,\ -\dfrac{b}{2a}<p$

③ 두 근 사이에 p가 있다. $\Rightarrow f(p)<0$

④ 두 근이 모두 $p,\ q\ (p<q)$ 사이에 있다.

$\Rightarrow D\geq0,\ f(p)>0,\ f(q)>0,\ p<-\dfrac{b}{2a}<q$

+10점 향상을 위한 문제 해결의 *Key*

Key 1 가우스 기호를 포함한 부등식의 해

가우스 $x\ ([x])$를 포함한 이차부등식의 풀이는 x의 값의 범위가 실수 전체인 경우와 제한된 x의 값의 범위가
주어진 경우로 나누어 생각할 수 있다.

(i) x의 값의 범위가 실수 전체인 경우

$\Rightarrow [x]$를 변수처럼 생각하여 해를 구하고, 구한 해를 이용하여 x의 값의 범위를 구한다.

예를 들어 $([x]-1)([x]-3)<0$에서 $1<[x]<3$이고, $[x]$는 정수이므로 $[x]=2$

$\therefore 2\leq x<3$

(ii) 제한된 x의 값의 범위가 주어진 경우

① 가우스 기호 안의 식의 값이 정수가 되는 x의 값을 기준으로 범위를 나누어 해를 구한다.

② x의 값의 범위를 나누어 해를 구하고, 구한 해와 x의 값의 범위의 공통범위를 구한다.

③ ②에서 구한 해를 합한 범위가 부등식의 해이다.

» 87쪽 332번 / 90쪽 345번 / 91쪽 350번

Key 2 제한된 범위에서 이차부등식이 항상 성립할 조건

$\alpha\leq x\leq\beta$에서 이차부등식 $f(x)\geq0$이 항상 성립하려면 이 구간에서 $(f(x)$의 최솟값$)\geq0$이어야 한다.

이때 $\alpha\leq x\leq\beta$에서 이차함수 $f(x)=a(x-p)^2+q\ (a\neq0)$의 최댓값과 최솟값은 다음과 같다.

(i) $\alpha\leq p\leq\beta$일 때,

① $a>0$이면 $x=p$일 때 최솟값이 q이고, 최댓값은 $f(\alpha),\ f(\beta)$ 중 큰 값이다.

② $a<0$이면 $x=p$일 때 최댓값이 q이고, 최솟값은 $f(\alpha),\ f(\beta)$ 중 작은 값이다.

(ii) $p<\alpha$ 또는 $p>\beta$일 때, $f(\alpha),\ f(\beta)$ 중 큰 값이 최댓값이고, 작은 값이 최솟값이다.

» 85쪽 317번

310

남성고, 덕적고, 세경고, 인천남고 응용

네 실수 a, b, c, d에 대하여 보기 중 옳은 것만을 있는 대로 고른 것은?

보기

ㄱ. $a>b$, $c>d$이면 $a-d>b-c$이다.

ㄴ. $a>b>0$, $c>d>0$이면 $\dfrac{a}{d}>\dfrac{b}{c}$이다.

ㄷ. $a>b$, $c>d$이면 $ac+bd>ad+bc$이다.

ㄹ. $a<b<0$이면 $\dfrac{1}{a}<\dfrac{1}{b}$이다.

① ㄱ, ㄴ　　　　② ㄴ, ㄷ　　　　③ ㄷ, ㄹ
④ ㄱ, ㄴ, ㄷ　　⑤ ㄱ, ㄴ, ㄷ, ㄹ

311

경기여고, 영파여고, 재현고, 태성고 응용

이차함수 $y=f(x)$의 그래프가 오른쪽 그림과 같을 때, 부등식 $f(x)\leq 4$의 해는?

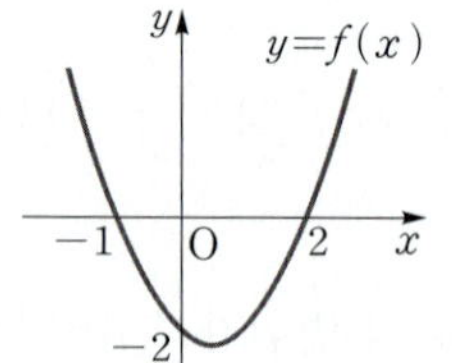

① $-3\leq x\leq 2$　　② $-3\leq x\leq 4$
③ $-2\leq x\leq 3$　　④ $-2\leq x\leq 4$
⑤ $-1\leq x\leq 3$

312

원화여고, 장안고, 함평고 응용

어느 고속도로 일부 구간에는 자동차의 최고 속력과 최저 속력을 각각 시속 120 km, 시속 70 km로 제한하고 있다. 이 고속도로 위를 달리는 자동차의 속력을 시속 x km라 할 때, 자동차의 허용된 속력의 범위는 부등식 $|x-a|\leq 25$로 나타낼 수 있다. 이때 상수 a의 값은?

① 80　　　　② 85　　　　③ 90
④ 95　　　　⑤ 100

313

송악고, 이리고, 이서고, 하동여고 응용

이차함수 $y=-x^2+2(k-3)x-2k^2+7k+11$의 그래프의 꼭짓점이 제2사분면 위에 있도록 하는 정수 k의 개수를 구하여라.

314

고창고, 순천고, 일산동고, 충주고 응용

이차항의 계수가 음수인 이차함수 $y=f(x)$의 그래프와 직선 $y=-x+2$가 두 점에서 만나고, 그 교점의 y좌표가 -4와 6이다. 이때 이차부등식 $f(x)+x-2>0$을 만족시키는 모든 정수 x의 값의 합을 구하여라.

315

광남고, 서강고, 유성고 응용

이차부등식 $ax^2-bx+c\geq 0$의 해가 $3\leq x\leq 9$일 때, 부등식 $-a(2x-1)^2+b(2x-1)-c\geq 0$을 만족하는 한 자리 자연수 x의 개수를 구하여라.

316

살레시오여고, 수지고, 영신고 응용

이차함수 $y=x^2+(a-2)^2$의 그래프와 직선 $y=-ax-2a+3$이 서로 다른 두 점에서 만나고 교점의 x좌표의 차가 정수일 때, 모든 상수 a의 값의 합은?

① 2　　　　② $\dfrac{7}{3}$　　　　③ $\dfrac{8}{3}$
④ 3　　　　⑤ 4

317
수원외고, 죽장고, 포산고 응용

$-1 \leq x \leq 2$에서 이차부등식 $-x^2+6x+2k-1 \geq 0$이 항상 성립하기 위한 실수 k의 최솟값을 구하여라.

318
시온고, 연무고, 이의고, 중화고 응용

x에 대한 이차방정식 $x^2-(k^2-10k+21)x+4-k=0$의 두 근의 부호가 다르고, 양의 근의 절댓값이 음의 근의 절댓값보다 클 때, 실수 k의 값의 범위는?

① $k<3$ ② $k<7$ ③ $k>3$
④ $k>7$ ⑤ $3<k<7$

319
방산고, 용인고, 한림고, 한빛고 응용

x에 대한 사차방정식
$$x^4-(2m-1)x^2+m^2-5m+4=0$$
이 서로 다른 네 개의 실근을 갖도록 하는 자연수 m의 최솟값은?

① 1 ② 2 ③ 3
④ 4 ⑤ 5

320
강남여고, 공주여고, 남원고, 평내고 응용

연립이차부등식 $\begin{cases} x^2-(a+1)x-3(a+4) \leq 0 \\ x^2-(b+2)x+2b>0 \end{cases}$ 의 해가 $-3 \leq x < -2$ 또는 $2 < x \leq 7$일 때, 두 상수 a, b에 대하여 $a+b$의 값을 구하여라.

321
부산고, 성도고, 예당고, 조치원고 응용

연립부등식 $\begin{cases} x^2-4x-12<0 \\ x^2-(a+2)x+2a<0 \end{cases}$ 을 만족시키는 정수인 해가 1개뿐일 때, 실수 a의 값이 될 수 있는 것은?

① 1 ② 2 ③ 3
④ 4 ⑤ 5

322
명신고, 오현고, 자양고, 합천여고 응용

연립부등식 $\begin{cases} 2x(x-2) \leq x(x+2) \\ |x|+|x-2|<4 \end{cases}$ 를 만족시키는 모든 정수 x의 값의 합을 구하여라.

323
근화여고, 은혜고, 효자고 응용

x에 대한 연립부등식
$$x^2+ax+7 \leq 2x^2-x+3 < 3x^2+b$$
의 해가 $x \leq -4$ 또는 $x>2$일 때, 두 상수 a, b에 대하여 a^2+b^2의 값을 구하여라.

324
경주여고, 장덕고 응용

오른쪽 그림과 같이 $\overline{AB}=\overline{BC}=10$, $\angle B=90°$인 직각이등변삼각형 ABC가 있다. 빗변 AC 위의 한 점 P에서 변 AB와 변 BC에 내린 수선의 발을 각각 Q, R이라 할 때, 직사각형 PQBR의 넓이는 삼각형 AQP와 삼각형 PRC의 각각의 넓이보다 크다. $\overline{BR}=a$라 할 때, 모든 자연수 a의 값의 합을 구하여라. (단, $0<a<10$)

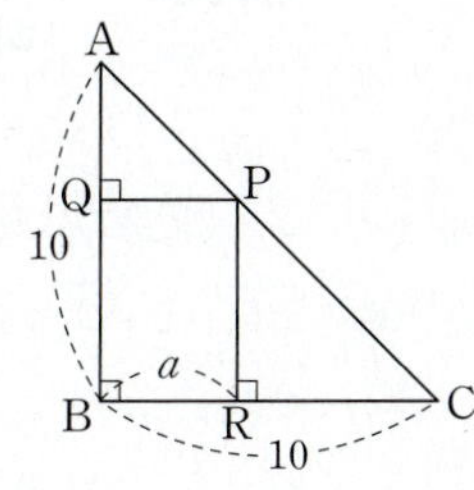

1등급 학생들을 힘들게 했던 고난도 기출

325 📄 대구고, 백영고, 선사고 응용

$x+2y=4$를 만족하는 두 양수 x, y에 대하여 보기 중 옳은 것만을 있는 대로 고른 것은?

> 보기
>
> ㄱ. $0<xy\le 4$ ㄴ. $x^2+y^2\ge\dfrac{16}{5}$ ㄷ. $\dfrac{1}{x}+\dfrac{1}{2y}\ge 1$

① ㄱ ② ㄴ ③ ㄷ ④ ㄱ, ㄴ ⑤ ㄴ, ㄷ

326 📄 서문여고, 신목고, 중앙고, 혜화여고 응용

부등식 $\big|\,|x+3|-4\,\big|<8$을 만족하는 정수 x의 개수는?

① 15 ② 17 ③ 19 ④ 21 ⑤ 23

327 📄 개포고, 마산여고, 제일고 응용

두 실수 a, b에 대하여 x에 대한 부등식 $(2a+b)x+8a-b<0$의 해가 $x>-1$일 때, 부등식 $(5a-b)[x]+a+3b<0$의 해는? (단, $[x]$는 x보다 크지 않은 최대의 정수이다.)

① $x>-5$ ② $x\ge-5$ ③ $x>-4$ ④ $x\ge-4$ ⑤ $x>-3$

328 📄 점촌고, 데레사여고, 호남고 응용

이차방정식 $x^2+2(a+2)x+a+8=0$은 중근을 갖고, 이차방정식 $x^2-(b+2)x-a+b=0$은 허근을 갖도록 하는 두 정수 a, b의 순서쌍 (a,b)의 개수를 구하여라.

329 📄 금천고, 장성고, 하남고 응용

이차부등식 $f(x)<0$의 해가 $-1<x<3$일 때, 부등식 $f\!\left(\dfrac{-x+3}{2}\right)>0$의 해 중 가장 작은 자연수를 구하여라.

동인천고, 매원고 응용

330 두 양수 a, b에 대하여 부등식 $|x-a|+|x-b|<b$를 만족하는 정수 x의 개수를 $n(a,\ b)$로 정의할 때, 보기 중 옳은 것만을 있는 대로 고른 것은? (단, $a \leq b$)

보기

ㄱ. $n(2,\ 2)=1$ ㄴ. $n(2k,\ 2k+4)=2k+3$ (단, k는 자연수)

ㄷ. $n(2k,\ 2k+4)=2 \cdot n(k,\ k+2)$ (단, k는 자연수)

① ㄱ ② ㄴ ③ ㄱ, ㄴ ④ ㄴ, ㄷ ⑤ ㄱ, ㄴ, ㄷ

온양고, 저동고, 한서고 응용

331 이차함수 $y=x^2+2mx+2-m$의 그래프와 x축과의 교점의 x좌표 중 적어도 하나는 음의 값을 갖도록 하는 실수 m의 값의 범위는?

① $m \leq -1$ ② $m \geq -1$ ③ $m \leq 1$ ④ $m \geq 1$ ⑤ $-1 \leq m \leq 1$

명일여고, 부개고, 북일여고, 이현고 응용

332 부등식 $[x+2]^2-6[x]-7<0$의 해는? (단, $[x]$는 x보다 크지 않은 최대의 정수이다.)

① $-1 \leq x<3$ ② $-1 \leq x<2$ ③ $-1 \leq x<0$ ④ $0 \leq x<2$ ⑤ $0 \leq x<3$

도당고, 문태고, 숙명여고 응용

333 자연수 n에 대하여 부등식 $\sqrt{n+1}-\sqrt{n}<\dfrac{1}{2\sqrt{n}}<\sqrt{n}-\sqrt{n-1}$이 성립한다. 이때

$\dfrac{1}{2}\left(\dfrac{1}{\sqrt{1}}+\dfrac{1}{\sqrt{2}}+\dfrac{1}{\sqrt{3}}+\dfrac{1}{\sqrt{4}}+\cdots+\dfrac{1}{\sqrt{100}} \right)$의 정수 부분을 구하여라.

신라고, 심인고, 중일고, 풍문여고 응용

334 모든 실수 x, y에 대하여 부등식 $x^2+4y^2+4xy+4x+ay+b \geq 0$이 성립하도록 하는 상수 a의 값과 b의 최솟값의 합은?

① 8 ② 10 ③ 12 ④ 14 ⑤ 16

335 📄 경북여고, 구암고, 살레시오고, 설월여고 응용

모든 실수 x에 대하여 부등식 $-2\le(a-1)x+b\le x^2+2x+4$가 성립할 때, 점 (a, b)가 나타내는 도형의 길이는?

① 2   ② 3   ③ 4   ④ 5   ⑤ 6

336 📄 대성여고, 독산고, 장훈고 응용

x^2의 계수의 절댓값이 같은 두 이차함수 $y=f(x)$, $y=g(x)$의 그래프가 오른쪽 그림과 같을 때, 부등식 $\{f(x)\}^2-f(x)g(x)<0$의 해는 $-1<x<a$ 또는 $b<x<c$이다. 이때 $ac+b$의 값은?

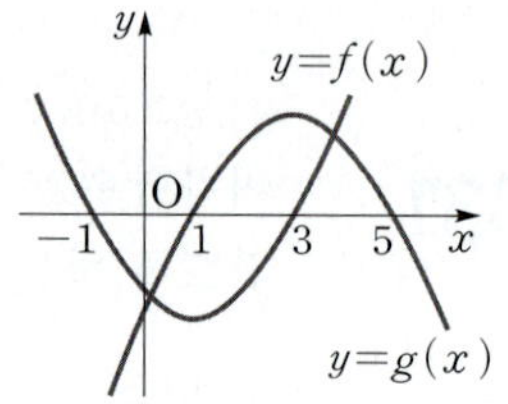

① 3   ② 4   ③ 5
④ 6   ⑤ 7

337 📄 명문고, 사천고, 신장고 응용

어느 공장에서 생산하는 제품의 운송비가 상승하여 소매점에 납품하는 가격을 처음 가격보다 $x\%$ 인상하였더니 주문량이 $0.5x\%$ 감소하였다. 이 제품의 운송비는 총 판매액의 10%를 차지한다고 할 때, 운송비를 제외한 총 판매액이 가격을 인상하기 전의 총 판매액 이상이 되게 하는 x의 최댓값과 최솟값의 차는?

① $\dfrac{70}{3}$ ② $\dfrac{80}{3}$ ③ 30   ④ $\dfrac{100}{3}$ ⑤ $\dfrac{110}{3}$

338 📄 금호고, 능주고, 대부고, 해동고 응용

부등식 $2[x]^2-9[x]+4<0$을 만족하는 모든 실수 x가 이차부등식 $x^2-2kx+5-k<0$을 만족시킬 때, 자연수 k의 최솟값은? (단, $[x]$는 x보다 크지 않은 최대의 정수이다.)

① 1   ② 2   ③ 3   ④ 4   ⑤ 5

339

연립부등식 $\begin{cases} |x-a|<2 \\ x^2-5x+4\leq0 \end{cases}$ 을 만족하는 정수 x의 개수가 3일 때, 모든 자연수 a의 값의 합은?

① 3　　　　② 4　　　　③ 5　　　　④ 6　　　　⑤ 7

340

오른쪽 그림은 두 이차함수
$$f(x)=(x-1)(x-a),\ g(x)=(x-1)(x-b)$$
의 그래프이다. 연립이차부등식 $\begin{cases} (x-1)(x-a)>0 \\ (x-1)(x-b)<0 \end{cases}$ 의 해가 존재할 때,

이차부등식 $x^2+bx+a\leq0$을 만족하는 정수 x의 개수를 구하여라.

(단, a, b는 실수이다.)

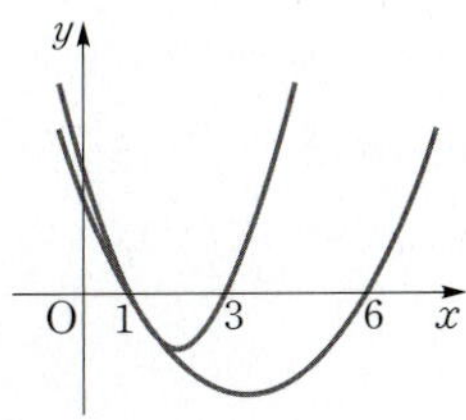

341

두 실수 x, y에 대하여 $\{x,\ y\}=\begin{cases} 2x-y\ (x\geq y) \\ 2y-x\ (x<y) \end{cases}$ 로 정의할 때, $-3\leq x\leq3$인 x에 대하여

연립부등식 $\begin{cases} x^2-x-4\leq\{x,\ x+2\} \\ x^2-x-2\geq\{2x,\ x-3\} \end{cases}$ 을 만족하는 모든 정수 x의 값의 합은?

① -3　　　② -2　　　③ -1　　　④ 0　　　⑤ 1

342

오른쪽 그림과 같이 변 AD의 길이가 변 AB의 길이보다 6만큼 더 긴 직사각형 ABCD가 있다. 변 AD를 삼등분한 점들 중에서 A에 가까운 점을 P_1, D에 가까운 점을 P_2라 하고, 변 DC의 삼등분한 점들 중에서 D에 가까운 점을 Q_1, C에 가까운 점을 Q_2라 하자. 삼각형 $P_1Q_2P_2$의 넓이를 S_1, 삼각형 P_2BQ_2의 넓이를 S_2라 하면 $10\leq S_2-S_1\leq20$을 만족시킨다. 이때 선분 DQ_1의 길이의 최댓값을 구하여라.

서술형 체감난도가 높았던 **서술형** 기출

343

구현고, 동명고, 양산고 응용

삼차방정식 $2x^3+8x^2+(k+6)x+k=0$이 서로 다른 세 음수의 근을 갖도록 하는 모든 정수 k의 값의 합을 구하여라.

344

배재고, 신일고 응용

자연수 n에 대하여 연립부등식
$$\begin{cases} x^2+4nx>5nx+2x \\ x^2-(3n+2)x+2n^2+n-3\leq 0 \end{cases}$$
을 만족시키는 정수 x의 개수를 $f(n)$이라 할 때, $f(1)+f(2)+f(3)+\cdots+f(10)$의 값을 구하여라.

345

둔촌고, 부천고 응용

$0<x<2$일 때, 부등식 $[x^2]>\left[x+\dfrac{1}{2}\right]$의 해는 $a\leq x<b$ 또는 $c\leq x<2$이다. 이때 a^2+2b+c^2의 값을 구하여라. (단, $[x]$는 x보다 크지 않은 최대의 정수이다.)

346

신도림고, 조대부고 응용

다음 조건을 모두 만족시키는 이차함수 $f(x)$에 대하여 $f(4)$의 최댓값과 최솟값의 차를 구하여라.

> (가) 부등식 $f\left(\dfrac{1-x}{3}\right)\geq 0$의 해가 $-5\leq x\leq 7$이다.
>
> (나) 모든 실수 x에 대하여 부등식 $f(x)\leq 2x+\dfrac{13}{3}$이 성립한다.

347 덕원고, 만년고, 야탑고 응용

상수 a에 대하여 x에 대한 방정식 $(a-2)x^2-2ax+2a=0$의 실근의 개수를 $f(a)$라 할 때, 보기 중 옳은 것만을 있는 대로 고른 것은?

━ 보기 ━
ㄱ. $f(0)=1$이다.   ㄴ. $0<a<4$이면 $f(a)=2$이다.
ㄷ. $f(-2)+f(2)+f(4)=3$이다.

① ㄱ   ② ㄴ   ③ ㄱ, ㄴ   ④ ㄱ, ㄷ   ⑤ ㄴ, ㄷ

348 숭일고, 영남고 응용

정수 n에 대하여 x에 대한 이차방정식 $x^2-(n+1)x+2n+1=0$의 두 근을 α, β라 할 때, 보기 중 옳은 것만을 있는 대로 고른 것은?

━ 보기 ━
ㄱ. $n=-1$이면 $|\alpha|=|\beta|$이다.
ㄴ. $(\alpha-\beta)^2<0$을 만족시키는 정수 n의 개수는 7이다.
ㄷ. $\alpha+\beta<|\alpha+\beta|<|\alpha|+|\beta|$를 만족시키는 n의 최댓값은 -2이다.

① ㄱ   ② ㄱ, ㄴ   ③ ㄱ, ㄷ   ④ ㄴ, ㄷ   ⑤ ㄱ, ㄴ, ㄷ

349 서대전고, 선유고 응용

$x\geq15$인 모든 실수 x에 대하여 부등식 $|x-a^2|>|x-b^2|$이 성립하도록 하는 두 자연수 a, b의 순서쌍 (a, b)의 개수를 구하여라. (단, $a<b$)

350 대성여고, 장훈고 응용

x에 대한 부등식 $|x-a[a]|<b[b]$의 해가 $8<x<30$일 때, 이를 만족하는 두 양수 a, b에 대하여 $8a+9b$의 값을 구하여라. (단, $b\geq1$, $[x]$는 x보다 크지 않은 최대의 정수이다.)

09 경우의 수

1 경우의 수

어떤 사건이 일어날 수 있는 모든 경우의 가짓수를 경우의 수라 한다.

2 합의 법칙

두 사건 A, B가 동시에 일어나지 않을 때, 사건 A가 일어나는 경우의 수가 m, 사건 B가 일어나는 경우의 수가 n이면 사건 A 또는 사건 B가 일어나는 경우의 수는 $m+n$이다.

▶ 합의 법칙은 어느 두 사건도 동시에 일어나지 않는 세 가지 이상의 사건에 대해서도 성립한다.

3 여사건을 이용한 경우의 수

(1) 여사건

어떤 사건 A에 대하여 사건 A가 일어나지 않는 사건을 A의 여사건이라 한다.

(2) 여사건을 이용한 경우의 수

일어날 수 있는 모든 경우의 수가 a이고, 사건 A가 일어나는 경우의 수가 m이면 사건 A가 일어나지 않는 경우의 수는 $a-m$이다.

▶ '적어도 ~인 사건', '~ 이하인 사건' 등과 같이 사건이 일어나는 경우의 수를 구하는 것보다 일어나지 않는 경우의 수를 구하는 것이 비교적 간단할 때, 여사건을 이용한다.

4 곱의 법칙

두 사건 A, B에 대하여 사건 A가 일어나는 경우의 수가 m이고, 그 각각에 대하여 사건 B가 일어나는 경우의 수가 n일 때, 두 사건 A, B가 연속하여 일어나는 경우의 수는 $m \times n$이다.

▶ 곱의 법칙은 연속하여 일어나는 셋 이상의 사건에 대해서도 성립한다.

5 순열

(1) 순열의 뜻

서로 다른 n개에서 r $(0 < r \leq n)$개를 택하여 일렬로 나열하는 것을 n개에서 r개를 택하는 순열이라 하고, 이 순열의 수를 기호로 $_n\mathrm{P}_r$과 같이 나타낸다.

$$_n\mathrm{P}_r$$
서로 다른   택하는
것의 개수 것의 개수

▶ 서로 다른 물건, 숫자, 사람 등을 일렬로 나열하는 것을 순열이라 한다.

(2) 순열의 수

① $_n\mathrm{P}_r = \underbrace{n(n-1)(n-2)\cdots(n-r+1)}_{r개}$ (단, $0 < r \leq n$)

② $_n\mathrm{P}_n = n!$, $_n\mathrm{P}_0 = 1$, $0! = 1$ 　　　③ $_n\mathrm{P}_r = \dfrac{n!}{(n-r)!}$ (단, $0 \leq r \leq n$)

▶ 1부터 n까지의 자연수를 순서대로 곱한 것을 n의 계승이라 하고, 기호로 $n!$과 같이 나타낸다.

▶ $n!$의 !은 팩토리얼(factorial)이라 읽는다.

6 조합

(1) 조합의 뜻

서로 다른 n개에서 순서를 생각하지 않고 r $(0 < r \leq n)$개를 택하는 것을 n개에서 r개를 택하는 조합이라 하고, 이 조합의 수를 기호로 $_n\mathrm{C}_r$과 같이 나타낸다.

(2) 조합의 수

① $_nC_r = \dfrac{_nP_r}{r!} = \dfrac{n!}{r!(n-r)!}$ (단, $0 \leq r \leq n$)

② $_nC_0 = 1$, $_nC_n = 1$

③ $_nC_r = _nC_{n-r}$ (단, $0 \leq r \leq n$)

④ $_nC_r = _{n-1}C_{r-1} + _{n-1}C_r$ (단, $1 \leq r < n$)

참고 $_nC_r$의 계산에서 $r > \dfrac{n}{2}$일 때, $_nC_r$ 대신에 $_nC_{n-r}$을 계산하면 편리하다.

+10점 향상을 위한 문제 해결의 *Key*

Key 1 $n!$과 순열의 수, 조합의 수 실전공식

	순열의 수	조합의 수
기본 공식	$_nP_r = \dfrac{n!}{(n-r)!}$	$_nC_r = \dfrac{n!}{(n-r)!\,r!}$
실전응용 공식	$_nP_r = n \cdot _{n-1}P_{r-1}$	$_nC_r = \dfrac{n}{r}\,_{n-1}C_{r-1}$
	$_nP_r = _{n-1}P_r + r \cdot _{n-1}P_{r-1}$	$_nC_r = _{n-1}C_{r-1} + _{n-1}C_r$
순열과 조합의 관계 공식	$_nC_r = \dfrac{_nP_r}{r!}$, $_nP_r = _nC_r \times r!$	
	$_nP_r = _nC_s \times s! \times _{n-s}C_p \times p! \times q!$ $(s+p+q=r)$	

》 94쪽 355번

Key 2 교란순열 (제짝이 아닌 경우의 수)

한 명이 한 개의 물건을 가지고 있을 때 자연수 n에 대하여 n명이 모두 자신의 물건이 아닌 다른 물건을 가져가는 방법의 수를 a_n이라 하면 $a_1 = 0$, $a_2 = 1$, $a_3 = 2$, $a_4 = 9$, $a_5 = 44$이다.

a_1부터 a_5까지는 수형도를 이용하여 구할 수 있지만 a_6부터는 수형도로 구하기 어려우므로 다음 관계식을 이용하여 구한다.

$$a_n = (n-1)(a_{n-1} + a_{n-2}) \ (단, n \geq 3)$$

》 95쪽 361번 / 99쪽 375번

351
상산고, 영등포고 응용

100원짜리 동전 4개, 50원짜리 동전 3개, 10원짜리 동전 4개를 전부 또는 일부를 사용하여 지불할 수 있는 방법의 수를 a, 지불할 수 있는 금액의 수를 b라 할 때, $a+b$의 값을 구하여라. (단, 0원은 제외하고 같은 금액의 동전끼리는 구별하지 않으며 지불할 때 동전의 순서는 생각하지 않는다.)

352
안양고, 제일고 응용

7개의 숫자 0, 1, 2, 3, 4, 5, 6을 한 번씩 사용하여 자연수를 만든다고 한다. 만들 수 있는 세 자리 자연수 중 4의 배수이면서 3의 배수인 경우의 수는?

① 15   ② 16   ③ 17
④ 18   ⑤ 19

353
대신고, 여의도고, 해송고 응용

오른쪽 그림과 같은 도로망이 있다. A지점에서 B지점까지 최단거리로 가는 방법의 수를 구하여라. (단, 호수와 맞닿아 있는 도로는 이용할 수 없다.)

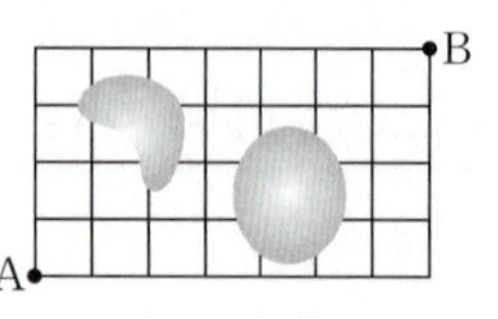

354
도봉고, 신포고, 효성고 응용

서로 다른 2개의 주사위를 동시에 던질 때, 나온 눈의 수를 각각 a, b라 하자. 이때 방정식 $3x^4-6x^2+4+a-b=0$의 서로 다른 실근의 개수가 2가 되는 경우의 수를 구하여라.

355
경문고, 부천여고 응용

다음 세 등식을 각각 만족시키는 세 자연수 n, m, l에 대하여 $n+m+l$의 값을 구하여라.

> (가) $_{15}\mathrm{C}_{n+1}=\,_{15}\mathrm{C}_{2n+2}$
> (나) $5\times\,_{12}\mathrm{C}_5=12\times\,_{11}\mathrm{C}_m$
> (다) $_5\mathrm{P}_l=5\times\,_4\mathrm{P}_{m-2}$

356
보성고, 신평고, 영신고 응용

숫자 1, 1, 1, 2, 3과 소문자 a, b를 사용하여 다음과 같은 규칙으로 만들 수 있는 7자리 배열의 개수를 구하여라.

> (가) 소문자는 연속하여 배열하지 않는다.
> (나) 첫 번째 자리에 소문자를 배열하면 마지막 자리는 숫자를 배열한다.

357

대진고, 숭의여고 응용

오른쪽 그림의 A, B, C, D 4개의 영역에 서로 다른 7개의 색으로 칠하려고 한다. 같은 색을 중복하여 사용해도 좋으나 인접하는 영역은 서로 다른 색을 칠할 때, 칠하는 방법의 수는?

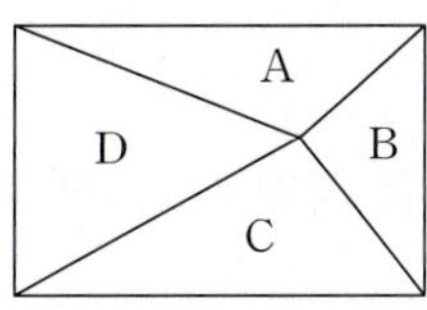

① 420 　　　② 840 　　　③ 1024
④ 1302 　　　⑤ 1508

358

신평고, 용산고, 중경고 응용

남자 3명과 여자 4명이 한 줄로 서서 사진을 찍을 때, 양쪽 끝 중 적어도 한 곳에 남자가 서는 경우의 수를 a라 하고, 남자와 여자가 교대로 서는 경우의 수를 b라 하자. 이때 $\dfrac{a}{b}$의 값을 구하여라.

359

보성고, 금곡고, 영등포고 응용

오른쪽 그림과 같이 7개의 빈칸에 1부터 7까지의 자연수를 하나씩 써넣으려고 한다. 먼저 가로, 세로가 만나는 가운데 칸에 4를 써넣

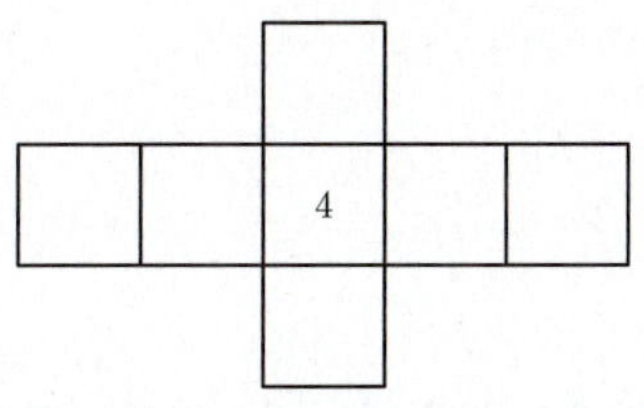

고, 가로 방향의 5개의 수의 합과 세로 방향의 3개의 수의 합이 같도록 나머지 수를 빈칸에 써넣는 방법의 수를 구하여라.

360

수도여고, 당곡고, 성남고 응용

오른쪽 그림과 같이 반원의 둘레 위에 10개의 점이 있다. 이 중에서 두 점을 연결하여 만들 수 있는 직선의 개수를 a, 세 점을 꼭짓점으로 하는 삼각형의 개수를 b라 할 때, $a+b$의 값은?

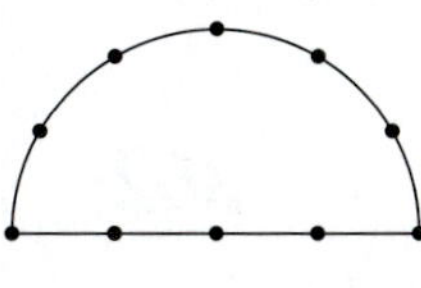

① 142 　　　② 144 　　　③ 146
④ 148 　　　⑤ 150

361

경문고, 수도여고, 여의도고, 학성고 응용

여섯 명의 학생이 각자 자신의 모자를 옷걸이에 걸어 놓았다. 임의로 모자를 다시 가져갈 때, 한 명은 자신의 모자를, 나머지 다섯 명은 모두 다른 학생의 모자를 가져가는 경우의 수는?

① 216 　　　② 240 　　　③ 264
④ 280 　　　⑤ 320

☰ 배재고, 송원고, 숭의여고, 해운대고 응용

362 같은 주사위를 두 번 던질 때, 나오는 눈의 수를 차례로 x, y라 하자. $\dfrac{(-1)^x+(-1)^y}{x+y}$의 값이 $\dfrac{1}{4}$보다 작도록 하는 순서쌍 (x, y)의 개수는?

① 15 ② 20 ③ 25 ④ 30 ⑤ 35

☰ 신목고, 강서고, 양정고 응용

363 철수가 조깅을 하기 위해 가는 공원에는 1 km짜리 트랙 A와 2 km짜리 트랙 B, C가 있다. 이 때 철수가 9 km를 조깅하는 방법의 수를 구하여라.

(단, 트랙을 이용하는 순서가 다르면 방법도 다른 것으로 한다.)

☰ 언남고, 반포고 응용

364 오른쪽 그림과 같은 회로도에서 세 전구 L_1, L_2, L_3이 모두 불이 들어오도록 스위치를 조작하는 방법의 수를 구하여라.

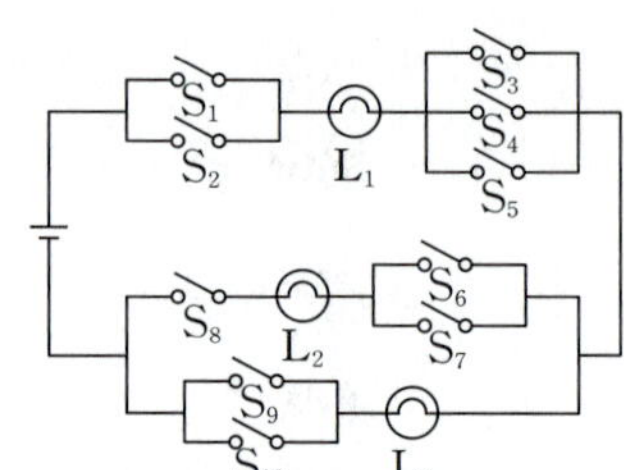

☰ 선덕고, 세화여고, 상문고, 양정고 응용

365 3명씩 탑승한 두 대의 자동차 A, B가 어느 휴게소에서 만났다. 이들 6명은 연료를 절약하기 위해 좌석수가 6개인 자동차 B에 모두 승차한다고 한다. 자동차 B의 운전자는 자리를 바꾸지 않고 나머지 5명은 임의로 앉을 때, 처음부터 자동차 B에 탔던 2명이 모두 처음 좌석이 아닌 다른 좌석에 앉게 되는 경우의 수를 구하여라.

366

경희고, 숭의여고, 영등포고 응용

6개의 자연수를 일렬로 배열하여 앞에서부터 차례로 a_1, a_2, a_3, a_4, a_5, a_6이라 하자. 1부터 6까지 자연수를 다음 조건을 모두 만족시키도록 일렬로 배열하는 경우의 수는?

> (가) 짝수는 이웃하지 않는다.　　　　　　(나) $a_1+a_3+a_5 \geq a_2+a_4+a_6$

① 70　　　　② 72　　　　③ 74　　　　④ 76　　　　⑤ 78

367

남강고, 대건고, 삼성고, 신림고 응용

오른쪽 그림과 같은 모양에 1부터 6까지의 자연수를 하나씩 적어 넣을 때, 다음 조건을 모두 만족시키도록 자연수를 적어 넣는 경우의 수는?

> (가) 짝수는 이웃한 곳에 적어 넣지 않는다.
> (나) 같은 행에 적힌 숫자의 합은 3의 배수이다.

① 21　　　　② 22　　　　③ 23　　　　④ 24　　　　⑤ 25

368

대영고, 북일고, 영등포여고, 장안고 응용

1, 2, 3이 적힌 흰색 카드 3장, 1, 2가 적힌 파란색 카드 2장, 1이 적힌 노란색 카드 1장이 있다. 이 카드를 일렬로 배열할 때, 다음 조건을 만족시키는 경우의 수를 구하여라.

> 같은 숫자가 적힌 카드는 이웃하고 같은 색의 카드는 이웃하지 않는다.

문래고, 인창고, 호원고 응용

369 7개의 문자 A, E, H, K, P, U, X를 일렬로 나열할 때, 다음 조건을 모두 만족시키는 각 경우의 수의 합은?

> (개) 적어도 한쪽 끝에 자음이 오는 경우
> (내) 모음이 모두 이웃하는 경우
> (대) 어느 두 개의 모음도 이웃하지 않는 경우

① 6420　　② 6440　　③ 6460　　④ 6480　　⑤ 6500

기린고, 반포고, 봉의고, 영동고 응용

370 오른쪽 그림의 A지점에서 B지점까지 '→, ↑, ↓' 방향으로 갈 수 있는 방법의 수는? (단, 한 번 지나간 길은 다시 지나지 않는다.)

① 1000　　② 1010　　③ 1020
④ 1030　　⑤ 1040

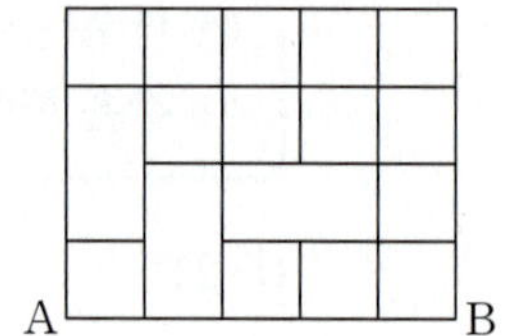

수도여고, 성남고 응용

371 $2002!$이 5^n으로 나누어떨어질 때, 자연수 n의 최댓값을 구하여라.

372
신일고, 압구정고, 중산고 응용

오른쪽 그림과 같이 21개의 점이 가로와 세로에 같은 간격으로 놓여있다. 21개의 점들 중 2개의 점을 선택하여 만들 수 있는 선분의 개수를 a, 직선의 개수를 b라 할 때, $a+b$의 값은?

① 290   ② 300   ③ 310   ④ 320   ⑤ 330

373
신목고, 여의도고, 장훈고 응용

오른쪽 그림은 좌표평면 위의 6개의 도형 $x^2+y^2=2$, $x^2+y^2=4$, $y=x$, $y=-x$, $x=0$, $y=0$의 교점 중 원점을 제외한 16개의 점을 나타낸 것이다. 이 16개의 점 중 3개를 택하여 만들 수 있는 삼각형의 개수는?

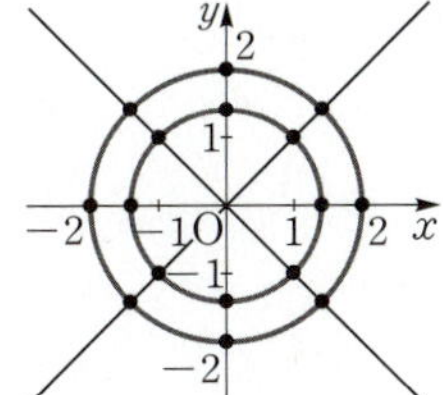

① 530   ② 532   ③ 534
④ 536   ⑤ 538

374
영동고, 서울고, 중대부고 응용

0, 1, 2, …, 7의 8개의 숫자를 중복을 허락하여 다음 조건을 만족시키는 다섯 자리 자연수로 배열하는 경우의 수는?

> 왼쪽 처음 두 개의 숫자가 나머지 세 개의 숫자에 모두 들어있도록 배열한다. 예를 들어 53453, 53375, 77377은 조건을 만족한다. 그러나 77337은 조건을 만족하지 않는다.

① 2108   ② 2210   ③ 2212   ④ 2214   ⑤ 2216

375
강남고, 아산고, 한가람고 응용

7명의 공연 단원이 7개의 의자에 앉아있다. 공연을 마치고 의자에 돌아와 앉았을 때, 처음 자신이 앉았던 자리에 다시 앉아 있는 사람의 수가 홀수 또는 0명인 경우의 수는?

① 4046   ② 4047   ③ 4048   ④ 4049   ⑤ 4050

STEP 2 고난도 기출

서술형 — 체감난도가 높았던 **서술형** 기출

376

여섯 개의 문자 A, B, C, D, E, F를 사용하여 만든 6자리의 문자열 중에서 다음 조건을 모두 만족시키는 문자열의 개수를 구하여라.

> ㈎ A의 바로 다음 자리에 B가 올 수 없다.
> ㈏ B의 바로 다음 자리에 C가 올 수 없다.
> ㈐ C의 바로 다음 자리에 D가 올 수 없다.

377

현우는 계단을 오를 때, 한 번에 한 계단 또는 두 계단씩 올라간다고 한다. 현우가 6계단을 올라가는 방법의 수를 구하여라.

378

다음 그림과 같이 정사각형으로 이루어진 도로망에서 A지점에서 출발하여 선분 CD 위의 점을 적어도 한 번 지나 B지점까지 가는 경로의 수를 구하여라. (단, 왼쪽으로 움직일 수 없고 한 번 지난 길을 다시 지나지 않는다. 또한 A지점에서 선분 CD 위의 한 점을 거쳐서 B지점으로 가는 경로는 최단 경로를 이용한다.)

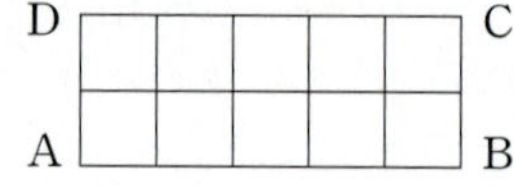

379

오른쪽 그림과 같이 원 위에 같은 간격으로 놓인 12개의 점이 있다. 원주 위에 있는 네 점을 이어서 만들 수 있는 직사각형의 개수를 a, 세 점을 이어서 만들 수 있는 직각삼각형의 개수를 b, 세 점을 이어서 만들 수 있는 예각삼각형의 개수를 c라 할 때, $a+b+c$의 값을 구하시오.

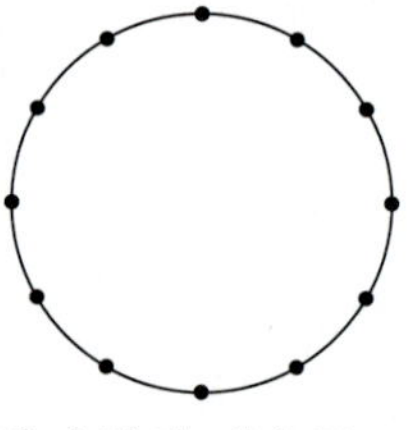

1등급 학생들도 틀렸던 최상위 기출

380

고잔고, 서울고, 숭의여고, 여의도고 응용

숫자 1, 2, 3, 4, 5, 6을 일렬로 배열하여 만든 순열 $(a_1, a_2, a_3, a_4, a_5, a_6)$에 대하여 각 숫자 $a_k\,(k=1, 2, \cdots, 5)$의 오른쪽에 있는 수 중 a_k보다 작은 수의 개수를 $f(k)$라 하자. 예를 들어 순열 $(3, 2, 5, 1, 4, 6)$에 대하여 $f(1)=2$, $f(3)=2$이다. 숫자 1, 2, 3, 4, 5, 6을 일렬로 배열하여 만든 순열 중에서 $f(1)+f(2)+f(3)\geq f(4)+f(5)$를 만족하는 경우의 수를 구하여라.

381

수도여고, 성남고, 운정고 응용

어느 건물에서는 외부인의 출입을 통제하기 위하여 각 자리의 숫자가 0 또는 1로 이루어진 9자리 숫자열의 보안카드를 이용하고 있다. 보안카드의 9자리 숫자열에 '1'의 개수가 5개이거나 숫자열의 처음 5자리가 '01010'이면 건물의 출입문을 통과할 수 있다. 예를 들어 '111011000'이거나 '010100010'이면 이 건물에 출입할 수 있다. 이 건물의 출입문을 통과할 수 있는 서로 다른 보안카드의 총 개수를 구하여라.

382

서문여고, 상문고, 서울고 응용

숫자 1, 2, 3, 4가 각각 적힌 정사면체가 있다. 이 정사면체를 세 번 던져서 나온 눈의 수를 차례로 a, b, c라 할 때, 세 수 a, b, c가 다음 조건을 모두 만족하는 경우의 수는?

> (가) $(a-b)(b-c)(c-a)=0$
> (나) $a+b+c$는 짝수이다.

① 20   ② 21   ③ 22   ④ 23   ⑤ 24

행렬과 그 연산

1 행렬의 뜻

(1) 행렬과 행렬의 성분

수 또는 문자를 직사각형 모양으로 배열하여 괄호로 묶은 것을 행렬이라 하고, 행렬에서 괄호 안의 수나 문자를 그 행렬의 성분이라 한다.

(2) 행렬의 (i, j) 성분

행렬 A에서 제i행과 제j열이 만나는 위치에 있는 성분을 행렬 A의 (i, j) 성분이라 하고 a_{ij}로 나타낸다.

2 서로 같은 행렬

두 행렬 A, B가 같은 꼴이고 대응하는 성분이 각각 같을 때, 행렬 A와 B는 서로 같다고 하며, $A=B$로 나타낸다.

즉, 두 행렬 $A=\begin{pmatrix} a_{11} & a_{12} \\ a_{21} & a_{22} \end{pmatrix}$, $B=\begin{pmatrix} b_{11} & b_{12} \\ b_{21} & b_{22} \end{pmatrix}$에 대하여 $A=B$이면

$a_{11}=b_{11}$, $a_{12}=b_{12}$, $a_{21}=b_{21}$, $a_{22}=b_{22}$

> **참고** 두 행렬 A, B의 행의 개수와 열의 개수가 각각 같을 때, A와 B는 같은 꼴이라 한다.

▶ 세 행렬 A, B, C에 대하여 $A=B$이고 $B=C$이면 $A=C$

3 행렬의 연산

두 행렬 $A=\begin{pmatrix} a_{11} & a_{12} \\ a_{21} & a_{22} \end{pmatrix}$, $B=\begin{pmatrix} b_{11} & b_{12} \\ b_{21} & b_{22} \end{pmatrix}$와 실수 k에 대하여

(1) 행렬의 덧셈, 뺄셈과 실수배

$$A \pm B = \begin{pmatrix} a_{11} \pm b_{11} & a_{12} \pm b_{12} \\ a_{21} \pm b_{21} & a_{22} \pm b_{22} \end{pmatrix} \text{(복호동순)}$$

(2) 행렬의 실수배 : $kA = \begin{pmatrix} ka_{11} & ka_{12} \\ ka_{21} & ka_{22} \end{pmatrix}$

(3) 행렬의 곱셈 : $AB = \begin{pmatrix} a_{11}b_{11}+a_{12}b_{21} & a_{11}b_{12}+a_{12}b_{22} \\ a_{21}b_{11}+a_{22}b_{21} & a_{21}b_{12}+a_{22}b_{22} \end{pmatrix}$

> **참고** 두 행렬 A, B의 곱 AB는 A의 열의 개수와 B의 행의 개수가 같을 때에만 정의된다.
> 즉, $l=l'$일 때,
> $(m \times l$ 행렬$) \times (l' \times m$ 행렬$) = (m \times n$ 행렬$)$

▶ 같은 꼴의 세 행렬 A, B, X에 대하여 $X+A=B$이면 $X=B-A$ 즉, 행렬의 등식에서도 이항을 이용할 수 있다.

▶ 실수의 곱셈에 항상 성립했던 것들이 행렬의 곱셈에서는 성립하지 않을 수 있다. 즉, 영행렬 O에 대하여
① $AB=O$일 때 항상 $A=O$ 또는 $B=O$가 아니다.
② $A \neq O$, $B \neq O$이지만 $AB=O$일 수 있다.
③ $AB=AC$, $A \neq O$이지만 $B \neq C$일 수 있다

4 행렬의 연산의 성질

같은 꼴의 세 행렬 A, B, C와 두 실수 k, l에 대하여

(1) 행렬의 덧셈의 성질

① 교환법칙 : $A+B=B+A$

② 결합법칙 : $(A+B)+C=A+(B+C)$

(2) 행렬의 실수배의 성질

① 결합법칙 : $(kl)A=k(lA)=l(kA)$

② 분배법칙 : $(k+l)A=kA+lA$, $k(A+B)=kA+kB$

(3) 행렬의 곱셈의 성질

　① 일반적으로 교환법칙이 성립하지 않는다. $\Rightarrow AB \neq BA$

　② 결합법칙 : $(AB)C=A(BC)$

　③ 분배법칙 : $A(B+C)=AB+AC$, $(A+B)C=AC+BC$

　④ $k(AB)=(kA)B=A(kB)$

5 행렬의 거듭제곱

행렬 A가 정사각행렬이고, m, n이 자연수일 때,

(1) $A^2=AA$, $A^3=A^2A$, $\cdots$, $A^{n+1}=A^nA$

(2) $A^mA^n=A^{m+n}$, $(A^m)^n=A^{mn}$

(3) 단위행렬 E에 대하여 $AE=EA=A$, $E^2=E$, $E^3=E$, $E^n=E$

참고　행렬의 거듭제곱은 정사각행렬일 때에 할 수 있다.

+10점 향상을 위한 문제 해결의 *Key*

Key ❶ 일정한 패턴을 가지는 행렬의 거듭제곱

자연수 n에 대하여

① $A=\begin{pmatrix} 1 & 0 \\ a & 1 \end{pmatrix}$인 경우 $A^n=\begin{pmatrix} 1 & 0 \\ na & 1 \end{pmatrix}$　② $A=\begin{pmatrix} a & 0 \\ 0 & b \end{pmatrix}$인 경우 $A^n=\begin{pmatrix} a^n & 0 \\ 0 & b^n \end{pmatrix}$

》 105쪽 393번 / 108쪽 406번

Key ❷ 케일리–해밀턴 정리 (행렬 A에 대한 차수 낮추기)

세 행렬 $A=\begin{pmatrix} a & b \\ c & d \end{pmatrix}$, $E=\begin{pmatrix} 1 & 0 \\ 0 & 1 \end{pmatrix}$, $O=\begin{pmatrix} 0 & 0 \\ 0 & 0 \end{pmatrix}$에 대하여

　$A^2-(a+d)A+(ad-bc)E=O$

가 성립한다. 이때 케일리–해밀턴 정리에 의하여 행렬 A에 대한 2차식을 1차 이하의 식으로 변형할 수 있다.

　$A^2=(a+d)A-(ad-bc)E$

따라서 케일리–해밀턴 정리는 행렬 A에 대한 차수를 낮추는 데 이용할 수 있다.

그러나 반대로 $A^2-pA+qE=O$를 만족시키는 행렬 $A=\begin{pmatrix} a & b \\ c & d \end{pmatrix}$에 대하여 항상 $a+d=p$, $ad-bc=q$인 것은 아니다.

그러므로 $A^2-pA+qE=O$를 만족시키는 행렬 A를 구할 때, 실수 k에 대하여 ① $A \neq kE$, ② $A=kE$인 경우로 나누어 생각한다.

① $A \neq kE$인 경우 $a+d=p$, $ad-bc=q$

② $A=kE$인 경우 $A=kE$를 $A^2-pA+qE=O$에 대입하여 k의 값을 구한다.

》 109쪽 411번 , 412번

383

🗐 광동고, 용산고, 여의도여고 응용

행렬 $A=(a_{ij})$의 (i, j)성분 a_{ij}를

$$a_{ij}=\left[\frac{3^i}{2^j}\right] (i=1, 2, j=1, 2)$$

로 정의할 때, 행렬 A는?

(단, $[x]$는 x보다 크지 않은 최대의 정수이다.)

① $\begin{pmatrix} 1 & 2 \\ 0 & 4 \end{pmatrix}$
② $\begin{pmatrix} 1 & 4 \\ 0 & 2 \end{pmatrix}$
③ $\begin{pmatrix} 1 & 0 \\ 4 & 2 \end{pmatrix}$

④ $\begin{pmatrix} 1 & 0 \\ 2 & 4 \end{pmatrix}$
⑤ $\begin{pmatrix} 2 & 0 \\ 4 & 1 \end{pmatrix}$

384

🗐 부일외고, 화성고 응용

등식 $\begin{pmatrix} x+y & -1 \\ 0 & 1 \end{pmatrix}=\begin{pmatrix} 2 & -1 \\ 0 & xy \end{pmatrix}$가 성립할 때, 두 실수 x, y에 대하여 x^2+y^2의 값은?

① 2
② 3
③ 4
④ 5
⑤ 6

385

🗐 삼성고, 해운대고, 효천고 응용

두 행렬 $A=\begin{pmatrix} 2ab & 2 \\ 0 & 2a \end{pmatrix}$, $B=\begin{pmatrix} -3 & 1 \\ 0 & -b+2 \end{pmatrix}$에 대하여 $A=2B$가 성립할 때, a^2-b^2의 값은? (단, $a>b$)

① 4
② 6
③ 8
④ 9
⑤ 12

386

🗐 남일고, 효천고, 동래고 응용

두 이차정사각행렬 A, B에 대하여

$$A-3B=\begin{pmatrix} -1 & 0 \\ -5 & -7 \end{pmatrix}, 2A-B=\begin{pmatrix} 3 & 5 \\ 0 & -4 \end{pmatrix}$$

가 성립할 때, 행렬 $A-B$의 모든 성분의 합은?

① -2
② -1
③ 0
④ 1
⑤ 2

387

🗐 경문고, 대진고, 숭의여고 응용

두 행렬 $A=\begin{pmatrix} 2 & -4 \\ -1 & 2 \end{pmatrix}$, $B=\begin{pmatrix} 1 & 2 \\ 2 & 4 \end{pmatrix}$에 대하여 $\frac{1}{3}AB-BA$는?

① $\begin{pmatrix} -2 & -4 \\ 1 & 2 \end{pmatrix}$
② $\begin{pmatrix} -2 & 8 \\ 2 & -4 \end{pmatrix}$

③ $\begin{pmatrix} -4 & -8 \\ 2 & 4 \end{pmatrix}$
④ $\begin{pmatrix} -6 & -12 \\ 3 & 6 \end{pmatrix}$

⑤ $\begin{pmatrix} 0 & 0 \\ 0 & 0 \end{pmatrix}$

388

🗐 보성고, 선유고 응용

세 행렬

$$A=\begin{pmatrix} -1 & 2 \\ 2 & 1 \end{pmatrix}, B=\begin{pmatrix} 3 & 4 \\ 2 & 5 \end{pmatrix}, C=\begin{pmatrix} 10 & x \\ y & -2 \end{pmatrix}$$

에 대하여 등식 $C=mA+nB$가 성립할 때, 두 실수 x, y에 대하여 $x+y$의 값은? (단, m, n은 실수이다.)

① -20
② -22
③ -24
④ -26
⑤ -28

389

🗐 경남고, 일산고, 희문고 응용

이차방정식 $3x^2-5x+1=0$의 두 근 α, β에 대하여 두 행렬 $A=\begin{pmatrix} 3\alpha & 1 \\ 1 & \beta \end{pmatrix}$, $B=\begin{pmatrix} \alpha & 1 \\ 1 & 3\beta \end{pmatrix}$일 때, 행렬 AB의 모든 성분의 합은?

① 7
② 9
③ 11
④ 13
⑤ 15

390

🗐 동북고, 충북여고 응용

좌표평면 위의 점 $P(x, y)$를 x축에 대하여 대칭이동한 점을 $(x, -y)$라 할 때, 점 P의 행렬을 $P=\begin{pmatrix} x & y \\ x & -y \end{pmatrix}$라 하자. 좌표평면 위의 두 점 $A(3, 2)$, $B(-1, 4)$에 대하여 행렬 $A-(B-2A)$의 모든 성분의 합을 구하여라.

391

대원외고, 안산고 응용

두 행렬 A, B에 대하여 $A+B=\begin{pmatrix} 3 & 1 \\ 5 & 3 \end{pmatrix}$, $A-B=\begin{pmatrix} 1 & 3 \\ 5 & 7 \end{pmatrix}$

일 때, 행렬 A^2-B^2은?

① $\begin{pmatrix} 8 & 16 \\ 20 & 36 \end{pmatrix}$ ② $\begin{pmatrix} 18 & 10 \\ 50 & 26 \end{pmatrix}$ ③ $\begin{pmatrix} 16 & 18 \\ 36 & 50 \end{pmatrix}$

④ $\begin{pmatrix} 10 & 16 \\ 26 & 36 \end{pmatrix}$ ⑤ $\begin{pmatrix} 13 & 13 \\ 35 & 31 \end{pmatrix}$

392

수리고, 풍덕고, 일산고 응용

두 행렬 $A=\begin{pmatrix} 1 & -1 \\ x & y \end{pmatrix}$, $B=\begin{pmatrix} 2 & -1 \\ 3 & 4 \end{pmatrix}$에 대하여

$(A+B)^2=A^2+2AB+B^2$이 성립할 때, $x+y$의 값은?

① 4   ② 5   ③ 6

④ 7   ⑤ 8

393

삼성고, 남일고, 부산고 응용

행렬 $A=\begin{pmatrix} 1 & 0 \\ 2 & 1 \end{pmatrix}$에 대하여 행렬 A^n의 모든 성분의 합이

80일 때, 자연수 n의 값은?

① 20   ② 29   ③ 30

④ 39   ⑤ 40

394

남성여고, 경남고 응용

행렬 $A=\begin{pmatrix} 0 & -1 \\ 1 & 0 \end{pmatrix}$일 때, 행렬 $A^{40}+A^{50}$은?

① $\begin{pmatrix} 0 & 0 \\ 0 & 0 \end{pmatrix}$ ② $\begin{pmatrix} 1 & 0 \\ 0 & 1 \end{pmatrix}$ ③ $\begin{pmatrix} -1 & 0 \\ 0 & -1 \end{pmatrix}$

④ $\begin{pmatrix} 0 & 1 \\ 1 & 0 \end{pmatrix}$ ⑤ $\begin{pmatrix} 0 & -1 \\ -1 & 0 \end{pmatrix}$

395

서일고, 중경고, 관악고 응용

이차정사각행렬 A에 대하여 $A\begin{pmatrix} 1 \\ 1 \end{pmatrix}=\begin{pmatrix} 1 \\ 3 \end{pmatrix}$일 때,

다음 중 $A\begin{pmatrix} 1 \\ 3 \end{pmatrix}+A\begin{pmatrix} 3 \\ 1 \end{pmatrix}$과 같은 행렬은?

① $\begin{pmatrix} 4 \\ 4 \end{pmatrix}$ ② $\begin{pmatrix} 4 \\ 8 \end{pmatrix}$ ③ $\begin{pmatrix} 4 \\ 12 \end{pmatrix}$

④ $\begin{pmatrix} 8 \\ 4 \end{pmatrix}$ ⑤ $\begin{pmatrix} 12 \\ 4 \end{pmatrix}$

396

주례여, 양현고 응용

두 이차정사각행렬 A, B에 대하여 보기 중 옳은 것만을 있는 대로 고른 것은? (단, E는 단위행렬, O는 영행렬이다.)

> **보기**
>
> ㄱ. $AB=BA$이면 $(AB)^2=A^2B^2$이다.
> ㄴ. $(A+B)^2=A^2+B^2$이면 $AB=-BA$이다.
> ㄷ. $A(A-E)=(A-E)B$이면
> $(A-E)(A-B)=O$이다.

① ㄱ   ② ㄴ   ③ ㄱ, ㄴ

④ ㄱ, ㄷ   ⑤ ㄱ, ㄴ, ㄷ

397

언남고, 대성고 응용

두 행렬 $A=\begin{pmatrix} -1 & a \\ 0 & a \end{pmatrix}$, $E=\begin{pmatrix} 1 & 0 \\ 0 & 1 \end{pmatrix}$에 대하여

$A^2=6A+7E$를 만족하는 상수 a의 값은?

① 5   ② 6   ③ 7

④ 8   ⑤ 9

398

진선여고, 반포고 응용

행렬 $A=\begin{pmatrix} 3 & 2 \\ -2 & -1 \end{pmatrix}$에 대하여 A^{10}을 A와 E로 나타내면?

(단, E는 단위행렬이다.)

① $10A$ ② $9A+10E$ ③ $9A-4E$

④ $10A-9E$ ⑤ $10A-10E$

용문고, 삼성여고, 언남고 응용

399 세 행렬

$$A=\begin{pmatrix} 1 & 2 \\ -2 & 0 \end{pmatrix},\ B=\begin{pmatrix} 0 & 3 \\ 1 & -2 \end{pmatrix},\ C=\begin{pmatrix} 3 & 5 \\ 7 & -2 \end{pmatrix}$$

에 대하여 $2(A-3B)-X=2B-A-C$를 만족하는 행렬 X의 모든 성분의 합은?

① -2 ② -1 ③ 0 ④ 1 ⑤ 2

해운대고, 풍덕고 응용

400 두 행렬 $A=\begin{pmatrix} 2 & 1 \\ 4 & 3 \end{pmatrix}$, $B=\begin{pmatrix} 2 & 5 \\ 2 & 7 \end{pmatrix}$에 대하여 $\begin{cases} X+Y=3A-2B \\ 2X-3Y=A+B \end{cases}$ 가 성립한다. 행렬 X의 모든 성분의 합을 x, 행렬 Y의 모든 성분의 합을 y라 할 때, $x-y$의 값은?

① 8 ② 10 ③ 12 ④ 14 ⑤ 16

대일고, 서초고, 청담고 응용

401 이차정사각행렬 A에 대하여 $f(A)$를 행렬 A의 모든 성분의 합으로 정의하자. 보기 중 옳은 것의 개수는? (단, k, l은 실수이다.)

보기

ㄱ. $f(A+B)=f(A)+f(B)$
ㄴ. $f(kA)=kf(A)$
ㄷ. $f(kA+lB)=kf(A)+lf(B)$
ㄹ. $f(AB)=f(A)f(B)$

① 0 ② 1 ③ 2 ④ 3 ⑤ 4

서인천고, 달서고, 부일외고 응용

402 행렬 A가 $A^2=2A-E$를 만족하고 $A\begin{pmatrix} 1 \\ 2 \end{pmatrix}=\begin{pmatrix} 2 \\ 1 \end{pmatrix}$일 때, 다음 중 행렬 $A\begin{pmatrix} 2 \\ 1 \end{pmatrix}$과 같은 행렬은?

(단, E는 단위행렬이다.)

① $\begin{pmatrix} 1 \\ 2 \end{pmatrix}$ ② $\begin{pmatrix} 2 \\ 1 \end{pmatrix}$ ③ $\begin{pmatrix} 2 \\ -4 \end{pmatrix}$ ④ $\begin{pmatrix} 3 \\ 0 \end{pmatrix}$ ⑤ $\begin{pmatrix} 3 \\ -2 \end{pmatrix}$

403

새롬고, 경희고 응용

두 이차정사각행렬 A, B에 대하여 $A^2+A=E$, $AB=2E$가 성립할 때, B^2을 A와 E로 나타내면? (단, E는 단위행렬이다.)

① $2A+4E$ ② $2A-E$ ③ $4A+8E$ ④ $4A-2E$ ⑤ $8A-4E$

404

포항중앙고, 서일고 응용

어느 공장에서는 제품 A를 1개 만드는 데 강철 3톤과 알루미늄 2톤이 사용되고, 제품 B를 1개 만드는 데 강철 4톤과 알루미늄 3톤이 사용된다고 한다. 강철과 알루미늄의 톤당 구입 가격이 각각 x원, y원일 때, A를 25개, B를 15개 만드는 데 사용된 강철과 알루미늄의 총 구입 가격을 행렬의 곱으로 나타낸 것은?

① $(15 \quad 25)\begin{pmatrix} 3 & 2 \\ 4 & 3 \end{pmatrix}\begin{pmatrix} x \\ y \end{pmatrix}$ ② $(15 \quad 25)\begin{pmatrix} 3 & 4 \\ 2 & 3 \end{pmatrix}\begin{pmatrix} x \\ y \end{pmatrix}$

③ $(25 \quad 15)\begin{pmatrix} 3 & 2 \\ 4 & 3 \end{pmatrix}\begin{pmatrix} x \\ y \end{pmatrix}$ ④ $(25 \quad 15)\begin{pmatrix} 3 & 4 \\ 2 & 3 \end{pmatrix}\begin{pmatrix} x \\ y \end{pmatrix}$

⑤ $\begin{pmatrix} 3 & 2 \\ 4 & 3 \end{pmatrix}\begin{pmatrix} 25 \\ 15 \end{pmatrix}(x \quad y)$

405

새화고, 덕수고 응용

어느 제과회사에서는 아래 표와 같이 구성된 '고소한 세트'와 '달콤한 세트'를 판매하려고 한다. 각 세트에 들어 가는 과자와 사탕의 한 봉지당 가격이 각각 500원, 800원일 때, 다음 중 '고소한 세트' 10개와 '달콤한 세트' 15개를 구입하는 데 필요한 금액을 나타내는 행렬은?

(단, 가격 할인이나 포장 비용은 고려하지 않는다.)

	과자(봉지)	사탕(봉지)
고소한 세트	5	1
달콤한 세트	2	4

① $(500 \quad 800)\begin{pmatrix} 5 & 1 \\ 2 & 4 \end{pmatrix}\begin{pmatrix} 10 \\ 15 \end{pmatrix}$ ② $(500 \quad 800)\begin{pmatrix} 5 & 1 \\ 2 & 4 \end{pmatrix}\begin{pmatrix} 15 \\ 10 \end{pmatrix}$

③ $(800 \quad 500)\begin{pmatrix} 5 & 1 \\ 2 & 4 \end{pmatrix}\begin{pmatrix} 10 \\ 15 \end{pmatrix}$ ④ $(10 \quad 15)\begin{pmatrix} 5 & 1 \\ 2 & 4 \end{pmatrix}\begin{pmatrix} 500 \\ 800 \end{pmatrix}$

⑤ $(10 \quad 15)\begin{pmatrix} 5 & 1 \\ 2 & 4 \end{pmatrix}\begin{pmatrix} 800 \\ 500 \end{pmatrix}$

406 📄 덕수고, 아산고 응용

다음 중 두 행렬 $A=\begin{pmatrix}1&0\\1&0\end{pmatrix}$, $B=\begin{pmatrix}1&1\\0&0\end{pmatrix}$을 중복을 허락하여 곱해서 얻어지는 행렬이 <u>아닌</u> 것은?

① $\begin{pmatrix}4&4\\4&4\end{pmatrix}$　　② $\begin{pmatrix}8&0\\0&0\end{pmatrix}$　　③ $\begin{pmatrix}16&0\\16&0\end{pmatrix}$　　④ $\begin{pmatrix}16&16\\0&0\end{pmatrix}$　　⑤ $\begin{pmatrix}8&4\\8&4\end{pmatrix}$

407 📄 덕성여고, 아산고, 서현고 응용

두 이차정사각행렬 A, B가 $A+B=O$, $AB=E$를 만족할 때, $A^{2027}+B^{2026}$을 간단히 하면?
(단, E는 단위행렬, O는 영행렬이다.)

① O　　　② $2E$　　　③ $A+E$　　　④ $-A-E$　　　⑤ $B-E$

408 📄 용문고, 동북고 응용

두 이차정사각행렬 A, B에 대하여 $A+B=2E$, $AB=3E$가 성립한다. $A^3+B^3=kE$일 때, 실수 k의 값은? (단 E는 단위행렬이다.)

① -10　　② -8　　③ -6　　④ -4　　⑤ -2

409 📄 하나고, 양재고, 오금고 응용

두 이차정사각행렬 X, Y에 대하여 연산 ◎을
$$X◎Y=XY+YX$$
로 정의하자. 연산 ◎에 대한 성질로 보기 중 옳은 것만을 있는 대로 고른 것은?
(단, A, B, C는 이차정사각행렬이고 p, q는 실수이다.)

보기
ㄱ. $A◎B=B◎A$
ㄴ. $pA◎qB=pq(A◎B)$
ㄷ. $(A+B)◎C=(A◎C)+(B◎C)$

① ㄱ　　② ㄷ　　③ ㄱ, ㄷ　　④ ㄴ, ㄷ　　⑤ ㄱ, ㄴ, ㄷ

410

삼차방정식 $x^3=1$의 한 허근을 ω라 할 때, 행렬

$$A=\begin{pmatrix} -1 & -1 \\ \omega+1 & -\omega^2 \end{pmatrix}$$

에 대하여 $E+A+A^2+A^3+\cdots+A^{2010}$을 간단히 하면? (단, E는 단위행렬, O는 영행렬이다.)

① A ② E ③ O ④ $A+E$ ⑤ $2010A+E$

411

행렬 $A=\begin{pmatrix} a & b \\ c & d \end{pmatrix}$에 대하여 $A^2-5A+4E=O$가 성립할 때, 다음 중 $a+d$의 값이 될 수 있는 것은? (단, E는 단위행렬, O는 영행렬이다.)

① 1 ② 4 ③ 8 ④ 9 ⑤ 11

412

행렬 $A=\begin{pmatrix} a & b \\ c & d \end{pmatrix}$에 대하여 $D(A)$를

$$D(A)=ad-bc$$

로 정의하자. 보기 중 옳은 것만을 있는 대로 고른 것은? (단, n은 자연수, k는 상수이다.)

보기

ㄱ. $D(kA)=kD(A)$
ㄴ. $D(A)=0$일 때, A^n을 kA 꼴로 나타낼 수 있다.
ㄷ. $D(AB)=D(A)D(B)$

① ㄱ   ② ㄷ   ③ ㄷ   ④ ㄱ, ㄴ   ⑤ ㄴ, ㄷ

STEP 2 고난도 기출

서술형 체감난도가 높았던 **서술형** 기출

413

대원여고, 평택고, 학성고 응용

모든 성분이 0 또는 1인 4×1행렬 X에 대하여
$\begin{pmatrix} 1 & 1 & 1 & 1 \\ 1 & 0 & 1 & 0 \end{pmatrix} X = \begin{pmatrix} m \\ n \end{pmatrix}$이라 할 때, m이 짝수이고 n이 홀수가 되도록 하는 행렬 X의 개수를 구하여라.

414

포항중앙고, 서일고 응용

모든 실수 x, y에 대하여 세 행렬의 곱 $(x \quad y)\begin{pmatrix} a & b \\ b & a \end{pmatrix}\begin{pmatrix} x \\ y \end{pmatrix}$의 성분이 음수가 아닐 때, $a^2 + (b-2)^2$의 최솟값을 구하여라. (단, $a \neq 0$)

415

부산진고, 초지고, 서강고 응용

이차정사각행렬 A가 다음 조건을 모두 만족시킨다.

> (가) $A^2 - A + E = O$
>
> (나) $A\begin{pmatrix} 1 \\ 2 \end{pmatrix} = \begin{pmatrix} 3 \\ -1 \end{pmatrix}$

이때 행렬 $A\begin{pmatrix} -6 \\ 2 \end{pmatrix}$의 모든 성분의 합을 구하여라.
(단, E는 단위행렬, O는 영행렬이다.)

416

세화고, 양재고 응용

행렬 $A = \begin{pmatrix} 1 & 1 \\ 2 & 1 \end{pmatrix}$에 대하여
$$A^4 - A^3 - 2A^2 - A + 2E$$
를 $kA + lE$ 꼴로 나타낼 때, 두 실수 k, l에 대하여 $k + l$의 값을 구하여라. (단, E는 단위행렬이다.)

417

부산국제외고, 덕성여고 응용

0이 아닌 두 실수 a, b에 대하여 행렬 $A = \begin{pmatrix} a & 1 \\ b & a \end{pmatrix}$가 $A^2 - 4A + 5E = O$를 만족할 때, b의 값을 구하여라.
(단, E는 단위행렬, O는 영행렬이다.)

---

418 구리고, 정신여고, 한솔고 응용

두 이차정사각행렬 A, B에 대하여 보기 중 옳은 것만을 있는 대로 고른 것은?

(단, E는 단위행렬이다.)

> **보기**
>
> ㄱ. $(A+B)^3 = A^3 + A^2B + ABA + AB^2 + BA^2 + BAB + B^2A + B^3$
> ㄴ. $A^3 = E$이면 $A^2 = E$이다.
> ㄷ. $A^m = A^n = E$를 만족하는 서로 다른 두 자연수 m, n이 존재하면 $A = E$이다.

① ㄱ   ② ㄴ   ③ ㄷ   ④ ㄱ, ㄷ   ⑤ ㄴ, ㄷ

---

419 남목고, 제천여고 응용

한 변의 길이가 각각 1, 3, 5, $\cdots$, $2n-1$, $\cdots$인 정사각형의 변과 꼭짓점에 다음 그림과 같이 일정한 간격으로 자연수가 규칙적으로 나열되어 있다. 이때 각 정사각형에서 1은 왼쪽 아래 꼭짓점의 바로 위에 놓여 있다. 각 정사각형의 네 꼭짓점에 놓이는 자연수를 성분으로 하는 이차정사각행렬을 차례로 A_1, A_2, A_3, $\cdots$이라 할 때, 행렬 A_{15}의 모든 성분의 합은?

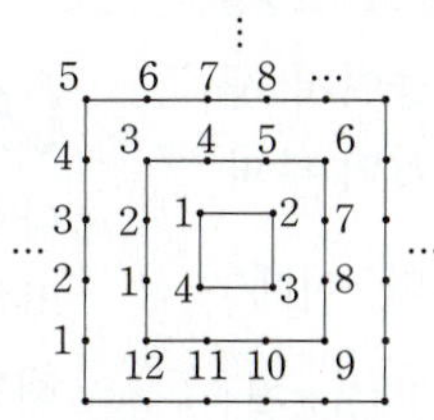

① 250   ② 270   ③ 290   ④ 310   ⑤ 330

---

420 단대부고, 영파여고 응용

다음은 지난해에 어느 회사에서 생산한 두 제품 ㉮와 ㉯의 제품 한 개당 제조 원가와 판매 가격 및 그 해 판매량을 나타낸 표이다.

	㉮	㉯
제조 원가	a_{11}	a_{12}
판매 가격	a_{21}	a_{22}

	상반기	하반기
㉮	b_{11}	b_{12}
㉯	b_{21}	b_{22}

위의 표를 각각 행렬 $A = \begin{pmatrix} a_{11} & a_{12} \\ a_{21} & a_{22} \end{pmatrix}$, $B = \begin{pmatrix} b_{11} & b_{12} \\ b_{21} & b_{22} \end{pmatrix}$로 나타내고, 이 두 행렬의 곱 AB를 $AB = \begin{pmatrix} a & b \\ c & d \end{pmatrix}$라 하자. 제품 한 개당 판매 이익금을 판매 가격에서 제조 원가를 뺀 값으로 정의할 때, 보기 중 옳은 것만을 있는 대로 고른 것은?

> **보기**
>
> ㄱ. $a+b$는 지난해 상반기에 판매된 제품의 제조 원가 총액이다.
> ㄴ. $c+d$는 지난해 1년 동안 판매된 제품의 판매 총액이다.
> ㄷ. $d-b$는 지난해 하반기에 판매된 제품의 판매 이익금 총액이다.

① ㄱ   ② ㄴ   ③ ㄱ, ㄷ   ④ ㄴ, ㄷ   ⑤ ㄱ, ㄴ, ㄷ

중간고사 대비 (1회)

(01. 다항식의 연산 ~ 06. 이차방정식과 이차함수)

선택형 18문항 (1~18번)

01 _421
📖 대아고, 도당고, 중동고, 휘문고 응용

두 다항식 A, B에 대하여

$$2A+B=7x^2+2x+8, \quad A-2B=-4x^2-9x+9$$

일 때, AB의 전개식에서 x^2의 계수는? [3.5점]

① -1 ② 1 ③ 3

④ 5 ⑤ 7

02 _422
📖 강화고, 숙명여고, 한서고, 효자고 응용

정육면체 A의 각 모서리의 길이를 모두 2만큼 늘여서 새로운 정육면체 B를 만들었다. 두 정육면체 A와 B의 부피의 차가 $\dfrac{79}{2}$일 때, 정육면체 A의 겉넓이는 $\dfrac{q}{p}$이다. 이때 $p+q$의 값은? (단, p, q는 서로소인 자연수이다.) [3.8점]

① 23 ② 26 ③ 29

④ 32 ⑤ 35

03 _423
📖 명지고, 보인고, 살레시오여고, 연무고 응용

다항식 $f(x)=x^3+ax^2-5x+b$가 $(x+1)^2$으로 나누어떨어질 때, 두 상수 a, b에 대하여 $a-b$의 값은? [4.2점]

① 1 ② 2 ③ 3

④ 4 ⑤ 5

04 _424
📖 경북여고, 상동고, 진주동명고 응용

이차다항식 $f(x)$가 다음 조건을 모두 만족시킨다.

> (가) x^3+3x^2+4x+2를 $f(x)$로 나눈 나머지는 $g(x)$이다.
> (나) x^3+3x^2+4x+2를 $g(x)$로 나눈 나머지는 $f(x)-x^2-2x$이다.

이때 $g(3)$의 값은? [4.5점]

① 2 ② 4 ③ 6

④ 8 ⑤ 10

05 _425
📖 광동고, 내성고, 이서고, 해동고 응용

다항식 $f(x)=x^4+kx^2+25$가 이차항의 계수가 1이고 일차항의 계수와 상수항이 정수인 이차식의 곱으로 인수분해될 때, 이를 만족하는 자연수 k의 개수는? [3.8점]

① 3 ② 4 ③ 5

④ 6 ⑤ 7

06 _426
📖 과천외고, 잠실고, 천안고, 초지고 응용

세 실수 a, b, c에 대하여

$$a+b=-2+\sqrt{5}, \quad b+c=2+\sqrt{5}$$

가 성립할 때, $a^2(b+c)-b^2(c-a)-c^2(a+b)$의 값은? [3.8점]

① -6 ② -4 ③ -2

④ 2 ⑤ 4

07 _427   서강고, 진선여고, 포천고 응용

삼각형 ABC의 세 변의 길이 a, b, c가 다음 조건을 모두 만족시킬 때, 삼각형 ABC의 넓이는? [4.5점]

> (가) $a^3+a^2b-ac^2+ab^2+b^3-bc^2=0$
> (나) $(a+b)^2=2c(a+b)$　　(다) $a^2+b^2=64$

① 24　　② 32　　③ 40
④ 48　　⑤ 56

08 _428   경기고, 남성여고, 대륜고 응용

복소수 z가 $\dfrac{z}{\bar{z}}+\dfrac{\bar{z}}{z}=-2$를 만족시킬 때, 보기 중 항상 실수인 것만을 있는 대로 고른 것은?

(단, $z\neq0$이고, $\bar{z}$는 z의 켤레복소수이다.) [3.5점]

> ────── 보기 ─
> ㄱ. $z-\bar{z}$　　ㄴ. $\dfrac{\bar{z}}{z}$　　ㄷ. $z^2-\bar{z}^2$

① ㄱ　　② ㄴ　　③ ㄱ, ㄴ
④ ㄴ, ㄷ　　⑤ ㄱ, ㄴ, ㄷ

09 _429   대전외고, 여산고, 장수고, 청원고 응용

$z=(a^2+3a)+5i$라 할 때, z^4이 음수가 되도록 하는 모든 실수 a의 값의 합은? (단, $i=\sqrt{-1}$이다.) [4.2점]

① -3　　② -1　　③ 1
④ 3　　⑤ 5

10 _430   강동고, 금당고, 대광여고, 문성고 응용

두 실수 x, y가 $\sqrt{x-2}\sqrt{-y+3}=-\sqrt{(x-2)(-y+3)}$을 만족시킬 때,
$$\sqrt{(x-3)^2}-\sqrt{(x-2)^2}-\sqrt{(y-3)^2}+\sqrt{y^2}$$
을 간단히 하면? (단, $x\neq2$, $y\neq3$) [3.8점]

① 2　　② 3　　③ 4
④ $2x+2$　　⑤ $2y-3$

11 _431   근화여고, 대화고, 산남고, 속초고 응용

두 복소수 α, β의 켤레복소수를 각각 $\bar{\alpha}$, $\bar{\beta}$라 할 때, 보기 중 옳은 것만을 있는 대로 고른 것은? [4.5점]

> ────── 보기 ─
> ㄱ. $\alpha=\bar{\beta}$이면 $\alpha+\beta$, $\alpha\beta$는 모두 실수이다.
> ㄴ. $\alpha^2+\bar{\alpha}^2=0$이면 $\alpha=0$이다.
> ㄷ. $\alpha+\beta=0$이면 $\bar{\alpha}+\bar{\beta}=0$이다.
> ㄹ. $\alpha\bar{\beta}=1$이면 $\bar{\alpha}+\dfrac{1}{\alpha}=\bar{\beta}+\dfrac{1}{\beta}$이다.

① ㄱ, ㄴ　　② ㄴ, ㄹ　　③ ㄱ, ㄹ
④ ㄱ, ㄴ, ㄷ　　⑤ ㄱ, ㄷ, ㄹ

12 _432   대구여고, 서초고, 성도고, 세광고, 정화여고 응용

x에 대한 이차방정식
$$x^2+2(k+a)x+k^2+a^2+2k-b+3=0$$
이 실수 k의 값에 관계없이 항상 중근을 가질 때, 두 상수 a, b에 대하여 a^2+b^2의 값은? [3.5점]

① 5　　② 8　　③ 10
④ 13　　⑤ 17

13 _433　　　　　　　　　🗐 가락고, 수성고, 혜화여고 응용

x에 대한 이차방정식 $kx^2-2(k-3)x+k-5=0$은 실근을 갖고, x에 대한 이차방정식 $x^2+2(k-1)x+k^2+5=0$은 서로 다른 두 허근을 갖도록 하는 정수 k의 개수는?

[4.2점]

① 7　　　　　　② 8　　　　　　③ 9
④ 10　　　　　⑤ 11

14 _434　　　　　　　　　🗐 대성고, 사상고, 한대부고 응용

이차방정식 $x^2-x-3=0$의 두 근을 α, β라 할 때, $f(\alpha)=\beta$, $f(\beta)=\alpha$, $f(2)=-3$을 만족시키는 이차식 $f(x)$에 대하여 $f(3)$의 값은? [4.2점]

① 4　　　　　　② 5　　　　　　③ 6
④ 7　　　　　　⑤ 8

15 _435　　　　　　　　　🗐 울산제일고, 장유고, 풍문여고 응용

이차항의 계수가 1인 두 이차방정식 $f(x)=0$, $g(x)=0$에 대하여 방정식 $f(x)+g(x)=0$의 해가 $x=2$ 또는 $x=k$이고, 방정식 $f(x)g(x)=0$의 해가 $x=2$ 또는 $x=4$ 또는 $x=6$일 때, 상수 k의 값은? [3.5점]

① 3　　　　　　② 4　　　　　　③ 5
④ 6　　　　　　⑤ 7

16 _436　　　　　　　　　🗐 창덕여고, 태장고, 환일고 응용

이차함수 $f(x)=ax^2+bx+c$는 모든 실수 x에 대하여 $f(4+x)=f(4-x)$이고 $f(2)<0$, $f(3)>0$이다. 보기 중 옳은 것만을 있는 대로 고른 것은?

(단, a, b, c는 상수이다.)[3.8점]

-----보기-----
ㄱ. $a<0$　　　　　　　ㄴ. $25a+5b+c>0$
ㄷ. 이차방정식 $ax^2+bx+c=0$의 두 근의 합은 4이다.
----

① ㄱ　　　　　　② ㄱ, ㄴ　　　　　　③ ㄱ, ㄷ
④ ㄴ, ㄷ　　　　　⑤ ㄱ, ㄴ, ㄷ

17 _437　　　　　　　　　🗐 경기여고, 광주고, 대영고, 수주고 응용

한 변의 길이가 4인 정삼각형 ABC의 변 AB 위의 한 점 P에 대하여 $\overline{BP}^2+\overline{CP}^2$의 값이 최소가 되는 선분 BP의 길이를 x, $\overline{BP}^2+\overline{CP}^2$의 최솟값을 y라 할 때, $x+y$의 값은?

(단, 점 P는 두 점 A, B가 아니다.) [4.2점]

① 14　　　　　　② 15　　　　　　③ 16
④ 17　　　　　　⑤ 18

18 _438　　　　　　　　　🗐 선덕여고, 숭덕고, 인천고 응용

오른쪽 그림과 같이 이차함수 $y=x^2-2mx+3m$의 그래프와 직선 $y=3x-m^2$의 두 교점을 각각 P, Q라 하고, 두 점 P, Q에서 x축에 내린 수선의 발을 각각 A, B라 할 때, 사각형 ABQP의 넓이의 최댓값은? [4.5점]

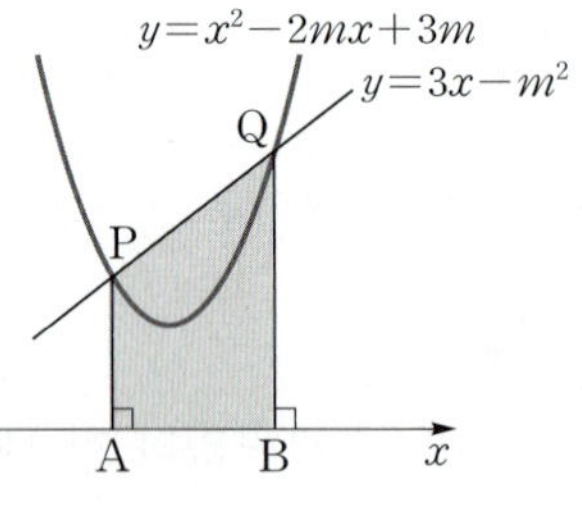

① $\dfrac{81}{4}$　　　　　　② $\dfrac{83}{4}$　　　　　　③ $\dfrac{85}{4}$
④ $\dfrac{87}{4}$　　　　　　⑤ $\dfrac{89}{4}$

서술형 5문항 (19~23번)

19 _439
경해여고, 능주고, 야탑고, 원통고 응용

세 실수 a, b, c에 대하여 $a+b+c=0$, $a^2+b^2+c^2=12$가 성립할 때, $a^2b^2+b^2c^2+c^2a^2$의 값을 구하여라. [5점]

20 _440
구현고, 부천북고, 용인고 응용

다항식 $f(x)$를 x^2-5x+4로 나눈 나머지가 $2x+4$이고, $(x+3)f(x+2)$를 x^2-x-2로 나눈 나머지가 $R(x)$일 때, $R(1)$의 값을 구하여라. [5점]

21 _441
신천고, 영등포여고, 주덕고 응용

복소수 z_n을
$$z_1=1+i, \quad z_{n+1}=iz_n \ (n=1, 2, 3, \cdots)$$
으로 정의할 때, $z_{200}+z_{201}$의 값을 구하여라.
(단, $i=\sqrt{-1}$이다.) [5점]

22 _442
시흥고, 염광고, 이대부고 응용

삼차다항식 $f(x)$가 다음 조건을 모두 만족시킨다.

> (가) $f(-1)=2$이다.
> (나) $f(x)$를 $(x+1)^2$으로 나눈 몫과 나머지가 같다.

$f(x)$를 $(x+1)^3$으로 나눈 나머지를 $R(x)$라 할 때, $R(0)=1$이다. 이때 $f(-2)$의 값을 구하여라. [6점]

23 _443
성수고, 신한고, 창녕고, 호남고 응용

$0 \le x \le 1$에서 이차함수 $f(x)=-2x^2+4kx-2k^2+k+2$의 최댓값이 1이 되도록 하는 모든 실수 k의 값의 합은 $\dfrac{a+\sqrt{b}}{4}$이다. 이때 서로소인 두 자연수 a, b에 대하여 $a+b$의 값을 구하여라. [7점]

점수	선택형	서술형	나의 점수
	점	점	점

중간고사 대비 (2회)

(01. 다항식의 연산 ~ 06. 이차방정식과 이차함수)

선택형 18문항 (1~18번)
서술형 5문항 (19~23번)

선택형 18문항 (1~18번)

01 _444
금곡고, 기전여고, 동패고 응용

두 다항식 $P(x)=2x^3+x^2+3x+4$, $Q(x)=x^2-x+2$에 대하여 다항식 $P(x)+x+7$을 다항식 $Q(x)$로 나눈 나머지가 $3x+k$일 때, 상수 k의 값은? [3.5점]

① 1 　　② 3 　　③ 5
④ 7 　　⑤ 9

02 _445
서문여고, 학성고 응용

다항식 $P_1(x)$, $P_2(x)$, $P_3(x)$, $\cdots$를
$$P_1(x)=x^3+x^2+x+1,$$
$$P_{n+1}(x)=P_n(x+n) \ (n=1, 2, 3, \cdots)$$
으로 정의할 때, 다항식 $P_{11}(x)$의 x^2의 계수는?
(단, $P_n(x+n)$은 $P_n(x)$의 x에 $x+n$을 대입하여 만든 다항식이다.) [3.8점]

① 135 　　② 136 　　③ 165
④ 166 　　⑤ 198

03 _446
부평고, 양천고, 한영고, 효명고 응용

모든 실수 x에 대하여 등식
$$x^{10}-2=a_{10}(x-1)^{10}+a_9(x-1)^9+\cdots+a_1(x-1)+a_0$$
이 성립할 때, $a_2+a_4+a_6+a_8$의 값은?
(단, a_0, a_1, a_2, $\cdots$, a_{10}은 상수이다.) [3.8점]

① 2^9-4 　　② 2^9-2 　　③ 2^9-1
④ $2^{10}-4$ 　　⑤ $2^{10}-2$

04 _447
덕원고, 잠신고, 충주고 응용

다항식 $f(x)$를 $(x-1)^3$으로 나누었을 때의 나머지가 x^2+2x+3이고, $(x+2)^2$으로 나누었을 때의 나머지가 $x+5$이다. 다항식 $f(x)$를 $(x-1)^2(x+2)$로 나누었을 때의 나머지를 $R(x)$라 할 때, $R(2)$의 값은? [4.2점]

① 7 　　② 9 　　③ 11
④ 13 　　⑤ 15

05 _448
원화여고, 재현고, 하동여고, 횡성고 응용

다항식 $P(x)=x^n(x^2+ax+b)$를 $(x-3)^2$으로 나눈 나머지가 $3^n(x-3)$일 때, 두 상수 a, b에 대하여 a^2+b^2의 값은? [4.5점]

① 50 　　② 52 　　③ 61
④ 65 　　⑤ 72

06 _449
경남여고, 남지고, 동산고, 양산고 응용

다항식 $x^2+3y^2+kxy-2x-8y-3$이 x, y에 대한 두 일차식의 곱으로 인수분해될 때, 상수 k의 값은? [3.5점]

① 1 　　② 2 　　③ 3
④ 4 　　⑤ 5

07 _450

자연수 n^4-18n^2-n+54가 $(n+2)(n+3)$의 배수가 되도록 하는 자연수 n의 최댓값은? (단, $n>4$) [4.2점]

① 21　　② 22　　③ 23

④ 24　　⑤ 25

08 _451

복소수 α에 대하여 $\alpha\bar{\alpha}=7$이고 $z=\dfrac{3\alpha+7}{\alpha+3}$일 때, $z\bar{z}$의 값은? (단, $\bar{\alpha}$, $\bar{z}$는 각각 α, z의 켤레복소수이다.) [3.5점]

① 7　　② 8　　③ 9

④ 10　　⑤ 11

09 _452

$f(n)=\left(\dfrac{1+i}{1-i}\right)^n+\left(\dfrac{1-i}{1+i}\right)^n$일 때,
$$f(1)+f(2)+f(3)+\cdots+f(210)$$
의 값은? (단, $i=\sqrt{-1}$이다.) [3.8점]

① $-2i$　　② -2　　③ 0

④ 2　　⑤ $2i$

10 _453

복소수 $z=\dfrac{3+\sqrt{2}i}{\sqrt{2}-3i}$에 대하여 $\omega=\dfrac{z(1-\bar{z})}{\sqrt{2}}$라 할 때, $\omega^n=1$을 만족시키는 100 이하의 자연수 n의 개수는? (단, $\bar{z}$는 z의 켤레복소수이고, $i=\sqrt{-1}$이다.) [4.2점]

① 6　　② 8　　③ 10

④ 12　　⑤ 14

11 _454

두 복소수 z_1, z_2에 대하여 보기 중 옳은 것만을 있는 대로 고른 것은? (단, $\bar{z_1}$, $\bar{z_2}$는 각각 z_1, z_2의 켤레복소수이다.) [4.2점]

> **보기**
> ㄱ. $z_1=\bar{z_2}$이면 z_1+z_2는 실수이다.
> ㄴ. $z_1=\bar{z_2}$일 때, $z_1z_2=0$이면 $z_1=0$이다.
> ㄷ. $z_1\bar{z_1}-z_1\bar{z_2}-z_2\bar{z_1}+z_2\bar{z_2}\geq0$

① ㄱ　　② ㄷ　　③ ㄱ, ㄴ

④ ㄴ, ㄷ　　⑤ ㄱ, ㄴ, ㄷ

12 _455

이차방정식 $x^2-2px+p+2=0$이 허근 α를 가질 때, α^3이 실수가 되도록 하는 모든 실수 p의 값의 합은? [4.5점]

① $-\dfrac{1}{2}$　　② $-\dfrac{1}{4}$　　③ $\dfrac{1}{4}$

④ $\dfrac{1}{2}$　　⑤ 1

13 _456
독산고, 부산고, 송탄고 응용

이차방정식 $x^2-4x+2=0$의 한 근이 a이고, 이차방정식 $x^2-6x+c=0$의 한 근이 $a+b$이다. 이때 $b-c$의 값은? (단, a는 $a>2$인 실수이고 b, c는 정수이다.) [3.8점]

① -6 ② -4 ③ -2
④ 0 ⑤ 2

14 _457
진주여고, 한림고, 혜화여고 응용

두 자연수 m, n에 대하여 x에 대한 이차방정식 $mx^2-10x+n=0$의 두 근이 서로 다른 소수일 때, 모든 자연수 n의 값의 합은? [4.5점]

① 24 ② 27 ③ 30
④ 33 ⑤ 36

15 _458
대광고, 세종국제고, 팔마고 응용

이차함수 $y=x^2-2kx+k^2-2k+3$의 그래프와 직선 $y=2(ax+bk)+b^2$이 k의 값에 관계없이 항상 접할 때, 두 상수 a, b에 대하여 ab의 값은? [3.5점]

① -2 ② -1 ③ 1
④ 2 ⑤ 3

16 _459
대륜고, 소사고, 영남고, 장덕고 응용

이차항의 계수가 1이고 계수가 모두 실수인 이차함수 $y=f(x)$가 다음 조건을 모두 만족시킨다.

> (가) $f(3+\sqrt{3})=0$이다.
> (나) 모든 실수 x에 대하여 $f(x)\geq f(2)$이다.

이때 보기 중 옳은 것만을 있는 대로 고른 것은? [3.8점]

보기
> ㄱ. $f(3-\sqrt{3})=0$ ㄴ. $f(0)<f(3)<f(5)$
> ㄷ. $f(1)+2\sqrt{3}=-3$

① ㄱ ② ㄷ ③ ㄱ, ㄴ
④ ㄱ, ㄷ ⑤ ㄴ, ㄷ

17 _460
부산 백양고, 장성고, 함평고 응용

함수 $f(x)=\begin{cases} x^2-2x-3 & (x<-1 \text{ 또는 } x>3) \\ -x^2+2x+3 & (-1\leq x\leq 3) \end{cases}$의 그래프와 직선 $y=-x+k$가 서로 다른 네 점에서 만나기 위한 실수 k의 값의 범위는 $a<k<b$이다. 이때 $4b-a$의 값은? [4.2점]

① 18 ② 20 ③ 22
④ 24 ⑤ 26

18 _461
신성고, 여주고, 정읍고, 충남여고 응용

이차함수 $f(x)=-x^2+ax+b$의 그래프가 x축과 만나는 두 점을 A, B, 꼭짓점을 C라 할 때, 삼각형 ABC는 정삼각형이다. 이때 $f(x)$의 최댓값은? (단, a, b는 상수이다.) [4.5점]

① 1 ② 2 ③ 3
④ 4 ⑤ 5

서술형 5문항 (19~23번)

19 _462
📄 배명고, 시온고, 충렬고 응용

세 다항식 $f(x)=2x^2+3x-2$, $g(x)=-x^2+x+1$,
$h(x)=x^3+x^2+ax+b$ (a, b는 상수)에 대하여
$\{f(x)\}^3+\{g(x)\}^3=(x^3-1)h(x)$가 x에 대한 항등식일
때, $h(x)$를 $x-1$로 나눈 나머지를 구하여라. [5점]

20 _463
📄 남성고, 동북고, 문현고, 인천남고 응용

복소수 $z=\dfrac{1+\sqrt{3}i}{2}$에 대하여
$$(z+\overline{z})+(z^2+\overline{z^2})+(z^3+\overline{z^3})+\cdots+(z^{50}+\overline{z^{50}})$$
의 값을 구하여라.

(단, $\overline{z}$는 z의 켤레복소수이고, $i=\sqrt{-1}$이다.) [5점]

21 _464
📄 신목고, 영파여고, 해원여고 응용

계수가 실수인 이차방정식 $f(x)=0$의 두 근 α, β에 대하

여 α는 허수이고 $\dfrac{\beta^2}{\alpha}$은 실수이다. 이때 $\left(\dfrac{\beta}{\alpha}\right)^3$의 값을 구

하여라. [5점]

22 _465
📄 계림고, 매원고, 숭덕여고 응용

0이 아닌 세 실수 a, b, c가 다음 조건을 모두 만족시킨다.

(가) $\dfrac{1}{a}+\dfrac{1}{b}+\dfrac{1}{c}=\dfrac{5}{2}$	(나) $abc=4$
(다) $(a+b)(b+c)(c+a)=56$	

이때 $a^2+b^2+c^2$의 값을 구하여라. [6점]

23 _466
📄 대전외고, 오산고, 한영외고 응용

$x^2+y^2=1$을 만족시키는 두 실수 x, y에 대하여
$(2x+3y)^2+(4x+y)^2$의 최댓값과 최솟값의 합을 구하여
라. (단, $xy\neq0$) [7점]

점수	선택형	서술형	나의 점수
	점	점	점

01 _467
미추홀외고, 서대전고, 서초고, 전주성심여고 응용

x에 대한 삼차방정식 $x^3-7x^2+(k+10)x-2k=0$이 중근을 갖도록 하는 모든 실수 k의 값의 합은? [3.8점]

① $\dfrac{49}{4}$　　② $\dfrac{53}{4}$　　③ $\dfrac{57}{4}$

④ $\dfrac{61}{4}$　　⑤ $\dfrac{65}{4}$

02 _468
관악고, 마차고, 법성고, 중동고 응용

연립방정식 $\begin{cases} x^2+xy+y^2=6 \\ xy+x+y=0 \end{cases}$ 의 실근을 $x=\alpha,\ y=\beta$라 할 때, $\alpha+\beta$의 값은? [3.8점]

① 1　　② $\dfrac{3}{2}$　　③ 2

④ $\dfrac{5}{2}$　　⑤ 3

03 _469
덕적고, 반포고, 심인고, 이화여고 응용

삼차방정식 $x^3-2x^2+2x-1=0$의 두 허근을 $\alpha,\ \beta$라 할 때, 보기 중 옳은 것만을 있는 대로 고른 것은?

(단, $\overline{\beta}$는 β의 켤레복소수이다.) [4.2점]

---보기---
ㄱ. $\alpha^2=\overline{\beta}$이다.　　　ㄴ. $\dfrac{\alpha^2+1}{\alpha}-\dfrac{\beta}{\beta^2+1}=0$

ㄷ. $\alpha^n+\beta^n=-1$을 만족시키는 100 이하의 자연수 n의 개수는 34이다.

① ㄱ　　② ㄱ, ㄴ　　③ ㄱ, ㄷ

④ ㄴ, ㄷ　　⑤ ㄱ, ㄴ, ㄷ

04 _470
보인고, 장안고, 한대부고 응용

x에 대한 방정식 $2|x^2-1|-x-k=2$가 서로 다른 세 실근을 갖도록 하는 모든 실수 k의 값의 합은? [4.5점]

① $-\dfrac{9}{8}$　　② $-\dfrac{7}{8}$　　③ $-\dfrac{5}{8}$

④ $-\dfrac{3}{8}$　　⑤ $-\dfrac{1}{8}$

05 _471
광남고, 대구고, 대성여고, 서강고 응용

두 실수 $a,\ b$에 대하여 부등식 $(3a+2b)x-2a-5b<0$의 해가 $x<1$일 때, 부등식 $(a+2b)[x]+7a-b>0$의 해는?

(단, $[x]$는 x보다 크지 않은 최대의 정수이다.) [3.8점]

① $x<-4$　　② $x\geq-4$　　③ $x<-3$

④ $x\geq-3$　　⑤ $x<-2$

06 _472
건국고, 순천강남여고, 영주고 응용

연립이차부등식 $\begin{cases} x^2-(a+3)x-a-4\leq0 \\ x^2-(5-b)x+2(-b+3)>0 \end{cases}$ 의 해가 $-1\leq x<2$ 또는 $5<x\leq7$일 때, 두 상수 $a,\ b$에 대하여 $a+b$의 값은? [3.8점]

① 1　　② 2　　③ 3

④ 4　　⑤ 5

07 _473
문일여고, 성수고, 통영고 응용

오른쪽 그림의 5개 영역에 빨강, 주황, 노랑, 파랑, 초록의 5가지 색을 사용하여 칠하려고 한다. 같은 색을 여러 번 사용해도 되지만 이웃한 부분은 서로 다른 색을 사용할 때, 칠하는 방법의 수는? [4.2점]

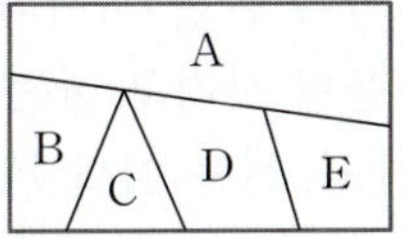

① 720　　　② 740　　　③ 760
④ 780　　　⑤ 800

08 _474
오산고, 장안고, 호원고 응용

6개의 문자 a, b, c, d, e, f를 나열하여 만든 문자열을 사전식으로 배열할 때, $cdfeab$는 몇 번째인가? [3.5점]

① 302　　　② 305　　　③ 307
④ 309　　　⑤ 311

09 _475
영등포고, 잠신고, 청주고 응용

다음 그림과 같은 도로망이 있다. 지점 A에서 출발하여 모든 도로를 빠짐없이 한 번씩만 거쳐서 지점 B에 도달하는 방법의 수는? (단, 교차점은 반복하여 지날 수 있다.) [4.2점]

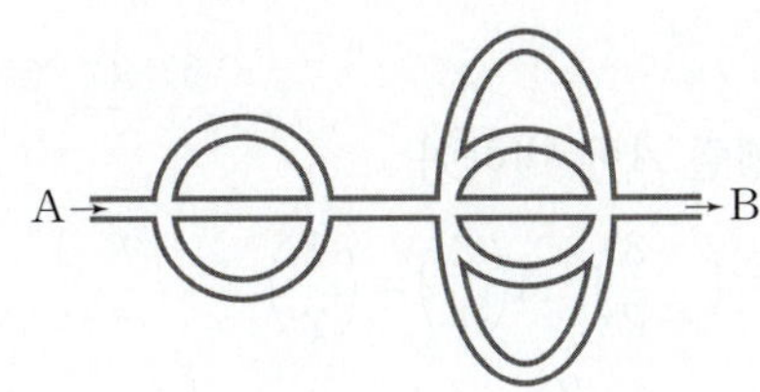

① 15　　　② 90　　　③ 120
④ 210　　　⑤ 720

10 _476
도원고, 양정고, 영월고 응용

0, 1, 2, 3, 4의 숫자가 각각 적힌 5장의 카드를 이용하여 네 자리의 정수를 만들 때, 만든 정수가 4의 배수가 되는 경우의 수는? [4.5점]

① 24　　　② 26　　　③ 28
④ 30　　　⑤ 32

11 _477
과천고, 상도고, 옥산고 응용

6명이 타고 있는 버스가 세 정류장 A, B, C를 순서대로 경유한다. 3개의 정류장 A, B, C 중 2개의 정류장에서만 승객이 모두 내릴 수 있는 경우의 수는?

(단, 새로 타는 승객은 없다.) [3.8점]

① 248　　　② 186　　　③ 124
④ 62　　　⑤ 31

12 _478
보성고, 염창고, 포항고 응용

1부터 7까지의 숫자가 각각 적힌 7장의 숫자카드가 있다. 이 카드에서 5장의 카드를 뽑아 임의로 배열할 때, 홀수 번째에는 반드시 홀수가 적힌 카드가 오는 경우의 수를 a, 짝수 번째에는 반드시 짝수가 적힌 카드가 오는 경우의 수를 b라 하자. 이때 $b-a$의 값은? [4.5점]

① 52　　　② 62　　　③ 72
④ 82　　　⑤ 92

13 _479 구정고, 함안고, 청주고 응용

두 행렬 $A=\begin{pmatrix} 1 & 2 \\ 0 & -3 \end{pmatrix}$, $B=\begin{pmatrix} 3 & 1 \\ 2 & 1 \end{pmatrix}$일 때,

$$\begin{cases} X+2Y=5A-B \\ 2X-3Y=-4A+5B \end{cases}$$

가 성립하도록 하는 두 행렬 X, Y에 대하여 행렬 $X+Y$의 모든 성분의 합은? [4.2점]

① 0 ② 1 ③ 2
④ 3 ⑤ 4

14 _480 진선여고, 수택고, 운양고 응용

이차방정식 $x^2-4x-3=0$의 두 근을 α, β라 할 때,

$$\begin{pmatrix} \alpha & 1 \\ \beta & 1 \end{pmatrix}\begin{pmatrix} \alpha & \beta \\ 1 & 1 \end{pmatrix}=\begin{pmatrix} a & b \\ c & d \end{pmatrix}$$

를 만족한다. 이때 $a+d$의 값은? [3.5점]

① 22 ② 24 ③ 26
④ 28 ⑤ 30

15 _481 양정고, 유성여고 응용

두 이차정사각행렬 A, B에 대하여 보기 중 옳은 것의 개수는? (단, E는 단위행렬, O는 영행렬이다.) [4.5점]

보기

ㄱ. $A^2=E$이면 $A=E$이거나 $A=-E$이다.
ㄴ. $AB=BA$이면 $A^2B=BA^2$이다.
ㄷ. $(A-B)^2=A^2-2AB+B^2$이면 $AB=BA$이다.
ㄹ. $(AB)^2=A^2B^2$이면 $AB=BA$이다.
ㅁ. $AB+BA=O$이면 $(AB)^2=A^2B^2$이다.

① 1 ② 2 ③ 3
④ 4 ⑤ 5

16 _482 보성고, 경신고 응용

갑과 을은 과자와 음료수를 사려고 한다. [표 1]은 갑과 을이 사려고 하는 과자와 음료수의 개수를 나타낸 것이고, [표 2]는 마트 P, Q에서 판매하는 과자와 음료수의 가격을 나타낸 것이다.

(단위: 개)

	갑	을
과자	5	3
음료수	6	4

[표 1]

(단위: 원)

	과자	음료수
P	800	900
Q	700	800

[표 2]

두 행렬 A, B를 $A=\begin{pmatrix} 5 & 3 \\ 6 & 4 \end{pmatrix}$, $B=\begin{pmatrix} 800 & 900 \\ 700 & 800 \end{pmatrix}$이라 하자.

다음 중 갑이 마트 Q에서 과자 5개와 음료수 6개를 살 때, 지불해야 할 금액을 나타낸 것은? [3.5점]

① AB의 $(1, 1)$성분 ② AB의 $(1, 2)$성분
③ AB의 $(2, 1)$성분 ④ BA의 $(1, 2)$성분
⑤ BA의 $(2, 1)$성분

17 _483 문화고, 금호고 응용

행렬 $A=\begin{pmatrix} 1 & 0 \\ -4 & 1 \end{pmatrix}$일 때, $A^n=\begin{pmatrix} 1 & 0 \\ -600 & 1 \end{pmatrix}$을 만족하는 자연수 n의 값은? [3.5점]

① 50 ② 100 ③ 120
④ 150 ⑤ 200

18 _484 삼성고, 세광고, 대건고 응용

이차정사각행렬 A에 대하여

$$A\begin{pmatrix} 1 \\ 2 \end{pmatrix}=\begin{pmatrix} 3 \\ -2 \end{pmatrix}, \quad A\begin{pmatrix} 3 \\ 1 \end{pmatrix}=\begin{pmatrix} 1 \\ 2 \end{pmatrix}$$

가 성립할 때, $A\begin{pmatrix} 2 \\ -1 \end{pmatrix}=\begin{pmatrix} a \\ b \end{pmatrix}$를 만족하는 두 실수 a, b에 대하여 $a+b$의 값은? [4.2점]

① 1 ② 2 ③ 3
④ 4 ⑤ 5

서술형 5문항 (19~23번)

19 _485
경일고, 대성고, 순천고, 오금고 응용

삼차방정식 $x^3=-1$의 한 허근이 α이고 자연수 n에 대하여 $f(n)=\alpha^{2n}-\alpha^n+1$로 정의할 때,
$f(1)+f(2)+f(3)+\cdots+f(30)$의 값을 구하여라. [5점]

20 _486
계성고, 영신고 응용

두 행렬 $A=\begin{pmatrix} -3 & 7 \\ -1 & 1 \end{pmatrix}$, $E=\begin{pmatrix} 1 & 0 \\ 0 & 1 \end{pmatrix}$이 상수 p에 대하여 $A^2+pA=-4E$를 만족할 때, 행렬 pA의 $(1,\ 2)$성분을 구하여라. [5점]

21 _487
광덕고, 현풍고 응용

이차정사각행렬 A가 $A^2-3A-4E=O$를 만족할 때, 보기 중 행렬 A가 될 수 있는 것의 개수를 구하여라.
(단, E는 단위행렬, O는 영행렬이다.) [5점]

──────────── 보기 ────────────

ㄱ. $\begin{pmatrix} 3 & 0 \\ 0 & 3 \end{pmatrix}$　　　ㄴ. $\begin{pmatrix} -1 & 0 \\ 0 & -1 \end{pmatrix}$

ㄷ. $\begin{pmatrix} -1 & 1 \\ 1 & 4 \end{pmatrix}$　　　ㄹ. $\begin{pmatrix} 1 & 2 \\ 3 & 2 \end{pmatrix}$

22 _488
배재고, 사천여고, 센텀고, 운남고 응용

모든 실수 x에 대하여
$$2x-5\leq(a-1)x+b\leq2x^2+8x+7$$
이 성립하도록 하는 실수 b의 값의 범위는 $\alpha\leq b\leq\beta$이다. 이때 $2(\beta-\alpha)$의 값을 구하여라. (단, a, b는 상수이다.) [6점]

23 _489
당산고, 죽전고, 함안고 응용

오른쪽 그림과 같이 정십각형의 세 꼭짓점을 이어서 삼각형을 만들 때, 정십각형과 어느 변도 공유하지 않는 삼각형의 개수를 구하여라. [7점]

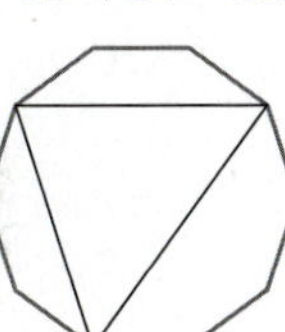

점수	선택형	서술형	나의 점수
	점	점	점

선택형 18문항 (1~18번)

01 _490
고려고, 금호고, 마산여고, 인창고 응용

삼차방정식 $x^3+6x^2+ax+b=0$의 세 근의 비가 $1:2:3$일 때, 두 상수 a, b에 대하여 $a+b$의 값은? [3.5점]

① 9   ② 11   ③ 13
④ 15   ⑤ 17

02 _491
구암고, 삼숭고, 제일여고, 진보고 응용

사차방정식 $(x-1)x(x+1)(x+2)=3$의 허근의 합을 p, 실근의 곱을 q라 할 때, $p-q$의 값은? [4.2점]

① -4 ② -2 ③ 2
④ 4   ⑤ 6

03 _492
근영여고, 논산고, 음성고, 효원고 응용

연립방정식 $\begin{cases} x+y=2-2a \\ xy=a^2+4 \end{cases}$ 가 실근을 갖도록 하는 정수 a의 최댓값은? [3.8점]

① -3 ② -2 ③ -1
④ 0   ⑤ 1

04 _493
성신고, 영덕고, 전라고, 한진고 응용

계수가 실수인 삼차식 $f(x)=x^3+ax^2+bx+c$가 다음 조건을 모두 만족시킬 때, 방정식 $f(2x-1)=0$의 모든 근의 합은? [3.8점]

> (가) 삼차식 $f(x)$는 $x-1$을 인수로 갖는다.
> (나) 삼차방정식 $f(x)=0$의 한 근은 $2+i$이다.

① 1   ② 2   ③ 3
④ 4   ⑤ 5

05 _494
부산고, 성도고, 영파여고 응용

연립부등식 $\begin{cases} x^2+x-2>0 \\ x^2-(a+3)x+3a<0 \end{cases}$ 을 동시에 만족하는 정수가 2뿐일 때, 모든 정수 a의 값의 합은? [3.5점]

① -9 ② -7 ③ -5
④ -3 ⑤ -1

06 _495
과천외고, 보성고, 서도고 응용

두 이차방정식 $x^2-2x+a^2-2a-2=0$, $x^2-4ax+5a^2-2a-15=0$ 중 적어도 하나는 실근을 갖도록 하는 실수 a의 최댓값을 M, 최솟값을 m이라 할 때, $M-m$의 값은? [4.2점]

① 6   ② 7   ③ 8
④ 9   ⑤ 10

07 _496
방산고, 일산고, 학성여고 응용

서로 다른 두 개의 주사위 A, B를 동시에 던져서 나오는 눈의 수를 각각 a, b라 할 때, 이차함수 $y=x^2+(a+b)x+ab+4$의 그래프가 x축과 만나지 않도록 하는 a, b의 순서쌍 (a, b)의 개수는? [3.8점]

① 28 ② 29 ③ 30
④ 31 ⑤ 32

08 _497
부산고, 부천고, 장항고 응용

진선이는 MP3 플레이어에 5개의 곡 A, B, C, D, E를 저장하려고 한다. 곡이 재생되는 순서를 정하려고 할 때, A가 처음에 오지 않고 E가 마지막에 오지 않도록 하는 경우의 수는? [3.8점]

① 70 ② 72 ③ 74
④ 76 ⑤ 78

09 _498
보인고, 의정부고, 청량고 응용

$(a+b+c+d)^4$의 전개식에서 두 문자만으로 이루어진 항의 개수를 p, 세 문자만으로 이루어진 항의 개수를 q라 할 때, $p+q$의 값은? [4.2점]

① 22 ② 24 ③ 26
④ 28 ⑤ 30

10 _499
덕소고, 언북고, 전남고 응용

$_{2n}\mathrm{P}_3=28\cdot{}_n\mathrm{P}_2$를 만족시키는 n의 값은? [3.5점]

① 4 ② 5 ③ 6
④ 7 ⑤ 8

11 _500
논산고, 연세고, 청원고 응용

23 이하의 자연수 중에서 서로 다른 세 수를 임의로 선택할 때, 선택된 세 수의 합이 짝수가 되는 경우의 수는? [4.5점]

① 876 ② 881 ③ 886
④ 891 ⑤ 896

12 _501
덕원고, 아현고, 진해고 응용

오른쪽 그림과 같은 직사각형 모양의 바둑판 위에 18개의 점이 있다. 이 점을 세 꼭짓점으로 하는 삼각형의 개수는? [4.5점]

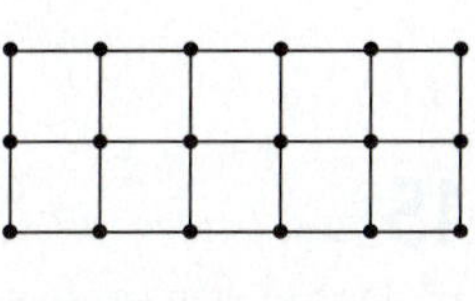

① 720 ② 738 ③ 756
④ 786 ⑤ 798

13 _502 📋복성고, 선유고, 합천여고 응용

세 행렬 A, B, C에 대하여

$$A+B=\begin{pmatrix} 1 & 2 \\ 3 & 4 \end{pmatrix}, \quad B+C=\begin{pmatrix} -1 & 1 \\ 3 & -2 \end{pmatrix},$$

$$C+A=\begin{pmatrix} 2 & 4 \\ 3 & -2 \end{pmatrix}$$

일 때, 행렬 A의 모든 성분의 곱은? [4.2점]

① 9   ② 12   ③ 15
④ 18   ⑤ 21

14 _503 📋서문여고, 은혜고, 강동고 응용

두 행렬 X, E에 대하여

$$2X+E=\begin{pmatrix} 3 & -7 \\ -2 & 5 \end{pmatrix}, \quad 2X-E=\begin{pmatrix} 1 & -7 \\ -2 & 3 \end{pmatrix}$$

을 만족할 때, 행렬 $4X^2-E$의 모든 성분의 합은?

(단, E는 단위행렬이다.) [3.5점]

① -8 ② -10 ③ -12
④ -14 ⑤ -16

15 _504 📋대구서고, 안동고, 금옥여고, 강릉고 응용

두 이차정사각행렬 A, B에 대하여 $A+2B=O$, $AB=2E$일 때, $A^4+B^4=kE$이다. 이때 실수 k의 값은?

(단, E는 단위행렬, O는 영행렬이다.) [4.5점]

① 16   ② 17   ③ 18
④ 19   ⑤ 20

16 _505 📋이현고, 구미고, 원미고 응용

행렬 $A=\begin{pmatrix} 2 & -1 \\ 3 & -1 \end{pmatrix}$일 때, $A^n=E$를 만족하는 자연수 n의 최솟값은? (단, E는 단위행렬이다.) [3.5점]

① 3   ② 4   ③ 5
④ 6   ⑤ 8

17 _506 📋금성고, 현서고, 성지여고 응용

행렬 $A=\begin{pmatrix} -1 & 2 \\ 0 & 0 \end{pmatrix}$에 대하여 $A^3-3A^2+2A-4E$를 간단히 하면? (단, E는 단위행렬이다.) [3.8점]

① $3A-E$ ② $5A-2E$ ③ $5A-4E$
④ $6A-2E$ ⑤ $6A-4E$

18 _507 📋현대고, 순창고, 송도고 응용

세 이차정사각행렬 A, B, C와 실수 k에 대하여 다음 중 옳은 것은? (단, E는 단위행렬, O는 영행렬이다.) [4.2점]

① $AB=O$이면 $BA=O$이다.
② $AB+BC=B(A+C)$
③ $AB=AC$, $A\neq O$이면 $B=C$이다.
④ $(AB)^2=A^2B^2$
⑤ $A^7=A^5=E$이면 $A=E$이다.

서술형 5문항 (19~23번)

19 _508
대원외고, 순심고, 와부고, 중일고 응용

$x^3+1=0$의 한 허근을 ω라 할 때,

$$\left(\omega+\frac{1}{\omega}\right)+\left(\omega^2+\frac{1}{\omega^2}\right)+\cdots+\left(\omega^n+\frac{1}{\omega^n}\right)=0$$

이 되는 50 이하의 자연수 n의 개수를 구하여라. [5점]

20 _509
복성고, 잠실여고, 점촌고 응용

두 이차정사각행렬 A, B에 대하여

$$A^2+B^2=\begin{pmatrix} 4 & 7 \\ 9 & 1 \end{pmatrix}, \quad (A-B)^2=\begin{pmatrix} 3 & 2 \\ -5 & 1 \end{pmatrix}$$

일 때, 행렬 $(A+B)^2$의 모든 성분의 합을 구하여라. [5점]

21 _510
수완고, 상지여고 응용

세 정수 a, b, c에 대하여 행렬 $A=\begin{pmatrix} a & c \\ b & 1 \end{pmatrix}$, $E=\begin{pmatrix} 1 & 0 \\ 0 & 1 \end{pmatrix}$,

$O=\begin{pmatrix} 0 & 0 \\ 0 & 0 \end{pmatrix}$이다. $A^2-6A+15E=O$를 만족할 때,

$a+b+c$의 값을 구하여라. (단, $b<-1$, $c>2$) [6점]

22 _511
백양고, 신서고, 조대부고 응용

다음 조건을 모두 만족시키는 이차함수 $f(x)$에 대하여 $f(-1)$의 최댓값과 최솟값의 합을 구하여라. [6점]

> (가) 부등식 $f\left(\dfrac{3-x}{2}\right)\leq 0$의 해가 $-1\leq x\leq 3$이다.
>
> (나) 모든 실수 x에 대하여 부등식 $-4x-1\leq f(x)$가 성립한다.

23 _512
범계고, 잠실여고, 학성고 응용

8개의 합동인 부채꼴로 고정된 원판에 다음과 같은 규칙으로 색을 칠하려 한다.

> (가) 빨강, 주황, 노랑 3가지 색을 모두 사용한다.
> (나) 한 개의 부채꼴에는 한 가지 색만 칠한다.
> (다) 인접한 영역에도 같은 색을 칠할 수 있다.
> (라) 인접한 영역에 서로 다른 색을 칠함으로써 생기는 색과 색의 경계는 모두 4개이다.

위의 규칙에 따라 원판에 색을 칠하는 모든 방법의 수를 구하여라. [7점]

점수	선택형	서술형	나의 점수
	점	점	점

01 다항식의 연산

STEP 1			
001 ②	002 6	003 24	004 ④
005 ②	006 ⑤	007 ③	008 ③	009 ②
010 ④	011 ④	012 4	013 4	014 ①
015 40			

001
$(3A-2B)-(C+2A)$
$=A-2B-C$
$=(x^3+x^2-4x-2)-2(2x^2-x-2)-(x^3-3x+4)$
$=x^3+x^2-4x-2-4x^2+2x+4-x^3+3x-4$
$=-3x^2+x-2$　　　　　답 ②

002 주어진 다항식의 전개식에서 x^{10}항은
$3x^6 \cdot 4x^4+(-2x^5) \cdot (-2x^5)+4x^4 \cdot 3x^6=28x^{10}$
이므로 x^{10}의 계수는 28이다.
또 x^2항은
$(-4x^2) \cdot 1+ax \cdot ax+1 \cdot (-4x^2)=(a^2-8)x^2$
이므로 x^2의 계수는 a^2-8이다.
이때 $28=a^2-8$이므로 $a^2=36$
　　$\therefore a=6 (\because a>0)$　　　　답 6

003
$(3^2+1)(3^4+1)(3^8+1)(3^{16}+1)$
$=\dfrac{1}{3^2-1} \cdot (3^2-1)(3^2+1)(3^4+1)(3^8+1)(3^{16}+1)$
$=\dfrac{1}{8}(3^{32}-1)=\dfrac{3^{32}-1}{8}$
이므로 $a=8$, $b=32$
　　$\therefore b-a=32-8=24$　　　　답 24

004 $x^3+y^3=(x+y)^3-3xy(x+y)$에서
$38=8-6xy$　　$\therefore xy=-5$
이때
$x^2(x+1)(x-1)+y^2(y+1)(y-1)$
$=x^2(x^2-1)+y^2(y^2-1)$
$=x^4+y^4-(x^2+y^2)$
이므로
$x^2+y^2=(x+y)^2-2xy=4+10=14$
$x^4+y^4=(x^2+y^2)^2-2x^2y^2=14^2-2 \cdot 25=146$
　　$\therefore$ (주어진 식)$=146-14=132$　　　　답 ④

005 $a+b+c=2$, $ab+bc+ca=1$, $abc=3$이므로
$(a+b)(b+c)(c+a)$
$=(2-c)(2-a)(2-b)$
$=2^3-(a+b+c) \cdot 2^2+(ab+bc+ca) \cdot 2-abc$
$=8-8+2-3$
$=-1$　　　　답 ②

006 $a^3+b^3=(a+b)^3-3ab(a+b)$에서
$28=64-12ab$　　$\therefore ab=3$
이때 $(a-b)^2=(a+b)^2-4ab=16-12=4$이므로
$a-b=2 (\because a>b)$
　　$\therefore (a-b)^3=2^3=8$　　　　답 ⑤

007 주어진 식은 $\dfrac{x^3}{y^2}+\dfrac{y^3}{x^2}=\dfrac{x^5+y^5}{(xy)^2}$
이때 $x+y=4$, $xy=2$이므로
$x^2+y^2=(x+y)^2-2xy=16-4=12$
$x^3+y^3=(x+y)^3-3xy(x+y)$
$\qquad =64-24=40$
에서
$x^5+y^5=(x^2+y^2)(x^3+y^3)-x^2y^3-y^2x^3$
$\qquad =(x^2+y^2)(x^3+y^3)-x^2y^2(x+y)$
$\qquad =12 \cdot 40-4 \cdot 4=464$
　　$\therefore \dfrac{x^3}{y^2}+\dfrac{y^3}{x^2}=\dfrac{x^5+y^5}{(xy)^2}=\dfrac{464}{4}=116$　　답 ③

008 $(a+b+c)^2=a^2+b^2+c^2+2(ab+bc+ca)$에서
$0=8+2(ab+bc+ca)$　　$\therefore ab+bc+ca=-4$
$\therefore a^2b^2+b^2c^2+c^2a^2$
$=(ab)^2+(bc)^2+(ca)^2$
$=(ab+bc+ca)^2-2abc(a+b+c)$
$=16-2abc \cdot 0$
$=16$　　　　답 ③

009 $a^2+b^2+c^2=ab+bc+ca$에서
$a^2+b^2+c^2-ab-bc-ca=0$
$\dfrac{1}{2}\{(a-b)^2+(b-c)^2+(c-a)^2\}=0$
　　$\therefore a=b=c (\because a, b, c$는 실수$)$
이때 $abc=5$이고 $a=b=c$이므로 $a^3=5$
　　$\therefore ab^2c^3=a \cdot a^2 \cdot a^3=a^6=(a^3)^2=25$　　답 ②

[정답 및 풀이]

공통수학 1

2022 개정 교육과정
내신
platinum
플래티넘
전국 고난도 내신 기출

010 $2x=a$, $-y=b$, $4z=c$ (a, b, c는 실수)라 하면
$$a+b+c=12,\ a^2+b^2+c^2=48$$
이므로
$$a^2+b^2+c^2=(a+b+c)^2-2(ab+bc+ca)$$
$$48=144-2(ab+bc+ca)$$
$$\therefore ab+bc+ca=48$$
즉, $a^2+b^2+c^2=ab+bc+ca=48$이므로
$a^2+b^2+c^2-ab-bc-ca=0$에서
$$\frac{1}{2}\{(a-b)^2+(b-c)^2+(c-a)^2\}=0$$
$$\therefore a=b=c\ (\because\ a,\ b,\ c는\ 상수)$$
이때 $a+b+c=12$이므로 $a=b=c=4$
따라서 $a=2x=4$, $b=-y=4$, $c=4z=4$이므로
$$x+y+z=2-4+1=-1 \qquad \text{답 ④}$$

011 $A(x)+2x=x^3+4x^2+5x-8+2x$
$$=x^3+4x^2+7x-8$$
$$=x(x^2+x+1)+3x^2+6x-8$$
$$=x(x^2+x+1)+3(x^2+x+1)+3x-11$$
$$=(x^2+x+1)(x+3)+3x-11$$
이므로 $Q(x)=x+3$, $R(x)=3x-11$
$$\therefore Q(1)-R(2)=4-(-5)=9 \qquad \text{답 ④}$$

012 삼차다항식 $f(x)$가 x^2+x+1로 나누어떨어지므로
$$f(x)=(ax+b)(x^2+x+1)$$
$$\text{(단, } a\neq0\text{인 상수, } b\text{는 상수)}$$
로 놓으면 $f(0)=4$이므로 $f(0)=b=4$
즉,
$$f(x)=(ax+4)(x^2+x+1)$$
$$=ax^3+(a+4)x^2+(a+4)x+4$$
이때 $f(x)+12$가 x^2+2로 나누어떨어지므로

$$
\begin{array}{r}
ax+a+4 \\
x^2+2\,\overline{)\,ax^3+(a+4)x^2+(a+4)x+16} \\
\underline{ax^3\qquad\quad +\quad 2ax\qquad\quad} \\
(a+4)x^2+(4-a)x+16 \\
\underline{(a+4)x^2\qquad\quad +2(a+4)} \\
(4-a)x+8-2a
\end{array}
$$

따라서 $4-a=0$이므로 $a=4$ $\qquad \text{답 4}$

013 $\overline{AE}=\overline{AD}=b$이므로 $\overline{BE}=\overline{EI}=a-b$
$$\overline{IH}=\overline{AD}-\overline{EI}=b-(a-b)=2b-a$$
$$\overline{JF}=\overline{IF}-\overline{IJ}=\overline{IF}-\overline{IH}=a-b-(2b-a)$$

$$=2a-3b$$
이때 직사각형 JFCG의 넓이는
$$\overline{JG}\cdot\overline{JF}=\overline{IH}\cdot\overline{JF}=(2b-a)(2a-3b)$$
$$=-2a^2+7ab-6b^2$$
이므로 $A=-2$, $B=-6$
$$\therefore A-B=-2-(-6)=4 \qquad \text{답 4}$$

014 정육면체 A의 부피는 a^3이고, 정육면체 B의 부피는 $(a+1)^3$이다.

이때 두 정육면체의 부피의 차가 $\dfrac{49}{4}$이므로
$$(a+1)^3-a^3=\frac{49}{4},\ 3a^2+3a+1=\frac{49}{4}$$
$$4a^2+4a-15=0,\ (2a-3)(2a+5)=0$$
$$\therefore a=\frac{3}{2}\ (\because\ a>0)$$

따라서 정육면체 B의 겉넓이는
$$6(a+1)^2=6\left(\frac{3}{2}+1\right)^2=6\cdot\frac{25}{4}=\frac{75}{2} \qquad \text{답 ①}$$

015 주어진 직육면체에서 $\overline{AB}=a$, $\overline{AD}=b$, $\overline{AE}=c$라 하면
직육면체의 겉넓이가 56이므로
$$2(ab+bc+ca)=56$$
또 삼각형 BGD의 세 변의 길이의 제곱의 합이 88이므로
$$(a^2+b^2)+(b^2+c^2)+(c^2+a^2)$$
$$=2(a^2+b^2+c^2)=88$$
$$\therefore a^2+b^2+c^2=44$$
이때
$$(a+b+c)^2=a^2+b^2+c^2+2(ab+bc+ca)$$
$$=44+56=100$$
이므로
$$a+b+c=10\ (\because\ a+b+c>0)$$
따라서 직육면체의 모든 모서리의 길이의 합은
$$4(a+b+c)=4\cdot10=40 \qquad \text{답 40}$$

| 본문 10~14p |

STEP 2	**016** ④	**017** 9	**018** ①	**019** 2
020 ⑤	**021** ②	**022** ③	**023** ①	**024** ①
025 8	**026** ⑤	**027** 2	**028** 54	**029** ③
030 ④	**031** ④	**032** ②	**033** ⑤	**034** 35
035 18	**036** 7	**037** 40		

016 $B \odot A = 2(-3x^2+x+1)+(2x^2+4x-3)$
$$= -4x^2+6x-1$$
$$A \odot (B \odot A) = (2x^2+4x-3)-2(-4x^2+6x-1)$$
$$= 10x^2-8x-1 \qquad \text{답 ④}$$

017 주어진 규칙에 의하여
$$1111111 \times 1111111 = 1234567654321$$
이므로
$$(x^6+x^5+x^4+x^3+x^2+x+1)^2$$
$$= 1 \times x^{12}+2 \times x^{11}+3 \times x^{10}+\cdots+7 \times x^6$$
$$+6 \times x^5+\cdots+2 \times x+1$$
이때 x^8의 계수는 5이고, x^3의 계수는 x^9의 계수와 같으므로 4이다.
따라서 $a=5$, $b=4$이므로
$$a+b=5+4=9$$
$$\text{답 } 9$$

018 $A+B=3x^2+2x+1$ $\qquad \cdots\cdots$ ㉠
$A-B=5x^2-8x+3$ $\qquad \cdots\cdots$ ㉡
㉠+㉡을 하면
$$2A=8x^2-6x+4$$
$$\therefore A=4x^2-3x+2$$
㉠-㉡을 하면
$$2B=-2x^2+10x-2$$
$$\therefore B=-x^2+5x-1$$
이때 $AB=(4x^2-3x+2)(-x^2+5x-1)$이므로 AB의 전개식에서 x^2항은
$$4x^2 \cdot (-1)+(-3x) \cdot 5x+2 \cdot (-x^2)=-21x^2$$
에서 x^2의 계수는 -21이다.
$$\text{답 ①}$$

019 $A+B=x^4-8x^2+5x+2+(-3x^3-4x+3)$
$$= x^4-3x^3-8x^2+x+5$$
이때 $x-\dfrac{1}{x}=-1$이므로 $x^2+x-1=0$

$$\begin{array}{r} x^2-4x-3 \\ x^2+x-1 \overline{)\,x^4-3x^3-8x^2+x+5} \\ \underline{x^4+\ \ x^3-\ \ x^2} \\ -4x^3-7x^2+x \\ \underline{-4x^3-4x^2+4x} \\ -3x^2-3x+5 \\ \underline{-3x^2-3x+3} \\ 2 \end{array}$$

따라서 $A+B$의 값은
$$A+B=x^4-3x^3-8x^2+x+5$$
$$= (x^2+x-1)(x^2-4x-3)+2$$
$$= 0 \cdot (x^2-4x-3)+2$$
$$= 2 \qquad \text{답 } 2$$

020 $x-\dfrac{1}{x}=2$이므로
$$x^2+\frac{1}{x^2}=\left(x-\frac{1}{x}\right)^2+2=4+2=6$$
$$x^3-\frac{1}{x^3}=\left(x-\frac{1}{x}\right)^3+3\left(x-\frac{1}{x}\right)=8+6=14$$
$$\therefore x^5-\frac{1}{x^5}=\left(x^3-\frac{1}{x^3}\right)\left(x^2+\frac{1}{x^2}\right)-\left(x-\frac{1}{x}\right)$$
$$= 14 \cdot 6-2=82 \qquad \text{답 ⑤}$$

021 $x+y=-1$, $x^2+y^2=3$이므로
$$x^2+y^2=(x+y)^2-2xy, \quad 3=1-2xy$$
$$\therefore xy=-1$$
이때
$$x^3+y^3=(x+y)^3-3xy(x+y)=-1-3=-4$$
$$x^4+y^4=(x^2+y^2)^2-2x^2y^2=9-2=7$$
이므로
$$x^7+y^7=(x^3+y^3)(x^4+y^4)-x^3y^4-x^4y^3$$
$$= (x^3+y^3)(x^4+y^4)-x^3y^3(x+y)$$
$$= (-4) \cdot 7-1=-29 \qquad \text{답 ②}$$

022 $x>0$이므로 $x^4-7x^2+1=0$의 양변을 x^2으로 나누면
$$x^2-7+\frac{1}{x^2}=0 \qquad \therefore x^2+\frac{1}{x^2}=7$$
이때 $x^2+\dfrac{1}{x^2}=\left(x+\dfrac{1}{x}\right)^2-2=7$이므로
$$\left(x+\frac{1}{x}\right)^2=9 \qquad \therefore x+\frac{1}{x}=3 \ (\because x>0)$$
한편
$$x^3+\frac{1}{x^3}=\left(x+\frac{1}{x}\right)^3-3\left(x+\frac{1}{x}\right)=3^3-3 \cdot 3=18$$
$$x^4+\frac{1}{x^4}=\left(x^2+\frac{1}{x^2}\right)^2-2=49-2=47$$
이므로
$$x^4-2x^3+3x+\frac{3}{x}-\frac{2}{x^3}+\frac{1}{x^4}$$
$$= x^4+\frac{1}{x^4}-2\left(x^3+\frac{1}{x^3}\right)+3\left(x+\frac{1}{x}\right)$$
$$= 47-2 \cdot 18+3 \cdot 3=20 \qquad \text{답 ③}$$

023 $a+2=A$, $a-2=B$라 하면

$$\begin{aligned}(주어진\ 식)&=(A^3-B^3)^2-(A^3+B^3)^2\\&=(A^3-B^3-A^3-B^3)(A^3-B^3+A^3+B^3)\\&=(-2B^3)\cdot 2A^3\\&=-4A^3B^3=-4(AB)^3\end{aligned}$$

이때 $AB=(a+2)(a-2)=a^2-4$이고 $a=\sqrt{6}$이므로
$$AB=2$$
$$\therefore\ (주어진\ 식)=-4(AB)^3=(-4)\cdot 8=-32$$

답 ①

024 $a+b+c=2$이므로

$$\begin{aligned}a+2b+2c&=(a+b+c)+b+c=2+b+c\\&=2+(2-a)=4-a\\2a+b+2c&=(a+b+c)+a+c=2+a+c\\&=2+(2-b)=4-b\\2a+2b+c&=(a+b+c)+a+b=2+a+b\\&=2+(2-c)=4-c\end{aligned}$$

$$\begin{aligned}\therefore\ (a+2b+2c)&(2a+b+2c)(2a+2b+c)\\&=(4-a)(4-b)(4-c)\\&=4^3-(a+b+c)\cdot 4^2+(ab+bc+ca)\cdot 4-abc\end{aligned}$$

이때
$$a^2+b^2+c^2=(a+b+c)^2-2(ab+bc+ca)$$
$$14=4-2(ab+bc+ca),\ ab+bc+ca=-5$$

이므로 주어진 식의 값은
$$64-2\cdot 16+(-5)\cdot 4-(-6)=18$$

답 ①

025 $\dfrac{1}{a}+\dfrac{1}{b}+\dfrac{1}{c}=2$에서 $\dfrac{ab+bc+ca}{abc}=2$이므로
$$ab+bc+ca=2abc=2\cdot 9=18$$

이때 $a+b+c=k\ (k\neq 0인\ 상수)$라 하면
$$\begin{aligned}(a+b)&(b+c)(c+a)\\&=(k-c)(k-a)(k-b)\\&=k^3-(a+b+c)k^2+(ab+bc+ca)k-abc\\&=k^3-k^3+18k-9\end{aligned}$$

이므로 $18k-9=135$, $18k=144$
$$\therefore\ k=8$$

답 8

026 $(x-a)(x-b)(x+c)=(x+a)(x+b)(x-c)$에서

$$\begin{aligned}&(좌변)\\&=x^3-(a+b-c)x^2+(ab-bc-ca)x+abc\\&(우변)\\&=x^3+(a+b-c)x^2+(ab-bc-ca)x-abc\end{aligned}$$

이때 (좌변)$=$(우변)이므로
$$-(a+b-c)=a+b-c,\ abc=-abc$$
$$\therefore\ a+b-c=0,\ abc=0$$

ㄱ. $abc=0$이므로 a, b, c 중 적어도 하나는 0이다.

(참)

ㄴ. $a+b-c=0$이므로 $b=0$이면 $a=c$이다. (참)

ㄷ. a, b, c가 연속한 세 정수이면 $a\neq b\neq c$이다.

이때 $abc=0$이고 $a+b=c$이므로 $c=0$, $a+b=0$
$$\therefore\ a+b+c=0\ (참)$$

따라서 옳은 것은 ㄱ, ㄴ, ㄷ이다. 답 ⑤

참고 $a+b-c=0$, $abc=0$이므로 $ab(a+b)=0$
$$\therefore\ a=0\ 또는\ b=0\ 또는\ a+b=0$$

(i) $a=0$이면 $b=c$이므로 $a\neq b\neq c$인 조건에 맞지 않는다.

(ii) $b=0$이면 $a=c$이므로 $a\neq b\neq c$인 조건에 맞지 않는다.

(iii) $a+b=0$이면 $c=0$이므로 연속한 세 정수는 -1, 0, 1이다.

027 오른쪽 그림과 같이 정삼각형 ABC의 꼭짓점 A에서 밑변 BC에 내린 수선의 발을 H, 정삼각형 ABC의 한 변의 길이를 $2k\ (k>0)$라 하면

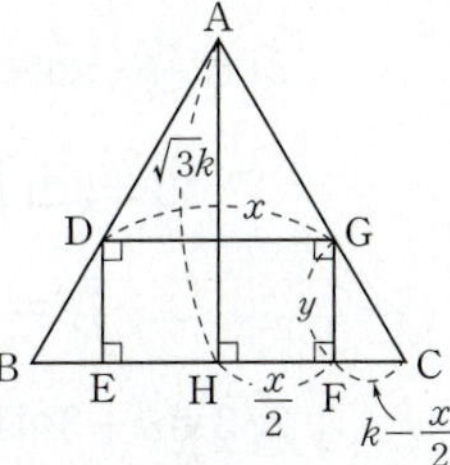

$$\overline{AH}=\frac{\sqrt{3}}{2}\cdot 2k=\sqrt{3}k,$$
$$\overline{CH}=k$$

이므로 $\overline{FH}=\dfrac{x}{2}$, $\overline{CF}=k-\dfrac{x}{2}$

한편 $\triangle AHC\backsim\triangle GFC$이므로
$$\overline{AH}:\overline{CH}=\overline{GF}:\overline{CF}$$
$$\sqrt{3}k:k=y:\left(k-\frac{x}{2}\right)$$
$$ky=\sqrt{3}k\left(k-\frac{x}{2}\right),\ \frac{y}{\sqrt{3}}=k-\frac{x}{2}\ (\because\ k>0)$$
$$\therefore\ k=\frac{x}{2}+\frac{y}{\sqrt{3}}$$

따라서 정삼각형 ABC의 넓이는
$$\begin{aligned}\frac{1}{2}\cdot 2k\cdot\sqrt{3}k&=\sqrt{3}k^2=\sqrt{3}\left(\frac{x}{2}+\frac{y}{\sqrt{3}}\right)^2\\&=\sqrt{3}\left(\frac{x^2}{4}+\frac{xy}{\sqrt{3}}+\frac{y^2}{3}\right)\\&=\frac{\sqrt{3}}{4}x^2+xy+\frac{y^2}{\sqrt{3}}\end{aligned}$$

이므로 $a=\dfrac{\sqrt{3}}{4}$, $b=1$, $c=\dfrac{1}{\sqrt{3}}$
$$\therefore\ 4ac+b=1+1=2$$

답 2

028 한 모서리의 길이가 $x+3$인 정육면체의 부피는 $(x+3)^3$이고, 주어진 그림에서 가로, 세로, 높이 방향으로 밑면의 넓이가 x^2, 높이가 $x+3$인 직육면체 모양의 구멍이 관통하고 있으므로 구하는 입체도형의 부피는

$$(x+3)^3-\{3\cdot x^2(x+3)-2x^3\}$$
$$=(x^3+9x^2+27x+27)-(x^3+9x^2)$$
$$=27x+27$$

따라서 $a=27$, $b=27$이므로
$$a+b=54$$

답 54

029 오른쪽 그림과 같이 외접원의 중심을 O, 3개의 내접원의 중심을 차례로 A, B, C라 하자. △ABC는 정삼각형이므로 외접원의 중심 O에서 밑변 BC에 내린 수선의 발을 H라 하면

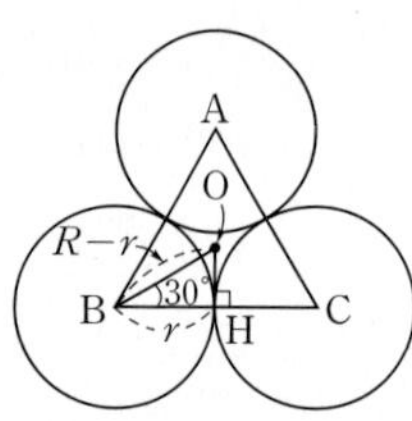

$$\angle OBH=30°, \ \overline{OB}=R-r, \ \overline{BH}=r$$

이때 $\cos 30°=\dfrac{\overline{BH}}{\overline{OB}}=\dfrac{r}{R-r}=\dfrac{\sqrt{3}}{2}$이므로
$$2r=\sqrt{3}(R-r), \ \sqrt{3}\,R=(2+\sqrt{3})r$$
$$\therefore \ \dfrac{r}{R}=\dfrac{\sqrt{3}}{2+\sqrt{3}}=2\sqrt{3}-3=a$$

$2\sqrt{3}=a+3$이므로 양변을 제곱하면
$$12=a^2+6a+9$$
$$\therefore \ a^2+6a=3$$

답 ③

030 내접하는 두 구의 반지름의 길이를 a, b $(a>b)$라 하면 외접하는 큰 구의 반지름의 길이가 10이므로
$$a+b=10 \qquad \cdots\cdots \ \text{㉠}$$
또 작은 두 구의 겉넓이의 합이 240π이므로
$$4\pi a^2+4\pi b^2=240\pi, \ 4\pi(a^2+b^2)=240\pi$$
$$\therefore \ a^2+b^2=60 \qquad \cdots\cdots \ \text{㉡}$$
㉠, ㉡에서
$$a^2+b^2=(a+b)^2-2ab, \ 60=100-2ab$$
$$2ab=40 \qquad \therefore \ ab=20$$
이때 내접하는 큰 구와 작은 구의 부피의 차는
$$\dfrac{4}{3}\pi a^3-\dfrac{4}{3}\pi b^3=\dfrac{4}{3}\pi(a^3-b^3)$$
이고
$$(a-b)^2=(a+b)^2-4ab=100-4\cdot20=20$$
이므로
$$a-b=\sqrt{20}=2\sqrt{5} \ (\because a>b)$$

$$\therefore \ \dfrac{4}{3}\pi(a^3-b^3)$$
$$=\dfrac{4}{3}\pi\{(a-b)^3+3ab(a-b)\}$$
$$=\dfrac{4}{3}\pi(40\sqrt{5}+3\cdot20\cdot2\sqrt{5})$$
$$=\dfrac{640}{3}\sqrt{5}\,\pi$$

답 ④

031 오른쪽 그림과 같이 $\overline{AQ}=a$, $\overline{AR}=b$라 하면 직사각형 AQPR의 둘레의 길이가 8이므로

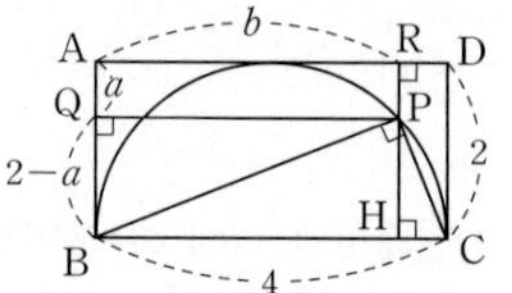

$$2(a+b)=8 \qquad \therefore \ a+b=4 \qquad \cdots\cdots \ \text{㉠}$$
반원에 대한 원주각의 크기가 $90°$이므로 $\angle BPC=90°$
이때 점 P에서 선분 BC에 내린 수선의 발을 H라 하면
△PBH∽△CPH이므로
$$\overline{PH}^2=\overline{BH}\cdot\overline{CH}$$
$$(2-a)^2=b\cdot(4-b)$$
$$a^2+b^2=4(a+b)-4=4\cdot4-4=12 \ (\because \text{㉠})$$
따라서 직사각형 AQPR의 대각선의 길이는
$$\sqrt{a^2+b^2}=\sqrt{12}=2\sqrt{3}$$

답 ④

032 조건 ㈎에서 x, y, $2z$ 중 적어도 하나가 1이므로 $x-1$, $y-1$, $2z-1$ 중 적어도 하나는 0이다.
따라서 이를 식으로 나타내면
$$(x-1)(y-1)(2z-1)=0$$
$$(1-x)(1-y)(1-2z)=0 \qquad \cdots\cdots \ \text{㉠}$$
㉠을 전개하면
$$1-(x+y+2z)+(xy+2yz+2zx)-2xyz=0$$
또 조건 ㈏에서 $x+y+2z=xy+2yz+2zx$이므로
$$1-2xyz=0 \qquad \therefore \ xyz=\dfrac{1}{2}$$

답 ②

033 직각삼각형 ABC의 세 변의 길이가 a, $a+b+1$, $a+b+2$이고 $a+b+2$가 가장 긴 변이므로
$$(a+b+2)^2=a^2+(a+b+1)^2$$
$$a^2=(a+b+2)^2-(a+b+1)^2=1\cdot(2a+2b+3)$$
$$\therefore \ a^2=2(a+b)+3 \qquad \cdots\cdots \ \text{㉠}$$
또 $a+b+2$가 어떤 자연수의 제곱인 수이므로
$$a+b+2=k^2 \ (k\text{는 자연수})$$
라 하면 $a+b=k^2-2 \qquad \cdots\cdots \ \text{㉡}$
이때 a, b는 20 이하의 자연수이므로 $a+b\leq40$
즉, $k^2-2\leq40$이므로 자연수 k는 $k=1, 2, 3, 4. 5, 6$

©을 ㉠에 대입하면
$$a^2=2(k^2-2)+3=2k^2-1$$
$$\therefore k=1,\ a=1\ \text{또는}\ k=5,\ a=7$$

(i) $a=1$, $k=1$일 때,
  ©에서 $b=-2$이므로 조건을 만족하지 않는다.

(ii) $a=7$, $k=5$일 때,
  ©에서 $b=16$이므로 조건을 만족한다.

(i), (ii)에 의하여
$$b-a=16-7=9$$
답 ⑤

034 $a^2+b^2=10$, $ab=5$에서 $a^2+b^2=2ab$가 성립하므로
$$(a-b)^2=0 \quad \therefore a=b\ (\because\ a,\ b\text{는 실수})$$
즉, $a=b$이므로 $a^2+b^2=10$에서
$$a^2=b^2=5$$
$$\therefore b^2d^2-a^2c^2=5d^2-5c^2$$
$$=-5(c^2-d^2)$$
$$=-5\cdot(-7)$$
$$=35$$
답 35

035 오른쪽 그림과 같이 $\overline{OQ}=a$, $\overline{OR}=b$라 하면 사각형 PQOR은 직사각형이므로
$$\overline{QR}=\overline{OP}=\sqrt{a^2+b^2}=10$$
$$\therefore a^2+b^2=100 \quad \cdots ㉠$$

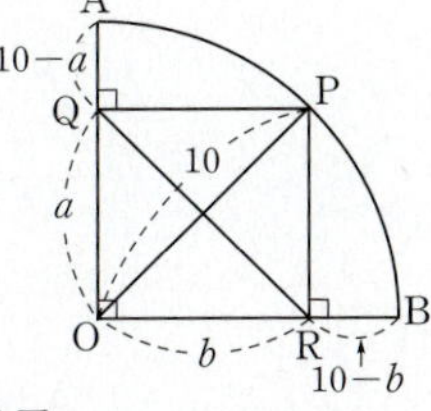

또 사각형 PQOR의 넓이가 22이므로
$$ab=22 \qquad\qquad \cdots\cdots ©$$
이때 $\overline{AQ}=10-a$, $\overline{RB}=10-b$이므로
$$\overline{AQ}+\overline{QR}+\overline{RB}=(10-a)+10+(10-b)$$
$$=30-(a+b)$$
이고 ㉠, ©에서
$$(a+b)^2=a^2+b^2+2ab=100+2\cdot22=144$$
즉,
$$a+b=12\ (\because\ a+b>0)$$
$$\therefore \overline{AQ}+\overline{QR}+\overline{RB}=30-12=18$$
답 18

036 $\dfrac{N^2+4}{N+3}=\dfrac{(N+3)(N-3)+13}{N+3}=N-3+\dfrac{13}{N+3}$

이므로 $\dfrac{N^2+4}{N+3}$가 기약분수가 아니려면 $\dfrac{13}{N+3}$이 기약분수가 아니면 된다.

즉, $N+3$이 13의 배수이면 되므로
$N+3=13k\ (k\text{는 자연수})$로 놓으면
$$N=13k-3$$
이때 N은 100 이하의 자연수이므로
$$13k-3\leq100,\ k\leq7.\times\times\times$$
따라서 자연수 N의 개수는 7이다.
답 7

037 $(a+b-c)^2+a^2+b^2+c^2+2bc$
$$=(a-b+c)^2+(-a+b+c)^2$$
에서
$$a^2+b^2+c^2+2bc-(a-b+c)^2$$
$$=(-a+b+c)^2-(a+b-c)^2$$
$$a^2+b^2+c^2+2bc-(a-b+c)^2=2b(-2a+2c)$$
$$4bc+2ab-2ca=-4ab+4bc$$
$$6ab=2ca \quad \therefore c=3b\ (\because\ a>0) \quad \cdots\cdots ㉠$$
이때 $a^2=10b^2$이므로 $b^2+c^2=a^2$이 성립한다.

즉, 삼각형 ABC는 빗변의 길이가 a인 직각삼각형이고 넓이가 150이므로
$$\frac{1}{2}bc=\frac{1}{2}b\cdot3b=150\ (\because\ ㉠)$$
$$b^2=100 \quad \therefore b=10\ (\because\ b>0)$$
$$\therefore b+c=4b=4\cdot10=40$$
답 40

| 본문 15p |

STEP 3   **038** 134   **039** 832   **040** ①   **041** 19

038 $P_1(x)=x^3-x^2+x-1$
$$P_2(x)=P_1(x+1)=(x+1)^3-(x+1)^2+(x+1)-1$$
$$P_3(x)=P_2(x+2)$$
$$=(x+2+1)^3-(x+2+1)^2+(x+2+1)-1$$
$$P_4(x)=P_3(x+3)$$
$$=(x+3+2+1)^3-(x+3+2+1)^2$$
$$+(x+3+2+1)-1$$
$$\vdots$$
$$P_{10}(x)$$
$$=P_9(x+9)$$
$$=(x+9+8+7+\cdots+1)^3-(x+9+8+7+\cdots+1)^2$$
$$+(x+9+8+7+\cdots+1)-1$$
이므로
$$P_{10}(x)=(x+45)^3-(x+45)^2+(x+45)-1$$
따라서 $P_{10}(x)$의 x^2의 계수는
$$3\cdot45-1=134$$
답 134

039 주어진 직육면체를 모서리의 길이가 a 또는 b인 12개의 작은 직육면체로 나누었을 때, 부피가 다른 직육면체의 개수는 $(a+b)(a+b)(a+2b)$의 전개식에서 서로 다른 항의 개수와 같고, 부피가 같은 직육면체의 개수는 각 항의 계수와 같다. 즉,

$$(a+b)(a+b)(a+2b)=a^3+4a^2b+5ab^2+2b^3$$

이때 주어진 조건에서 부피가 45인 직육면체의 개수가 4이므로

$$a^2b=45=3^2\times5$$

a, b는 2 이상의 서로소인 자연수이므로

$$a=3,\ b=5$$

따라서 처음 직육면체의 부피는

$$(a+b)(a+b)(a+2b)=8\cdot8\cdot13$$
$$=832$$

답 832

040 $A=BQ+R$에서 $D(B)>D(R)$

ㄱ. $D(A)=D(B)+D(Q)$가 성립하므로
$$D(Q)=D(A)-D(B)=m-n \text{ (참)}$$

ㄴ. [반례] $A=x^2+x+1$, $B=x^2-1$이라 하면
$$x^2+x+1=(x^2-1)\cdot1+x+2$$
이므로 $D(A)=D(B)$이지만
$$D(R)=1\neq0 \text{ (거짓)}$$

ㄷ. [반례] $A=x^4+x^2+x+1$, $B=x^2-1$이라 하면
$$x^4+x^2+x+1=(x^2-1)(x^2+2)+x+3$$
즉, $D(A)+D(B)=4+2=6$이고
$$D(Q)+D(R)=2+1=3$$이지만
$$D(A)=4\neq5 \text{ (거짓)}$$

따라서 옳은 것은 ㄱ뿐이다.

답 ①

041 $z=-x-y$를 $x^3+y^3+z^3=6$에 대입하면
$$x^3+y^3-(x+y)^3=6$$
$$\{(x+y)^3-3xy(x+y)\}-(x+y)^3=6$$
$$-3xy(x+y)=6$$
$$-3xy(-z)=6$$
$$\therefore xyz=2 \qquad \cdots\cdots \㉠$$

$x^2+y^2+z^2=k$라 하면
$$x^2+y^2+z^2=(x+y+z)^2-2(xy+yz+zx)$$
$$k=0-2(xy+yz+zx)$$

이므로
$$xy+yz+zx=-\frac{k}{2}$$

이때
$$(x^2+y^2+z^2)(x^3+y^3+z^3)$$
$$=x^5+y^5+z^5+x^2y^3+x^2z^3+y^2x^3+y^2z^3+z^2x^3+z^2y^3$$
$$6\cdot k=14+x^2y^2(x+y)+y^2z^2(y+z)+z^2x^2(z+x)$$
$$\qquad\qquad\qquad\cdots\cdots \ ㉡$$

한편
$$x^2y^2(x+y)$$
$$=xy\cdot xy(x+y)$$
$$=xy(-xyz)\ (\because x+y=-z)$$
$$=-2xy\ (\because ㉠)$$

같은 방법으로 하면
$$y^2z^2(y+z)=-2yz,\ z^2x^2(z+x)=-2zx$$

이므로 ㉡에 대입하면
$$6k=14-2xy-2yz-2zx$$
$$=14-2(xy+yz+zx)$$
$$6k=14+k,\ 5k=14$$
$$\therefore k=\frac{14}{5}$$

따라서 $p=5$, $q=14$이므로
$$p+q=5+14=19$$

답 19

02 항등식과 나머지정리

STEP 1 | 042 ② | 043 28 | 044 10 | 045 −6 |
| 046 ④ | 047 ① | 048 13 | 049 2 | 050 2 |
| 051 8 | 052 ② | 053 ④ | 054 ⑤ | 055 ② |
| 056 ① |

042 $3x^2-2y^2+xy-ax+by+9=0$에서
$$3x^2+(y-a)x-2y^2+by+9=0 \quad\cdots\cdots ㉠$$
$x+y=3$이므로 $y=3-x$를 ㉠에 대입하면
$$3x^2+(3-x-a)x-2(3-x)^2+b(3-x)+9=0$$
$$(15-a-b)x+3b-9=0 \quad\cdots\cdots ㉡$$
㉡이 모든 실수 x에 대하여 성립하므로
$$15-a-b=0,\ b=3$$
$b=3$이므로 $a=12$
$$\therefore a-b=12-3=9$$

답 ②

043 다항식 $f(x)$를 x^2-5x+6으로 나누었을 때의 몫을 $Q(x)$, 나머지를 $ax+b$ $(a, b$는 실수$)$라 하면
$$f(x)=(x^2-5x+6)Q(x)+ax+b$$
$$=(x-2)(x-3)Q(x)+ax+b \ \cdots\cdots ㉠$$
이때 조건 ㈎에서 $f(0)=2$이므로 조건 ㈏의
$f(x+1)=f(x)+2x^2$의 양변에 $x=0$, $x=1$, $x=2$를
차례로 대입하면
$$f(1)=f(0)+2\cdot0^2=f(0)=2$$
$$f(2)=f(1)+2\cdot1^2=2+2=4$$
$$f(3)=f(2)+2\cdot2^2=4+8=12$$
즉, $f(2)=4$, $f(3)=12$이므로 ㉠의 양변에 $x=2$, $x=3$
을 각각 대입하면
$$f(2)=2a+b=4,\ f(3)=3a+b=12$$
위의 두 식을 연립하여 풀면
$$a=8,\ b=-12$$
따라서 $R(x)=8x-12$이므로
$$R(5)=28$$

답 28

044 다항식 $f(x)$를 $x^2-8x+12$로 나누었을 때의 몫을 $Q(x)$라 하면 나머지가 $2x+1$이므로
$$f(x)=(x^2-8x+12)Q(x)+2x+1$$
$$=(x-2)(x-6)Q(x)+2x+1$$
$$\therefore f(2)=5,\ f(6)=13$$

이때 다항식 $(x^2+1)f(x+3)$을 x^2-2x-3으로 나누었을 때의 몫을 $Q'(x)$, 나머지를 $ax+b$ $(a, b$는 상수$)$라 하면
$$(x^2+1)\,f(x+3)=(x^2-2x-3)Q'(x)+ax+b$$
$$=(x+1)(x-3)Q'(x)+ax+b$$
$$\cdots\cdots ㉠$$
㉠의 양변에 $x=-1$, $x=3$을 각각 대입하면
$2f(2)=-a+b$에서
$$-a+b=10\ (\because f(2)=5) \qquad\cdots\cdots ㉡$$
$10f(6)=3a+b$에서
$$3a+b=130\ (\because f(6)=13) \qquad\cdots\cdots ㉢$$
㉡, ㉢을 연립하여 풀면
$$a=30,\ b=40$$
따라서 $R(x)=30x+40$이므로
$$R(-1)=10$$

답 10

045 다항식 $f(x)$를 $(x-a)(x-b)$로 나눈 나머지가 $2x-1$
이므로
$$f(a)=2a-1,\ f(b)=2b-1$$
이고, $(x-b)(x-c)$로 나눈 나머지가 $x-1$이므로
$$f(b)=b-1,\ f(c)=c-1$$
또 다항식 $f(x)$를 $(x-c)(x-a)$로 나눈 나머지가
$3x+3$이므로
$$f(c)=3c+3,\ f(a)=3a+3$$
$f(a)=2a-1=3a+3$에서 $a=-4$
$f(b)=2b-1=b-1$에서 $b=0$
$f(c)=c-1=3c+3$에서 $c=-2$
$$\therefore a+b+c=-6$$

답 −6

046 다항식 $f(x)$를 $3x-1$로 나누었을 때의 몫과 나머지가
각각 $Q(x)$, R이므로
$$f(x)=(3x-1)Q(x)+R$$
$$xf(x)=x(3x-1)Q(x)+xR$$
$$=3x\Big(x-\frac{1}{3}\Big)Q(x)+R\Big(x-\frac{1}{3}\Big)+\frac{R}{3}$$
$$=\Big(x-\frac{1}{3}\Big)\{3xQ(x)+R\}+\frac{R}{3}$$
따라서 다항식 $xf(x)$를 $x-\dfrac{1}{3}$로 나누었을 때의 몫은
$3xQ(x)+R$이고, 나머지는 $\dfrac{R}{3}$이다.

답 ④

047 $f(x)+3$이 $x-k$로 나누어떨어지므로
$$f(k)+3=0 \qquad \therefore f(k)=-3$$
또 $xf(x)+3$이 $x-k$로 나누어떨어지므로
$$kf(k)+3=0$$
이때 $f(k)=-3$이므로 $-3k+3=0 \qquad \therefore k=1$
즉, 다항식 $f(x)+3$이 $x-1$로 나누어떨어지므로
$f(1)+3=0$에서
$$f(1)+3=1+a+b+c+3=0$$
$$\therefore a+b+c=-4$$
답 ①

048 $P(x)$가 삼차다항식이고 $P(x)+4$가 $(x-2)^2$으로 나누어떨어지므로
$$P(x)+4=(x-2)^2(ax+b)\,(a\neq0,\ b\text{는 상수})$$
로 놓으면
$$P(x)=(x-2)^2(ax+b)-4$$
이때
$$5-P(x)=5-\{(x-2)^2(ax+b)-4\}$$
$$=-(x-2)^2(ax+b)+9$$
이고, $5-P(x)$가 x^2-1로 나누어떨어지므로 몫을 $Q(x)$라 하면
$$-(x-2)^2(ax+b)+9=(x+1)(x-1)Q(x)$$
$$\cdots\cdots \text{㉠}$$
㉠의 양변에 $x=1$, $x=-1$을 각각 대입하면
$-(a+b)+9=0$에서 $a+b=9$
$-9(-a+b)+9=0$에서 $-a+b=1$
위의 두 식을 연립하여 풀면 $a=4$, $b=5$
따라서 $P(x)=(x-2)^2(4x+5)-4$이므로
$$P(3)=17-4=13$$
답 13

049 다항식 x^3+x^2+2를 $x-2$로 나누었을 때의 몫과 나머지가 각각 $Q(x)$, R_1이므로
$$x^3+x^2+2=(x-2)Q(x)+R_1 \qquad \cdots\cdots \text{㉠}$$
또 $Q(x)$를 $x+1$로 나누었을 때의 몫을 $Q'(x)$라 하면 나머지가 R_2이므로
$$Q(x)=(x+1)Q'(x)+R_2 \qquad \cdots\cdots \text{㉡}$$
㉡을 ㉠에 대입하면
$$x^3+x^2+2=(x-2)\{(x+1)Q'(x)+R_2\}+R_1$$
$$=(x-2)(x+1)Q'(x)+R_2(x-2)+R_1$$
$$\cdots\cdots \text{㉢}$$
㉢의 양변에 $x=-1$을 대입하면 $2=-3R_2+R_1$이므로
$$R_1-3R_2=2$$
답 2

$f(x)=x^3+x^2+2$라 하면 다항식 x^3+x^2+2를 $x-2$로 나눈 나머지가 R_1이므로
$$R_1=f(2)=14$$
이때 다항식 $f(x)-14$는 $x-2$로 나누어떨어지므로
$$x^3+x^2+2-14=x^3+x^2-12=(x-2)(x^2+3x+6)$$
즉, 다항식 x^3+x^2+2를 $x-2$로 나눈 몫 $Q(x)$는
$$Q(x)=x^2+3x+6$$
이고, $Q(x)$를 $x+1$로 나눈 나머지 R_2는
$$R_2=Q(-1)=4$$
$$\therefore R_1-3R_2=14-3\cdot4=2$$

050 다항식 $f(x)=x^3+ax^2-5x+b$를 $(x-1)^2$으로 나누었을 때의 몫을 $Q(x)$라 하면
$$x^3+ax^2-5x+b=(x-1)^2Q(x) \qquad \cdots\cdots \text{㉠}$$
㉠의 양변에 $x=1$을 대입하면
$$1+a-5+b=0$$
$$\therefore b=-a+4 \qquad \cdots\cdots \text{㉡}$$
㉡을 ㉠에 대입하면
$$x^3+ax^2-5x-a+4=(x-1)^2Q(x)$$
$$(x-1)\{x^2+(a+1)x+a-4\}=(x-1)^2Q(x)$$
즉, $x^2+(a+1)x+a-4=(x-1)Q(x)$이므로
다항식 $x^2+(a+1)x+a-4$는 $x-1$을 인수로 갖는다.
따라서 $1+(a+1)+a-4=0$이므로 $a=1$이고,
$a=1$을 ㉡에 대입하면 $b=3$이므로 $b-a=2$
답 2

051 삼차다항식 $f(x)$가 x^2-x+2로 나누어떨어지므로
$$f(x)=(x^2-x+2)(ax+b)\ (a\neq0,\ b\text{는 상수})$$
로 놓으면 $f(0)=12$이므로
$$f(0)=2b=12 \qquad \therefore b=6$$
$b=6$이므로 $f(x)+28$은
$$f(x)+28=(x^2-x+2)(ax+6)+28$$
$$=ax^3+(6-a)x^2+2(a-3)x+40$$
이고, $f(x)+28$은 x^2+5로 나누어떨어지므로

$$
\begin{array}{r}
ax+6-a \\
x^2+5\,\overline{)\,ax^3+(6-a)x^2+2(a-3)x+40} \\
\underline{ax^3 +5ax} \\
(6-a)x^2-3(a+2)x+40 \\
\underline{(6-a)x^2 +5(6-a)} \\
-3(a+2)x+10+5a
\end{array}
$$

즉, $-3(a+2)x+10+5a=0$에서
$$a=-2$$
따라서 $f(x)=(x^2-x+2)(-2x+6)$이므로
$$f(1)=2\cdot4=8$$
답 8

052 다항식 $f(x)$를 $(x-2)^2$으로 나누었을 때의 몫을 $Q(x)$
라 하면 나머지가 $2^n(x-2)$이므로
$$x^n(x^2+ax+b)=(x-2)^2Q(x)+2^n(x-2)$$
$$\cdots\cdots\ \bigcirc$$

$\bigcirc$의 양변에 $x=2$를 대입하면
$$2^n(4+2a+b)=0,\ 2a+b+4=0$$
$$\therefore\ b=-2a-4 \qquad \cdots\cdots\ \bigcirc\!\bigcirc$$

$\bigcirc\!\bigcirc$을 $\bigcirc$에 대입하면
$$x^n(x^2+ax-2a-4)=(x-2)^2Q(x)+2^n(x-2)$$
$$x^n(x-2)(x+a+2)=(x-2)\{(x-2)Q(x)+2^n\}$$
즉, $x^n(x+a+2)=(x-2)Q(x)+2^n$이므로
양변에 $x=2$를 대입하면
$$2^n(a+4)=2^n,\ a+4=1 \qquad \therefore\ a=-3$$
$a=-3$을 $\bigcirc\!\bigcirc$에 대입하면 $b=2$이므로 $ab=-6$

답 ②

053 $124=x$로 놓으면 $5^{197}=(5^3)^{65}\cdot5^2=25\cdot125^{65}$이므로
$$25\cdot125^{65}=25(x+1)^{65}$$
이때 5^{197}을 124로 나눈 나머지는 $25(x+1)^{65}$을 x로 나눈
나머지와 같으므로 몫을 $Q(x)$, 나머지를 R이라 하면
$$25(x+1)^{65}=xQ(x)+R \qquad \cdots\cdots\ \bigcirc$$
$\bigcirc$의 양변에 $x=0$을 대입하면 $R=25$

답 ④

054 $f(1)=2$에서 $f(1)-2=0$이므로 $f(1)-(3\cdot1-1)=0$
$f(2)=5$에서 $f(2)-5=0$이므로 $f(2)-(3\cdot2-1)=0$
$f(3)=8$에서 $f(3)-8=0$이므로 $f(3)-(3\cdot3-1)=0$
이때 $g(x)=f(x)-(3x-1)$로 놓으면 $g(1)=0$,
$g(2)=0$, $g(3)=0$이고 x^3의 계수가 1이므로
$$g(x)=(x-1)(x-2)(x-3)=f(x)-(3x-1)$$
따라서 $f(x)=(x-1)(x-2)(x-3)+3x-1$이므로
$$f(5)=4\cdot3\cdot2+14=38$$

답 ⑤

055 다항식 $f(x)$를 $(x-2)^2(x+1)$로 나누었을 때의 몫을
$Q(x)$, 나머지를 $R(x)=ax^2+bx+c$ (a, b, c는 상수)
라 하면
$$f(x)=(x-2)^2(x+1)Q(x)+ax^2+bx+c$$
$$\cdots\cdots\ \bigcirc$$
$\bigcirc$에서 $(x-2)^2(x+1)Q(x)$는 $(x-2)^2$으로 나누어떨
어지므로 ax^2+bx+c를 $(x-2)^2$으로 나눈 나머지가
$4x-3$이어야 한다. 즉,
$$ax^2+bx+c=a(x-2)^2+4x-3 \qquad \cdots\cdots\ \bigcirc\!\bigcirc$$

$\bigcirc\!\bigcirc$을 $\bigcirc$에 대입하면
$$f(x)=(x-2)^2(x+1)Q(x)+a(x-2)^2+4x-3$$
한편 $f(x)$를 $x+1$로 나눈 나머지가 11이므로
$$f(-1)=9a-7=11 \qquad \therefore\ a=2$$
$\bigcirc\!\bigcirc$에서 $R(x)$는 $R(x)=2(x-2)^2+4x-3$이므로
$$R(1)=2+4-3=3$$

답 ②

056 $2x^{10}+1=a_{10}(x-1)^{10}+a_9(x-1)^9+a_8(x-1)^8+$
$$\cdots+a_1(x-1)+a_0 \qquad \cdots\cdots\ \bigcirc$$
$\bigcirc$의 좌변의 최고차항의 계수가 2이므로 $a_{10}=2$이고,
$\bigcirc$의 양변에 $x=1$을 대입하면 $a_0=3$
또 $\bigcirc$의 양변에 $x=2$, $x=0$을 각각 대입하면
$$2\cdot2^{10}+1=a_{10}+a_9+a_8+\cdots+a_1+a_0 \qquad \cdots\cdots\ \bigcirc\!\bigcirc$$
$$1=a_{10}-a_9+a_8-\cdots-a_1+a_0 \qquad \cdots\cdots\ \bigcirc\!\bigcirc\!\bigcirc$$
$\bigcirc\!\bigcirc+\bigcirc\!\bigcirc\!\bigcirc$을 하면
$$2(2^{10}+1)=2(a_{10}+a_8+a_6+a_4+a_2+a_0)$$
이때 $a_0=3$, $a_{10}=2$이므로
$$a_2+a_4+a_6+a_8=2^{10}+1-5=2^{10}-4$$

답 ①

| 본문 20~25p |

STEP 2	**057** ①	**058** 14	**059** 26	**060** 4
061 ⑤	**062** ④	**063** ⑤	**064** ②	**065** 30
066 7	**067** ③	**068** 89	**069** ①	**070** 20
071 ②	**072** ①	**073** ④	**074** ⑤	**075** 86
076 ①	**077** ④	**078** ③	**079** ①	**080** 11
081 4	**082** 24	**083** 5		

057 주어진 식의 양변에 $x=0$, $y=0$을 대입하면
$$f(0)f(0)=f(0)+f(0),\ \{f(0)\}^2=2f(0)$$
$$f(0)\{f(0)-2\}=0$$
$$\therefore\ f(0)=0\ \text{또는}\ f(0)=2$$
(i) $f(0)=0$일 때,
주어진 식의 양변에 $x=1$, $y=0$을 대입하면
$$f(1)f(0)=f(1)+f(1)$$
$f(0)=0$이므로 $0=2f(1)$ $\qquad \therefore\ f(1)=0$
그런데 $f(1)=0$은 주어진 조건을 만족하지 않는다.
(ii) $f(0)=2$일 때,
주어진 식의 양변에 $x=1$, $y=1$을 대입하면
$$f(1)f(1)=f(2)+f(0),\ 3^2=f(2)+2$$
$$\therefore\ f(2)=7$$
(i), (ii)에 의하여 $f(0)=2$, $f(2)=7$이므로
$$f(0)+f(2)=2+7=9$$

답 ①

058 $x-1+\dfrac{1}{x}=t$라 하면 $x+\dfrac{1}{x}=t+1$이므로

$$x^3+\dfrac{1}{x^3}=\left(x+\dfrac{1}{x}\right)^3-3\left(x+\dfrac{1}{x}\right)=(t+1)^3-3(t+1)$$

$$x^2+\dfrac{1}{x^2}=\left(x+\dfrac{1}{x}\right)^2-2=(t+1)^2-2$$

따라서 주어진 식은

$$f(t)=\{(t+1)^3-3(t+1)\}-\{(t+1)^2-2\}+3$$
$$=(t^3+3t^2-2)-(t^2+2t-1)+3$$
$$=t^3+2t^2-2t+2$$

즉, $f(x)=x^3+2x^2-2x+2$이므로

$$f(2)=8+8-4+2=14$$

답 14

다른 풀이

$x-1+\dfrac{1}{x}=2$를 만족하는 x에 대하여 $x+\dfrac{1}{x}=3$이므로

$$x^3+\dfrac{1}{x^3}-\left(x^2+\dfrac{1}{x^2}\right)+3$$
$$=\left(x+\dfrac{1}{x}\right)^3-3\left(x+\dfrac{1}{x}\right)-\left\{\left(x+\dfrac{1}{x}\right)^2-2\right\}+3$$
$$=\left(x+\dfrac{1}{x}\right)^3-\left(x+\dfrac{1}{x}\right)^2-3\left(x+\dfrac{1}{x}\right)+5$$
$$=3^3-3^2-3\cdot3+5$$
$$=27-9-9+5=14$$
$$\therefore f(2)=14$$

059 $x^{10}+px^2+q=f(x)(x+1)(x^2+2)+5$ ······ ㉠

이므로 ㉠의 양변에 $x=-1$을 대입하면

$$1+p+q=5 \qquad \therefore p+q=4 \qquad \text{······ ㉡}$$

또 ㉠의 양변에 $x^2=-2$를 대입하면

$$(-2)^5-2p+q=5 \qquad \therefore 2p-q=-37 \text{··· ㉢}$$

㉡, ㉢을 연립하여 풀면 $p=-11$, $q=15$

$$\therefore q-p=15-(-11)=26$$

답 26

060 삼차다항식 $f(x)$가 모든 실수 x에 대하여

$$f(x)+f(-x+2)=4 \qquad \text{······ ㉠}$$

를 만족하므로 ㉠의 양변에 $x=1$을 대입하면

$$f(1)+f(1)=4 \qquad \therefore f(1)=2$$

또 ㉠의 양변에 $x=-1$을 대입하면 $f(-1)+f(3)=4$

에서 $f(-1)=10$이므로

$$10+f(3)=4 \qquad \therefore f(3)=-6$$

이때 $f(x)$를 $x-1$로 나눈 나머지가 a이므로

$$a=f(1)=2$$

또 다항식 $f(x)$를 x^2-2x-3으로 나누었을 때의 몫을 $Q(x)$라 하면 나머지가 $bx+c$이므로

$$f(x)=(x^2-2x-3)Q(x)+bx+c$$
$$=(x+1)(x-3)Q(x)+bx+c \quad \text{··· ㉡}$$

㉡의 양변에 $x=-1$, $x=3$을 각각 대입하면

$$f(-1)=-b+c=10$$
$$f(3)=3b+c=-6$$

위의 두 식을 연립하여 풀면

$$b=-4, \ c=6$$
$$\therefore a+b+c=2-4+6=4$$

답 4

061 $f(x)=(x-1)Q(x)+R$에서 양변에 $x(x+2)$를 곱하면

$$x(x+2)f(x)$$
$$=x(x+2)(x-1)Q(x)+Rx(x+2)$$
$$=x(x+2)(x-1)Q(x)+R\{(x-1)(x+3)+3\}$$
$$=(x-1)x(x+2)Q(x)+R(x-1)(x+3)+3R$$
$$=(x-1)\{x(x+2)Q(x)+R(x+3)\}+3R$$

이므로 $x(x+2)f(x)$를 $x-1$로 나누었을 때의 몫과 나머지는 각각 $x(x+2)Q(x)+R(x+3)$, $3R$이다.

답 ⑤

062 이차 이상의 다항식 $f(x)$를 $(x-a)(x-b)$로 나누었을 때의 몫을 $Q(x)$, 나머지를 $px+q$ (p, q는 상수)라 하면

$$f(x)=(x-a)(x-b)Q(x)+px+q \qquad \text{······ ㉠}$$

㉠의 양변에 $x=a$, $x=b$를 각각 대입하면

$$f(a)=pa+q, \ f(b)=pb+q$$

위의 두 식을 연립하여 풀면

$$p=\dfrac{f(a)-f(b)}{a-b}$$

$$q=f(a)-pa$$
$$=f(a)-a\left\{\dfrac{f(a)-f(b)}{a-b}\right\}$$
$$=\dfrac{af(b)-bf(a)}{a-b}$$

따라서 $R(x)=\dfrac{f(a)-f(b)}{a-b}x+\dfrac{af(b)-bf(a)}{a-b}$이므로

$$R(a+b)=\dfrac{\{f(a)-f(b)\}(a+b)+af(b)-bf(a)}{a-b}$$
$$=\dfrac{af(a)-bf(b)}{a-b}$$

답 ④

063 주어진 등식에서 $x^2f\left(\dfrac{1}{x}\right)$이 다항식이어야 하므로 $f(x)$는 이차식이다.

이때 $f(0)=1$이므로
$f(x)=ax^2+bx+1$ $(a\neq0,\ b$는 상수)라 하면
$$f(x)+x^2f\left(\frac{1}{x}\right)$$
$$=ax^2+bx+1+x^2\left(\frac{a}{x^2}+\frac{b}{x}+1\right)$$
$$=ax^2+bx+1+a+bx+x^2$$
$$=(a+1)x^2+2bx+a+1$$
$$=6x^2+6x+6$$
즉, $a+1=6,\ 2b=6$이므로 $a=5,\ b=3$
따라서 $f(x)=5x^2+3x+1$을 $x-n$으로 나눈 나머지
R_n은 $f(n)$이므로
$$R_1+R_2+R_3=f(1)+f(2)+f(3)$$
$$=9+27+55=91$$

답 ⑤

064 $f_n(x)=x(x-2)(x-4)\cdots(x-2n)$에서
$$f_0(x)=x$$
$$f_1(x)=x(x-2)$$
$$f_2(x)=x(x-2)(x-4)$$
$$f_3(x)=x(x-2)(x-4)(x-6)$$
$$\vdots$$
$$f_{10}(x)=x(x-2)(x-4)\cdots(x-20)$$
이므로 $\{f_0(x)+f_1(x)+f_2(x)+\cdots+f_{10}(x)\}^2$을 $f_2(x)$
로 나누었을 때의 몫을 $Q(x)$, 나머지를
$R(x)=ax^2+bx+c$ $(a,\ b,\ c$는 상수)라 하면
$$\{x+x(x-2)+x(x-2)(x-4)+\cdots$$
$$+x(x-2)(x-4)\cdots(x-20)\}^2$$
$$=x(x-2)(x-4)Q(x)+ax^2+bx+c \quad\cdots\cdots\ ㉠$$
㉠의 양변에 $x=0,\ x=2,\ x=4$를 각각 대입하면
$$c=0,\ 4=4a+2b+c,\ 144=16a+4b+c$$
위의 세 식을 연립하여 풀면
$$a=17,\ b=-32$$
따라서 $R(x)=17x^2-32x$이므로
$$R(1)=17-32=-15$$

답 ②

065 $xf(x)=(x+1)g(x)=(x+2)h(x)$ $\quad\cdots\cdots\ ㉠$
㉠의 양변에 $x=0$을 대입하면 $0=g(0)=2h(0)$이므로
$$g(0)=h(0)=0$$
㉠의 양변에 $x=-1$을 대입하면
$-f(-1)=0=h(-1)$이므로
$$f(-1)=h(-1)=0$$

또 ㉠의 양변에 $x=-2$를 대입하면
$-2f(-2)=-g(-2)=0$이므로
$$f(-2)=g(-2)=0$$
따라서 세 다항식 $f(x),\ g(x),\ h(x)$에 대하여
$f(-1)=0,\ f(-2)=0$이므로 $f(x)$는 $(x+1)(x+2)$
를 인수로 갖고, $g(0)=0,\ g(-2)=0$이므로 $g(x)$는
$x(x+2)$를 인수로 갖는다.
또 $h(0)=0,\ h(-1)=0$이므로 $h(x)$는 $x(x+1)$을 인
수로 갖는다.
이때 ㉠이 성립하므로 0이 아닌 상수 $a,\ b$에 대하여
$$f(x)=(x+1)(x+2)(ax+b) \quad\cdots\cdots\ ㉡$$
$$g(x)=x(x+2)(ax+b) \quad\cdots\cdots\ ㉢$$
$$h(x)=x(x+1)(ax+b)$$
로 놓을 수 있다.
한편 $f(0)=-2$이므로 ㉡의 양변에 $x=0$을 대입하면
$$2b=-2 \quad\therefore\ b=-1$$
또 $g(1)=6$이므로 ㉢의 양변에 $x=1$을 대입하면
$$3(a+b)=6,\ a+b=2$$
$$\therefore\ a=3\ (\because\ b=-1)$$
따라서 $h(x)=x(x+1)(3x-1)$이므로
$$h(2)=2\cdot3\cdot5=30$$

답 30

066 $f(a)=f(b)=5$에서 $f(a)-5=0,\ f(b)-5=0$이므로
$g(x)=f(x)-5$로 놓으면 $g(x)$는 $x-a,\ x-b$를 인수
로 갖는다.
즉, 이차다항식 $f(x)$의 x^2의 계수가 1이므로
$$g(x)=f(x)-5=(x-a)(x-b)$$
$$f(x)=(x-a)(x-b)+5$$
주어진 조건에서 $f(0)=17$이므로
$$ab+5=17 \quad\therefore\ ab=12 \quad\cdots\cdots\ ㉠$$
㉠을 만족하는 $a<b$인 자연수 $a,\ b$의 순서쌍 $(a,\ b)$는
$(1,\ 12),\ (2,\ 6),\ (3,\ 4)$이다.
이때 이차식 $f(x)$를 $x-2$로 나눈 나머지는
$$f(2)=(2-a)(2-b)+5$$
$$=4-2(a+b)+ab+5$$
$$=4-2(a+b)+12+5$$
$$=21-2(a+b)$$
이므로 $f(2)$의 최댓값은 $2(a+b)$의 값이 최소일 때이
다.
따라서 구하는 나머지의 최댓값은 $a=3,\ b=4$일 때이
므로 $21-2\cdot7=7$

답 7

067 이차 이상의 다항식 $f(x)$를 $(x-a)(x-b)$로 나누었
을 때의 몫을 $Q(x)$, 나머지를 $R(x)=px+q$ (p, q는
상수)라 하면
$$f(x)=(x-a)(x-b)Q(x)+px+q$$
ㄱ. $f(a)=pa+q$, $R(a)=pa+q$이므로
$$f(a)-R(a)=0 \text{ (참)}$$
ㄴ. $f(a)-R(b)=f(b)-R(a)$에서
$$f(a)-f(b)=-\{R(a)-R(b)\}$$
이때 $f(a)=R(a)$, $f(b)=R(b)$이므로
$$f(a)-f(b)\neq-\{f(a)-f(b)\}$$
$$\therefore f(a)-R(b)\neq f(b)-R(a) \text{ (거짓)}$$
ㄷ. $f(b)=R(b)=pb+q$, $f(a)=R(a)=pa+q$이고,
$R(0)=q$이므로 주어진 등식에 대입하면
$$\begin{aligned}(좌변)&=af(b)-bf(a)\\&=a(pb+q)-b(pa+q)\\&=q(a-b)\end{aligned}$$
$$(우변)=(a-b)R(0)=q(a-b)$$
$$\therefore af(b)-bf(a)=(a-b)R(0) \text{ (참)}$$
따라서 옳은 것은 ㄱ, ㄷ이다.
🔒 ③

068 $f(x)$를 n차 다항식이라 하면 주어진 등식의 좌변은 $3n$
차 다항식이고, 우변은 $(n+2)$차 다항식이므로
$$3n=n+2 \qquad \therefore n=1$$
즉, $f(x)$는 일차다항식이므로
$$f(x)=ax+b \text{ (단, } a\neq 0, b\text{는 상수)}$$
라 하면
$$(ax+b)^3=9x^2(ax+b)-18x^2+9x-1$$
$$a^3x^3+3a^2bx^2+3ab^2x+b^3$$
$$=9ax^3+9(b-2)x^2+9x-1$$
위의 식은 x에 대한 항등식이므로
$$a^3=9a,\ 3a^2b=9(b-2),\ 3ab^2=9,\ b^3=-1$$
에서 $a=3$, $b=-1$이므로
$$f(x)=3x-1$$
이때 다항식 $\{f(x)\}^3$을 x^2-x로 나누었을 때의 몫을
$Q(x)$, 나머지를 $R(x)=px+q$ (p, q는 상수)라 하면
$$(3x-1)^3=x(x-1)Q(x)+px+q \quad \cdots\cdots\ ㉠$$
㉠의 양변에 $x=0$을 대입하면 $q=-1$
또 $x=1$을 대입하면 $8=p+q$이고 $q=-1$이므로 $p=9$
따라서 $R(x)=9x-1$이므로
$$R(10)=89$$
🔒 89

069 민수가 일차항의 계수를 잘못 본 다항식을 $g(x)$라 하
면
$$\begin{aligned}g(x)&=(x+4)(x-3)(x^2+x)+6\\&=(x^2+x-12)(x^2+x)+6\\&=(x^2+x)^2-12(x^2+x)+6\\&=(x^4+2x^3+x^2)-12x^2-12x+6\\&=x^4+2x^3-11x^2-12x+6\end{aligned}$$
이므로 다항식 $f(x)$에서 잘못 본 일차항의 계수를 k라
하면
$$f(x)=x^4+2x^3-11x^2+kx+6$$
이때 다항식 $f(x)$가 $x-1$로 나누어떨어지므로
$$f(1)=1+2-11+k+6=0$$
$$\therefore k=2$$
따라서 다항식 $f(x)$는
$$f(x)=x^4+2x^3-11x^2+2x+6$$
이므로 $f(x)$를 $x+1$로 나눈 나머지는
$$f(-1)=-8$$
🔒 ①

070 다항식 $f(x)$의 최고차항의 계수가 1이므로 세 상수 a,
b, c에 대하여 $f(x)$를 x^2+2x-3으로 나누었을 때의
몫을 $x+a$, 나머지를 $bx+c$라 하면
$$\begin{aligned}f(x)&=(x^2+2x-3)(x+a)+bx+c\\&=(x+3)(x-1)(x+a)+bx+c \quad \cdots\cdots\ ㉠\end{aligned}$$
이때 조건 ㈏에서 $f(x)$를 x^2+2x-3으로 나눈 나머지
와 $f(2x-1)$을 x^2-1로 나눈 나머지가 같으므로
$f(2x-1)$을 x^2-1로 나누었을 때의 몫을 $Q(x)$라 하면
$$\begin{aligned}f(2x-1)&=(x^2-1)Q(x)+bx+c\\&=(x+1)(x-1)Q(x)+bx+c\\&\qquad\qquad\qquad\qquad \cdots\cdots\ ㉡\end{aligned}$$
㉠의 양변에 $x=-3$을 대입하면
$$f(-3)=-3b+c$$
㉡의 양변에 $x=-1$을 대입하면
$$f(-3)=-b+c$$
즉, $-3b+c=-b+c$이므로
$$b=0$$
또 조건 ㈐에서 $f(0)=14$이므로 ㉠의 양변에 $x=0$을
대입하면
$$f(0)=-3a+c=14 \quad\quad \cdots\cdots\ ㉢$$
이때 $f(x-1)$을 $x+1$로 나눈 나머지는 $f(-2)$의 값과
같으므로 ㉠의 양변에 $x=-2$를 대입하면
$$\begin{aligned}f(-2)&=6-3a+c=6+14\ (\because ㉢)\\&=20\end{aligned}$$
🔒 20

071 $f(x)$는 이차다항식이므로 다항식 $(x+1)(x^2+4x+2)$
를 $f(x)$로 나눈 나머지 $g(x)$는 일차 이하의 다항식이
고, 다항식 $(x+1)(x^2+4x+2)$를 $g(x)$로 나눈 나머
지는 상수이다.

따라서 $f(x)-x^2-4x=k$(k는 상수)라 하면
$$f(x)=x^2+4x+k$$
이고, x^3의 계수가 1이므로 상수 a, b, c에 대하여
$$(x+1)(x^2+4x+2)$$
$$=(x^2+4x+k)(x+a)+bx+c$$
라 하자. 위의 식은 x에 대한 항등식이므로 좌변과 우
변을 각각 전개하여 계수를 비교하면
$$(좌변)=x^3+5x^2+6x+2$$
$$(우변)=x^3+(a+4)x^2+(4a+b+k)x+ak+c$$
이므로 $a+4=5$, $4a+b+k=6$, $ak+c=2$
$$\therefore a=1$$
$$b+k=c+k=2 \qquad \therefore b=c \qquad \cdots\cdots \ㄱ$$
이때 $b=c$이므로 $g(x)=b(x+1)$이고, 다항식
$(x+1)(x^2+4x+2)$를 $g(x)$로 나누었을 때의 몫을
$Q(x)$라 하면 나머지가 k이므로
$$(x+1)(x^2+4x+2)=b(x+1)Q(x)+k$$
$$\qquad\qquad\qquad\qquad\qquad \cdots\cdots \ㄴ$$
ㄴ의 양변에 $x=-1$을 대입하면 $k=0$
$k=0$이므로 ㄱ에서 $b=c=2$
따라서 $g(x)=2(x+1)$이므로 $g(2)=2\cdot3=6$

답 ②

072 다항식 $f(x)$를 x^2+x+1로 나누었을 때의 나머지가
$4x+1$이므로
$$f(x)=x^{102}+x^{101}+x^{100}+ax^2+bx+c$$
$$=x^{100}(x^2+x+1)+a(x^2+x+1)+4x+1$$
$$\qquad\qquad\qquad\qquad\qquad \cdots\cdots \ㄱ$$
로 놓을 수 있다.
이때 다항식 $f(x)$를 $x-1$로 나누었을 때의 나머지가
20이므로 ㄱ의 양변에 $x=1$을 대입하면
$f(1)=3+3a+5=20$에서 $a=4$
따라서 다항식 $f(x)$는
$$f(x)=x^{100}(x^2+x+1)+4(x^2+x+1)+4x+1$$
이므로 다항식 $f(x)$를 $x+1$로 나눈 나머지는
$$f(-1)=1+4-3=2$$

답 ①

073 다항식 $f(x)=x^{1000}+x^{999}+x^{998}+x^2+1$의 양변에
$x=3$을 대입하면
$$f(3)=3^{1000}+3^{999}+3^{998}+3^2+1$$
$$=3(3^3)^{333}+(3^3)^{333}+3^2(3^3)^{332}+3^2+1$$
이므로 $3^3=t$로 놓으면
$$f(3)=3t^{333}+t^{333}+9t^{332}+10$$
$$=4t^{333}+9t^{332}+10$$
이때 $26=27-1=t-1$이므로 $f(3)$을 26으로 나눈 나
머지는 t에 대한 다항식 $4t^{333}+9t^{332}+10$을 $t-1$로 나눈
나머지와 같다.
따라서 구하는 나머지는
$$4+9+10=23$$

답 ④

074 상수 a, b, c, d에 대하여
$$x^3+4x^2-3x-1$$
$$=a(x-1)^3+b(x-1)^2+c(x-1)+d$$
라 하면 오른쪽 조립제법에 의하여 $a=1$, $b=7$, $c=8$, $d=1$
이므로

```
1 | 1   4   -3   -1
  |     1    5    2
1 | 1   5    2  |1
  |     1    6
1 | 1   6  |8
  |     1
    1  |7
```

$$x^3+4x^2-3x-1$$
$$=(x-1)^3+7(x-1)^2$$
$$+8(x-1)+1 \qquad \cdots\cdots \ㄱ$$
이때 $f(1.01)$의 값은 ㄱ의 우변에 $x=1.01$을 대입한 값
과 같으므로
$$f(1.01)=(0.01)^3+7(0.01)^2+8(0.01)+1$$
$$=0.000001+0.0007+0.08+1$$
$$=1.080701$$

답 ⑤

075 $f(x)=2(x-1)^3-3(x-1)^2+4(x-1)+7$에서
$x-1=t$로 놓으면 $x=t+1$이므로
$$f(t+1)=2t^3-3t^2+4t+7 \qquad \cdots\cdots \ㄱ$$
또 $g(x)=a(x+1)^3+b(x+1)^2+c(x+1)+d$에
$x=t+1$을 대입하면
$$g(t+1)=a(t+2)^3+b(t+2)^2+c(t+2)+d$$
$$\qquad\qquad\qquad\qquad\qquad \cdots\cdots \ㄴ$$
ㄱ=ㄴ이므로 오른쪽 조립제법에 의하여

```
-2 | 2  -3    4     7
   |    -4   14   -36
-2 | 2  -7   18  |-29
   |    -4   22
-2 | 2  -11 |40
   |    -4
     2 |-15
```

$$2t^3-3t^2+4t+7$$
$$=2(t+2)^3$$
$$-15(t+2)^2$$
$$+40(t+2)-29$$
따라서 $a=2$, $b=-15$, $c=40$, $d=-29$이므로
$$a-b+c-d=86$$

답 86

076 $x^5-1=(x-1)^3Q(x)+px^2+qx+r$에서
$$x^5-px^2-qx-(r+1)=(x-1)^3Q(x)$$
이므로 다항식 $x^5-px^2-qx-r-1$을 $x-1$로 연속하여 조립제법을 하면 다음과 같다.

$$
\begin{array}{r|rrrrrr}
1 & 1 & 0 & 0 & -p & -q & -r-1 \\
  &   & 1 & 1 & 1 & -p+1 & -p-q+1 \\
\hline
1 & 1 & 1 & 1 & -p+1 & -p-q+1 & \boxed{-p-q-r} \\
  &   & 1 & 2 & 3 & -p+4 & \\
\hline
1 & 1 & 2 & 3 & -p+4 & \boxed{-2p-q+5} & \\
  &   & 1 & 3 & 6 & & \\
\hline
  & 1 & 3 & 6 & \boxed{-p+10} & &
\end{array}
$$

이때 다항식 $x^5-px^2-qx-r-1$이 $(x-1)^3$을 인수로 가지므로 위의 조립제법에 의하여
$$-p-q-r=0,\ -2p-q+5=0,\ -p+10=0$$
위의 식을 연립하여 풀면
$$p=10,\ q=-15,\ r=5$$
$$\therefore p-q+r=10+15+5=30$$

답 ①

077 $f(x)=ax^2+bx+1$이므로 $f(x^2)=ax^4+bx^2+1$
이때 $f(x^2)$을 $f(x)$로 나누면 나누어떨어지고, $f(x)$의 상수항이 1이므로 몫을 x^2+kx+1 (k는 상수)이라 하면
$$
\begin{aligned}
&ax^4+bx^2+1\\
&=(ax^2+bx+1)(x^2+kx+1)\\
&=ax^4+(ak+b)x^3+(a+bk+1)x^2\\
&\quad +(b+k)x+1
\end{aligned}
$$
위의 식은 x에 대한 항등식이므로
$$ak+b=0 \qquad \cdots\cdots \ \text{㉠}$$
$$a+bk+1=b \qquad \cdots\cdots \ \text{㉡}$$
$$b+k=0 \qquad \cdots\cdots \ \text{㉢}$$
㉢에서 $k=-b$이므로 ㉠에 대입하면
$$-ab+b=0,\ b(1-a)=0$$
$$\therefore a=1 \ \text{또는} \ b=0$$
(i) $a=1$일 때,
$a=1$을 ㉡에 대입하면 $k=-b$이므로
$$1-b^2+1=b,\ b^2+b-2=0$$
$$(b+2)(b-1)=0$$
$$\therefore b=-2 \ \text{또는} \ b=1$$
(ii) $b=0$일 때,
$b=0$을 ㉡에 대입하면 $a=-1$
(i), (ii)에 의하여 a, b의 순서쌍 (a,b)는 $(1,-2)$, $(1,1)$, $(-1,0)$이므로 $a+b$의 최댓값은 2이다.

답 ④

078 다항식 $f(x)$를 $(x-1)^3$으로 나누었을 때의 몫을 $Q(x)$라 하면 나머지가 x^2+x+1이므로
$$
\begin{aligned}
f(x)&=(x-1)^3Q(x)+x^2+x+1\\
&=(x-1)^2(x-1)Q(x)+(x-1)^2+3x\\
&=(x-1)^2\{(x-1)Q(x)+1\}+3x\\
&\qquad\qquad\qquad\qquad \cdots\cdots \ \text{㉠}
\end{aligned}
$$
또 다항식 $f(x)$를 $(x-3)^2$으로 나누었을 때의 몫을 $Q'(x)$라 하면 나머지가 $2x-1$이므로
$$f(x)=(x-3)^2Q'(x)+2x-1 \qquad \cdots\cdots \ \text{㉡}$$
이때 다항식 $f(x)$를 $(x-1)^2(x-3)$으로 나누었을 때의 몫을 $Q''(x)$, 나머지를 ax^2+bx+c (a, b, c는 상수)라 하면
$$f(x)=(x-1)^2(x-3)Q''(x)+ax^2+bx+c$$
㉠에서 $f(x)$를 $(x-1)^2$으로 나눈 나머지가 $3x$이므로 ax^2+bx+c를 $(x-1)^2$으로 나눈 나머지가 $3x$이다.
즉,
$$f(x)=(x-1)^2(x-3)Q''(x)+a(x-1)^2+3x$$
$$\qquad\qquad\qquad\qquad \cdots\cdots \ \text{㉢}$$
이고, ㉡에서 $f(3)=5$이므로 ㉢의 양변에 $x=3$을 대입하면
$$f(3)=4a+9=5 \qquad \therefore a=-1$$
따라서 $R(x)=-(x-1)^2+3x$이므로
$$R(2)=5$$

답 ③

079 다항식 $f(x^2)$을 x^2+3으로 나누었을 때의 몫을 $Q(x)$라 하면 나머지가 $4x+3$이므로
$$f(x^2)=(x^2+3)Q(x)+4x+3 \qquad \cdots\cdots \ \text{㉠}$$
이고, 다항식 $f(x^2)$을 $(x-2)(x^2+3)$으로 나누었을 때의 몫을 $Q'(x)$, $R(x)=ax^2+bx+c$ (a, b, c는 상수)라 하면
$$
\begin{aligned}
f(x^2)&=(x-2)(x^2+3)Q'(x)+ax^2+bx+c\\
&=(x-2)(x^2+3)Q'(x)+a(x^2+3)+4x+3\\
&\qquad\qquad (\because \text{㉠}) \ \cdots\cdots \ \text{㉡}
\end{aligned}
$$
이때 다항식 $f(x)$를 $x-4$로 나눈 나머지가 -3이므로 ㉡의 양변에 $x=2$를 대입하면
$$f(4)=7a+11=-3,\ 7a=-14$$
$$\therefore a=-2$$
따라서 $R(x)=-2(x^2+3)+4x+3$이므로
$$R(3)=-24+15=-9$$

답 ①

080 $f(x)$를 n차 다항식이라 하면 $f(x^2+x)$는 $2n$차, $x^2f(x)$는 $(n+2)$차 다항식이므로
$$2n=n+2 \qquad \therefore n=2$$

즉, $f(x)$는 이차다항식이므로
$$f(x)=ax^2+bx+c \ (a\neq 0,\ b,\ c는 상수)$$
라 하면
$$f(x^2+x)=a(x^2+x)^2+b(x^2+x)+c$$
$$=ax^4+2ax^3+(a+b)x^2+bx+c$$
$$x^2f(x)+2x+3=x^2(ax^2+bx+c)+2x+3$$
$$=ax^4+bx^3+cx^2+2x+3$$
이때 $f(x^2+x)=x^2f(x)+2x+3$이므로
$$2a=b,\ a+b=c,\ b=2,\ c=3 \quad \therefore\ a=1$$
따라서 $f(x)=x^2+2x+3$이므로 $f(2)=11$

目 11

081 다항식 $f(x)$를 $2x-1$로 나누었을 때의 몫이 $Q(x)$, 나머지가 10이므로
$$f(x)=(2x-1)Q(x)+10$$
$$=2\left(x-\frac{1}{2}\right)Q(x)+10$$
$$=\left(x-\frac{1}{2}\right)\{2Q(x)+3\}-3\left(x-\frac{1}{2}\right)+10$$
따라서 $g(x)=-3\left(x-\frac{1}{2}\right)+10$이므로
$$g\left(\frac{5}{2}\right)=-3\cdot 2+10=4$$

目 4

082 $a(2x-4)^4+b(2x-4)^3+c(2x-4)^2+d(2x-4)+e$
$=16a(x-2)^4+8b(x-2)^3+4c(x-2)^2+2d(x-2)+e$
이므로 다음과 같이 조립제법을 연속하여 하면

```
2 | 2   -5    14    -28    9
  |       4    -2     24   -8
2 | 2   -1    12     -4  | 1
  |       4     6     36
2 | 2    3    18   | 32
  |       4    14
2 | 2    7  | 32
  |       4
    2  | 11
```

위의 조립제법에 의하여
$$16a=2,\ 8b=11,\ 4c=32,\ 2d=32,\ e=1$$
이므로
$$a=\frac{1}{8},\ b=\frac{11}{8},\ c=8,\ d=16$$
$$\therefore\ ac+bd+e=\frac{1}{8}\cdot 8+\frac{11}{8}\cdot 16+1=24$$

目 24

083 조건 (내에서 삼차다항식 $f(x)$를 $(x-1)^2$으로 나누었을 때의 몫과 나머지가 같으므로
$$f(x)=(x-1)^2(ax+b)+ax+b$$
$$(a\neq 0,\ b는 상수) \quad \cdots\cdots\ \bigcirc$$
라 하면 조건 ⑦에서 $f(1)=5$이므로
$$f(1)=a+b=5 \quad \therefore\ b=5-a \quad \cdots\cdots\ \bigcirc$$
ⓛ을 ㉠에 대입하면
$$f(x)=(x-1)^2(ax+5-a)+ax+5-a$$
$$=(x-1)^2\{a(x-1)+5\}+a(x-1)+5$$
$$=a(x-1)^3+5(x-1)^2+a(x-1)+5$$
$$\cdots\cdots\ \bigcirc$$
또 조건 (대에서 $f(x)$를 $(x-1)^3$으로 나눈 나머지가 $R(x)$이므로
$$R(x)=5(x-1)^2+a(x-1)+5 \ (\because\ \bigcirc)$$
이고, $R(2)=12$이므로
$$R(2)=5+a+5=12 \quad \therefore\ a=2$$
$a=2$를 ⓛ에 대입하면 $b=3$이므로 ㉠에서
$$f(x)=(x-1)^2(2x+3)+2x+3$$
$$\therefore\ f(-1)=4+1=5$$

目 5

| 본문 26~27p |

STEP 3

	084 ①	085 39	086 7	087 ②
	088 ①	089 ②	090 4	091 9

084 $a_0+a_1x+a_2x^2+\cdots+a_{94}x^{94}=(x^m-m)^k \quad \cdots\cdots\ \bigcirc$
㉠의 양변에 $x=1$, $x=-1$을 각각 대입하면
$$a_0+a_1+a_2+\cdots+a_{94}=(1-m)^k \quad \cdots\cdots\ \bigcirc$$
$$a_0-a_1+a_2-\cdots+a_{94}=\{(-1)^m-m\}^k \quad \cdots\cdots\ \bigcirc$$
또 ㉠의 양변에 $x=0$을 대입하면 $a_0=(-m)^k$이고, $a_0>0$이므로 $(-m)^k>0$, 즉 k는 짝수이다.
이때 $a_{94}\neq 0$이므로 ㉠에서 $mk=94=2\times 47$
$$\therefore\ k=2,\ m=47 \ (\because\ k는\ 짝수)$$
ⓛ$-$ⓒ을 하면 $k=2$, $m=47$이므로
$$2(a_1+a_3+a_5+\cdots+a_{93})$$
$$=(1-47)^2-\{(-1)^{47}-47\}^2$$
$$=(-46)^2-(-48)^2$$
$$=46^2-48^2$$
$$=(46-48)(46+48)$$
$$=(-2)\cdot 94$$
$$\therefore\ a_1+a_3+a_5+\cdots+a_{93}=-94$$

目 ①

085 다항식 $x(x-a)(x-b)-12$가 $x-k$로 나누어떨어지므로 $k(k-a)(k-b)=12$

이때 $0<a<b$이므로 $k-b<k-a<k$

k, $k-a$, $k-b$의 값과 $a+b+k$의 값을 표로 나타내면 다음과 같다.

k	$k-a$	$k-b$	a	b	$a+b+k$
6	2	1	4	5	15
4	3	1	1	3	8
1	-1	-12	2	13	16
1	-2	-6	3	7	11
1	-3	-4	4	5	10
2	-1	-6	3	8	13
2	-2	-3	4	5	11
3	-1	-4	4	7	14
4	-1	-3	5	7	16
6	-1	-2	7	8	21

위의 표에 의하여 세 정수 a, b, k의 순서쌍 (a, b, k)의 개수는 10이므로 $n=10$

또 $a+b+k$의 최솟값 m은 $m=8$이고, 최댓값 M은 $M=21$이므로

$$M+m+n=21+8+10=39$$

달 39

086 이차다항식 $f(x)$의 최고차항의 계수가 1이므로 네 상수 a, b, c, d에 대하여 $f(x)$를 $x-1$로 나눈 몫 $Q_1(x)$를 $Q_1(x)=x+a$, 나머지를 b라 하고, $f(x)$를 $x-2$로 나눈 몫 $Q_2(x)$를 $Q_2(x)=x+c$, 나머지를 d라 하면

$$f(x)=(x-1)(x+a)+b \qquad \cdots\cdots \ \text{㉠}$$
$$f(x)=(x-2)(x+c)+d \qquad \cdots\cdots \ \text{㉡}$$

㉡에서 $f(2)=d$이므로 조건 ㈎의 $Q_2(1)=f(2)$에서

$$1+c=d \qquad \cdots\cdots \ \text{㉢}$$

또 조건 ㈏에서 $Q_1(1)+Q_2(1)=4$이므로

$$(1+a)+(1+c)=4 \qquad \therefore \ a+c=2 \ \cdots\cdots \ \text{㉣}$$

이때 ㉠=㉡이므로 각각 전개하여 계수를 비교하면

$$(x-1)(x+a)+b=(x-2)(x+c)+d$$
$$x^2+(a-1)x-a+b=x^2+(c-2)x-2c+d$$
$$\therefore \ a-1=c-2, \ -a+b=-2c+d$$

위의 식과 ㉢, ㉣을 연립하여 풀면

$$a=\frac{1}{2}, \ b=0, \ c=\frac{3}{2}, \ d=\frac{5}{2}$$

따라서 $f(x)=(x-1)\left(x+\dfrac{1}{2}\right)$ 또는

$f(x)=(x-2)\left(x+\dfrac{3}{2}\right)+\dfrac{5}{2}$이므로

$$f(3)=2\cdot\frac{7}{2}=7$$

달 7

087 $f(x)$를 $g(x)$로 나눈 몫이 $q(x)$, 나머지가 $r(x)$이므로

$$f(x)=g(x)q(x)+r(x) \qquad \cdots\cdots \ \text{㉠}$$

ㄱ. [반례] $f(x)=x^3+x+2$, $g(x)=x^2+1$이라 하면

$$x^3+x+2=(x^2+1)x+2$$

에서 $g(x)$는 이차다항식이지만 나머지 $r(x)$는 상수이다. (거짓)

ㄴ. ㉠의 양변에 $g(x)$를 곱하면

$$f(x)g(x)=\{g(x)\}^2q(x)+r(x)g(x)$$

이때 $r(x)$의 차수는 $g(x)$의 차수보다 작으므로 $r(x)g(x)$의 차수는 $\{g(x)\}^2$의 차수보다 작다.

따라서 $f(x)g(x)$를 $\{g(x)\}^2$으로 나눈 나머지는 $g(x)r(x)$이다. (참)

ㄷ. ㉠의 양변을 제곱하면

$$\{f(x)\}^2=\{g(x)q(x)+r(x)\}^2$$
$$=\{g(x)q(x)\}^2+\{r(x)\}^2$$
$$+2g(x)q(x)r(x)$$

이때 $\{g(x)q(x)\}^2$, $2g(x)q(x)r(x)$는 $g(x)q(x)$로 나누어떨어지므로 $\{f(x)\}^2$을 $g(x)q(x)$로 나눈 나머지는 $\{r(x)\}^2$을 $g(x)q(x)$로 나눈 나머지와 같다.

그런데 $\{r(x)\}^2$의 차수가 $g(x)q(x)$의 차수와 같으면 나머지는 $\{r(x)\}^2$이 아닐 수도 있다.

즉, $f(x)$가 사차, $g(x)$가 삼차다항식이면 $q(x)$는 일차다항식이고, $r(x)$가 이차다항식인 경우에는 $\{f(x)\}^2$을 $g(x)q(x)$로 나눈 나머지는 $\{r(x)\}^2$이 아니다. (거짓)

따라서 옳은 것은 ㄴ뿐이다.

달 ②

088 이차다항식 $f(x)$의 최고차항의 계수가 1이므로 두 상수 a, r에 대하여 다항식 $f(x)$를 $x-1$로 나누었을 때의 몫을 $A(x)=x-a$, 나머지를 $B(x)=r$이라 하면

$$f(x)=(x-1)(x-a)+r \qquad \cdots\cdots \ \text{㉠}$$

ㄱ. $\{f(x)\}^2=(x-1)^2(x-a)^2+r^2+2r(x-1)(x-a)$

이므로 다항식 $\{f(x)\}^2$을 $x-1$로 나눈 나머지는

$$\{f(1)\}^2=r^2=\{B(x)\}^2 \ (참)$$

ㄴ. $\{f(x)\}^2=(x-1)^2(x-a)^2+r^2+2r(x-1)(x-a)$
$$=(x-1)^2(x-a)^2+r^2$$
$$+2r\{x^2-(a+1)x+a\} \qquad \cdots\cdots \ \text{㉡}$$

이때 $x^2-(a+1)x+a$를 $(x-1)^2$으로 나누면 몫이 1이고, 나머지가 $(1-a)(x-1)$이므로

$$x^2-(a+1)x+a=(x-1)^2+(1-a)(x-1)$$
$$\cdots\cdots \ \text{㉢}$$

ⓒ을 ⓛ에 대입하면
$$\{f(x)\}^2$$
$$=(x-1)^2(x-a)^2+r^2$$
$$\qquad+2r\{(x-1)^2+(1-a)(x-1)\}$$
$$=(x-1)^2\{(x-a)^2+2r\}+r^2+2r(1-a)(x-1)$$
따라서 다항식 $\{f(x)\}^2$을 $(x-1)^2$으로 나눈 나머지는 $r^2+2r(1-a)(x-1)$이므로
$$r^2+2r(1-a)(x-1)\neq r^2=\{B(x)\}^2\ (\text{거짓})$$
ㄷ. ⓐ의 양변에 x를 곱하면
$$xf(x)=x(x-1)(x-a)+rx$$
$$\qquad=(x^2-x)(x-a)+rx$$
$$\qquad=x^3-(a+1)x^2+(a+r)x$$
이때 다항식 $x^3-(a+1)x^2+(a+r)x$를 $(x-1)^2$으로 나누면 몫이 $x+1-a$이고, 나머지가 $(r-a+1)x+a-1$이므로
$$(r-a+1)x+a-1\neq r=B(x)\ (\text{거짓})$$
따라서 옳은 것은 ㄱ뿐이다.   **답** ①

089 다항식 $f(x)$를 x^3-4x^2-x+4로 나누었을 때의 몫이 $Q(x)$, 나머지가 $x(x-1)$이므로
$$f(x)=(x^3-4x^2-x+4)Q(x)+x(x-1)$$
$$\qquad\qquad\qquad\qquad\qquad\cdots\cdots\ \unicode{x1F150}$$
또 다항식 $f(x^2)$을 $(x-1)^2$으로 나누었을 때의 몫을 $Q'(x)$, 나머지를 $ax+b\ (a,\ b\text{는 상수})$라 하면
$$f(x^2)=(x-1)^2Q'(x)+ax+b\qquad\cdots\cdots\ \unicode{x1F151}$$
이때 $Q(x)=ax+b$이므로 ⓐ에 대입하면
$$f(x)=(x^3-4x^2-x+4)(ax+b)+x(x-1)$$
$$\qquad=(x+1)(x-1)(x-4)(ax+b)+x(x-1)$$
$$\qquad\qquad\qquad\qquad\qquad\cdots\cdots\ \unicode{x1F152}$$
ⓛ의 양변에 $x=1$을 대입하면
$$f(1)=a+b=0\qquad\therefore\ b=-a$$
$b=-a$를 ⓛ에 대입하면
$$f(x^2)=(x-1)^2Q'(x)+ax-a$$
$$\qquad=(x-1)^2Q'(x)+a(x-1)$$
$$\qquad=(x-1)\{(x-1)Q'(x)+a\}\quad\cdots\cdots\ \unicode{x1F153}$$
또 $b=-a$를 ⓒ에 대입하면
$$f(x)=(x+1)(x-1)(x-4)(ax-a)+x(x-1)$$
$$\qquad=a(x-1)^2(x+1)(x-4)+x(x-1)$$
$$\qquad\qquad\qquad\qquad\qquad\cdots\cdots\ \unicode{x1F154}$$
한편 $f(x^2)$은 ⓜ에 x 대신 x^2을 대입한 식이므로
$$f(x^2)=a(x^2-1)^2(x^2+1)(x^2-4)+x^2(x^2-1)$$
$$\qquad=a(x+1)^2(x-1)^2(x^2+1)(x^2-4)$$
$$\qquad\qquad\qquad\qquad\qquad+x^2(x+1)(x-1)$$

$$\qquad=(x-1)\{a(x+1)^2(x-1)(x^2+1)(x^2-4)$$
$$\qquad\qquad\qquad\qquad\qquad+x^2(x+1)\}$$
위의 식과 ⓓ이 같으므로
$$(x-1)Q'(x)+a$$
$$\quad=\{a(x+1)^2(x-1)(x^2+1)(x^2-4)+x^2(x+1)\}$$
위의 식의 양변에 $x=1$을 대입하면 $a=2$이므로 ⓜ에서
$$f(x)=2(x-1)^2(x+1)(x-4)+x(x-1)$$
따라서 다항식 $f(x)$를 $x-2$로 나눈 나머지는 $f(2)$이므로
$$f(2)=2\cdot1\cdot3\cdot(-2)+2\cdot1=-10$$
    답 ②

090 조건 ㈎, ㈐에 의하여 $g(x)$는 최고차항의 계수가 1이고 $x-1$, $x+1$을 인수로 갖는 삼차다항식이므로
$$g(x)=(x+1)(x-1)(x+a)\ (a\text{는 상수})$$
라 하면 $g(2)=6$이므로
$$3(2+a)=6\qquad\therefore\ a=0$$
또 조건 ㈑에서 $f(x)$를 $g(x)$로 나눈 몫과 나머지가 같고, $f(x)$와 $g(x)$의 최고차항의 계수가 1이므로 나머지를 $x^2+bx+c\ (b,\ c\text{는 상수})$라 하면
$$f(x)=g(x)(x^2+bx+c)+x^2+bx+c\ \cdots\ \unicode{x1F150}$$
ⓐ의 양변에 $x=1$, $x=-1$을 각각 대입하면
$$f(1)=g(1)(1+b+c)+1+b+c$$
$$\qquad=0+1+b+c$$
$$f(-1)=g(-1)(1-b+c)+1-b+c$$
$$\qquad=0+1-b+c$$
조건 ㈒에서 $f(1)=f(-1)+4$이므로
$$1+b+c=1-b+c+4,\ 2b=4$$
$$\therefore\ b=2$$
이때 다항식 $f(x)$를 x^2-1로 나누었을 때의 몫이 $Q(x)$, 나머지가 $R(x)$이므로
$$f(x)=(x^2-1)Q(x)+R(x)$$
한편 $g(x)=(x+1)(x-1)x$이므로 ⓐ에 대입하면
$$f(x)=(x+1)(x-1)x(x^2+2x+c)+x^2+2x+c$$
$$\qquad=(x^2-1)x(x^2+2x+c)+x^2-1+2x+c+1$$
$$\qquad=(x^2-1)\{x(x^2+2x+c)+1\}+2x+c+1$$
이므로
$$Q(x)=x(x^2+2x+c)+1$$
$$R(x)=2x+c+1$$
이때 $R(1)=2+c+1=5$이므로 $c=2$
따라서 $Q(x)=x(x^2+2x+2)+1$, $R(x)=2x+3$이므로
$$Q(-2)+R(2)=-3+7=4$$
    답 4

091 조건 ㈎에서 $P(1)=0$ 또는 $P(2)=0$

조건 ㈏에서 사차다항식 $P(x)\{P(x)-3\}$은 $x(x-3)$으로 나누어떨어지므로

$P(0)\{P(0)-3\}=0$에서

$\quad P(0)=0$ 또는 $P(0)=3$

$P(3)\{P(3)-3\}=0$에서

$\quad P(3)=0$ 또는 $P(3)=3$

(i) $P(1)=0$, $P(2)=0$일 때,

$\quad P(x)$는 이차다항식이므로 $P(1)=0$, $P(2)=0$이면 $P(x)$는 $x-1$, $x-2$ 이외의 인수를 가질 수 없다.

$\quad$ 즉, $P(0)=3$ 또는 $P(3)=3$을 만족한다.

$\quad$ 따라서 다항식 $P(x)=p(x-1)(x-2)$로 놓으면

$\quad$ ① $P(0)=3$을 만족할 때,

$\qquad P(0)=2p=3$이므로 $p=\dfrac{3}{2}$

$\quad$ ② $P(3)=3$을 만족할 때,

$\qquad P(3)=2p=3$이므로 $p=\dfrac{3}{2}$

$\quad$ ①, ②에 의하여

$\qquad P(x)=\dfrac{3}{2}(x-1)(x-2)$

(ii) $P(1)=0$, $P(2)\ne0$일 때,

$\quad P(2)\ne0$이므로 $P(x)$는 $x-1$ 이외에 x 또는 $x-3$을 인수로 가져야 한다.

$\quad$ 즉, $P(x)$가 x를 인수로 가지면 $P(3)=3$을 만족하고, $x-3$을 인수로 가지면 $P(0)=3$을 만족한다.

$\quad$ ① $P(1)=0$, $P(0)=0$, $P(3)=3$일 때,

$\qquad$ 다항식 $P(x)=qx(x-1)$로 놓으면 $P(3)=3$이므로 $P(3)=6q=3$에서 $q=\dfrac{1}{2}$

$\qquad \therefore P(x)=\dfrac{1}{2}x(x-1)$

$\quad$ ② $P(1)=0$, $P(3)=0$, $P(0)=3$일 때,

$\qquad$ 다항식 $P(x)=r(x-1)(x-3)$으로 놓으면 $P(0)=3$이므로 $P(0)=3r=3$에서 $r=1$

$\qquad \therefore P(x)=(x-1)(x-3)$

$\quad$ ①, ②에 의하여

$\qquad P(x)=\dfrac{1}{2}x(x-1)$ 또는

$\qquad P(x)=(x-1)(x-3)$

(iii) $P(1)\ne0$, $P(2)=0$일 때,

$\quad P(1)\ne0$이므로 $P(x)$는 $x-2$ 이외에 x 또는 $x-3$을 인수로 가져야 한다.

$\quad$ 즉, $P(x)$가 x를 인수로 가지면 $P(3)=3$을 만족하고, $x-3$을 인수로 가지면 $P(0)=3$을 만족한다.

$\quad$ ① $P(2)=0$, $P(0)=0$, $P(3)=3$일 때,

$\qquad$ 다항식 $P(x)=sx(x-2)$로 놓으면 $P(3)=3$이므로 $P(3)=3s=3$에서 $s=1$

$\qquad \therefore P(x)=x(x-2)$

$\quad$ ② $P(2)=0$, $P(3)=0$, $P(0)=3$일 때,

$\qquad$ 다항식 $P(x)=t(x-2)(x-3)$으로 놓으면

$\qquad P(0)=3$이므로 $P(0)=6t=3$에서 $t=\dfrac{1}{2}$

$\qquad \therefore P(x)=\dfrac{1}{2}(x-2)(x-3)$

$\quad$ ①, ②에 의하여

$\qquad P(x)=x(x-2)$ 또는

$\qquad P(x)=\dfrac{1}{2}(x-2)(x-3)$

(i), (ii), (iii)에 의하여 $Q(x)$는

$\quad Q(x)=\dfrac{3}{2}(x-1)(x-2)+\dfrac{1}{2}x(x-1)$

$\qquad\quad +(x-1)(x-3)+x(x-2)$

$\qquad\quad +\dfrac{1}{2}(x-2)(x-3)$

이므로

$\quad Q(3)=3+3+0+3+0=9$

답 9

03 인수분해

STEP 1	092 ④	093 ⑤	094 11	095 25
	096 ①	097 159	098 ③	099 ②	100 5
	101 9	102 ④	103 20	104 ①	105 ②
	106 12	107 26			

092 다항식 x^4+ax^2+bx+2가 $(x-1)^2$을 인수로 가지므로 아래와 같이 조립제법을 하면

$$
\begin{array}{r|rrrrr}
1 & 1 & 0 & a & b & 2 \\
  &   & 1 & 1 & a+1 & a+b+1 \\
\hline
1 & 1 & 1 & a+1 & a+b+1 & a+b+3 \\
  &   & 1 & 2 & a+3 & \\
\hline
  & 1 & 2 & a+3 & 2a+b+4 &
\end{array}
$$

이때 $a+b+3=0$, $2a+b+4=0$이므로 두 식을 연립하여 풀면
$$a=-1,\ b=-2$$
따라서 $f(x)=x^2+2x+2$이므로
$$b+f(1)=-2+5=3$$
답 ④

다른 풀이

$g(x)=x^4+ax^2+bx+2$라 하면 다항식 $g(x)$가 $(x-1)^2$을 인수로 가지므로 $g(x)$를 $(x-1)^2$으로 나누었을 때의 몫을 $Q(x)$라 하면
$$x^4+ax^2+bx+2=(x-1)^2Q(x) \quad\cdots\cdots\ \text{㉠}$$
㉠의 양변에 $x=1$을 대입하면
$$1+a+b+2=0 \quad\therefore\ b=-a-3 \quad\cdots\cdots\ \text{㉡}$$
㉡을 ㉠에 대입하면
$$x^4+ax^2-(a+3)x+2=(x-1)^2Q(x)$$
$$(x-1)\{x^3+x^2+(a+1)x-2\}=(x-1)^2Q(x)$$
이므로 다항식 $x^3+x^2+(a+1)x-2$도 $x-1$을 인수로 가져야 한다.
즉, $1+1+a+1-2=0$이므로 $a=-1$
$a=-1$을 ㉡에 대입하면 $b=-2$
이때 $a=-1$이므로
$$x^3+x^2+(a+1)x-2=x^3+x^2-2=(x-1)(x^2+2x+2)$$
따라서 $f(x)=x^2+2x+2$이므로
$$b+f(1)=-2+5=3$$

093 $f(x)=x^3+6x^2+3x-10=(x+5)(x+2)(x-1)$

ㄱ. $f(x)$는 $x-1$을 인수로 갖는다. (참)

ㄴ. $f(x)$는 $x+5$를 인수로 가지므로 $x+5$로 나누어떨어진다. (참)

ㄷ. x가 2 이상의 자연수이면 $(x+2)(x-1)$의 값은 항상 짝수이므로 $f(x)$의 값은 짝수이다. (참)

따라서 옳은 것은 ㄱ, ㄴ, ㄷ이다.

답 ⑤

094 다항식 $f(x)$를 $g(x)$와 $h(x)$로 각각 나눈 나머지가 모두 $-x+5$이므로 $f(x)+x-5$는 두 다항식 $g(x)$, $h(x)$로 나누어떨어진다. 이때
$$f(x)+x-5=(x^3-5x^2+7x+1)+x-5$$
$$=x^3-5x^2+8x-4$$
$$=(x-1)(x-2)^2$$
이고 $g(0)=4$이므로
$$g(x)=(x-2)^2,\ h(x)=(x-1)(x-2)$$
따라서 $R_1=g(-1)=9$, $R_2=h(3)=2$이므로
$$R_1+R_2=9+2=11$$
답 11

095 $x^2+2x=t$로 놓으면
$$\text{(주어진 식)}$$
$$=(t-1)(t-10)+14$$
$$=t^2-11t+24$$
$$=(t-3)(t-8)$$
$$=(x^2+2x-3)(x^2+2x-8)$$
$$=(x+3)(x-1)(x+4)(x-2)$$
$$=(x-1)(x-2)(x+3)(x+4)$$
이므로 $a=3$, $b=4$
$$\therefore\ a^2+b^2=9+16=25$$
답 25

096 $x^3+3x^2-9x+5=(x-1)^2(x+5)$이므로 원기둥의 밑면의 반지름의 길이는 $x-1$이고, 높이는 $x+5$이다.
따라서 원기둥의 겉넓이는
$$2\cdot\pi(x-1)^2+2\pi(x-1)(x+5)$$
$$=2\pi(x-1)(x-1+x+5)$$
$$=2\pi(x-1)(2x+4)$$
$$=4(x-1)(x+2)\pi$$
답 ①

097 $11=x$로 놓으면
$$11^3+4\cdot11^2+7\cdot11+6$$
$$=x^3+4x^2+7x+6$$
$$=(x+2)(x^2+2x+3)$$
이므로
$$1898=(11+2)(11^2+2\cdot11+3)$$
$$=13\cdot146$$
이때 a, b는 1이 아닌 두 자연수이므로
$$a+b=13+146=159$$
답 159

098 $20=a$로 놓으면

$$14 \times 17 \times 20 \times 23 + 81$$
$$=(a-6)(a-3)a(a+3)+81$$
$$=(a-6)(a+3)a(a-3)+81$$
$$=(a^2-3a-18)(a^2-3a)+81$$
$$=(a^2-3a)^2-18(a^2-3a)+81$$
$$=(a^2-3a-9)^2$$
$$\therefore (주어진 식)=\sqrt{(a^2-3a-9)^2}=|a^2-3a-9|$$
$$=|20^2-3\cdot20-9|$$
$$=331 \qquad \boxed{\text{답}} \ ③$$

099 $100=a$, $30=b$로 놓으면

$$(주어진 식)=\frac{a^4-3a^2b^2+b^4}{a^2-ab-b^2}$$
$$=\frac{a^4-2a^2b^2+b^4-a^2b^2}{a^2-ab-b^2}$$
$$=\frac{(a^2-b^2)^2-(ab)^2}{a^2-ab-b^2}$$
$$=\frac{(a^2+ab-b^2)(a^2-ab-b^2)}{a^2-ab-b^2}$$
$$=a^2+ab-b^2 \ (\because \ a^2-ab-b^2\neq0)$$
$$=100^2+100\cdot30-30^2$$
$$=12100 \qquad \boxed{\text{답}} \ ②$$

100 다항식 $x^3-2x^2-(2m+3)x-10$의 3개의 일차식의 인수 중 2개의 인수가 x^2-4x-m의 인수이므로 $x^3-2x^2-(2m+3)x-10$은 x^2-4x-m으로 나누어 떨어진다. 즉,

$$
\begin{array}{r}
x+2 \\
x^2-4x-m\ \overline{\smash{)}\ x^3-2x^2-(2m+3)x-10} \\
\underline{x^3-4x^2-mx} \\
2x^2-(m+3)x-10 \\
\underline{2x^2-8x-2m} \\
(5-m)x+2m-10
\end{array}
$$

에서 $(5-m)x+2(m-5)=0$이므로
$$m=5 \qquad \boxed{\text{답}} \ 5$$

101 다항식 $x^3+(ab-1)x-n$이 $x+1$을 인수로 가지므로 $-1-(ab-1)-n=0$에서 $n=-ab$
즉, 주어진 다항식은
$$x^3+(ab-1)x+ab=(x+1)(x^2-x+ab)$$
$$=(x+1)(x-a)(x-b)$$
이므로 $a+b=1$이다.

이때 n이 100 이하의 자연수이고 $n=-ab$이므로 $a>b$인 a, b의 순서쌍 (a, b)는
$$(2, -1), \ (3, -2), \ (4, -3), \ (5, -4),$$
$$(6, -5), \ (7, -6), \ (8, -7), \ (9, -8),$$
$$(10, -9)$$
로 그 개수는 9이다. $\qquad \boxed{\text{답}} \ 9$

102 $[a, \ b, \ c]=(a+b+c)(a-b-c)$,
$[a, \ b, \ -c]=(a+b-c)(a-b+c)$이므로
$$[a, \ b, \ c]+[a, \ b, \ -c]$$
$$=(a+b+c)(a-b-c)+(a+b-c)(a-b+c)$$
$$=a^2-(b+c)^2+a^2-(b-c)^2$$
$$=2a^2-(2b^2+2c^2)$$
$$=2(a^2-b^2-c^2)=0$$
$$\therefore \ a^2=b^2+c^2$$
따라서 주어진 삼각형은 빗변의 길이가 a인 직각삼각형이다. $\qquad \boxed{\text{답}} \ ④$

103 $(x-1)(x+2)(x-3)(x+4)+k$
$$=(x^2+x-2)(x^2+x-12)+k$$
$$=(x^2+x)^2-14(x^2+x)+24+k$$
$$=\{(x^2+x)-7\}^2-25+k$$
이므로 $-25+k=0$에서 $k=25$
따라서 $f(x)=x^2+x-7$이고 $k=25$이므로
$$f(1)+k=-5+25=20 \qquad \boxed{\text{답}} \ 20$$

104 $a^2(b-1)-b^2(a-1)$
$$=a^2b-a^2-ab^2+b^2$$
$$=ab(a-b)-(a^2-b^2)$$
$$=ab(a-b)-(a+b)(a-b)$$
$$=(a-b)\{ab-(a+b)\}$$
이때
$$(a-b)^2=(a+b)^2-4ab=25-8=17$$
이고, $a>b$이므로 $a-b=\sqrt{17}$
$$\therefore (주어진 식)=\sqrt{17}(2-5)=-3\sqrt{17} \qquad \boxed{\text{답}} \ ①$$

105 $a^2(b+c)-b^2(c-a)-c^2(a+b)$
$$=a^2(b+c)+(b^2-c^2)a-b^2c-bc^2$$
$$=a^2(b+c)+(b+c)(b-c)a-bc(b+c)$$
$$=(b+c)\{a^2+(b-c)a-bc\}$$
$$=(b+c)(a+b)(a-c)$$

이때
$$a-c=(a+b)-(b+c)$$
$$=(3+\sqrt{5})-(-3+\sqrt{5})=6$$
이므로
$$(\text{주어진 식})=(b+c)(a+b)(a-c)$$
$$=(-3+\sqrt{5})\cdot(3+\sqrt{5})\cdot6$$
$$=(-4)\cdot6=-24 \qquad \text{답 ②}$$

106 $\dfrac{b}{a}=A$, $\dfrac{c}{b}=B$, $\dfrac{a}{c}=C$라 하면

$$ABC=\dfrac{b}{a}\cdot\dfrac{c}{b}\cdot\dfrac{a}{c}=1$$

이때 $A+B+C=3$, $A^2+B^2+C^2=5$이므로
$$A^2+B^2+C^2=(A+B+C)^2-2(AB+BC+CA)$$
$$5=9-2(AB+BC+CA)$$
$$\therefore AB+BC+CA=2$$
$$\therefore \dfrac{b^3}{a^3}+\dfrac{c^3}{b^3}+\dfrac{a^3}{c^3}$$
$$=A^3+B^3+C^3$$
$$=(A+B+C)(A^2+B^2+C^2-AB-BC-CA)+3ABC$$
$$=3\cdot(5-2)+3\cdot1=12 \qquad \text{답 12}$$

107 $x^4-4x^3-3x^2-4x+1$
$$=x^2\left(x^2-4x-3-\dfrac{4}{x}+\dfrac{1}{x^2}\right)$$
$$=x^2\left(x^2+\dfrac{1}{x^2}-4x-\dfrac{4}{x}-3\right)$$
$$=x^2\left\{\left(x+\dfrac{1}{x}\right)^2-2-4\left(x+\dfrac{1}{x}\right)-3\right\}$$
$$=x^2\left\{\left(x+\dfrac{1}{x}\right)^2-4\left(x+\dfrac{1}{x}\right)-5\right\}$$
$$=x^2\left(x+\dfrac{1}{x}+1\right)\left(x+\dfrac{1}{x}-5\right)$$
$$=(x^2+x+1)(x^2-5x+1)$$
이므로
$$a^2+b^2=1^2+(-5)^2=26 \qquad \text{답 26}$$

| 본문 32~36p |

STEP 2			
108 6	**109** ①	**110** ②	**111** ①
112 ③	**113** ④	**114** ⑤	**115** 21
116 ④			
117 17	**118** ③	**119** ①	**120** ②
121 4			
122 12	**123** ④	**124** ③	**125** 0
126 36			
127 112	**128** 16	**129** 336	

108 조건 ㈎에서 $f(x)$를 x^3+1로 나눈 몫이 $2x+1$이므로 나머지를 ax^2+bx+c (a, b, c는 상수)로 놓으면
$$f(x)=(x^3+1)(2x+1)+ax^2+bx+c$$
$$=(x+1)(x^2-x+1)(2x+1)+ax^2+bx+c$$
또 조건 ㈏에서 $f(x)$를 x^2-x+1로 나눈 나머지가 $-2x+3$이므로
$$ax^2+bx+c=a(x^2-x+1)-2x+3$$
으로 놓을 수 있다. 즉,
$$f(x)=(x^3+1)(2x+1)+a(x^2-x+1)-2x+3$$
이고, 조건 ㈐에서 $f(1)=9$이므로
$$9=2\cdot3+a+1 \qquad \therefore a=2$$
따라서
$$f(x)=(x^3+1)(2x+1)+2(x^2-x+1)-2x+3$$
이므로
$$f(0)=1+2+3=6 \qquad \text{답 6}$$

109 주어진 다항식을 x에 대하여 내림차순으로 정리하면
$$x^2-(y+2)x-2y^2+7y+k \qquad \cdots\cdots\ \text{㉠}$$
이때 ㉠이 두 일차식의 곱으로 인수분해되므로 상수 a, b에 대하여
$$-2y^2+7y+k=(-2y+a)(y+b)$$
로 놓으면
$$(-2y+a)+(y+b)=-y-2 \qquad \cdots\cdots\ \text{㉡}$$
$$(-2y+a)(y+b)=-2y^2+7y+k \qquad \cdots\cdots\ \text{㉢}$$
㉡에서 $a+b=-2$이고, ㉢에서
$$(-2y+a)(y+b)=-2y^2+(a-2b)y+ab$$
이므로 $a-2b=7$, $k=ab$
위의 식을 연립하여 풀면
$$a=1,\ b=-3$$
$$\therefore k=ab=-3 \qquad \text{답 ①}$$

주어진 식을 x에 대하여 내림차순으로 정리하면
$$x^2-(y+2)x-2y^2+7y+k$$
이고, 이차방정식
$$x^2-(y+2)x-2y^2+7y+k=0 \qquad \cdots\cdots\ \text{㉠}$$
에서
$$x=\dfrac{y+2\pm\sqrt{(y+2)^2-4(-2y^2+7y+k)}}{2}$$
이때 주어진 식이 x, y에 관한 두 일차식의 곱으로 인수분해되려면 근호 안의 식이 y에 관한 완전제곱식이 되어야 하므로
$$(y+2)^2-4(-2y^2+7y+k)=9y^2-24y+4-4k$$
에서 이차방정식 $9y^2-24y+4-4k=0$이 중근을 가져야 한다.
따라서 이차방정식 $9y^2-24y+4-4k=0$의 판별식을 D라 하면
$$\dfrac{D}{4}=12^2-9(4-4k)=0,\ 16-(4-4k)=0$$
$$4k=-12 \qquad \therefore k=-3$$

110 $x^3+3x^2+14x+12=(x+1)(x^2+2x+12)$이므로

$$n=\frac{(x+1)(x^2+2x+12)}{(x+1)(x+2)}=\frac{x^2+2x+12}{x+2}$$

$$=x+\frac{12}{x+2}$$

이때 n이 자연수이려면 x가 자연수이므로 $x+2$가 12의 양의 약수이어야 한다.

즉, $x+2=1,\ 2,\ 3,\ 4,\ 6,\ 12$이어야 하므로

$x=-1$ 또는 $x=0$ 또는 $x=1$ 또는

$x=2$ 또는 $x=4$ 또는 $x=10$

따라서 모든 자연수 x의 값의 합은

$$1+2+4+10=17$$

답 ②

111 $x^2+kx+10=(x+a)(x+b)$

$\qquad\qquad\quad=x^2+(a+b)x+ab$

이므로

$$a+b=k,\ ab=10$$

이때 $a,\ b$는 정수이고 $ab=10$이므로

a	-10	-5	-2	-1	1	2	5	10
b	-1	-2	-5	-10	10	5	2	1
k	-11	-7	-7	-11	11	7	7	11

따라서 k의 값은 $-11,\ -7,\ 7,\ 11$이므로 구하는 다항식의 개수는 4이다.

답 ①

112 다항식 x^3-x+n이 $x-\alpha$를 인수로 가지므로

$$\alpha^3-\alpha+n=0,\ n=-\alpha^3+\alpha$$

이때 n과 α는 모두 정수이고 $-100\leq n\leq100$이므로

α	4	3	2	1	0	-1	-2	-3	-4
n	-60	-24	-6	0	0	0	6	24	60

위의 표에 의하여 n의 값은

$$-60,\ -24,\ -6,\ 0,\ 6,\ 24,\ 60$$

이므로 $x-\alpha$ 꼴의 일차식을 인수로 갖는 다항식의 개수는 7이다.

답 ③

113 $n(n+1)(n+2)(n+3)+1$

$=n(n+3)(n+1)(n+2)+1$

$=(n^2+3n)(n^2+3n+2)+1$

$=(n^2+3n)^2+2(n^2+3n)+1$

$=(n^2+3n+1)^2$

$=N^2$

$\therefore N=n^2+3n+1$

① $n^2+3n+1=5$에서

$\qquad n^2+3n-4=0,\ (n+4)(n-1)=0$

따라서 $n=1$이므로 $N=5$

② $n^2+3n+1=29$에서

$\qquad n^2+3n-28=0,\ (n+7)(n-4)=0$

따라서 $n=4$이므로 $N=29$

③ $n^2+3n+1=41$에서

$\qquad n^2+3n-40=0,\ (n+8)(n-5)=0$

따라서 $n=5$이므로 $N=41$

④ $n^2+3n+1=110$에서 $n^2+3n-109=0$

이때 109는 소수이므로 위의 식을 만족하는 자연수 n은 존재하지 않는다.

⑤ $n^2+3n+1=271$에서

$\qquad n^2+3n-270=0,\ (n+18)(n-15)=0$

따라서 $n=15$이므로 $N=271$

따라서 자연수 N이 될 수 없는 것은 ④이다.

답 ④

114 $(a+b+c)(ab+bc+ca)-abc$

$=a^2b+abc+a^2c+ab^2+b^2c+abc+abc+bc^2+ac^2-abc$

$=a^2(b+c)+a(b^2+2bc+c^2)+bc(b+c)$

$=a^2(b+c)+a(b+c)^2+bc(b+c)$

$=(b+c)\{a^2+a(b+c)+bc\}$

$=(a+b)(b+c)(c+a)$

ㄱ. $a=6,\ b=5,\ c=2$이면 $k=11\cdot7\cdot8=616$ (참)

ㄴ. $a,\ b,\ c$는 $a>b>c\geq2$인 자연수이므로 k의 값이 최소이려면 $a=4,\ b=3,\ c=2$이어야 한다.

즉, $(a+b)(b+c)(c+a)=7\cdot5\cdot6=210$이므로

$\qquad k\geq210$ (참)

ㄷ. $770=2\cdot5\cdot7\cdot11$이고, $a+b>a+c>b+c\geq5$이다.

(ⅰ) $a+b=22,\ a+c=7,\ b+c=5$일 때,

위의 세 식을 연립하여 풀면

$\qquad a=12,\ b=10,\ c=-5$

그런데 $c\geq2$이므로 주어진 조건을 만족하지 않는다.

(ⅱ) $a+b=14,\ a+c=11,\ b+c=5$일 때,

위의 세 식을 연립하여 풀면

$\qquad a=10,\ b=4,\ c=1$

그런데 $c\geq2$이므로 주어진 조건을 만족하지 않는다.

(ⅲ) $a+b=11,\ a+c=10,\ b+c=7$일 때,

위의 세 식을 연립하여 풀면

$\qquad a=7,\ b=4,\ c=3$

이므로 주어진 조건을 만족한다.

(i), (ii), (iii)에 의하여 $a+b+c=14$ (참)

따라서 옳은 것은 ㄱ, ㄴ, ㄷ이다.　　　　　답 ⑤

115 오른쪽 그림과 같이 정팔면체의 여섯 개의 꼭짓점에 적힌 자연수를 차례로 a, b, c, d, e, f라 할 때, 여덟 개의 정삼각형의 면에 적힌 수의 합은

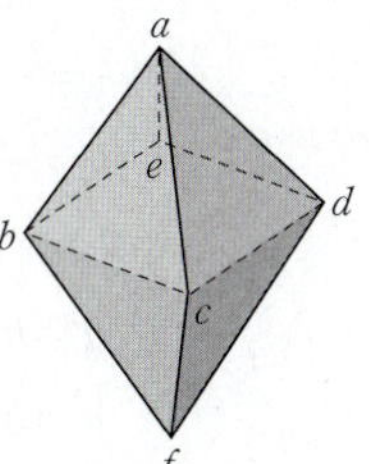

$$abc+acd+ade+abe$$
$$+fbc+fcd+fde+fbe$$
$$=a\{b(c+e)+d(c+e)\}+f\{b(c+e)+d(c+e)\}$$
$$=a(c+e)(b+d)+f(c+e)(b+d)$$
$$=(a+f)(b+d)(c+e)$$

이때 $231=3\times7\times11$이므로

$$a+b+c+d+e+f=(a+f)+(b+d)+(c+e)$$
$$=3+7+11=21$$

답 21

116 $\dfrac{a+c}{a+b}=\dfrac{a^3+c^3}{a^3+b^3}$에서

$$\frac{a+c}{a+b}=\frac{(a+c)(a^2-ac+c^2)}{(a+b)(a^2-ab+b^2)}$$

이때 a, b, c는 자연수이므로 $a+b>0$, $a+c>0$

$$\therefore \frac{a^2-ac+c^2}{a^2-ab+b^2}=1$$

즉, $a^2-ac+c^2=a^2-ab+b^2$이므로

$$b^2-c^2+ac-ab=0$$
$$(b+c)(b-c)-a(b-c)=0$$
$$(b-c)(b+c-a)=0 \qquad\cdots\cdots ㉠$$

따라서 ㉠을 만족하는 세 자연수 a, b, c는 $b=c$ 또는 $a=b+c$를 만족해야 하므로 보기 중 조건을 만족하는 순서쌍 $(a,\ b,\ c)$는 ㄴ, ㅁ이다.　　답 ④

117 n^4-15n^2+14

$$=(n+1)(n^3-n^2-14n+14)$$
$$=(n+1)\{(n+3)(n^2-4n-2)+20\}$$
$$=(n+1)(n+3)(n^2-4n-2)+20(n+1)$$

이때 주어진 다항식이 $(n+1)(n+3)$의 배수이려면 $(n+1)(n+3)(n^2-4n-2)$는 $(n+1)(n+3)$의 배수이므로 $20(n+1)$이 $(n+1)(n+3)$의 배수이면 된다.

즉, 자연수 k에 대하여

$$20(n+1)=k(n+1)(n+3)$$으로 놓으면

$$k(n+3)=20$$

따라서 k가 최소일 때 n이 최대이므로 $k=1$일 때

$n+3=20$에서 n의 최댓값은 17이다.　　답 17

118 $p=n^4-8n^2+4=n^4-4n^2+4-4n^2$

$$=(n^2-2)^2-(2n)^2$$
$$=(n^2+2n-2)(n^2-2n-2)$$

이때 p는 소수이므로 $n^2-2n-2=1$에서

$$n^2-2n-3=0,\ (n+1)(n-3)=0$$

이고, n은 자연수이므로 $n=3$

$$\therefore p=(9+6-2)(9-6-2)=13$$

답 ③

119 $x^6=(x^2-4)(a_0+a_1x+a_2x^2+a_3x^3+a_4x^4)+2^6$이므로

$$x^6-2^6=(x^2-4)(a_0+a_1x+a_2x^2+a_3x^3+a_4x^4)$$

이때

$$x^6-2^6$$
$$=(x^3)^2-(2^3)^2=(x^3+2^3)(x^3-2^3)$$
$$=(x+2)(x^2-2x+4)(x-2)(x^2+2x+4)$$
$$=(x+2)(x-2)(x^2-2x+4)(x^2+2x+4)$$

이므로

$$a_0+a_1x+a_2x^2+a_3x^3+a_4x^4$$
$$=(x^2-2x+4)(x^2+2x+4) \qquad\cdots\cdots ㉠$$

㉠의 양변에 $x=1$을 대입하면

$$a_0+a_1+a_2+a_3+a_4=21 \qquad\cdots\cdots ㉡$$

또 ㉠의 양변에 $x=-1$을 대입하면

$$a_0-a_1+a_2-a_3+a_4=21 \qquad\cdots\cdots ㉢$$

㉡+㉢을 하면

$$2(a_0+a_2+a_4)=42$$
$$\therefore a_0+a_2+a_4=21$$

답 ①

120 (i) $f(x)=(x^2+ax+b)(x^2+cx+d)\ (abcd\neq0)$ 꼴로 인수분해될 때,

$$f(x)=x^4+kx^2+144$$
$$=x^4+24x^2+144-(24-k)x^2$$
$$=(x^2+12)^2-(24-k)x^2$$

이때 k는 자연수이고 $24-k$가 정수의 제곱이 되어야 하므로 $k=23,\ 20,\ 15,\ 8$

(ii) $f(x)=(x^2+a)(x^2+b)\ (a\leq b)$ 꼴로 인수분해될 때,

$$ab=144=2^4\times3^2$$이고

$a+b=k$는 144의 두 약수의 합이다.

이때 144의 약수의 개수는 15이므로 k의 개수는 8이다

(i), (ii)에서 구하는 자연수 k의 개수는 12이다.

답 ②

121 $N(2, -3)$에서 $a=2$, $b=-3$이므로

$$\begin{aligned}
x^4+2x^3&-3x^2-4x+4\\
&=(x-1)(x^3+3x^2-4)\\
&=(x-1)\{(x-1)(x^2+4x+4)\}\\
&=(x-1)^2(x+2)^2
\end{aligned}$$

$$\therefore N(2, -3)=4$$

또 $N(0, -13)$에서 $a=0$, $b=-13$이므로

$$\begin{aligned}
x^4-13x^2+4&=x^4-4x^2+4-9x^2\\
&=(x^2-2)^2-(3x)^2\\
&=(x^2+3x-2)(x^2-3x-2)
\end{aligned}$$

$$\therefore N(0, -13)=0$$

$$\therefore N(2, -3)+N(0, -13)=4+0=4 \quad \text{달 } 4$$

122 조건 ㈎에서 $P(x)+Q(x)=2$이므로 조건 ㈏에서

$$\begin{aligned}
\{P(x)\}^3&+\{Q(x)\}^3\\
&=\{P(x)+Q(x)\}^3-3P(x)Q(x)\{P(x)+Q(x)\}\\
&=2^3-3P(x)Q(x)\cdot 2\\
&=8-6P(x)Q(x)
\end{aligned}$$

이므로

$$8-6P(x)Q(x)=6x^4+12x^3+6x^2+2$$
$$-6P(x)Q(x)=6x^4+12x^3+6x^2-6$$
$$\therefore P(x)Q(x)=-x^4-2x^3-x^2+1$$

이때

$$\begin{aligned}
-x^4&-2x^3-x^2+1\\
&=(-x^4-x^3-x^2)-x^3+1\\
&=-x^2(x^2+x+1)-(x-1)(x^2+x+1)\\
&=(x^2+x+1)(-x^2-x+1)
\end{aligned}$$

에서 $P(x)$와 $Q(x)$는 이차다항식이고 $P(x)$의 최고차항의 계수가 양수이므로

$$P(x)=x^2+x+1, \quad Q(x)=-x^2-x+1$$
$$\therefore P(2)-Q(2)=7-(-5)=12 \quad \text{달 } 12$$

123
$$\begin{aligned}
(a-b)c^4&-2(a^3-b^3)c^2+(a^4-b^4)(a+b)\\
&=(a-b)c^4-2(a-b)(a^2+ab+b^2)c^2\\
&\qquad\qquad\qquad +(a^2+b^2)(a+b)^2(a-b)\\
&=(a-b)\{c^4-2(a^2+ab+b^2)c^2+(a^2+b^2)(a+b)^2\}\\
&=(a-b)(c^2-a^2-b^2)\{c^2-(a+b)^2\}\\
&=(a-b)(c^2-a^2-b^2)(c+a+b)(c-a-b)\\
&=0
\end{aligned}$$

이때 $a+b+c>0$, $c-a-b<0$이므로

$$a-b=0 \text{ 또는 } c^2=a^2+b^2$$

따라서 삼각형 ABC는 $a=b$인 이등변삼각형 또는 빗변의 길이가 c인 직각삼각형이다. 　　**달 ④**

124 $b^4-(a^2+2c^2)b^2+c^2(a^2+c^2)=0$의 좌변을 a에 대하여 내림차순으로 정리하면

$$\begin{aligned}
(c^2-b^2)a^2&+b^4-2b^2c^2+c^4\\
&=(c^2-b^2)a^2+(b^2-c^2)^2\\
&=-(b^2-c^2)\{a^2-(b^2-c^2)\}\\
&=-(b+c)(b-c)(a^2-b^2+c^2)=0
\end{aligned}$$

이때 $b+c>0$이므로 $b=c$ 또는 $a^2+c^2=b^2$

ㄱ. $a=b$이면 삼각형 ABC는 직각삼각형이 아니므로 $a=b=c$이다.

　　따라서 삼각형 ABC는 정삼각형이다. (참)

ㄴ. $b>c$이면 $b\neq c$이므로 삼각형 ABC는 빗변의 길이가 b인 직각삼각형이다. (거짓)

ㄷ. $b=c$이면 삼각형 ABC는 이등변삼각형이므로 오른쪽 그림과 같이 꼭짓점 A에서 밑변 BC에 내린 수선의 발을 H라 하면 $\overline{BH}=\overline{CH}=3$

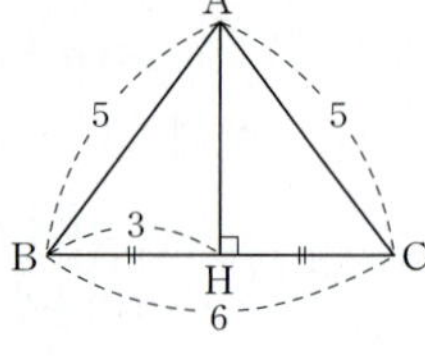

따라서 $\overline{AH}=\sqrt{5^2-3^2}=4$이므로

$$\triangle \text{ABC}=\frac{1}{2}\times 6\times 4=12 \text{ (참)}$$

따라서 옳은 것은 ㄱ, ㄷ이다. 　　**달 ③**

125
$$\begin{aligned}
a_nx^n+a_{n-1}x^{n-1}&+a_{n-2}x^{n-2}+\cdots+a_1x+a_0\\
&=(x^l-x+1)^m \qquad\qquad \cdots\cdots ㉠
\end{aligned}$$

$n=2k+1$이면 ㉠은

$$\begin{aligned}
a_{2k+1}x^{2k+1}+a_{2k}x^{2k}&+a_{2k-1}x^{2k-1}+\cdots+a_1x+a_0\\
&=(x^l-x+1)^m \qquad\qquad \cdots\cdots ㉡
\end{aligned}$$

이때 ㉡의 우변의 차수는 lm, 좌변의 차수는 $2k+1$이고, $lm=2k+1$에서 $2k+1$이 홀수이므로 l, m은 모두 홀수이다.

따라서 ㉡의 양변에 $x=1$, $x=-1$을 각각 대입하면

$$a_{2k+1}+a_{2k}+a_{2k-1}+\cdots+a_1+a_0=1 \qquad \cdots\cdots ㉢$$
$$-a_{2k+1}+a_{2k}-a_{2k-1}+\cdots-a_1+a_0=1 \qquad \cdots\cdots ㉣$$
$$(\because l \text{은 홀수})$$

㉢$-$㉣을 하면

$$2(a_{2k+1}+a_{2k-1}+a_{2k-3}+\cdots+a_1)=0$$
$$\therefore a_1+a_3+a_5+\cdots+a_{2k-1}+a_{2k+1}=0$$

　　달 0

126
$$\begin{aligned}
x^{12}&-1\\
&=(x^6+1)(x^6-1)\\
&=(x^6+1)(x^3+1)(x^3-1)
\end{aligned}$$

$$=(x^6+1)(x+1)(x^2-x+1)(x-1)(x^2+x+1)$$
$$=(x+1)(x-1)(x^6+1)(x^2-x+1)(x^2+x+1)$$
$$\qquad\qquad\qquad\qquad\qquad\qquad \cdots\cdots \ \bigcirc$$

이때 $x^{12}-1$을 $(x+1)^2$으로 나누었을 때의 몫을 $Q(x)$,
나머지를 $ax+b\,(a,\ b$는 상수$)$라 하면
$$x^{12}-1=(x+1)^2Q(x)+ax+b \qquad \cdots\cdots \ \bigcirc$$

$\bigcirc$의 양변에 $x=-1$을 대입하면
$$0=-a+b \qquad \therefore a=b$$

$b=a$를 $\bigcirc$에 대입하면
$$x^{12}-1$$
$$=(x+1)^2Q(x)+ax+a$$
$$=(x+1)\{(x+1)Q(x)+a\} \qquad \cdots\cdots \ \bigcirc$$

$\bigcirc$과 $\bigcirc$에서
$$(x-1)(x^6+1)(x^2-x+1)(x^2+x+1)$$
$$=(x+1)Q(x)+a \qquad \cdots\cdots \ \bigcirc$$

$\bigcirc$의 양변에 $x=-1$을 대입하면
$$(-2)\cdot2\cdot3\cdot1=a \qquad \therefore a=-12$$

$a=-12$이므로 $b=-12$

따라서 $R(x)=-12x-12$이므로
$$R(-4)=(-12)\cdot(-4)-12=36 \qquad \text{답} \ 36$$

127 $1\leq n\leq100$인 자연수 n에 대하여 주어진 조건을 만족
하는 다항식을 x^4+x^2-n이라 하면 다항식 x^4+x^2-n
은 복이차식이다.

이때 다항식 x^4+x^2-n이 모든 항의 계수가 정수인 일
차식 2개와 이차식 1개의 곱으로 인수분해되므로
$$x^4+x^2-n=(x+A)(x-A)(x^2-B)$$
$$\qquad\qquad (A는 자연수,\ B\neq(자연수)^2인 정수)$$
로 놓을 수 있다.

한편
$$(x+A)(x-A)(x^2-B)$$
$$=(x^2-A^2)(x^2-B)$$
$$=x^4-(A^2+B)x^2+A^2B$$

이므로 $A^2+B=-1$, $A^2B=-n$

(i) $A=1$이면 $B=-2$이므로
$$n=-1^2\cdot(-2)=2$$

(ii) $A=2$이면 $B=-5$이므로
$$n=-2^2\cdot(-5)=20$$

(iii) $A=3$이면 $B=-10$이므로
$$n=-3^2\cdot(-10)=90$$

(i), (ii), (iii)에 의하여
$$|n_1+n_2+n_3|=|-(2+20+90)|=112$$
$$\qquad\qquad\qquad\qquad\qquad\qquad \text{답} \ 112$$

128 $a^4+b^4+9+2a^2b^2-6a^2-6b^2=0$에서
$$(a^2)^2+(b^2)^2+(-3)^2+2a^2b^2+2a^2(-3)+2b^2(-3)$$
$$=(a^2+b^2-3)^2=0$$

이므로 $a^2+b^2=3$

이때 삼각형 ABC의 세 변의 길이가 a, b, $\sqrt{3}$이므로 삼
각형 ABC는 빗변의 길이가 $\sqrt{3}$인 직각삼각형이고, 삼

각형 ABC의 넓이가 $\dfrac{3}{8}\sqrt{3}$이므로

$$\frac{1}{2}ab=\frac{3}{8}\sqrt{3} \qquad \therefore ab=\frac{3}{4}\sqrt{3}$$

$$\therefore 3\left(\frac{b}{a}+\frac{a}{b}\right)^2=3\left(\frac{a^2+b^2}{ab}\right)^2=3\left(\frac{3}{\frac{3}{4}\sqrt{3}}\right)^2$$

$$=3\cdot\frac{16}{3}=16 \qquad \text{답} \ 16$$

129 직육면체의 밑면의 가로의 길이가
$$n^2+3n=n(n+3)$$

이고, 세로의 길이가 $n+1=n\times1+1$

또 높이가
$$n^3+3n^2+2n+2=n(n^2+3n+2)+2$$

이므로 이 직육면체를 한 모서리의 길이가 n인 정육면
체로 조각낼 때, 얻을 수 있는 정육면체의 최대 개수는
$$(n+3)\times1\times(n^2+3n+2)$$
$$=(n+1)(n+2)(n+3)$$

이다.

따라서 한 모서리의 길이가 5인 정육면체의 최대 개수
는
$$(5+1)(5+2)(5+3)=336 \qquad \text{답} \ 336$$

| 본문 37p |

STEP 3   **130** 13   **131** ②   **132** ①   **133** 8

130 $x^{13}+2x^{12}+3x^{11}+3x^{10}+2x^9+x+4$
$$=x^{10}(x^3+x^2+x+1)+x^{12}+2x^{11}+2x^{10}+2x^9+x+4$$
$$=x^{10}(x^3+x^2+x+1)+x^9(x^3+x^2+x+1)$$
$$\qquad\qquad\qquad +x^{11}+x^{10}+x^9+x+4$$
$$=x^{10}(x^3+x^2+x+1)+x^9(x^3+x^2+x+1)$$
$$\qquad\qquad\qquad +x^8(x^3+x^2+x+1)-x^8+x+4$$
$$=(x^{10}+x^9+x^8)(x^3+x^2+x+1)-(x^8-1)+x+3$$
$$=(x^{10}+x^9+x^8)(x^3+x^2+x+1)$$
$$\qquad\qquad\qquad -(x^4+1)(x^4-1)+x+3$$

03 인수분해　27

$$= (x^{10}+x^9+x^8)(x^3+x^2+x+1)$$
$$- (x^4+1)(x-1)(x^3+x^2+x+1)+x+3$$
$$= (x^3+x^2+x+1)\{x^{10}+x^9+x^8-(x^4+1)(x-1)\}$$
$$+x+3$$

따라서 $R(x)=x+3$이므로
$$R(10)=13 \qquad \blacksquare\ 13$$

131 다항식 $f(x)$의 최고차항의 계수가 1이므로 계수가 정수인 일차식을 $x-\alpha$라 하면
$$\alpha^5-2p\alpha^4+\alpha^3-q\alpha^2+\alpha-2=0$$
$$\alpha^5+\alpha^3+\alpha=2p\alpha^4+q\alpha^2+2 \qquad \cdots\cdots ㉠$$
이때 p, q가 자연수이므로 우변은 항상 양수이고, 좌변도 항상 양수이어야 한다.
$$\therefore \alpha>0$$
즉, 인수정리에 의하여 2의 양의 약수인 1과 2를 각각 ㉠에 대입하여 p, q의 값을 구한다.

(i) $\alpha=1$을 ㉠에 대입하면
$$3=2p+q+2 \qquad \therefore 2p+q=1$$
그런데 p, q는 자연수이므로 조건을 만족하지 않는다.

(ii) $\alpha=2$를 ㉠에 대입하면
$$32+8+2=32p+4q+2$$
$$32p+4q=32\times1+4\times2$$
따라서 $p=1$, $q=2$이므로
$$p+q=1+2=3 \qquad \blacksquare\ ②$$

132 조건 ㈎의 식을 c에 대하여 내림차순으로 정리하면
$$c^3-(a^2+b^2)c^2-2(a+b)c+2a^3+2a^2b+2ab^2+2b^3$$
$$=c^3-(a^2+b^2)c^2-2(a+b)c+2(a+b)(a^2+b^2)$$
$$=\{c-(a^2+b^2)\}\{c^2-2(a+b)\}$$
$$=0$$
이때 $c<a^2+b^2$이므로 $c^2=2(a+b)$ $\quad \cdots\cdots ㉠$
또 조건 ㈏의 식을 c에 대하여 내림차순으로 정리하면
$$c^3-(a+b)c^2-(a^2+b^2)c+a^3+a^2b+ab^2+b^3$$
$$=c^3-(a+b)c^2-(a^2+b^2)c+(a+b)(a^2+b^2)$$
$$=\{c-(a+b)\}\{c^2-(a^2+b^2)\}$$
$$=0$$
이때 $c<a+b$이므로 $c^2=a^2+b^2$ $\quad \cdots\cdots ㉡$
㉠, ㉡에서 삼각형 ABC는 빗변의 길이가 c인 직각삼각형이고, $a^2+b^2=2(a+b)$이므로
$$a^2-2a+b^2-2b=0$$
$$(a-1)^2+(b-1)^2=2$$
a, b는 자연수이므로 $a=b=2$
$$\therefore \triangle\text{ABC}=\frac{1}{2}\cdot2\cdot2=2 \qquad \blacksquare\ ①$$

133 다항식 $P(x)$를 x^2-4로 나누었을 때의 몫이 $Q(x)$, 나머지가 $-3x+k$이므로
$$P(x)=(x^2-4)Q(x)-3x+k \qquad \cdots\cdots ㉠$$
또 $P(x)$를 x^4-3x^2+3x+2로 나누었을 때의 몫을 $Q'(x)$라 하면
$$P(x)=(x^4-3x^2+3x+2)Q'(x)+x^3+3x^2-4x$$
$$=(x+2)(x^3-2x^2+x+1)Q'(x)$$
$$+x^3+3x^2-4x \qquad \cdots\cdots ㉡$$
이고, $Q(x)$를 x^3-2x^2+x+1로 나누었을 때의 몫을 $Q''(x)$라 하면 나머지가 $R(x)$이므로
$$Q(x)=(x^3-2x^2+x+1)Q''(x)+R(x)$$
$$\cdots\cdots ㉢$$
한편 ㉡에서 $P(-2)=12$이므로 ㉠에 $x=-2$를 대입하면
$$P(-2)=6+k=12 \qquad \therefore k=6$$
또 ㉢을 ㉠에 대입하면
$$P(x)=(x^2-4)\{(x^3-2x^2+x+1)Q''(x)+R(x)\}$$
$$-3x+6$$
$$=(x+2)(x-2)\{(x^3-2x^2+x+1)Q''(x)+R(x)\}$$
$$-3x+6$$
$$=(x+2)(x-2)(x^3-2x^2+x+1)Q''(x)$$
$$+(x+2)(x-2)R(x)-3x+6$$
$$=(x-2)(x^4-3x^2+3x+2)Q''(x)$$
$$+(x+2)(x-2)R(x)-3x+6$$
이때 $(x-2)(x^4-3x^2+3x+2)Q''(x)$가 x^4-3x^2+3x+2로 나누어떨어지므로 $(x+2)(x-2)R(x)-3x+6$을 x^4-3x^2+3x+2로 나눈 나머지가 x^3+3x^2-4x이어야 한다. ($\because$ ㉡)
즉, $R(x)$는 이차 이하의 다항식이므로 최고차항의 계수를 a라 하면
$$(x+2)(x-2)R(x)-3x+6$$
$$=a(x^4-3x^2+3x+2)+x^3+3x^2-4x \quad \cdots\cdots ㉣$$
㉣의 양변에 $x=2$를 대입하면
$$0=12a+12 \qquad \therefore a=-1$$
$a=-1$을 ㉣에 대입하면
$$(x+2)(x-2)R(x)-3x+6$$
$$=-(x^4-3x^2+3x+2)+x^3+3x^2-4x$$
이므로
$$(x+2)(x-2)R(x)$$
$$=-x^4+x^3+6x^2-4x-8$$
$$=(x+2)(x-2)(-x^2+x+2)$$
따라서 $R(x)=-x^2+x+2$이므로
$$R(1)+k=2+6=8 \qquad \blacksquare\ 8$$

04 복소수

STEP 1			
134 -9	**135** ④	**136** ④	**137** ⑤
138 ⑤	**139** ③	**140** ④	**141** ①	**142** 6
143 23	**144** ②	**145** 1	**146** 120	**147** ④
148 -1			

134 z^2이 음의 실수이므로 z는 순허수이다. 즉,
$$z=(1+i)x^2-x-2-i$$
$$=x^2-x-2+(x^2-1)i$$
$$=(x+1)(x-2)+(x+1)(x-1)i$$
(ⅰ) $x=-1$이면 $z=0+0i=0$
(ⅱ) $x=2$이면 $z=0+3i=3i$
(ⅰ), (ⅱ)에 의하여 $z=3i$이므로
$$z^2=(3i)^2=-9$$

답 -9

135 $z=a+bi$ (a, b는 실수)라 하면
$$z^2=(a+bi)(a+bi)=a^2-b^2+2abi$$
$$z^3=z^2z=(a^2-b^2+2abi)(a+bi)$$
$$=a(a^2-b^2)-2ab^2+\{b(a^2-b^2)+2a^2b\}i$$
$$=a(a^2-3b^2)+b(3a^2-b^2)i$$
$$=i$$
이때 복소수 z의 실수부분이 0이 아니므로 $a\ne0$
$$\therefore a^2=3b^2$$
또 $b(3a^2-b^2)=1$이고 $a^2=3b^2$이므로
$$8b^3=1 \qquad \therefore b=\frac{1}{2} \ (\because b는 실수)$$

답 ④

다른 풀이

$z^3=i$에서 $z^3-i=0$이고 $i=(-i)^3$이므로
$$z^3-i=z^3-(-i)^3=\{z-(-i)\}\{z^2+(-i)z-1\}$$
$$=(z+i)(z^2-iz-1)=0$$
$$\therefore z=-i \ 또는 \ z^2-iz-1=0$$
이때 복소수 z의 실수부분이 0이 아니므로 복소수 z는
$z^2-iz-1=0$의 근이다. 즉, 근의 공식에 의하여
$$z=\frac{i\pm\sqrt{(-i)^2+4}}{2}=\pm\frac{\sqrt{3}}{2}+\frac{1}{2}i$$
따라서 복소수 z의 허수부분은 $\frac{1}{2}$이다.

---

136 $z=a+bi$ (a, b는 실수)라 하면 $\bar{z}=a-bi$
ㄱ. $z^2-(\bar{z})^2=(z+\bar{z})(z-\bar{z})=2a\cdot2bi=4abi$
ㄴ. $i(z-\bar{z})=i(2bi)=2bi^2=-2b$ (실수)

ㄷ. $(1-z)(1-\bar{z})=1-(z+\bar{z})+z\bar{z}$
$$=1-2a+a^2+b^2$$
$$=(a-1)^2+b^2 \ (실수)$$
따라서 항상 실수인 것은 ㄴ, ㄷ이다.

답 ④

137 $\dfrac{1}{\alpha}+\dfrac{1}{\beta}=\dfrac{\alpha+\beta}{\alpha\beta}$이므로
$$\alpha+\beta=\overline{\bar{\alpha}+\bar{\beta}}=\overline{4i}=-4i$$
$$\alpha\beta=\overline{\bar{\alpha}\bar{\beta}}=\overline{-2}=-2$$
$$\therefore \frac{1}{\alpha}+\frac{1}{\beta}=\frac{\alpha+\beta}{\alpha\beta}=\frac{-4i}{-2}=2i$$

답 ⑤

138 $\dfrac{\omega-\bar{\omega}z}{1-z}$가 실수이므로
$$\frac{\omega-\bar{\omega}z}{1-z}=\overline{\left(\frac{\omega-\bar{\omega}z}{1-z}\right)}=\frac{\bar{\omega}-\omega\bar{z}}{1-\bar{z}}$$
$$(\omega-\bar{\omega}z)(1-\bar{z})=(1-z)(\bar{\omega}-\omega\bar{z})$$
$$\omega-\bar{\omega}z-\omega\bar{z}+\bar{\omega}z\bar{z}=\bar{\omega}-\omega\bar{z}-z\bar{\omega}+\omega z\bar{z}$$
$$\omega+\bar{\omega}z\bar{z}=\bar{\omega}+\omega z\bar{z}$$
$$\omega(1-z\bar{z})+(z\bar{z}-1)\bar{\omega}=0$$
$$(\omega-\bar{\omega})(1-z\bar{z})=0$$
임의의 복소수 ω에 대하여 성립하므로
$$z\bar{z}=1$$
ㄱ. $z=-i$라 하면 $\bar{z}=i$이므로
$$z\bar{z}=1 \ (성립)$$
ㄴ. $z=\dfrac{1-2\sqrt{2}i}{3}$라 하면 $\bar{z}=\dfrac{1+2\sqrt{2}i}{3}$이므로
$$z\bar{z}=\frac{1+8}{9}=1 \ (성립)$$
ㄷ. $z=\dfrac{\sqrt{3}+i}{2}$라 하면 $\bar{z}=\dfrac{\sqrt{3}-i}{2}$이므로
$$z\bar{z}=\frac{3+1}{4}=1 \ (성립)$$
따라서 복소수 z의 값으로 적당한 것은 ㄱ, ㄴ, ㄷ이다.

답 ⑤

139 $i+2i^2+3i^3+4i^4+\cdots+100i^{100}$
$$=(i-2-3i+4)+(5i-6-7i+8)+\cdots$$
$$+(97i-98-99i+100)$$
$$=25(2-2i)=50-50i$$
따라서 $a=50$, $b=-50$이므로
$$a-b=50-(-50)=100$$

답 ③

140 $\alpha=a+bi$, $\beta=c+di$ (a, b, c, d는 실수)라 하면
$$\overline{\alpha}=a-bi,\ \overline{\beta}=c-di$$

ㄱ. $\alpha=\overline{\beta}$이면 $a+bi=c-di$이므로 $a=c$, $b=-d$
$$\begin{aligned}\alpha+\beta&=(a+c)+(b+d)i\\&=2a+0i\ (실수)\end{aligned}$$
$$\begin{aligned}\alpha\beta&=(a+bi)(c+di)=ac-bd+(ad+bc)i\\&=a^2+b^2+0i\ (실수)\end{aligned}$$

ㄴ. ㄱ에서 $\alpha\beta=a^2+b^2$이므로 $\alpha\beta=0$이면
$$a=b=0\qquad\therefore\ \alpha=0\ (참)$$

ㄷ. [반례] $\alpha=1+i$, $\beta=1-i$라 하면
$$\alpha^2+\beta^2=2i+(-2i)=0$$
이지만 $\alpha\neq0$, $\beta\neq0$이다. (거짓)

ㄹ. $\alpha=\overline{\beta}$이면 $\overline{\alpha}=\beta$이므로
$$\alpha\overline{\beta}+\overline{\alpha}\beta=\alpha\cdot\alpha+\overline{\alpha}\,\overline{\alpha}=\alpha^2+\overline{\alpha}^2\ (실수)$$

따라서 옳은 것은 ㄱ, ㄴ, ㄹ이므로 옳은 것의 개수는 3이다. 　　　　　　　　　　　　　　　目 ④

141 ㄱ. $\hat{z}$이 순허수이므로 $b=0$, $a\neq0$
이때 $z=a+bi=a$이므로 실수이다. (참)

ㄴ. $\overline{z}=a-bi$, $(\overline{\hat{z}})=-b-ai$,
$\hat{z}=b-ai$, $\overline{(\hat{z})}=b+ai$이므로
$$-b-ai\neq b+ai\ (거짓)$$

ㄷ. [반례] $z=1+i$라 하면 $\hat{z}=1-i$이므로
$$z\hat{z}=(1+i)(1-i)=2$$
$$z+\hat{z}=(1+i)+(1-i)=2$$
즉, $z\hat{z}=z+\hat{z}$이지만 $ab=1\cdot1=1$이다. (거짓)

따라서 옳은 것은 ㄱ뿐이다. 　　　　　　　　目 ①

142 $z^2=2-3i$이므로 $z^2-2=-3i$ 　　…… ㉠
㉠의 양변을 제곱하면
$$(z^2-2)^2=(-3i)^2,\ z^4-4z^2+13=0$$
$$\begin{aligned}\therefore\ z^3-4z+6+\frac{13}{z}&=\frac{z^4-4z^2+6z+13}{z}\\&=\frac{z^4-4z^2+13+6z}{z}\\&=\frac{6z}{z}=6\end{aligned}$$
　　　　　　　　　　　　　　　　　目 6

143 $\dfrac{1}{i}-\dfrac{1}{i^2}+\dfrac{1}{i^3}-\dfrac{1}{i^4}+\dfrac{1}{i^5}-\cdots$
$$=(-i+1+i-1)+(-i+1+i-1)+\cdots$$
이므로 주어진 식에서 좌변의 값이 1이려면 자연수 n은 4로 나누었을 때 나머지가 3인 수이어야 한다.

즉, $n=4k-1$ $(k=1, 2, 3, \cdots)$이므로
$$10\le4k-1<100,\ 11\le4k<101$$
$$\therefore\ 2.75\le k<25.25$$
따라서 $k=3, 4, 5, \cdots, 25$이므로 자연수 n의 개수는 23이다. 　　　　　　　　　　目 23

144 $z_1=1+i$
$z_2=iz_1=i(1+i)=i-1=-1+i$
$z_3=iz_2=i(-1+i)=-i-1=-1-i$
$z_4=iz_3=i(-1-i)=-i+1=1-i$
$z_5=iz_4=i(1-i)=i+1=1+i$
$$\vdots$$
이므로 자연수 k에 대하여
$$z_{4k-3}=1+i,\ z_{4k-2}=-1+i,$$
$$z_{4k-1}=-1-i,\ z_{4k}=1-i$$
이때 $z_{101}=z_1=1+i$, $z_{203}=z_3=-1-i$이므로
$$\begin{aligned}z_{101}-z_{203}&=(1+i)-(-1-i)\\&=2+2i\end{aligned}$$
$$\therefore\ a^2+b^2=2^2+2^2=8$$
　　　　　　　　　　　　　　　　　目 ②

145 $\begin{aligned}f(n)&=\left\{\frac{(z-\overline{z})i-(z+\overline{z})i^3}{z}\right\}^{2n}\\&=\left\{\frac{(z-\overline{z})i+(z+\overline{z})i}{z}\right\}^{2n}\\&=\left(\frac{2zi}{z}\right)^{2n}=(2i)^{2n}\\&=(-4)^n\end{aligned}$

이므로
$$\frac{f(4)\cdot f(6)}{\{f(5)\}^2}=\frac{(-4)^4\cdot(-4)^6}{\{(-4)^5\}^2}=\frac{4^{10}}{4^{10}}=1$$
　　　　　　　　　　　　　　　　　目 1

146 $\left(\dfrac{1+i}{2}\right)^2=\dfrac{2i}{4}=\dfrac{i}{2}$

$\left(\dfrac{1+i}{2}\right)^4=\left(\dfrac{i}{2}\right)^2=-\dfrac{1}{4}$

$\left(\dfrac{1+i}{2}\right)^8=\left(-\dfrac{1}{4}\right)^2=\dfrac{1}{16}=\dfrac{1}{4^2}$
$$\vdots$$
이므로 짝수 n에 대하여 $m=4n$이 성립한다.
따라서 두 자리 자연수 m, n의 순서쌍 (m, n)은
$$(40, 10),\ (48, 12),\ (56, 14),\ \cdots,\ (96, 24)$$
이므로 $m+n$의 최댓값은
$$96+24=120$$
　　　　　　　　　　　　　　　　目 120

147 $z+\dfrac{1}{z}=\dfrac{1}{3}$에서 $3z^2+3=z$

$$\therefore 3z^2-z+3=0 \qquad \cdots\cdots \㉠$$

이때 z, $\bar{z}$는 ㉠의 두 근이므로 근과 계수의 관계에 의하여 $z+\bar{z}=\dfrac{1}{3}$, $z\bar{z}=1$

따라서 $z^2+\bar{z}^2=(z+\bar{z})^2-2z\bar{z}=\dfrac{1}{9}-2=-\dfrac{17}{9}$이므로

$$p+q=9+17=26$$

답 ④

148 $\dfrac{\sqrt{b}}{\sqrt{a}}=-\sqrt{\dfrac{b}{a}}$에서 $a<0$, $b>0$

$z=a+bi$이므로 $\bar{z}=a-bi$

이때 $z^2=(a+bi)^2=a^2-b^2+2abi$이므로 $z^2=\bar{z}$에서

$$a^2-b^2=a, \quad 2ab=-b$$

$a<0$, $b>0$이므로

$$a=-\dfrac{1}{2}, \quad b=\dfrac{\sqrt{3}}{2}$$

즉, $z=-\dfrac{1}{2}+\dfrac{\sqrt{3}}{2}i$이므로

$$2z+1=\sqrt{3}i \qquad \cdots\cdots \ ㉠$$

㉠의 양변을 제곱하면 $4z^2+4z+1=-3$이므로

$$z^2+z+1=0, \quad z^3=1$$

$$\therefore z+z^2+z^3+\cdots+z^{50}$$
$$=(z+z^2+1)+(z+z^2+1)+\cdots+(z+z^2)$$
$$=z^2+z$$
$$=-1$$

답 -1

| 본문 42~47p |

STEP 2	149 ④	150 ②	151 ③	152 ③
153 ③	154 ②	155 ②	156 ②	157 12
158 ①	159 ①	160 ②	161 ⑤	162 ②
163 ⑤	164 1	165 ③	166 ①	167 ①
168 ③	169 0	170 8	171 30	172 2

149 $z=(2x+y-10)+(3x+y-10)i$에서

$$z^2=(2x+y-10)^2-(3x+y-10)^2$$
$$+2(2x+y-10)(3x+y-10)i$$

이므로 z^2이 실수이려면 허수부분이 0이므로

$$2(2x+y-10)(3x+y-10)=0$$

$$\therefore 2x+y-10=0 \ \text{또는} \ 3x+y-10=0$$

(i) $2x+y-10=0$일 때,

두 자연수 x, y의 순서쌍 $(x,\,y)$는

$$(1,\,8),\ (2,\,6),\ (3,\,4),\ (4,\,2)$$

이므로 그 개수는 4이다.

(ii) $3x+y-10=0$일 때,

두 자연수 x, y의 순서쌍 $(x,\,y)$는

$$(1,\,7),\ (2,\,4),\ (3,\,1)$$

이므로 그 개수는 3이다.

(i), (ii)에 의하여 두 자연수 x, y의 순서쌍 $(x,\,y)$의 개수는 7이다.

답 ④

150 $z=\dfrac{2\alpha+3}{\alpha+2}$이므로 $\bar{z}=\overline{\left(\dfrac{2\alpha+3}{\alpha+2}\right)}=\dfrac{2\bar{\alpha}+3}{\bar{\alpha}+2}$

이때 $\alpha\bar{\alpha}=3$이므로

$$z\bar{z}=\left(\dfrac{2\alpha+3}{\alpha+2}\right)\left(\dfrac{2\bar{\alpha}+3}{\bar{\alpha}+2}\right)=\dfrac{4\alpha\bar{\alpha}+6(\alpha+\bar{\alpha})+9}{\alpha\bar{\alpha}+2(\alpha+\bar{\alpha})+4}$$

$$=\dfrac{12+6(\alpha+\bar{\alpha})+9}{3+2(\alpha+\bar{\alpha})+4}=\dfrac{21+6(\alpha+\bar{\alpha})}{7+2(\alpha+\bar{\alpha})}$$

$$=\dfrac{3\{7+2(\alpha+\bar{\alpha})\}}{7+2(\alpha+\bar{\alpha})}=3$$

답 ②

151 $\bar{z}=a-bi$, $\bar{w}=b-ai$이므로

ㄱ. $z\bar{w}=(a+bi)(b-ai)=2ab+(b^2-a^2)i$,

$\bar{z}w=(a-bi)(b+ai)=2ab+(a^2-b^2)i$이므로

$$z\bar{w}\neq\bar{z}w \ (거짓)$$

ㄴ. $z\bar{z}=(a+bi)(a-bi)=a^2+b^2$,

$w\bar{w}=(b+ai)(b-ai)=a^2+b^2$이므로

$$z\bar{z}=w\bar{w} \ (참)$$

ㄷ. $\dfrac{\bar{z}}{z}+\dfrac{w}{\bar{w}}=\dfrac{a-bi}{a+bi}+\dfrac{b+ai}{b-ai}$

$$=\dfrac{(a-bi)(b-ai)+(a+bi)(b+ai)}{(a+bi)(b-ai)}$$

$$=\dfrac{-(a^2+b^2)i+(a^2+b^2)i}{2ab-(a^2-b^2)i}$$

$$=0$$

이므로 $\dfrac{\bar{z}}{z}+\dfrac{w}{\bar{w}}=0$ (참)

ㄹ. $i(z+w)=i(a+bi+b+ai)$

$$=-(a+b)+(a+b)i$$

$\bar{z}+\bar{w}=a-bi+b-ai$

$$=a+b-(a+b)i$$

$$\therefore i(z+w)\neq\bar{z}+\bar{w} \ (거짓)$$

따라서 옳은 것은 ㄴ, ㄷ이다.

답 ③

152 $\left(z-\dfrac{3}{z}\right)^2$이 음의 실수이므로 $z-\dfrac{3}{z}$은 순허수이다.

이때 $z-\dfrac{3}{z}$의 켤레복소수는 $\bar{z}-\dfrac{3}{\bar{z}}$이므로

$\left(z-\dfrac{3}{z}\right)+\left(\bar{z}-\dfrac{3}{\bar{z}}\right)$

$=z+\bar{z}-3\left(\dfrac{1}{z}+\dfrac{1}{\bar{z}}\right)$

$=z+\bar{z}-3\left(\dfrac{z+\bar{z}}{z\bar{z}}\right)$

$=(z+\bar{z})\left(1-\dfrac{3}{z\bar{z}}\right)$

$=0$

z가 순허수가 아닌 허수이므로 $z+\bar{z}\neq0$

즉, $1-\dfrac{3}{z\bar{z}}=0$이므로 $z\bar{z}=3$

답 ③

153 ㄱ. $z+w$가 실수이므로 $z+w=\overline{z+w}$ (참)

ㄴ. [반례] $z=1+i$, $w=1-i$라 하면

$z+w=(1+i)+(1-i)=2$ (실수)

$zw=(1+i)(1-i)=2$ (실수)

이때 $\bar{z}=1-i$, $\bar{w}=1+i$이므로

$\dfrac{\bar{z}}{z}=\dfrac{1-i}{1+i}=\dfrac{-2i}{2}=-i$

$\dfrac{\bar{w}}{w}=\dfrac{1+i}{1-i}=\dfrac{2i}{2}=i$

$\therefore \dfrac{\bar{z}}{z}\neq\dfrac{\bar{w}}{w}$ (거짓)

ㄷ. ㄱ에서 $z+w=\overline{z+w}$이므로

$z+w=\bar{z}+\bar{w}$

$\therefore z-\bar{w}=\bar{z}-w$ (참)

따라서 옳은 것은 ㄱ, ㄷ이다.

답 ③

154 $\dfrac{z}{1+z^2}$가 실수이므로

$\dfrac{z}{1+z^2}=\overline{\dfrac{z}{1+z^2}}=\dfrac{\bar{z}}{1+\bar{z}^2}$

$z(1+\bar{z}^2)=\bar{z}(1+z^2)$

$z+z\bar{z}^2=\bar{z}+\bar{z}z^2$, $z+z\bar{z}^2=\bar{z}+\bar{z}z^2$

$z-\bar{z}+z\bar{z}(\bar{z}-z)=0$

$(z-\bar{z})(1-z\bar{z})=0$

이때 z는 실수가 아닌 복소수이므로 $z\neq\bar{z}$

$\therefore z\bar{z}=1$ ······ ㉠

또 $\dfrac{z^2}{1+z}$이 실수이므로

$\dfrac{z^2}{1+z}=\overline{\dfrac{z^2}{1+z}}=\dfrac{\bar{z}^2}{1+\bar{z}}$

$z^2(1+\bar{z})=\bar{z}^2(1+z)$, $z^2+z^2\bar{z}=\bar{z}^2+\bar{z}^2z$

$z^2-\bar{z}^2+z^2\bar{z}-z\bar{z}^2=0$

$(z+\bar{z})(z-\bar{z})+z\bar{z}(z-\bar{z})=0$

$(z-\bar{z})(z+\bar{z}+z\bar{z})=0$

이때 z는 실수가 아닌 복소수이므로 $z\neq\bar{z}$

$\therefore z+\bar{z}+z\bar{z}=0$

㉠에서 $z\bar{z}=1$이므로 $z+\bar{z}+1=0$

$\therefore z+\bar{z}=-1$

답 ②

155 $\alpha+\beta=\left(\dfrac{\sqrt{2}}{2}+\dfrac{\sqrt{2}}{2}i\right)+\left(\dfrac{\sqrt{2}}{2}-\dfrac{\sqrt{2}}{2}i\right)=\sqrt{2}$,

$\alpha\beta=\left(\dfrac{\sqrt{2}}{2}+\dfrac{\sqrt{2}}{2}i\right)\left(\dfrac{\sqrt{2}}{2}-\dfrac{\sqrt{2}}{2}i\right)=1$이므로

$\alpha^6+\alpha^5\beta+\alpha^4\beta^2+\cdots+\alpha\beta^5+\beta^6$

$=\alpha^6+\alpha^4+\alpha^2+1+\beta^2+\beta^4+\beta^6$

$=1+(\alpha^2+\beta^2)+(\alpha^4+\beta^4)+(\alpha^6+\beta^6)$

이때

$\alpha^2+\beta^2=(\alpha+\beta)^2-2\alpha\beta=2-2=0$

$\alpha^4+\beta^4=(\alpha^2+\beta^2)^2-2\alpha^2\beta^2=0-2=-2$

$\alpha^6+\beta^6=(\alpha^2+\beta^2)(\alpha^4+\beta^4)-\alpha^2\beta^4-\alpha^4\beta^2$

$=(\alpha^2+\beta^2)(\alpha^4+\beta^4)-\alpha^2\beta^2(\alpha^2+\beta^2)=0$

이므로

(주어진 식)$=1+0+(-2)+0=-1$

답 ②

156 $z=a+bi$이므로 $\bar{z}=a-bi$

ㄱ. $\dfrac{z}{\bar{z}}-\dfrac{\bar{z}}{z}=\dfrac{z^2-\bar{z}^2}{z\bar{z}}=\dfrac{(z+\bar{z})(z-\bar{z})}{z\bar{z}}$

$=\dfrac{2a\cdot2bi}{(a+bi)(a-bi)}=\dfrac{4abi}{a^2+b^2}$

이때 a, b는 0이 아닌 실수이므로 $\dfrac{z}{\bar{z}}-\dfrac{\bar{z}}{z}$는 순허

수이다. (참)

ㄴ. $(z-\bar{z})^4=(2bi)^4=16b^4$에서 $16b^4$은 실수이므로

$(z-\bar{z})^4=\overline{(z-\bar{z})^4}$ (참)

ㄷ. $zi=i(a+bi)=-b+ai$이므로 $zi=\bar{z}$에서

$-b+ai=a-bi$ $\therefore a=-b$ ······ ㉠

이때 $\dfrac{b}{a}+\dfrac{a}{b}=\dfrac{b}{-b}+\dfrac{-b}{b}=-2$이므로

$\dfrac{b}{a}+\dfrac{a}{b}\neq2$ (거짓)

따라서 옳은 것은 ㄱ, ㄴ이다.

답 ②

157 $z=\dfrac{\sqrt{5}+2i}{2-\sqrt{5}i}=\dfrac{(\sqrt{5}+2i)(2+\sqrt{5}i)}{(2-\sqrt{5}i)(2+\sqrt{5}i)}=\dfrac{9i}{9}=i$이므로

$\bar{z}=-i$

이때 $\omega=\dfrac{z(1-\bar{z})}{\sqrt{2}}=\dfrac{i(1+i)}{\sqrt{2}}=\dfrac{-1+i}{\sqrt{2}}$이므로

$$\omega^2=\left(\dfrac{-1+i}{\sqrt{2}}\right)^2=\dfrac{-2i}{2}=-i$$

$$\omega^4=(\omega^2)^2=(-i)^2=-1$$

$$\omega^8=(\omega^4)^2=1$$

따라서 $\omega^n=1$을 만족시키는 n은 8의 배수이므로 구하는 100 이하의 자연수 n의 개수는 12이다. 답 12

158 $f(n)=\left(\dfrac{\sqrt{2}}{1-i}\right)^{2n}+\left(\dfrac{\sqrt{2}}{1+i}\right)^{2n}$

$\quad=\left(\dfrac{2}{-2i}\right)^n+\left(\dfrac{2}{2i}\right)^n$

$\quad=\left(\dfrac{1}{-i}\right)^n+\left(\dfrac{1}{i}\right)^n$

$\quad=i^n+(-i)^n$

이므로

$f(1)+f(2)+f(3)+\cdots+f(50)$

$=(i+i^2+i^3+i^4+\cdots+i^{50})$

$\qquad\qquad+(-i+i^2-i^3+i^4-\cdots+i^{50})$

$=(i+i^2)+(-i+i^2)$

$=-2$ 답 ①

159 $\alpha=f(2030)=i^{2030}+\dfrac{1}{i^{2031}}$

$\quad=(i^4)^{507}\cdot i^2+\dfrac{1}{(i^4)^{507}\cdot i^3}$

$\quad=-1-\dfrac{1}{i}=-1+i$

$\beta=f(1)+f(2)+f(3)+\cdots+f(2030)$

$\quad=(i+i^2+i^3+\cdots+i^{2030})$

$\qquad\qquad+\left(\dfrac{1}{i^2}+\dfrac{1}{i^3}+\dfrac{1}{i^4}+\cdots+\dfrac{1}{i^{2031}}\right)$

$\quad=i+i^2+\dfrac{1}{i^2}+\dfrac{1}{i^3}$

$\quad=-2+2i$

이므로

$\alpha\bar{\alpha}-\alpha\beta-\bar{\alpha}\bar{\beta}+\beta\bar{\beta}$

$=\alpha(\bar{\alpha}-\beta)-\bar{\beta}(\bar{\alpha}-\beta)$

$=(\alpha-\bar{\beta})(\bar{\alpha}-\beta)$

$=(-1+i+2+2i)(-1-i+2-2i)$

$=(1+3i)(1-3i)$

$=10$ 답 ①

160 $z_n=i^n+i^{n+5}=i^n(1+i^5)=i^n(1+i)$

ㄱ. $z_1=i(1+i)=-1+i$, $z_2=i^2(1+i)=-1-i$,

$\quad z_3=i^3(1+i)=-i(1+i)=1-i$,

$\quad z_4=i^4(1+i)=1+i$이므로

$\quad z_1z_3=(-1+i)(1-i)=2i$

$\quad z_2z_4=(-1-i)(1+i)=-2i$

$\quad\therefore z_1z_3\neq z_2z_4$ (거짓)

ㄴ. $z_1+z_2+z_3+z_4=0$이므로

$\quad z_1+z_2+z_3+\cdots+z_{21}$

$\quad=(z_1+z_2+z_3+z_4)+\cdots+(z_1+z_2+z_3+z_4)+z_1$

$\quad=z_1=z_5$ (참)

ㄷ. $z_{1001}=z_1=-1+i$, $z_{1002}=z_2=-1-i$,

$\quad z_{1003}=z_3=1-i$, $z_{1004}=z_4=1+i$이므로

$\quad\dfrac{z_{1004}}{z_{1001}}=\dfrac{z_4}{z_1}=\dfrac{1+i}{-1+i}=\dfrac{-2i}{2}=-i$

$\quad\dfrac{z_{1003}}{z_{1002}}=\dfrac{z_3}{z_2}=\dfrac{1-i}{-1-i}=\dfrac{2i}{2}=i$

$\quad\therefore \dfrac{z_{1004}}{z_{1001}}\neq\dfrac{z_{1003}}{z_{1002}}$ (거짓)

따라서 옳은 것은 ㄴ뿐이다. 답 ②

161 $a_1a_2a_3\cdots a_{19}=-1$이므로 -1의 값을 갖는 정수의 개수는 홀수 개이다.

(i) -1의 값을 갖는 정수의 개수가 1, 5, 9, 13, 17일 때,

$$\sqrt{a_1}\sqrt{a_2}\sqrt{a_3}\cdots\sqrt{a_{19}}=i^{4k-3}\cdot 1^{22-4k}=i$$

$$(k=1,\ 2,\ 3,\ 4,\ 5)$$

(ii) -1의 값을 갖는 정수의 개수가 3, 7, 11, 15, 19일 때,

$$\sqrt{a_1}\sqrt{a_2}\sqrt{a_3}\cdots\sqrt{a_{19}}=i^{4k-1}\cdot 1^{20-4k}=-i$$

$$(k=1,\ 2,\ 3,\ 4,\ 5)$$

(i), (ii)에 의하여 k의 값이 될 수 있는 수는 $-i$, i이다. 답 ⑤

162 $z=\dfrac{\sqrt{3}+i}{2}$이므로

$z^2=\left(\dfrac{\sqrt{3}+i}{2}\right)^2=\dfrac{2+2\sqrt{3}i}{4}=\dfrac{1+\sqrt{3}i}{2}$

$z^4=(z^2)^2=\left(\dfrac{1+\sqrt{3}i}{2}\right)^2=\dfrac{-2+2\sqrt{3}i}{4}$

$\quad=\dfrac{-1+\sqrt{3}i}{2}$

$z^6=z^4z^2=\left(\dfrac{-1+\sqrt{3}i}{2}\right)\left(\dfrac{1+\sqrt{3}i}{2}\right)=-1$

$z^{12}=(z^6)^2=(-1)^2=1$

이때
$$2z^2+4z^4+6z^6+\cdots+22z^{22}$$
$$=2z^2+4z^4-6-8z^2-10z^4+12+14z^2$$
$$+16z^4-18-20z^2-22z^4$$
$$=-12z^4-12z^2-12$$
$$=-12(z^4+z^2+1)$$
$$=-12\left(\frac{-1+\sqrt{3}i}{2}+\frac{1+\sqrt{3}i}{2}+1\right)$$
$$=-12(\sqrt{3}i+1)$$
$$=-12-12\sqrt{3}i$$

이므로
$$a=-12,\ b=-12\sqrt{3}$$
$$\therefore\ \frac{b^2}{a}=\frac{432}{-12}=-36$$

답 ②

163 $\omega=\dfrac{-1+\sqrt{3}i}{2}$에서
$$\omega^2=\left(\frac{-1+\sqrt{3}i}{2}\right)^2=\frac{-2-2\sqrt{3}i}{4}=\frac{-1-\sqrt{3}i}{2}$$
$$\omega^3=\omega^2\omega=\left(\frac{-1-\sqrt{3}i}{2}\right)\left(\frac{-1+\sqrt{3}i}{2}\right)=1$$

이므로
$$f(1)=\omega+\overline{\omega}=\frac{-1+\sqrt{3}i}{2}+\frac{-1-\sqrt{3}i}{2}=-1$$
$$f(2)=\omega^2+\overline{\omega^2}=\frac{-1-\sqrt{3}i}{2}+\frac{-1+\sqrt{3}i}{2}=-1$$
$$f(3)=\omega^3+\overline{\omega^3}=1+1=2$$
$$f(4)=\omega^4+\overline{\omega^4}=\omega+\overline{\omega}=-1$$
$$\vdots$$

ㄱ. 자연수 n에 대하여 $f(n)$은 실수이므로
$$f(n)=\overline{f(n)}\ (참)$$

ㄴ. 자연수 k에 대하여
$$f(3k-2)+f(3k-1)+f(3k)=0$$
이므로
$$f(1)+f(2)+f(3)+\cdots+f(100)$$
$$=f(100)=f(1)$$
$$=-1\ (참)$$

ㄷ. 자연수 k에 대하여 $f(3k)=2$이므로
$$f(3)+f(6)+f(9)+\cdots+f(30)$$
$$=2\times10$$
$$=20\ (참)$$

따라서 옳은 것은 ㄱ, ㄴ, ㄷ이다.

답 ⑤

164 $\dfrac{-1+\sqrt{3}i}{2}=\omega$라 하면
$$\omega^2=\left(\frac{-1+\sqrt{3}i}{2}\right)^2=\frac{-2-2\sqrt{3}i}{4}=\frac{-1-\sqrt{3}i}{2}$$
$$=z_0$$
$$\omega^3=\omega^2\omega=\left(\frac{-1-\sqrt{3}i}{2}\right)\left(\frac{-1+\sqrt{3}i}{2}\right)=1$$

이므로 $\omega+\omega^2+\omega^3=0$　　　　$\cdots\cdots$ ㉠
$$\therefore\ z_1+z_2+z_3+\cdots+z_{100}$$
$$=z_0\omega+z_0\omega^2+z_0\omega^3+\cdots+z_0\omega^{100}$$
$$=z_0(\omega+\omega^2+\omega^3+\cdots+\omega^{100})$$
$$=z_0\omega^{100}\ (\because\ ㉠)$$
$$=z_0\omega=\omega^2\omega\ (\because\ z_0=\omega^2)$$
$$=\omega^3=1$$

답 1

165 $z_1=\dfrac{\sqrt{2}+\sqrt{2}i}{2}$이므로
$$(z_1)^2=\left(\frac{\sqrt{2}+\sqrt{2}i}{2}\right)^2=\frac{4i}{4}=i$$
$$(z_1)^4=\{(z_1)^2\}^2=i^2=-1$$
$$(z_1)^8=\{(z_1)^4\}^2=(-1)^2=1$$

또 $z_2=\dfrac{-\sqrt{2}+\sqrt{2}i}{2}$이므로
$$(z_2)^2=\left(\frac{-\sqrt{2}+\sqrt{2}i}{2}\right)^2=\frac{-4i}{4}=-i$$
$$(z_2)^4=\{(z_2)^2\}^2=(-i)^2=-1$$
$$(z_2)^8=\{(z_2)^4\}^2=(-1)^2=1$$

ㄱ. $(z_2)^3=(z_2)^2z_2=-i\left(\dfrac{-\sqrt{2}+\sqrt{2}i}{2}\right)$
$$=\frac{\sqrt{2}+\sqrt{2}i}{2}=z_1\ (참)$$

ㄴ. $(z_1)^{n+4}=(z_1)^n(z_1)^4=(z_1)^n(-1)$
$$=-(z_1)^n\neq(z_1)^n\ (거짓)$$

ㄷ. $(z_1)^2=i$이고 ㄱ에서 $(z_2)^3=z_1$이므로
$$z_1\cdot z_1=z_1(z_2)^3=i$$
즉, $a=1,\ b=3$일 때 $a+b$의 최솟값은 4이다. (참)

따라서 옳은 것은 ㄱ, ㄷ이다.

답 ③

166 $z=\dfrac{1+\sqrt{3}i}{2}$이므로
$$z^2=\left(\frac{1+\sqrt{3}i}{2}\right)^2=\frac{-2+2\sqrt{3}i}{4}=\frac{-1+\sqrt{3}i}{2}$$
$$z^3=z^2z=\left(\frac{-1+\sqrt{3}i}{2}\right)\left(\frac{1+\sqrt{3}i}{2}\right)=\frac{-4}{4}=-1$$
$$z^6=(z^3)^2=1$$

또 $w=\dfrac{\sqrt{3}+i}{2}$이므로

$$w^2=\left(\dfrac{\sqrt{3}+i}{2}\right)^2=\dfrac{2+2\sqrt{3}i}{4}=\dfrac{1+\sqrt{3}i}{2}$$

$$w^4=(w^2)^2=\left(\dfrac{1+\sqrt{3}i}{2}\right)^2=\dfrac{-2+2\sqrt{3}i}{4}$$

$$=\dfrac{-1+\sqrt{3}i}{2}$$

$$w^6=w^4w^2=\left(\dfrac{-1+\sqrt{3}i}{2}\right)\left(\dfrac{1+\sqrt{3}i}{2}\right)$$

$$=\dfrac{-4}{4}=-1$$

$$w^{12}=(w^6)^2=1$$

즉, $z^6=1$, $w^{12}=1$이므로 $z^n=w^n=1$을 만족시키는 자연수 n은 12의 배수이다.

따라서 조건을 만족시키는 100 이하의 자연수 n의 개수는 8이다.　　　　**답** ①

$z^6=1$이고 $w^2=z$이므로 $z^6=(w^2)^6=w^{12}=1$

167 $\dfrac{\sqrt{a}}{\sqrt{b}}=-\sqrt{\dfrac{a}{b}}$이므로 $a>0$, $b<0$

이때 주어진 식에서

$$a^2b<0,\ -\dfrac{a}{b}>0,\ -b>0,\ \dfrac{1}{ab}<0$$

이므로

(주어진 식)

$$=\sqrt{a^2b\cdot(-b)}+\sqrt{a^2b\cdot\dfrac{1}{ab}}-\sqrt{\left(-\dfrac{a}{b}\right)\cdot(-b)}$$
$$+\sqrt{\left(-\dfrac{a}{b}\right)\cdot\dfrac{1}{ab}}$$

$$=\sqrt{-(ab)^2}+\sqrt{a}-\sqrt{a}+\sqrt{-\dfrac{1}{b^2}}$$

$$=-abi-\dfrac{1}{b}i=-\left(ab+\dfrac{1}{b}\right)i$$　　**답** ①

168 $a^2=\left(\dfrac{1+i}{\sqrt{2}}\right)^2=\dfrac{2i}{2}=i$, $a^4=-1$, $a^8=1$

$$b^2=\left(\dfrac{-1+\sqrt{3}i}{2}\right)^2=\dfrac{-2-2\sqrt{3}i}{4}=\dfrac{-1-\sqrt{3}i}{2}$$

$$b^3=b^2b=\left(\dfrac{-1-\sqrt{3}i}{2}\right)\left(\dfrac{-1+\sqrt{3}i}{2}\right)=\dfrac{4}{4}=1$$

$$c^2=\left(\dfrac{1+i}{1-i}\right)^2=\left(\dfrac{2i}{2}\right)^2=i^2=-1,\ c^4=1$$

이때 $a^n+b^n+c^n=1$을 만족시키는 a^n, b^n, c^n의 순서쌍 $(a^n,\ b^n,\ c^n)$은

$$(-1,\ 1,\ 1),\ (1,\ -1,\ 1),\ (1,\ 1,\ -1)$$

(i) $a^n=-1$, $b^n=1$, $c^n=1$일 때,

$b^n=1$, $c^n=1$에서 n은 3과 4의 최소공배수인 12의 배수이고, $a^n=-1$에서 n은 8로 나누었을 때 나머지가 4인 수이다.

따라서 구하는 자연수 n은 12의 배수 중 8로 나누어 나머지가 4인 수이므로 n의 최솟값은 12이다.

(ii) $a^n=1$, $b^n=-1$, $c^n=1$일 때,

$b^n=-1$이 되는 자연수 n은 존재하지 않는다.

(iii) $a^n=1$, $b^n=1$, $c^n=-1$일 때,

$a^n=1$, $b^n=1$에서 n은 8과 3의 최소공배수인 24의 배수이고, $c^n=-1$에서 n은 4로 나누었을 때의 나머지가 2인 수이다.

이때 24의 배수는 모두 4로 나누어 떨어지므로 24의 배수 중 나머지가 2인 수는 존재하지 않는다.

(i), (ii), (iii)에 의하여 구하는 자연수 n의 최솟값은 12이다.　　**답** ③

169 $\overline{z}=\dfrac{\sqrt{3}-i}{2}$이므로 $z+\overline{z}=\sqrt{3}$, $z\overline{z}=1$

이때

$$z^2=\left(\dfrac{\sqrt{3}+i}{2}\right)^2=\dfrac{2+2\sqrt{3}i}{4}=\dfrac{1+\sqrt{3}i}{2}$$

$$z^3=z^2z=\left(\dfrac{1+\sqrt{3}i}{2}\right)\left(\dfrac{\sqrt{3}+i}{2}\right)=\dfrac{4i}{4}=i$$

$$z^6=(z^3)^2=i^2=-1$$

$$z^{12}=(z^6)^2=1$$

이므로

$$z+z^2+z^3+\cdots+z^{12}=\overline{z}+\overline{z^2}+\overline{z^3}+\cdots+\overline{z^{12}}=0$$

$$\therefore\ (z+\overline{z})+(z^2+\overline{z^2})+(z^3+\overline{z^3})+\cdots+(z^{60}+\overline{z^{60}})$$

$$=(z+z^2+z^3+\cdots+z^{60})+(\overline{z}+\overline{z^2}+\overline{z^3}+\cdots+\overline{z^{60}})$$

$$=5(z+z^2+z^3+\cdots+z^{12})+5(\overline{z}+\overline{z^2}+\overline{z^3}+\cdots+\overline{z^{12}})$$

$$=0$$　　**답** 0

170 조건 ㈎에서 $\overline{\alpha}\beta=\alpha\overline{\beta}$이고, $\alpha\overline{\alpha}\neq0$이므로 양변을 $\alpha\overline{\alpha}$로 나누면

$$\dfrac{\beta}{\alpha}=\dfrac{\overline{\beta}}{\overline{\alpha}}=\overline{\left(\dfrac{\beta}{\alpha}\right)}$$

즉, $\dfrac{\beta}{\alpha}$는 실수이므로

$$\dfrac{\beta}{\alpha}=\dfrac{c+di}{a+bi}=\dfrac{(c+di)(a-bi)}{(a+bi)(a-bi)}$$

$$=\dfrac{ac+bd+(ad-bc)i}{a^2+b^2}$$

에서 $ad-bc=0$

$$\therefore\ ad=bc \qquad\qquad \cdots\cdots ㉠$$

또 조건 ㈏에서 $\alpha\beta=6i$이므로
$$(a+bi)(c+di)=ac-bd+(ad+bc)i=6i$$
$$\therefore ac=bd,\ ad+bc=6 \qquad \cdots\cdots\ ㉠$$
㉠에서 $ad=bc$이므로
$$ad=bc=3 \qquad \cdots\cdots\ ㉢$$
한편 a, b, c, d는 자연수이므로 ㉠÷㉡을 하면
$$\frac{ad}{ac}=\frac{bc}{bd},\frac{d}{c}=\frac{c}{d},\ c^2=d^2$$
$$\therefore c=d\ (\because\ c,\ d\text{는 자연수})$$
$c=d$이므로 ㉢에서 $a=b=3$, $c=d=1$ 또는
$a=b=1$, $c=d=3$
$$\therefore a+b+c+d=3+3+1+1=8$$
답 8

171 $z=a+bi$ (a, b는 실수, $b\neq0$)라 하면 $z^2=-\bar{z}$이므로
$$(a+bi)^2=-(a-bi)$$
$$a^2-b^2+2abi=-a+bi$$
즉, $a^2-b^2=-a$, $2ab=b$이므로
$$a=\frac{1}{2},\ b=\pm\frac{\sqrt{3}}{2}\ (\because b\neq0)$$
따라서 $z=\frac{1}{2}\pm\frac{\sqrt{3}}{2}i$이므로
$$2z-1=\pm\sqrt{3}i$$
양변을 제곱하여 정리하면
$$4z^2-4z+1=-3 \qquad \therefore z^2-z+1=0 \quad \cdots\ ㉠$$
또 ㉠의 양변에 $z+1$을 곱하면
$$(z+1)(z^2-z+1)=0 \qquad \therefore z^3=-1,\ z^6=1$$
이때
$$(z^{20}-2z^{13}+1)^n$$
$$=\{(z^6)^3\cdot z^2-2(z^6)^2\cdot z+1\}^n$$
$$=(z^2-2z+1)^n=(z^2-z+1-z)^n$$
$$=(-z)^n$$
이므로 $(-z)^n$의 값이 1이 되는 자연수 n은 3의 배수이다.
따라서 3의 배수 중 두 자리 자연수 n은 12, 15, 18, …, 99이므로 그 개수는 30이다.
답 30

172 $(-i)^3=i$, $i^3=-i$이므로 $x^3+y^3+z^3$의 값이 실수이려면 x, y, z의 값이 모두 1이거나 1, $-i$, i 중 서로 다른 값을 가질 때이다.
(ⅰ) x, y, z의 값이 모두 1일 때,
$$x^{10}+y^{10}+z^{10}=1+1+1=3$$
(ⅱ) x, y, z의 값이 1, $-i$, i 중 서로 다른 값을 가질 때,
$$x^{10}+y^{10}+z^{10}=1^{10}+(-i)^{10}+i^{10}=-1$$
따라서 모든 상수 k의 값의 합은
$$3-1=2$$
답 2

173 $\bar{z}=a-bi$이므로
$$z\bar{z}=(a+bi)(a-bi)=a^2+b^2=1 \qquad \cdots\cdots\ ㉠$$
이때
$$\left(\frac{az^2-a}{bz^2+b}\right)^{1004}=\left(\frac{a}{b}\right)^{1004}\left(\frac{z^2-1}{z^2+1}\right)^{1004}$$
$$=\left(\frac{a}{b}\right)^{1004}\left(\frac{z^2-z\bar{z}}{z^2+z\bar{z}}\right)^{1004}$$
$$=\left(\frac{a}{b}\right)^{1004}\left\{\frac{z(z-\bar{z})}{z(z+\bar{z})}\right\}^{1004}$$
$$=\left(\frac{a}{b}\right)^{1004}\left(\frac{z-\bar{z}}{z+\bar{z}}\right)^{1004}$$
이고 $z+\bar{z}=2a$, $z-\bar{z}=2bi$이므로
$$\left(\frac{a}{b}\right)^{1004}\left(\frac{z-\bar{z}}{z+\bar{z}}\right)^{1004}=\left(\frac{a}{b}\right)^{1004}\left(\frac{bi}{a}\right)^{1004}$$
$$=i^{1004}=1$$
답 ④

174 $z\bar{z}=10$이므로 $z\bar{z}=(a+bi)(a-bi)=a^2+b^2=10$
a, b는 자연수이므로
$$a=1,\ b=3\ \text{또는}\ a=3,\ b=1$$
또 $(z+w)(\overline{z+w})=41$이므로
$$\{(a+c)+(b+d)i\}\{(a+c)-(b+d)i\}$$
$$=(a+c)^2+(b+d)^2=41$$
a, b, c, d는 자연수이므로
$$a+c=4,\ b+d=5\ \text{또는}\ a+c=5,\ b+d=4$$
$$\cdots\cdots\ ㉠$$
(ⅰ) $a=1$, $b=3$일 때,
㉠에서 $c=3$, $d=2$ 또는 $c=4$, $d=1$
(ⅱ) $a=3$, $b=1$일 때,
㉠에서 $c=1$, $d=4$ 또는 $c=2$, $d=3$
이때 $w\bar{w}=(c+di)(c-di)=c^2+d^2$이므로 $w\bar{w}$의 값은 13 또는 17이다.
따라서 $w\bar{w}$의 최댓값과 최솟값의 차는 4이다.
답 ②

175 $\dfrac{1+i}{1-i}=\dfrac{2i}{2}=i$, $\left(\dfrac{1+i}{1-i}\right)^2=i^2=-1$,
$\left(\dfrac{1+i}{1-i}\right)^3=i^3=-i$, $\left(\dfrac{1+i}{1-i}\right)^4=i^4=1$
또 $\dfrac{1-i}{1+i}=\dfrac{-2i}{2}=-i$, $\left(\dfrac{1-i}{1+i}\right)^2=(-i)^2=-1$,
$\left(\dfrac{1-i}{1+i}\right)^3=(-i)^3=i$, $\left(\dfrac{1-i}{1+i}\right)^4=(-i)^4=1$

(i) $\left(\dfrac{1+i}{1-i}\right)^m+\left(\dfrac{1-i}{1+i}\right)^n=-2$일 때,

$\left(\dfrac{1+i}{1-i}\right)^m=\left(\dfrac{1-i}{1+i}\right)^n=-1$이므로 두 자연수 m, n은

4로 나누었을 때 나머지가 2인 수이다.

따라서 $\left(\dfrac{1+i}{1-i}\right)^m+\left(\dfrac{1-i}{1+i}\right)^n=-2$를 만족시키는

두 자연수 m, n의 순서쌍 (m, n)은

$$(2, 2), (2, 6), (2, 10), \cdots, (38, 38)$$

에서 $10\times10=100$

(ii) $\left(\dfrac{1+i}{1-i}\right)^m+\left(\dfrac{1-i}{1+i}\right)^n=2$일 때,

$\left(\dfrac{1+i}{1-i}\right)^m=\left(\dfrac{1-i}{1+i}\right)^n=1$이므로 두 자연수 m, n은

모두 4의 배수이다.

따라서 $\left(\dfrac{1+i}{1-i}\right)^m+\left(\dfrac{1-i}{1+i}\right)^n=2$를 만족시키는

두 자연수 m, n의 순서쌍 (m, n)은

$$(4, 4), (4, 8), (4, 12), \cdots, (40, 40)$$

에서 $10\times10=100$

(i), (ii)에 의하여 구하는 m, n의 순서쌍 (m, n)의 개수는 $100+100=200$

답 200

176 조건 (가)에서 $\alpha+\beta=-\gamma$ $\cdots\cdots$ ㉠

조건 (나)에서 $\dfrac{1}{\alpha}+\dfrac{1}{\beta}=\dfrac{\alpha+\beta}{\alpha\beta}=-\dfrac{1}{\gamma}$

㉠에서 $\alpha+\beta=-\gamma$이므로

$$\dfrac{-\gamma}{\alpha\beta}=-\dfrac{1}{\gamma} \qquad \therefore \gamma^2=\alpha\beta \quad \cdots\cdots ㉡$$

같은 방법으로 하면 $\alpha^2=\beta\gamma$ $\cdots\cdots$ ㉢

또 조건 (나)에서 $\dfrac{1}{\alpha}+\dfrac{1}{\beta}+\dfrac{1}{\gamma}=\dfrac{\alpha\beta+\beta\gamma+\gamma\alpha}{\alpha\beta\gamma}=0$

이므로 $\alpha\beta+\beta\gamma+\gamma\alpha=0$

㉡, ㉢에서 $\alpha\beta=\gamma^2$, $\beta\gamma=\alpha^2$이므로

$$\gamma^2+\alpha^2+\gamma\alpha=0 \quad \cdots\cdots ㉣$$

$\alpha^2\neq0$이므로 ㉣의 양변을 α^2으로 나누면

$$\left(\dfrac{\gamma}{\alpha}\right)^2+\dfrac{\gamma}{\alpha}+1=0 \qquad \therefore \dfrac{\gamma}{\alpha}=\dfrac{-1\pm\sqrt{3}i}{2}$$

이때 ㉢의 양변을 $\alpha\beta$로 나누면 $\dfrac{\alpha}{\beta}=\dfrac{\gamma}{\alpha}$이므로

$$\overline{\left(\dfrac{\alpha}{\beta}\right)}=\overline{\left(\dfrac{\gamma}{\alpha}\right)}=\dfrac{-1\mp\sqrt{3}i}{2}$$

$$\therefore \dfrac{\gamma}{\alpha}+\overline{\left(\dfrac{\alpha}{\beta}\right)}=\dfrac{\gamma}{\alpha}+\overline{\left(\dfrac{\gamma}{\alpha}\right)}$$

$$=\dfrac{-1\pm\sqrt{3}i}{2}+\dfrac{-1\mp\sqrt{3}i}{2}$$

(복호동순)

$$=-1$$

답 ②

177 ㄱ. $x^{16}+x^{10}+2$를 x^2+1로 나눈 몫을 $Q(x)$라 하면

$$x^{16}+x^{10}+2=(x^2+1)Q(x)+R(x^{16}+x^{10}+2)$$

양변에 $x^2+1=0$, 즉 $x=i$를 대입하면

$$i^{16}+i^{10}+2=R(x^{16}+x^{10}+2)$$

$$\therefore R(x^{16}+x^{10}+2)=2 \ (참)$$

ㄴ. 두 다항식 x^8+x^3+5와 $x^{23}+x^4+5$를 x^2+1로 나눈

몫을 각각 $Q(x)$, $Q'(x)$라 하면

$$x^8+x^3+5=(x^2+1)Q(x)+R(x^8+x^3+5)$$
$$\cdots\cdots ㉠$$

$$x^{23}+x^4+5=(x^2+1)Q'(x)+R(x^{23}+x^4+5)$$
$$\cdots\cdots ㉡$$

㉠, ㉡의 양변에 각각 $x=i$를 대입하면

$$R(x^8+x^3+5)=i^8+i^3+5=6-i$$
$$R(x^{23}+x^4+5)=i^{23}+i^4+5=6-i$$
$$\therefore R(x^8+x^3+5)=R(x^{23}+x^4+5) \ (참)$$

ㄷ. x^n+x+10을 x^2+1로 나눈 몫을 $Q(x)$라 하면

$$x^n+x+10=(x^2+1)Q(x)+R(x^n+x+10)$$

양변에 $x=i$를 대입하면

$$R(x^n+x+10)=i^n+i+10$$

이때 자연수 k에 대하여 $n=4k-1$이므로

$$R(x^n+x+10)=-i+i+10=10 \ (참)$$

따라서 옳은 것은 ㄱ, ㄴ, ㄷ이다.

답 ⑤

178 조건 (나)에서 $\dfrac{z_2}{z_1}=\dfrac{-1+\sqrt{3}i}{2}$의 양변을 제곱하면

$$\left(\dfrac{z_2}{z_1}\right)^2=\dfrac{-2-2\sqrt{3}i}{4}=\dfrac{-1-\sqrt{3}i}{2}$$

또 $\left(\dfrac{z_2}{z_1}\right)^3=\left(\dfrac{z_2}{z_1}\right)^2\left(\dfrac{z_2}{z_1}\right)$이므로

$$\left(\dfrac{z_2}{z_1}\right)^3=\left(\dfrac{-1-\sqrt{3}i}{2}\right)\left(\dfrac{-1+\sqrt{3}i}{2}\right)=\dfrac{4}{4}=1$$

$$\therefore z_2{}^3=z_1{}^3$$

이때 $z_2{}^3-z_1{}^3=0$에서

$$(z_2-z_1)(z_2{}^2+z_1z_2+z_1{}^2)=0$$

$$\therefore z_1{}^2+z_1z_2+z_2{}^2=0 \ (\because z_1\neq z_2) \quad \cdots\cdots ㉠$$

또 조건 (가)에서 $z_1+z_2+z_3=0$이므로

$$z_1+z_2=-z_3$$

양변을 제곱하여 정리하면

$$(z_1+z_2)^2=(-z_3)^2$$
$$z_1{}^2+2z_1z_2+z_2{}^2=z_3{}^2$$
$$\therefore z_1{}^2+z_2{}^2+z_3{}^2=z_1{}^2+z_2{}^2+(z_1{}^2+2z_1z_2+z_2{}^2)$$
$$=2(z_1{}^2+z_1z_2+z_2{}^2)$$
$$=0 \ (\because ㉠)$$

답 0

179 $z_1\overline{z_1}=4$에서 $\overline{z_1}=\dfrac{4}{z_1}$

또 $z_2\overline{z_2}=4$에서 $\overline{z_2}=\dfrac{4}{z_2}$

이때 $\overline{z_1}+\overline{z_2}=\overline{z_1+z_2}=\overline{2i}=-2i$이므로

$$\overline{z_1}+\overline{z_2}=\dfrac{4}{z_1}+\dfrac{4}{z_2}=\dfrac{4(z_1+z_2)}{z_1z_2}$$

$$=\dfrac{4\cdot2i}{z_1z_2}=-2i$$

따라서 $z_1z_2=-4$이므로

$$z_1{}^2+z_2{}^2=(z_1+z_2)^2-2z_1z_2$$

$$=(2i)^2-2\cdot(-4)$$

$$=-4+8=4$$

답 ④

180 $\overline{z_1}=a-bi$, $\overline{z_2}=c-di$이므로

$$z_1\overline{z_1}=(a+bi)(a-bi)=a^2+b^2=16 \quad\cdots\cdots\ \bigcirc$$

$$z_2\overline{z_2}=(c+di)(c-di)=c^2+d^2=9 \quad\cdots\cdots\ \bigcirc$$

이때 $3z_1+4z_2=-6i$이므로

$$\overline{3z_1+4z_2}=3\overline{z_1}+4\overline{z_2}$$

$$=3\left(\dfrac{16}{z_1}\right)+4\left(\dfrac{9}{z_2}\right)\ (\because\ \bigcirc,\ \bigcirc)$$

$$=\dfrac{48}{z_1}+\dfrac{36}{z_2}=6i$$

즉, $\dfrac{8}{z_1}+\dfrac{6}{z_2}=i$이므로

$$\dfrac{8z_2+6z_1}{z_1z_2}=\dfrac{2(3z_1+4z_2)}{z_1z_2}=\dfrac{2\cdot(-6i)}{z_1z_2}=i$$

따라서 $z_1z_2=-12$이므로

$$9z_1{}^2+16z_2{}^2=(3z_1+4z_2)^2-2\cdot12z_1z_2$$

$$=(-6i)^2-24\cdot(-12)$$

$$=252$$

답 ②

05 이차방정식

| 본문 52~53p |

STEP 1

181 7	**182** 9	**183** 3	**184** ③
185 9	**186** 5	**187** 17	**188** ②	**189** ②
190 ③	**191** 10	**192** 51	**193** ④	**194** 100
195 ⑤			

181 x에 대한 이차방정식

$$x^2+2(k+a)x+k^2+a^2+4k-b+5=0$$

의 판별식을 D라 하면

$$\dfrac{D}{4}=(k+a)^2-(k^2+a^2+4k-b+5)=0$$

$$2ak-4k+b-5=0$$

$$2(a-2)k+b-5=0 \quad\cdots\cdots\ \bigcirc$$

이때 $\bigcirc$이 k의 값에 관계없이 항상 성립해야 하므로

$$a=2,\ b=5$$

$$\therefore\ a+b=2+5=7$$

답 7

182 x에 대한 이차방정식

$$2x^2+2(a+b-1)x+(a+b)^2+1=0$$

의 판별식을 D라 하면

$$\dfrac{D}{4}=(a+b-1)^2-2\{(a+b)^2+1\}$$

$$=(a+b)^2-2(a+b)+1-2(a+b)^2-2$$

$$=-(a+b)^2-2(a+b)-1\geq0$$

$$(a+b)^2+2(a+b)+1\leq0$$

$$\therefore\ (a+b+1)^2\leq0$$

이때 a, b는 실수이므로

$$a+b=-1$$

$$\therefore\ a^3+b^3-3ab+10$$

$$=(a+b)^3-3ab(a+b)-3ab+10$$

$$=(-1)^3+3ab-3ab+10$$

$$=9$$

답 9

183 $x+\dfrac{1}{x}=\sqrt{6}$에서 $x^2-\sqrt{6}x+1=0$이므로

$$x^2+1=\sqrt{6}x$$

양변을 제곱하여 정리하면

$$(x^2+1)^2=6x^2$$

$$x^4+2x^2+1=6x^2$$

$$x^4=4x^2-1=4(\sqrt{6}x-1)-1=4\sqrt{6}x-5$$

이때 이차방정식 $x^2-\sqrt{6}x+1=0$의 근은
$$x=\frac{\sqrt{6}+\sqrt{2}}{2} \ (\because x>1)$$
즉,
$$x^4=4\sqrt{6}x-5=4\sqrt{6}\left(\frac{\sqrt{6}+\sqrt{2}}{2}\right)-5=7+4\sqrt{3}$$
이므로
$$\frac{1}{x^4}=\frac{1}{7+4\sqrt{3}}=\frac{7-4\sqrt{3}}{(7+4\sqrt{3})(7-4\sqrt{3})}=7-4\sqrt{3}$$
따라서 $a=7$, $b=-4$이므로
$$a+b=3$$

目 3

184 이차방정식 $x^2-3x-1=0$의 두 근이 α, β이므로 근과 계수의 관계에 의하여
$$\alpha+\beta=3, \ \alpha\beta=-1$$
ㄱ. $\alpha^2+\beta^2=(\alpha+\beta)^2-2\alpha\beta=3^2-2\cdot(-1)=11$ (참)

ㄴ. $\dfrac{\beta^2}{\alpha}+\dfrac{\alpha^2}{\beta}=\dfrac{\alpha^3+\beta^3}{\alpha\beta}=\dfrac{(\alpha+\beta)^3-3\alpha\beta(\alpha+\beta)}{\alpha\beta}$

$\qquad\quad =\dfrac{3^3-3\cdot(-1)\cdot 3}{-1}$

$\qquad\quad =-36$ (거짓)

ㄷ. α, β가 이차방정식 $x^2-3x-1=0$의 두 근이므로
$$\alpha^2-3\alpha-1=0, \ \beta^2-3\beta-1=0$$
즉, $3\alpha-\alpha^2=-1$, $3\beta-\beta^2=-1$이므로
$$(3-1)(5-1)=2\cdot 4=8 \ (\text{참})$$
따라서 옳은 것은 ㄱ, ㄷ이다.

目 ③

185 이차방정식 $4x^2+ax+b=0$에서 a는 잘못 보았지만 b는 정확하게 보고 푼 근이 -4, 1이므로 근과 계수의 관계에 의하여 두 근의 곱은
$$\frac{b}{4}=-4 \qquad \therefore b=-16$$
또 b는 잘못 보았지만 a는 정확하게 보고 푼 근이 -2, 1이므로 근과 계수의 관계에 의하여 두 근의 합은
$$-\frac{a}{4}=-1 \qquad \therefore a=4$$
따라서 주어진 이차방정식은 $4x^2+4x-16=0$이고, 올바른 두 근이 α, β이므로 근과 계수의 관계에 의하여
$$\alpha+\beta=-1, \ \alpha\beta=-4$$
$$\therefore \alpha^2+\beta^2=(\alpha+\beta)^2-2\alpha\beta$$
$$=(-1)^2-2\cdot(-4)$$
$$=9$$

目 9

186 이차방정식 $2x^2-3x-4=0$의 두 근이 α, β이므로 근과 계수의 관계에 의하여
$$\alpha+\beta=\frac{3}{2}, \ \alpha\beta=-2$$
또 α, β가 이차방정식 $2x^2-3x-4=0$의 두 근이므로
$$2\alpha^2-3\alpha-4=0, \ 2\beta^2-3\beta-4=0$$
이때
$$2\alpha^4-5\alpha^3+\alpha^2+2\alpha-2$$
$$=(2\alpha^2-3\alpha-4)(\alpha^2-\alpha+1)+\alpha+2$$
같은 방법으로
$$2\beta^4-5\beta^3+\beta^2+2\beta-2$$
$$=(2\beta^2-3\beta-4)(\beta^2-\beta+1)+\beta+2$$
이므로
$$(2\alpha^4-5\alpha^3+\alpha^2+2\alpha-2)(2\beta^4-5\beta^3+\beta^2+2\beta-2)$$
$$=\{(2\alpha^2-3\alpha-4)(\alpha^2-\alpha+1)+\alpha+2\}$$
$$\qquad \{(2\beta^2-3\beta-4)(\beta^2-\beta+1)+\beta+2\}$$
$$=(\alpha+2)(\beta+2)$$
$$=\alpha\beta+2(\alpha+\beta)+4$$
$$=-2+3+4$$
$$=5$$

目 5

187 이차방정식 $f(2x+1)=0$의 두 근을 α, β라 하면 $f(2x+1)=4x^2-30x+11$이므로 α, β는 이차방정식 $4x^2-30x+11=0$의 두 근이다.
이때 근과 계수의 관계에 의하여
$$\alpha+\beta=\frac{30}{4}=\frac{15}{2}, \ \alpha\beta=\frac{11}{4}$$
또 α, β가 이차방정식 $f(2x+1)=0$의 두 근이므로
$$f(2\alpha+1)=0, \ f(2\beta+1)=0$$
따라서 이차방정식 $f(x)=0$의 두 근이 $2\alpha+1$, $2\beta+1$ 이므로 두 근의 합은
$$(2\alpha+1)+(2\beta+1)$$
$$=2(\alpha+\beta)+2=2\cdot\frac{15}{2}+2$$
$$=17$$

目 17

188 조건 ㈎에서 이차방정식 $x^2-4mx+3n=0$의 한 허근
이 α이고 m, n이 실수이므로 다른 한 근은 $\bar{\alpha}$이다.
따라서 근과 계수의 관계에 의하여
$$\alpha+\bar{\alpha}=4m,\ \alpha\bar{\alpha}=3n \qquad \cdots\cdots \text{㉠}$$
또 조건 ㈏에서 이차방정식 $x^2-2nx+m+2=0$의 한
허근이 $\alpha+1$이고 m, n이 실수이므로 다른 한 근은
$\overline{\alpha+1}$, 즉 $\bar{\alpha}+1$이다.
따라서 근과 계수의 관계에 의하여 두 근의 합은
$$(\alpha+1)+(\bar{\alpha}+1)=\alpha+\bar{\alpha}+2=2n$$
$$4m+2=2n\ (\because \text{㉠})$$
$$\therefore n=2m+1 \qquad \cdots\cdots \text{㉡}$$
또 두 근의 곱은
$$(\alpha+1)(\bar{\alpha}+1)=\alpha\bar{\alpha}+\alpha+\bar{\alpha}+1=m+2$$
$$3n+4m+1=m+2\ (\because \text{㉠})$$
$$\therefore 3(m+n)=1 \qquad \cdots\cdots \text{㉢}$$
㉡, ㉢을 연립하여 풀면
$$m=-\frac{2}{9},\ n=\frac{5}{9}$$
$$\therefore n-m=\frac{5}{9}-\left(-\frac{2}{9}\right)=\frac{7}{9}$$

답 ②

189 이차방정식 $x^2+4x-2=0$의 두 근이 α, β이므로 근과
계수의 관계에 의하여
$$\alpha+\beta=-4,\ \alpha\beta=-2$$
또 α, β가 이차방정식 $x^2+4x-2=0$의 두 근이므로
$$\alpha^2+4\alpha-2=0,\ \beta^2+4\beta-2=0$$
즉, $\alpha^2+4\alpha=2$, $\beta^2+4\beta=2$이므로
$$\alpha\beta^2+4\alpha\beta+2\alpha-\frac{4}{\alpha}-\frac{8\beta}{\alpha}-\frac{2\beta^2}{\alpha}$$
$$=\alpha(\beta^2+4\beta+2)-\frac{4+8\beta+2\beta^2}{\alpha}$$
$$=\alpha(\beta^2+4\beta+2)-\frac{2(\beta^2+4\beta+2)}{\alpha}$$
$$=\alpha(2+2)-\frac{2\cdot4}{\alpha}$$
$$=4\alpha-\frac{8}{\alpha}$$
$$=\frac{4\alpha^2-8}{\alpha}$$
$$=\frac{4(\alpha^2-2)}{\alpha}$$
$$=\frac{-16\alpha}{\alpha}$$
$$=-16$$

답 ②

190 x에 대한 이차방정식
$$x^2-2(m+2)x+m^2+4m-5=0$$
의 두 근이 모두 음수이고, 두 근의 비가 $1:3$이므로 이
차방정식의 두 근을 α, $3\alpha\ (\alpha<0)$으로 놓으면 근과 계
수의 관계에 의하여
$$\alpha+3\alpha=2(m+2),\ \alpha\cdot3\alpha=m^2+4m-5$$
이때 $4\alpha=2(m+2)$에서 $2\alpha=m+2$이므로
$$\alpha=\frac{m+2}{2}$$
$\alpha<0$이므로 $m<-2$
$\alpha=\dfrac{m+2}{2}$를 $3\alpha^2=m^2+4m-5$에 대입하면
$$3\left(\frac{m+2}{2}\right)^2=m^2+4m-5$$
$$3(m+2)^2=4(m^2+4m-5)$$
$$m^2+4m-32=0,\ (m+8)(m-4)=0$$
$$\therefore m=-8\ (\because m<-2)$$

답 ③

191 이차방정식 $x^2-8x+4=0$의 두 근이 α, β이므로 근과
계수의 관계에 의하여
$$\alpha+\beta=8,\ \alpha\beta=4$$
$$\therefore \frac{5}{\alpha}+\frac{1}{\beta}+\alpha=\frac{\alpha+5\beta}{\alpha\beta}+\alpha$$
$$=\frac{\alpha+5\beta+\alpha\cdot\alpha\beta}{\alpha\beta}$$
$$=\frac{\alpha+5\beta+4\alpha}{4}$$
$$=\frac{5(\alpha+\beta)}{4}$$
$$=\frac{5\cdot8}{4}=10$$

답 10

192 $(x-a)(x-b)+(x-b)(x-c)+(x-c)(x-a)$
$$=x^2-(a+b)x+ab+x^2-(b+c)x+bc$$
$$\qquad\qquad\qquad +x^2-(c+a)x+ca$$
$$=3x^2-2(a+b+c)x+ab+bc+ca$$
이차방정식 $3x^2-2(a+b+c)x+ab+bc+ca=0$의
두 근이 -6, 4이므로 근과 계수의 관계에 의하여
$$\frac{2(a+b+c)}{3}=-2,\ \frac{ab+bc+ca}{3}=-24$$
$$\therefore a+b+c=-3,\ ab+bc+ca=-72$$
이때 이차방정식 $(x-a)^2+(x-b)^2+(x-c)^2=0$에서
$$(x-a)^2+(x-b)^2+(x-c)^2$$
$$=x^2-2ax+a^2+x^2-2bx+b^2+x^2-2cx+c^2$$
$$=3x^2-2(a+b+c)x+a^2+b^2+c^2$$
$$=0$$

이므로 두 근의 곱은 근과 계수의 관계에 위하여
$$\frac{a^2+b^2+c^2}{3}=\frac{(a+b+c)^2-2(ab+bc+ca)}{3}$$
$$=\frac{(-3)^2-2\cdot(-72)}{3}=\frac{153}{3}$$
$$=51$$

답 51

193 이차방정식 $x^2+2ax-2a+3=0$이 실근을 가지므로 판별식을 D라 하면
$$\frac{D}{4}=a^2-(-2a+3)\geq0,\ a^2+2a-3\geq0$$
$$(a+3)(a-1)\geq0$$
$$\therefore a\leq-3\ \text{또는}\ a\geq1 \qquad \cdots\cdots \text{㉠}$$
이때 조건 ㈎에서 $\alpha>0$, $\beta<0$이므로 $\alpha\beta<0$
즉, 근과 계수의 관계에 의하여 $\alpha\beta=-2a+3<0$이므로 $a>\dfrac{3}{2}$ $\qquad \cdots\cdots \text{㉡}$

또 조건 ㈏에서 $\alpha+\beta\leq0$이므로 근과 계수의 관계에 의하여 $\alpha+\beta=-2a\leq0$ $\quad \therefore a\geq0$ $\qquad \cdots\cdots \text{㉢}$

㉠, ㉡, ㉢의 공통 범위는 $a>\dfrac{3}{2}$이므로 정수 a의 최솟값은 2이다.

답 ④

194 정사각형 ABCD의 한 변의 길이를 $a\ (a>0)$라 하면
$$\overline{DF}=a-4$$
이때 사각형 AECF의 넓이는
$$\square ABCD-(\triangle ABE+\triangle AFD)$$
이므로
$$55=a^2-\left\{\frac{1}{2}\cdot3a+\frac{1}{2}\cdot a\cdot(a-4)\right\}$$
$$a^2+a-110=0,\ (a+11)(a-10)=0$$
$$\therefore a=10\ (\because\ a>0)$$
따라서 정사각형 ABCD의 넓이는 $10^2=100$

답 100

195 오른쪽 그림에서 $\overline{DE}=a-1$이고, 직사각형 DEFC와 직사각형 ABCD가 닮음이므로
$$\overline{DE}:\overline{AB}=\overline{DC}:\overline{AD}$$
$$(a-1):1=1:a,\ a(a-1)=1$$
$$a^2-a-1=0 \qquad \therefore a=\frac{1\pm\sqrt5}{2}$$
이때 $a>1$이므로 $a=\dfrac{1+\sqrt5}{2}$

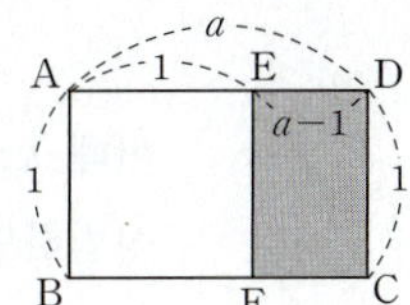

따라서 이차항의 계수가 1이고 1과 $\dfrac{1+\sqrt5}{2}$를 두 근으로 하는 이차방정식은
$$x^2-\left(1+\frac{1+\sqrt5}{2}\right)x+\frac{1+\sqrt5}{2}=0$$
$$x^2-\left(\frac{3+\sqrt5}{2}\right)x+\frac{1+\sqrt5}{2}=0$$
이므로 $p=\dfrac{3+\sqrt5}{2}$, $q=\dfrac{1+\sqrt5}{2}$
$$\therefore p+q=\frac{3+\sqrt5}{2}+\frac{1+\sqrt5}{2}=2+\sqrt5$$

답 ⑤

다른 풀이

이차방정식 $x^2-px+q=0$의 두 근이 1, $\dfrac{1+\sqrt5}{2}$이므로 근과 계수의 관계에 의하여
$$p=1+\frac{1+\sqrt5}{2}=\frac{3+\sqrt5}{2}$$
$$q=1\cdot\frac{1+\sqrt5}{2}=\frac{1+\sqrt5}{2}$$
$$\therefore p+q=\frac{3+\sqrt5}{2}+\frac{1+\sqrt5}{2}=2+\sqrt5$$

| 본문 54~58p |

STEP **2**			
196 0	**197** 4	**198** ②	**199** ⑤
200 ③	**201** 10	**202** ②	**203** ③	**204** 142
205 ②	**206** 6	**207** ⑤	**208** 10	**209** ④
210 88	**211** 3	**212** ④	**213** 4	**214** 27
215 24	**216** 65			

196 이차방정식 $ax^2+b\sqrt2x+c=0$의 한 근이 $1+\sqrt2$이므로 $x=1+\sqrt2$를 주어진 방정식에 대입하면
$$a(1+\sqrt2)^2+b\sqrt2(1+\sqrt2)+c=0$$
$$(3a+2b+c)+(2a+b)\sqrt2=0$$
이때 a, b, c는 유리수이므로
$$3a+2b+c=0,\ 2a+b=0$$
위의 두 식을 연립하여 풀면
$$b=-2a,\ c=a \qquad \cdots\cdots \text{㉠}$$
㉠을 주어진 방정식에 대입하면 $ax^2-2a\sqrt2x+a=0$
$a\neq0$이므로 $x^2-2\sqrt2x+1=0$
$$\therefore x=\sqrt2\pm1$$
따라서 $\beta=\sqrt2-1$이므로
$$a-\frac{1}{\beta}=1+\sqrt2-\frac{1}{\sqrt2-1}=1+\sqrt2-(\sqrt2+1)$$
$$=0$$

답 0

197 조건 ㈏에서 x, y의 값이 $\dfrac{1}{x}$, $\dfrac{1}{y}$의 값 중 어느 하나와 같으므로

$$x=\frac{1}{x},\ y=\frac{1}{y}\ \text{또는}\ x=\frac{1}{y},\ y=\frac{1}{x}$$

(i) $x=\dfrac{1}{x}$, $y=\dfrac{1}{y}$일 때,

$x^2=1$, $y^2=1$이므로

$$x=\pm1,\ y=\pm1$$

그런데 $x=\pm1$, $y=\pm1$은 조건 ㈎를 만족시키지 않는다.

(ii) $x=\dfrac{1}{y}$, $y=\dfrac{1}{x}$일 때,

$xy=1$이므로 조건 ㈎를 만족시키는 실수 x, y가 존재한다.

따라서 $x+y=4$, $xy=1$이므로 x, y의 값을 두 근으로 하는 이차방정식을

$$a(t^2-4t+1)=0\ (a\neq0\text{인 상수})$$

이라 하면

$$t=2\pm\sqrt{3}$$

이때 $2+\sqrt{3}>2-\sqrt{3}$에서 $\alpha=2-\sqrt{3}$이므로

$$\begin{aligned}\alpha+\frac{1}{\alpha}&=2-\sqrt{3}+\frac{1}{2-\sqrt{3}}\\&=2-\sqrt{3}+2+\sqrt{3}\\&=4\end{aligned}$$

(i), (ii)에 의하여 $\alpha+\dfrac{1}{\alpha}=4$

답 4

198 x에 대한 이차방정식 $x^2-ax+4=0$이 서로 다른 두 실근 α, β를 가지므로 판별식을 D라 하면

$$D=a^2-16>0\quad\therefore a^2>16\quad\cdots\cdots\text{㉠}$$

ㄱ. 근과 계수의 관계에 의하여 $\alpha\beta=4>0$이므로 α와 β는 같은 부호이다. 즉,

$$|\alpha+\beta|=|\alpha|+|\beta|\ (\text{참})$$

ㄴ. 이차방정식 $x^2-ax+4=0$의 두 실근이 α, β이므로 근과 계수의 관계에 의하여

$$\alpha+\beta=a,\ \alpha\beta=4$$
$$\begin{aligned}\therefore \alpha^2+\beta^2&=(\alpha+\beta)^2-2\alpha\beta\\&=a^2-8>8\ (\text{참})\ (\because \text{㉠})\end{aligned}$$

ㄷ. [반례] $\alpha=8$, $\beta=\dfrac{1}{2}$이면 $\alpha\beta=4$이고, $a>4$이지만 $\beta<4$이다. (거짓)

따라서 옳은 것은 ㄱ, ㄴ이다.

답 ②

199 ㄱ. 이차방정식 $ax^2+2bx+c=0$의 판별식을 D라 하면 허근을 가지므로

$$\frac{D}{4}=b^2-ac<0\quad\therefore 0\le b^2<ac$$

또 이차방정식 $ax^2+bx+c=0$의 판별식을 D'이라 하면 $D'=b^2-4ac=b^2-ac-3ac$

이때 $b^2-ac<0$이고 $3ac>0$이므로 $b^2-4ac<0$

따라서 이차방정식 $ax^2+bx+c=0$도 허근을 갖는다. (참)

ㄴ. 이차방정식 $ax^2+bx+c=0$의 판별식을 D라 하면 $D=b^2-4ac$에서 $ac<0$이므로 $D>0$

또 이차방정식 $ax^2+2bx+c=0$의 판별식을 D'이라 하면 $\dfrac{D'}{4}=b^2-ac$에서 $ac<0$이므로 $\dfrac{D'}{4}>0$

따라서 $ac<0$이면 두 이차방정식은 모두 실근을 갖는다. (참)

ㄷ. $ac>0$일 때, 두 이차방정식이 실수인 공통근 α를 갖는다고 하면

$$a\alpha^2+b\alpha+c=0\quad\cdots\cdots\text{㉠}$$
$$a\alpha^2+2b\alpha+c=0\quad\cdots\cdots\text{㉡}$$

㉡$-$㉠을 하면 $b\alpha=0$ $\quad\therefore \alpha=0$ 또는 $b=0$

(i) $\alpha=0$이면 $c=0$이므로 $ac>0$인 조건에 모순이다.

(ii) $b=0$일 때, $D=-4ac<0$, $D'=-ac<0$ 이므로 두 방정식은 허근을 갖는다.

따라서 $ac>0$이면 주어진 두 이차방정식은 실수인 공통근을 갖지 않는다. (참)

따라서 옳은 것은 ㄱ, ㄴ, ㄷ이다.

답 ⑤

200 ㄱ. 이차방정식 $x^2-px+q=0$이 서로 다른 두 허근을 가지므로 판별식을 D라 하면 $D=p^2-4q<0$에서

$$q>\frac{p^2}{4}\ge0\quad\therefore q>0\ (\text{참})$$

ㄴ. p, q가 정수이고 이차방정식 $x^2-px+q=0$의 두 근이 z_1, z_2이므로 $z_2=\overline{z_1}$

$z_1=a+bi$ (a는 실수, $b\neq0$인 실수)라 하면

$$z_2=\overline{z_1}=a-bi$$

이때 $kz_2=k(a-bi)=ka-kbi$이므로 $z_1=kz_2$가 성립하면 $a+bi=ka-kbi$에서

$$a=ka,\ b=-kb$$

$b\neq0$이므로 $k=-1$이고, $k=-1$이면 $a=0$이다.

즉, $z_1=-z_2$에서 $z_1+z_2=0$이고 z_1, z_2는 이차방정식 $x^2-px+q=0$의 두 근이므로 근과 계수의 관계에 의하여 $z_1+z_2=p=0$ (참)

ㄷ. [반례] $z_1=\dfrac{1+\sqrt{3}i}{2}$, $z_2=\dfrac{1-\sqrt{3}i}{2}$이면

$$z_1+z_2=\dfrac{1+\sqrt{3}i}{2}+\dfrac{1-\sqrt{3}i}{2}=1=p$$

$$z_1z_2=\left(\dfrac{1+\sqrt{3}i}{2}\right)\left(\dfrac{1-\sqrt{3}i}{2}\right)=\dfrac{4}{4}=1=q$$

이므로

$$p+q=1+1=2\neq1 \ (거짓)$$

따라서 옳은 것은 ㄱ, ㄴ이다.

답 ③

201 정수 n에 대하여 $n\leq x<n+1$이면 $[x]=n$

(i) $n\leq x<n+\dfrac{1}{2}$일 때,

$2n\leq 2x<2n+1$이므로 $[2x]=2n$

방정식 $[2x]^2+[x]-5=0$에서

$$(2n)^2+n-5=0, \ 4n^2+n-5=0$$

$$(4n+5)(n-1)=0$$

이므로 $n=1 \ (\because n$은 정수$)$

$$\therefore 1\leq x<\dfrac{3}{2}$$

(ii) $n+\dfrac{1}{2}\leq x<n+1$일 때,

$2n+1\leq 2x<2n+2$이므로 $[2x]=2n+1$

방정식 $[2x]^2+[x]-5=0$에서

$$(2n+1)^2+n-5=0, \ 4n^2+5n-4=0$$

$$\therefore n=\dfrac{-5\pm\sqrt{89}}{8}$$

그런데 n은 정수이므로 해가 없다.

(i), (ii)에 의하여 $1\leq x<\dfrac{3}{2}$이므로 $a=1$, $b=\dfrac{3}{2}$

$$\therefore 4(a+b)=4\cdot\dfrac{5}{2}=10$$

답 10

202 이차방정식 $x^2-(k+3)x+25=0$의 한 허근이 ω이므로

$$\omega^2-(k+3)\omega+25=0, \ \omega^2=(k+3)\omega-25$$

$$\omega^3=(k+3)\omega^2-25\omega$$

$$=(k+3)\{(k+3)\omega-25\}-25\omega$$

$$=(k+3)^2\omega-25(k+3)-25\omega$$

$$=\{(k+3)^2-25\}\omega-25(k+3)$$

이때 ω^3이 실수이고, k가 자연수이므로

$$(k+3)^2-25=0, \ (k+3)^2=25$$

$$k+3=\pm5 \qquad \therefore k=2 \ (\because k는 자연수)$$

답 ②

203 이차방정식 $x^2+x-1=0$의 두 근이 α, β이므로 근과 계수의 관계에 의하여

$$\alpha+\beta=-1, \ \alpha\beta=-1$$

이때 $(\alpha-\beta)^2=(\alpha+\beta)^2-4\alpha\beta=(-1)^2-4\cdot(-1)=5$

이므로 $\alpha-\beta=\pm\sqrt{5}$

또 이차방정식 $x^2+x-1=0$의 한 근이 α이므로

$$\alpha^2+\alpha-1=0, \ 즉 \ \alpha^2=-\alpha+1$$

$$\alpha^3=\alpha\cdot\alpha^2=-\alpha^2+\alpha=-(-\alpha+1)+\alpha$$

$$=2\alpha-1$$

$$\alpha^6=(\alpha^3)^2=(2\alpha-1)^2=4\alpha^2-4\alpha+1$$

$$=4(-\alpha+1)-4\alpha+1$$

$$=-8\alpha+5$$

$$\alpha^7=\alpha\cdot\alpha^6=-8\alpha^2+5\alpha$$

$$=-8(-\alpha+1)+5\alpha$$

$$=13\alpha-8$$

같은 방법으로 하면 $\beta^7=13\beta-8$

$$\therefore |\alpha^7-\beta^7|=|13\alpha-8-(13\beta-8)|$$

$$=|13(\alpha-\beta)|$$

$$=13\sqrt{5}$$

답 ③

204 이차방정식 $mx^2-18x+n=0$의 두 근이 서로 다른 소수이고 m, n이 서로소이므로 이차항의 계수는 1이다.

즉, $m=1$이므로 주어진 이차방정식은

$$x^2-18x+n=0 \qquad\qquad \cdots\cdots ㉠$$

㉠의 두 근을 p, q $(p<q)$라 하면 근과 계수의 관계에 의하여

$$p+q=18, \ pq=n$$

이때 서로 다른 두 소수 p, q의 순서쌍 (p, q)는

$$(5, 13), \ (7, 11)$$

이므로 자연수 n의 값은

$$n=65 \ 또는 \ n=77$$

따라서 모든 n의 값의 합은

$$65+77=142$$

답 142

205 직각삼각형 ABC에서 $\overline{AC}=x$라 하면 $x=\sqrt{a^2+b^2}$이고, 삼각형 ABC의 넓이는

$$\frac{1}{2}ab=\frac{1}{2}cx \qquad \therefore c=\frac{ab}{x}=\frac{ab}{\sqrt{a^2+b^2}}$$

이때 이차방정식 $ax^2-bx+c=0$의 판별식을 D라 하면 $D=b^2-4ac$

ㄱ. $a=1$, $b=2$이면 $c=\dfrac{2}{\sqrt{5}}$이므로

$$D=2^2-4\cdot1\cdot\frac{2}{\sqrt{5}}=4\left(1-\frac{2\sqrt{5}}{5}\right)$$

에서 $1-\dfrac{2\sqrt{5}}{5}>0$이므로 $D>0$

따라서 주어진 이차방정식은 서로 다른 두 실근을 갖는다. (거짓)

ㄴ. $a=3$, $b=4$이면 $c=\dfrac{12}{5}$이므로

$$D=4^2-4\cdot3\cdot\frac{12}{5}=\frac{80}{5}-\frac{144}{5}=-\frac{64}{5}<0$$

따라서 주어진 이차방정식은 서로 다른 두 허근을 갖는다. (거짓)

ㄷ. $b=3a$이면 $a>0$이므로

$$c=\frac{a\cdot3a}{\sqrt{a^2+9a^2}}=\frac{3a^2}{\sqrt{10}a}=\frac{3\sqrt{10}a}{10}$$

이때 $D=9a^2-4\cdot a\cdot\dfrac{3\sqrt{10}a}{10}=3a^2\left(3-\dfrac{2\sqrt{10}}{5}\right)$에서

$3-\dfrac{2\sqrt{10}}{5}>0$이므로 $D>0$

따라서 주어진 이차방정식은 서로 다른 두 실근을 갖는다. (참)

따라서 옳은 것은 ㄷ뿐이다. 답 ②

206 조건 ㈎에서 $f(\alpha)=0$, $f(\beta)=0$이고, $f(x)$의 최고차 항의 계수가 1이므로 이차방정식 $f(x)=0$의 두 근은 α, β이다.

따라서 근과 계수의 관계에 의하여
$$\alpha+\beta=3,\ \alpha\beta=-2$$
또 조건 ㈏의 $g(\alpha)=\beta$, $g(\beta)=\alpha$에서
$$g(\alpha)=3-\alpha,\ g(\beta)=3-\beta$$
이므로 $h(x)=g(x)+x-3$으로 놓으면 이차방정식 $h(x)=0$은 이차항의 계수가 1이고 두 근이 α, β이다.

즉, $h(x)=(x-\alpha)(x-\beta)=g(x)+x-3$이므로
$$g(x)=(x-\alpha)(x-\beta)-x+3=f(x)-x+3$$
$$\therefore g(5)=f(5)-5+3=8-5+3=6$$ 답 6

207 다항식 $f(x)$가 $x-m$, $x-n$으로 나누어떨어지므로 m과 n은 이차방정식 $f(x)=0$의 두 근이다.

따라서 근과 계수의 관계에 의하여
$$m+n=-a,\ mn=b$$
또 $g(x)=(x-mn)(x+m+n)$이므로
$$g(x)=(x-b)(x-a)$$

ㄱ. $f(m)=0$, $f(n)=0$이므로
$$f(m)=f(n)\ (참)$$

ㄴ. $g(x)=(x-b)(x-a)$이므로 $g(x)$를 $x-b$로 나누면 나누어떨어진다. (참)

ㄷ. $2m+n=0$에서 $n=-2m$이므로
$$f(x)=(x-m)(x+2m)$$
$$g(x)=(x+2m^2)(x-m)$$
이때 두 이차식 $f(x)$, $g(x)$는 $x-m$을 공통인수로 가지므로 $x=m$은 두 이차방정식 $f(x)=0$, $g(x)=0$의 공통인 근이다. (참)

따라서 옳은 것은 ㄱ, ㄴ, ㄷ이다. 답 ⑤

208 이차방정식 $x^2-ax+b=0$의 두 근이 α, β이고, 두 근의 부호가 서로 다르므로 근과 계수의 관계에 의하여
$$\alpha+\beta=a,\ \alpha\beta=b<0$$
또 이차방정식 $x^2-(3a-b)x-6b=0$의 두 근이 $|\alpha|+|\beta|$, $|\alpha||\beta|$이므로 근과 계수의 관계에 의하여
$$|\alpha|+|\beta|+|\alpha||\beta|=3a-b \qquad \cdots\cdots ㉠$$
$$(|\alpha|+|\beta|)\cdot|\alpha||\beta|=-6b \qquad \cdots\cdots ㉡$$
이때 ㉡에서
$$\begin{aligned}(|\alpha|+|\beta|)\cdot|\alpha||\beta|&=(|\alpha|+|\beta|)\cdot|\alpha\beta|\\&=(|\alpha|+|\beta|)\cdot|b|\\&=(|\alpha|+|\beta|)\cdot(-b)\\&\qquad(\because b<0)\\&=-6b\end{aligned}$$
이므로 $|\alpha|+|\beta|=6 \qquad \cdots\cdots ㉢$

㉢을 ㉠에 대입하면
$$6+|\alpha||\beta|=3a-b$$
$$6+|\alpha\beta|=3a-b$$
$$6-b=3a-b$$
$$\therefore a=2$$
또 ㉢의 양변을 제곱하면
$$\begin{aligned}(|\alpha|+|\beta|)^2&=\alpha^2+\beta^2+2|\alpha\beta|\\&=(\alpha+\beta)^2-2\alpha\beta-2\alpha\beta\\&=(\alpha+\beta)^2-4\alpha\beta=a^2-4b\\&=4-4b=36\end{aligned}$$
이므로 $b=-8$
$$\therefore a-b=2-(-8)=10$$ 답 10

209 $x^2-2(a+2)|x|+a^2+2a+2=0$에서 $|x|^2=x^2$이므로
$$|x|^2-2(a+2)|x|+a^2+2a+2=0$$
$|x|=t\ (t\geq0)$라 하면
$$t^2-2(a+2)t+a^2+2a+2=0 \qquad \cdots\cdots ㉠$$
㉠의 두 실근을 α, β라 하면 $\alpha\geq0$, $\beta\geq0$이다.

(i) 이차방정식 ㉠의 판별식을 D라 하면
$$\frac{D}{4}=(a+2)^2-(a^2+2a+2)\geq0$$
$$2a+2\geq0$$
$$\therefore a\geq-1$$

(ii) $\alpha+\beta=2(a+2)\geq0$에서
$$a\geq-2$$

(iii) $\alpha\beta=a^2+2a+2=(a+1)^2+1\geq1$이므로 a는 모든 실수이다.

(i), (ii), (iii)에서 구하는 실수 a의 값의 범위는 $a\geq-1$이다.

답 ④

210 지름에 대한 원주각의 크기는 $90°$이므로 $\angle APB=90°$
즉, 삼각형 PAB는 직각삼각형이므로 피타고라스 정리에 의하여
$$\overline{PA}^2+\overline{PB}^2=64$$
또 삼각형 PAB의 넓이는
$$\frac{1}{2}\cdot\overline{PA}\cdot\overline{PB}=\frac{1}{2}\cdot\overline{AB}\cdot\overline{PH}$$
$$\overline{PA}\cdot\overline{PB}=8\cdot3=24$$
이때
$$(\overline{PA}+\overline{PB})^2=\overline{PA}^2+\overline{PB}^2+2\overline{PA}\cdot\overline{PB}$$
$$=64+2\cdot24=112$$
이므로
$$\overline{PA}+\overline{PB}=\sqrt{112}=4\sqrt{7}$$
따라서 두 선분 PA, PB의 길이를 두 근으로 하고, 이차항의 계수가 1인 이차방정식은 $x^2-4\sqrt{7}x+24=0$이므로
$$a=-4\sqrt{7},\ b=24$$
$$\therefore a^2-b=112-24=88$$

답 88

211 점 P는 점 A를 출발하여 매초 a^2만큼 이동하므로 4초 후의 선분 AP의 길이는 $4a^2$이고, 선분 PD의 길이는 $180-4a^2$이다.

또 점 Q는 점 C를 출발하여 매초 $6a$만큼 이동하므로 4초 후의 선분 CQ의 길이는 $24a$이고, 선분 BQ의 길이는 $180-24a$이다.

이때 $\overline{AB}=h\ (h>0)$라 하면 사다리꼴 ABQP의 넓이는
$$\frac{h(4a^2+180-24a)}{2}$$
또 사다리꼴 PQCD의 넓이는
$$\frac{h(180-4a^2+24a)}{2}$$
이고, 사다리꼴 ABQP와 사다리꼴 PQCD의 넓이의 비가 $2:3$이므로
$$\frac{h(4a^2+180-24a)}{2}:\frac{h(180-4a^2+24a)}{2}=2:3$$
$$(4a^2-24a+180):(-4a^2+24a+180)=2:3$$
$$-8a^2+48a+360=12a^2-72a+540$$
$$20a^2-120a+180=0,\ a^2-6a+9=0$$
$$(a-3)^2=0 \qquad \therefore a=3$$

답 3

212 ㄱ. 원 O_1의 반지름의 길이가 4이므로 $\overline{O_1D}=2$
삼각형 O_1DG는 직각삼각형이므로
$$\overline{DG}=\sqrt{\overline{O_1G}^2-\overline{O_1D}^2}=\sqrt{4^2-2^2}=2\sqrt{3}\ (거짓)$$
ㄴ. $\overline{EF}\perp l$이므로 $\overline{EF}^2=\overline{BE}\cdot\overline{CE}$
이때 $\overline{EF}=\overline{DG}$이므로
$$(2\sqrt{3})^2=\overline{BE}\cdot\overline{CE}$$
$$\therefore \overline{BE}\cdot\overline{CE}=12\ (참)$$
ㄷ. $\overline{BE}+\overline{CE}=16$, $\overline{BE}\cdot\overline{CE}=12$이므로 선분 BE의 길이와 선분 CE의 길이를 두 근으로 하고, 이차항의 계수가 1인 이차방정식은
$$x^2-(\overline{BE}+\overline{CE})x+\overline{BE}\cdot\overline{CE}=0$$
$$\therefore x^2-16x+12=0\ (참)$$
따라서 옳은 것은 ㄴ, ㄷ이다.

답 ④

213 조건 ㈎와 조건 ㈏에서 α, β는 100 이하의 서로 다른 소수의 제곱인 수이므로 α와 β가 될 수 있는 수는
$$2^2,\ 3^2,\ 5^2,\ 7^2,\ 즉\ 4,\ 9,\ 25,\ 49$$
이때 이차방정식 $x^2-ax+b=0$의 두 근이 α, β이므로 근과 계수의 관계에 의하여 $\alpha+\beta=a$, $\alpha\beta=b$

(i) $\alpha=4$, $\beta=9$일 때, $a=13$, $b=36$

(ii) $\alpha=4$, $\beta=25$일 때, $a=29$, $b=100$

(iii) $\alpha=4$, $\beta=49$일 때, $a=53$, $b=196$

(iv) $\alpha=9$, $\beta=25$일 때, $a=34$, $b=225$

(v) $\alpha=9$, $\beta=49$일 때, $a=58$, $b=441$

(vi) $\alpha=25$, $\beta=49$일 때, $a=74$, $b=1225$

또 조건 ㈐에서 a와 b는 300 이하의 자연수이므로 주어진 조건을 모두 만족시키는 a, b의 순서쌍 (a, b)는
$$(13, 36),\ (29, 100),\ (53, 196),\ (34, 225)$$
이므로 그 개수는 4이다.   답 4

214 계수가 모두 실수인 이차방정식 $ax^2+bx+c=0$의 두 근이 α, β이고 α가 허근이므로 $\alpha=\overline{\beta}$가 성립한다.

또 $\dfrac{\alpha^2}{\beta^4}=\left(\dfrac{\alpha}{\beta^2}\right)^2$에서 $\dfrac{\alpha^2}{\beta^4}$이 양의 실수이므로 $\dfrac{\alpha}{\beta^2}$는 실수이다.

즉, $\dfrac{\alpha}{\beta^2}=\overline{\left(\dfrac{\alpha}{\beta^2}\right)}$가 성립하고 $\overline{\left(\dfrac{\alpha}{\beta^2}\right)}=\dfrac{\overline{\alpha}}{\overline{\beta}^2}=\dfrac{\overline{\alpha}}{\overline{\beta}^2}=\dfrac{\beta}{\alpha^2}$
이므로

$$\dfrac{\alpha}{\beta^2}=\dfrac{\beta}{\alpha^2},\ \alpha^3=\beta^3\qquad\therefore\left(\dfrac{\beta}{\alpha}\right)^3=1$$
$$\therefore\left(\dfrac{3\beta}{\alpha}\right)^3=27\left(\dfrac{\beta}{\alpha}\right)^3=27$$

답 27

215 오른쪽 그림과 같이 외접원의 중심을 O, 큰 정사각형의 한 변을 선분 AB, 외접원 위에 있는 작은 정사각형의 한 꼭짓점을 C, 원의 중심 O에서 선분 AB에 내린 수

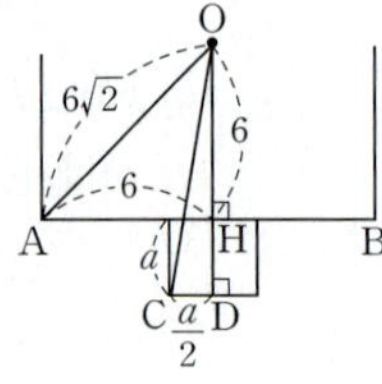

선의 발을 H, 수선의 연장선과 작은 정사각형이 만나는 점 중 H가 아닌 점을 D라 하자.

큰 정사각형의 한 변의 길이가 12이고, 삼각형 OAH는 직각이등변삼각형이므로
$$\overline{AH}=\overline{OH}=6,\ \overline{OA}=\sqrt{6^2+6^2}=6\sqrt{2}$$
또 삼각형 OCD에서 작은 정사각형의 한 변의 길이가 a이므로
$$\overline{OC}=\overline{OA}=6\sqrt{2},\ \overline{OD}=\overline{OH}+\overline{HD}=6+a,$$
$$\overline{CD}=\dfrac{a}{2}$$

이고, 삼각형 OCD는 직각삼각형이므로 피타고라스 정리에 의하여
$$(6\sqrt{2})^2=(6+a)^2+\left(\dfrac{a}{2}\right)^2$$
$$72=36+12a+a^2+\dfrac{a^2}{4},\ \dfrac{5}{4}a^2+12a-36=0$$
$$5a^2+48a-144=0,\ (5a-12)(a+12)=0$$
이므로 $a=\dfrac{12}{5}$ $(\because a>0)$
$$\therefore 10a=10\cdot\dfrac{12}{5}=24$$

답 24

216 이차방정식 $x^2-8x+2=0$의 두 실근이 α, β이므로 근과 계수의 관계에 의하여
$$\alpha+\beta=8,\ \alpha\beta=2$$
직각삼각형 ABC에서
$$\overline{AC}=\sqrt{\alpha^2+\beta^2}=\sqrt{(\alpha+\beta)^2-2\alpha\beta}$$
$$=\sqrt{8^2-2\cdot2}=\sqrt{60}=2\sqrt{15}$$
또 직각삼각형 ABC에 내접하는 원의 반지름의 길이를 r이라 하면
$$\triangle ABC=\dfrac{1}{2}\alpha\beta=\dfrac{1}{2}r(\alpha+\beta+\sqrt{\alpha^2+\beta^2})$$
$$\dfrac{1}{2}\cdot2=\dfrac{1}{2}r(8+2\sqrt{15})$$
$$\therefore r=\dfrac{1}{4+\sqrt{15}}=\dfrac{4-\sqrt{15}}{(4+\sqrt{15})(4-\sqrt{15})}=4-\sqrt{15}$$
이때 이차방정식 $x^2+mx+n=0$에서 m, n이 유리수이므로 $4-\sqrt{15}$가 이차방정식 $x^2+mx+n=0$의 한 근이면 다른 한 근은 $4+\sqrt{15}$이다.

따라서 근과 계수의 관계에 의하여
$$-m=(4+\sqrt{15})+(4-\sqrt{15}),\ m=-8$$
$$n=(4+\sqrt{15})(4-\sqrt{15})=1$$
이므로
$$m^2+n^2=(-8)^2+1^2=65$$

답 65

| 본문 59p |

217 다항식 $f(x)+g(x)$를 x^2+x+1로 나눈 나머지가 $2x+2$이므로
$$R(x)+R'(x)=2x+2$$
또 다항식 $f(x)g(x)$를 x^2+x+1로 나눈 나머지가 $17x-5$이고, $R(x)$, $R'(x)$는 일차다항식이므로 정수 a에 대하여 $R(x)R'(x)$를
$$R(x)R'(x)=a(x^2+x+1)+17x-5$$
와 같이 나타낼 수 있다.

이때 $R(x)$, $R'(x)$를 두 근으로 하고 이차항의 계수가 1인 t에 대한 이차방정식은
$$t^2-2(x+1)t+a(x^2+x+1)+17x-5=0$$
$$\cdots\cdots\ \text{㉠}$$
이고, ㉠이 두 일차식의 곱으로 인수분해되어야 하므로 이차방정식 ㉠의 판별식을 D라 하면
$$\dfrac{D}{4}=(x+1)^2-\{a(x^2+x+1)+17x-5\}$$
$$=(1-a)x^2-(a+15)x+6-a\quad\cdots\cdots\ \text{㉡}$$

한편 ㉠이 두 일차식의 곱으로 인수분해되려면 ㉡이 완
전제곱식이 되어야 하므로 이차방정식
$$(1-a)x^2-(a+15)x+6-a=0$$
의 판별식을 D'이라 하면
$$D'=(a+15)^2-4(1-a)(6-a)=0$$
$$a^2+30a+225-4(a^2-7a+6)=0$$
$$3a^2-58a-201=0$$
$$(3a-67)(a+3)=0$$
$$\therefore a=-3 \ (\because a\text{는 정수})$$
$a=-3$을 ㉠에 대입하면
$$t^2-2(x+1)t-(3x^2-14x+8)=0$$
$$(t-3x+2)(t+x-4)=0$$
$$\therefore t=3x-2 \text{ 또는 } t=-x+4$$
$R(x)$의 일차항의 계수가 양수이므로 $R(x)=3x-2$
$$\therefore R(5)=13$$
답 ②

218 이차방정식 $x^2+px+q=0$이 서로 다른 두 실근을 가지
므로 판별식을 D라 하면
$$D=p^2-4q>0 \quad \therefore q<\frac{p^2}{4}$$
이차방정식 $x^2+px+q=0$의 두 근이 α, β이므로 근과
계수의 관계에 의하여
$$\alpha+\beta=-p, \ \alpha\beta=q \qquad \cdots\cdots ㉠$$
또 이차방정식 $x^2-(2p-q)x+2p+q=0$의 두 근이
$|\alpha|$, $|\beta|$이므로 근과 계수의 관계에 의하여
$$|\alpha|+|\beta|=2p-q, \ |\alpha||\beta|=2p+q$$
(i) $\alpha\geq0$, $\beta\geq0$일 때,
$$\alpha+\beta=2p-q, \ \alpha\beta=2p+q\text{이므로}$$
$$-p=2p-q, \ q=2p+q \ (\because ㉠)$$
위의 두 식을 연립하여 풀면
$$p=0, \ q=0$$
그런데 $p=0$, $q=0$이면 주어진 이차방정식은 중근
을 가지므로 조건을 만족시키지 않는다.
(ii) $\alpha<0$, $\beta<0$일 때,
$$\alpha+\beta=-2p+q, \ \alpha\beta=2p+q\text{이므로}$$
$$-p=-2p+q, \ q=2p+q \ (\because ㉠)$$
위의 두 식을 연립하여 풀면
$$p=0, \ q=0$$
그런데 $p=0$, $q=0$이면 주어진 이차방정식은 중근
을 가지므로 조건을 만족시키지 않는다.
(iii) $\alpha>0$, $\beta<0$일 때,
$$\alpha-\beta=2p-q, \ -\alpha\beta=2p+q\text{이므로}$$
$$-\alpha\beta=2p+q\text{에서 } -q=2p+q$$
$$\therefore q=-p$$

이때 $(\alpha-\beta)^2=(\alpha+\beta)^2-4\alpha\beta$이므로
$$(2p-q)^2=(-p)^2-4q$$
$q=-p$이므로
$$(3p)^2=p^2+4p, \ 8p^2-4p=0, \ 4p(2p-1)=0$$
$$\therefore p=0 \text{ 또는 } p=\frac{1}{2}$$
$p=0$이면 $q=0$이므로 (i), (ii)와 같이 조건을 만족
시키지 않는다.
따라서 $p=\dfrac{1}{2}$, $q=-\dfrac{1}{2}$이다.
(iv) $\alpha<0$, $\beta>0$일 때,
　(iii)과 같은 방법으로 하면 $p=\dfrac{1}{2}$, $q=-\dfrac{1}{2}$
(i)~(iv)에 의하여 $p=\dfrac{1}{2}$, $q=-\dfrac{1}{2}$이므로
$$p^2+q^2=\frac{1}{4}+\frac{1}{4}=\frac{1}{2}$$
답 ②

219 $\triangle APS \backsim \triangle ACB$이므로
$$\overline{AS}:\overline{AB}=\overline{PS}:\overline{CB}, \ \overline{AS}:a=k:b$$
$$b\overline{AS}=ak \qquad \therefore \overline{AS}=\frac{ak}{b}$$
또 $\triangle QCR \backsim \triangle ACB$이므로
$$\overline{QR}:\overline{AB}=\overline{CR}:\overline{CB}, \ k:a=\overline{CR}:b$$
$$a\overline{CR}=bk \qquad \therefore \overline{CR}=\frac{bk}{a}$$
이때 $\overline{AC}=\sqrt{\overline{AB}^2+\overline{BC}^2}=\sqrt{a^2+b^2}$이고,
$\overline{AC}=\overline{AS}+\overline{SR}+\overline{CR}$이므로
$$\sqrt{a^2+b^2}=\overline{AS}+\overline{SR}+\overline{CR}$$
$$=\frac{ak}{b}+k+\frac{bk}{a}$$
$$=k\left(\frac{a}{b}+1+\frac{b}{a}\right)$$
$$=k\left(\frac{a^2+b^2+ab}{ab}\right)$$
$$\therefore k=\frac{ab}{a^2+b^2+ab}\sqrt{a^2+b^2}$$
한편 이차방정식 $x^2-8x+14=0$의 두 실근이 a, b이므
로 근과 계수의 관계에 의하여
$$a+b=8, \ ab=14$$
이때
$$\overline{AC}=\sqrt{a^2+b^2}=\sqrt{(a+b)^2-2ab}$$
$$=\sqrt{64-28}=\sqrt{36}=6$$
이므로
$$k=\frac{ab}{a^2+b^2+ab}\sqrt{a^2+b^2}=\frac{ab\sqrt{a^2+b^2}}{(a+b)^2-ab}$$
$$=\frac{14\cdot6}{64-14}=\frac{84}{50}=\frac{42}{25}$$

따라서 선분 AC의 길이와 k의 값을 두 근으로 하고,
이차항의 계수가 1인 이차방정식은
$$x^2-\left(6+\frac{42}{25}\right)x+6\cdot\frac{42}{25}=0$$
$$25x^2-192x+252=0$$
이므로
$$p=-192,\ q=252$$
$$\therefore q-p=252-(-192)=444$$

圁 444

06 이차방정식과 이차함수

| 본문 62~63p |

STEP 1				
220 33	**221** 14	**222** ①	**223** 4
224 24	**225** 2	**226** 9	**227** 1	**228** 28
229 ④	**230** 14	**231** ③	**232** 1	**233** 32
234 ④				

220 이차함수 $y=x^2-5x-3$의 그래프와 직선 $y=2x-1$의
교점의 좌표가 $(x_1,\ y_1)$, $(x_2,\ y_2)$이므로 이차방정식
$$x^2-5x-3=2x-1,\ 즉\ x^2-7x-2=0$$
의 두 근은 x_1, x_2이다.
이때 근과 계수의 관계에 의하여
$$x_1+x_2=7,\ x_1x_2=-2$$
이고 $y_1=2x_1-1$, $y_2=2x_2-1$이므로
$$a=y_1+y_2=(2x_1-1)+(2x_2-1)$$
$$=2(x_1+x_2-1)=2(7-1)=12$$
$$b=y_1y_2=(2x_1-1)(2x_2-1)$$
$$=4x_1x_2-2(x_1+x_2)+1$$
$$=-8-14+1=-21$$
$$\therefore a-b=12-(-21)=33$$

圁 33

221 이차함수 $y=f(x)$에서 $f(a)=3-2a$, $f(b)=3-2b$이
므로 $f(a)+2a-3=0$, $f(b)+2b-3=0$
이때 $g(x)=f(x)+2x-3$으로 놓으면 이차방정식
$g(x)=0$의 두 근은 a, b이다. 즉,
$$g(x)=f(x)+2x-3=(x^2-4x+2)+2x-3$$
$$=x^2-2x-1$$
이고, 이차방정식 $g(x)=0$의 두 근이 a, b이므로 근과
계수의 관계에 의하여
$$a+b=2,\ ab=-1$$
$$\therefore a^3+b^3=(a+b)^3-3ab(a+b)$$
$$=2^3+3\cdot2=14$$

圁 14

222 이차함수 $f(x)=-x^2-2ax+3$의 그래프와 직선
$y=-3x+7$의 두 교점의 x좌표를 α, $\beta\ (\alpha<\beta)$라 하
면 α, β는 이차방정식 $-x^2-2ax+3=-3x+7$
즉, $x^2+(2a-3)x+4=0$의 두 근이다.
이때 점 $(1,\ 4)$가 두 교점을 이은 선분 위에 있으므로
$\alpha<1<\beta$이고, $g(x)=x^2+(2a-3)x+4$라 하면
$g(1)<0$이므로
$$g(1)=1+(2a-3)+4<0,\ 2a+2<0$$
$$\therefore a<-1$$

圁 ①

223 점 Q는 곡선 $y=x^2$ 위의 점이므로 $Q(t,\ t^2)\ (t>0)$이라 하면 점 Q와 점 R의 y좌표가 같고, 점 R은 곡선 $y=kx^2$ 위의 점이므로 점 R의 x좌표를 a라 하면
$$ka^2=t^2 \qquad \therefore a=\frac{t}{\sqrt{k}}\ (\because a>0)$$
이때 $\overline{PQ}:\overline{QR}=2:1$에서 $\overline{PQ}:\overline{PR}=2:3$이므로
$$t:\frac{t}{\sqrt{k}}=2:3,\ \frac{2}{\sqrt{k}}=3,\ \sqrt{k}=\frac{2}{3}$$
따라서 $k=\frac{4}{9}$이므로 $9k=9\cdot\frac{4}{9}=4$

답 **4**

224 이차함수 $y=x^2-2ax+a^2+a-4$의 그래프와 직선 $y=2x-k$가 서로 다른 두 점에서 만나므로 이차방정식
$$x^2-2ax+a^2+a-4=2x-k$$
즉, $x^2-2(a+1)x+a^2+a+k-4=0$의 판별식을 D라 하면
$$\frac{D}{4}=(a+1)^2-(a^2+a+k-4)>0$$
$$a-k+5>0 \qquad \therefore k<a+5 \qquad \cdots\cdots \ ㉠$$
$f(2)$는 $a=2$일 때, ㉠을 만족하는 자연수 k의 개수이므로
$$f(2)=6$$
같은 방법으로 $f(4)$는 $a=4$일 때, $f(6)$은 $a=6$일 때 ㉠을 만족하는 자연수 k의 개수이므로
$$f(4)=8,\ f(6)=10$$
$$\therefore f(2)+f(4)+f(6)=6+8+10=24$$

답 **24**

225 $f(x)=g(x)$에서
$$x^2-2kx+k^2+k=-2ax-a^2+b-1$$
$$x^2-2(k-a)x+k^2+k+a^2-b+1=0 \quad \cdots ㉠$$
이차함수 $y=f(x)$의 그래프와 일차함수 $y=g(x)$의 그래프가 k의 값에 관계없이 항상 접하려면 이차방정식 ㉠이 k의 값에 관계없이 항상 중근을 가져야 하므로 ㉠의 판별식을 D라 하면
$$\frac{D}{4}=(k-a)^2-(k^2+k+a^2-b+1)=0$$
$$-(2a+1)k+b-1=0$$
위의 식은 k에 대한 항등식이므로
$$2a+1=0,\ b-1=0$$
따라서 $a=-\frac{1}{2},\ b=1$이므로
$$2a+3b=-1+3=2$$

답 **2**

226 함수 $y=f(x)$의 그래프와 직선 $y=x+k$가 서로 다른 네 점에서 만나려면 오른쪽 그림과 같이 두 직선 사이에 직선 $y=x+k$가 위치하면 된다.

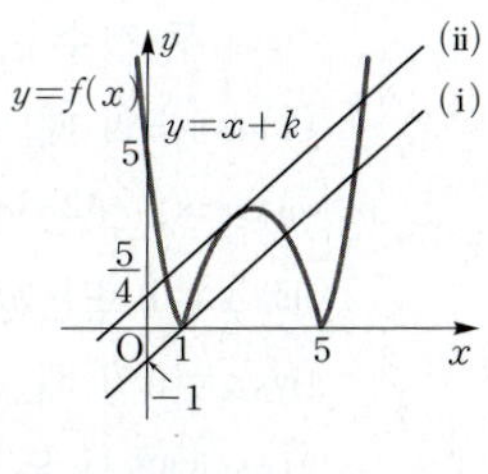

(i) 직선 $y=x+k$가 점 $(1,\ 0)$을 지날 때,
$$0=1+k$$에서 $k=-1$
(ii) 직선 $y=x+k$와 이차함수 $y=-(x-1)(x-5)$의 그래프가 접할 때,
$$-(x-1)(x-5)=x+k$$에서 $x^2-5x+5+k=0$이므로 판별식을 D라 하면
$$D=5^2-4(5+k)=0,\ 5-4k=0$$
$$\therefore k=\frac{5}{4}$$
(i), (ii)에 의하여 $-1<k<\frac{5}{4}$이므로 $a=-1,\ b=\frac{5}{4}$
$$\therefore 4(b-a)=4\cdot\frac{9}{4}=9$$

답 **9**

227 두 상수 $p,\ q$에 대하여
$$f(x)=3(x-\alpha)^2+p,\quad g(x)=-4(x-\beta)^2+q$$
라 하면 두 이차함수의 그래프가 점 P에서 접하므로 이차방정식 $3(x-\alpha)^2+p=-4(x-\beta)^2+q$, 즉
$$7x^2-2(3\alpha+4\beta)x+3\alpha^2+4\beta^2+p-q=0$$
$$\cdots\cdots ㉠$$
이 중근을 가져야 한다.
이때 이차방정식 ㉠의 판별식을 D라 하면
$$D=\{-2(3\alpha+4\beta)\}^2-4\cdot 7(3\alpha^2+4\beta^2+p-q)=0$$
이고, 근의 공식을 이용하여 방정식 ㉠의 해를 구하면
$$x=\frac{2(3\alpha+4\beta)\pm\sqrt{D}}{2\cdot 7}=\frac{2(3\alpha+4\beta)}{2\cdot 7}=\frac{3\alpha+4\beta}{7}$$
$$(\because D=0)$$
따라서 $k=3,\ l=4$이므로 $l-k=1$

답 **1**

다른 풀이

함수 $y=f(x)$의 그래프의 꼭짓점을 $A(\alpha,\ p)$, 함수 $y=g(x)$의 그래프의 꼭짓점을 $B(\beta,\ q)$라 하면 점 P의 x좌표는 두 점 A, B를 잇는 선분 AB를 $4:3$으로 내분하는 점의 x좌표와 같으므로
$$x=\frac{4\cdot\beta+3\cdot\alpha}{4+3}=\frac{3\alpha+4\beta}{7} \qquad \therefore k=3,\ l=4$$

228 이차방정식 $ax^2-2bx-a+6=0$의 판별식을 D라 하면
$$\frac{D}{4}=b^2-a(-a+6)\leq 0,\ b^2+a^2-6a\leq 0$$
$$\therefore (a-3)^2+b^2\leq 9$$

이때 두 정수 a, b의 순서쌍 (a, b)의 개수는
(i) $a=3$일 때, $b^2 \leq 9$이므로 $b=0$, ± 1, ± 2, ± 3
(ii) $a=2$ 또는 $a=4$일 때, $b^2 \leq 8$이므로 $b=0$, ± 1, ± 2
(iii) $a=1$ 또는 $a=5$일 때, $b^2 \leq 5$이므로 $b=0$, ± 1, ± 2
(iv) $a=6$일 때, $b^2 \leq 0$이므로 $b=0$
(i)~(iv)에서 두 정수 a, b의 순서쌍 (a, b)의 개수는
$$1 \cdot 7 + 2 \cdot 5 + 2 \cdot 5 + 1 = 28$$
답 28

229 조건 ㈎에서 이차함수 $y=f(x)$의 그래프는 $x=4$에서 최솟값을 가지므로 축의 방정식은 $x=4$이다.
또 조건 ㈏에서 $f(6)=0$이고, 대칭축이 $x=4$이므로 $f(2)=0$이다.
즉, 이차함수 $y=f(x)$의 이차항의 계수를 a $(a>0)$라 하면 $f(x)=a(x-2)(x-6)$으로 놓을 수 있다.
이때 방정식 $f(x)=kx$에서
$$a(x-2)(x-6)=kx, \ ax^2-8ax+12a=kx$$
$$\therefore ax^2-(8a+k)x+12a=0$$
따라서 방정식 $f(x)=kx$의 두 실근의 곱은 $a>0$이므로 근과 계수의 관계에 의하여 $\dfrac{12a}{a}=12$이다.

답 ④

230 두 이차함수 $f(x)$와 $g(x)$의 최고차항의 계수가 각각 1, -1이고 두 교점의 x좌표가 α, β이므로
$$h(x)=f(x)-g(x)=2(x-\alpha)(x-\beta)$$
이때 함수 $h(x)$는 $x=2$에서 최솟값 -6을 가지므로
$$h(x)=2(x-2)^2-6=2(x^2-4x+1)$$
즉, α, β는 이차방정식 $x^2-4x+1=0$의 두 근이므로 근과 계수의 관계에 의하여 $\alpha+\beta=4$, $\alpha\beta=1$
$$\therefore \alpha^2+\beta^2=(\alpha+\beta)^2-2\alpha\beta=4^2-2\cdot 1=14$$

답 14

231 이차함수 $y=f(x)$의 그래프와 x축이 서로 다른 두 점 A, B에서 만나므로 $a<0$이다.
이때 $x^2+a=0$에서 $x=\pm\sqrt{-a}$이므로 두 점 A, B의 좌표를 각각
$$(-\sqrt{-a}, \ 0), \ (\sqrt{-a}, \ 0)$$
라 하면 정삼각형 ABC의 한 변의 길이는 $2\sqrt{-a}$이고, 높이는 $-a$이므로
$$\frac{\sqrt{3}}{2}\cdot 2\sqrt{-a}=-a, \ \sqrt{-3a}=-a$$
양변을 제곱하여 정리하면
$$-3a=a^2, \ a(a+3)=0$$
$$\therefore a=-3 \ (\because a<0)$$

답 ③

232 $x^2-5x+4=0$에서 $(x-1)(x-4)=0$
$$\therefore x=1 \ \text{또는} \ x=4$$
즉, 이차함수 $y=x^2-5x+4$의 그래프가 x축과 만나는 두 점 B, C는 B$(1, 0)$, C$(4, 0)$이고, y축과 만나는 점 A는 A$(0, 4)$이다.

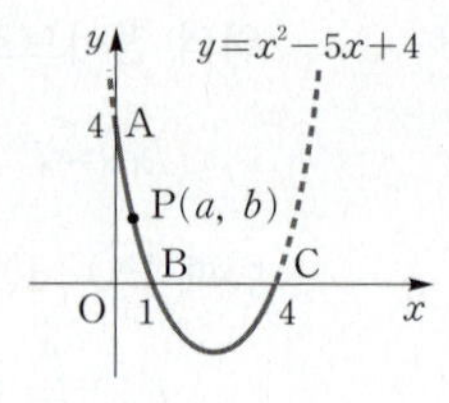

이때 점 P(a, b)는 이차함수 $y=x^2-5x+4$의 그래프 위의 점이므로 $b=a^2-5a+4$이고, 점 P는 점 A에서 점 B를 거쳐 점 C까지 움직이므로 $0 \leq a \leq 4$
한편
$$a-b=a-(a^2-5a+4)=-a^2+6a-4$$
$$=-(a-3)^2+5$$
이므로 $a-b$의 값은 $a=3$일 때 최댓값 5, $a=0$일 때 최솟값 -4를 갖는다.
따라서 $a-b$의 최댓값과 최솟값의 합은
$$5+(-4)=1$$

답 1

233 오른쪽 그림과 같이 선분 AB와 직사각형이 만나는 점을 D, 점 D를 지나고 밑변 BC와 평행한 선분이 선분 AC와 만나는 점을 E라 하자.

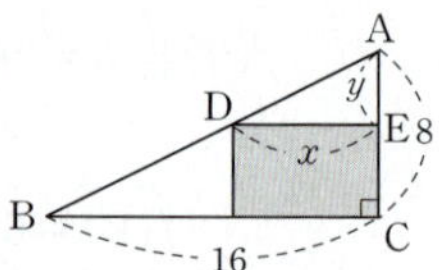

또 삼각형 ADE에서 $\overline{DE}=x$, $\overline{AE}=y$라 하면 $\triangle ABC \backsim \triangle ADE$이므로
$$\overline{BC}:\overline{DE}=\overline{AC}:\overline{AE}, \ 16:x=8:y$$
$$\therefore y=\frac{x}{2} \ (0<x<16)$$
따라서 $\overline{CE}=8-y=8-\dfrac{x}{2}$이므로 직사각형 모양의 화단의 넓이는
$$x\left(8-\frac{x}{2}\right)=-\frac{1}{2}x^2+8x=-\frac{1}{2}(x^2-16x)$$
$$=-\frac{1}{2}(x-8)^2+32$$
이때 $0<x<16$이므로 $x=8$일 때, 직사각형 모양의 화단의 넓이의 최댓값은 32이다.

답 32

234 A상품 한 개의 가격이 p원이므로 A상품 한 개의 가격을 $x\%$ 할인한 가격은 $p\left(1-\dfrac{x}{100}\right)$이고, 하루 평균 판매량이 n이므로 하루 판매량이 $2x\%$ 늘어났을 때의 판매량은 $n\left(1+\dfrac{2x}{100}\right)$이다.

이때 하루 판매 금액을 $S(x)$라 하면
$$S(x)=p\left(1-\frac{x}{100}\right)n\left(1+\frac{2x}{100}\right)$$
$$=pn\left(1-\frac{x}{100}\right)\left(1+\frac{2x}{100}\right)$$
$$=pn\left(1+\frac{x}{100}-\frac{2x^2}{10000}\right)$$
$$=\frac{pn}{10000}(-2x^2+100x+10000)$$
$$=-\frac{pn}{5000}(x^2-50x-5000)$$
$$=-\frac{pn}{5000}\{(x-25)^2-5625\}$$
$$=-\frac{pn}{5000}(x-25)^2+\frac{9}{8}pn$$

따라서 상품의 가격을 $25\,\%$ 할인하여 판매하면 하루 판매 금액이 최대가 된다.   답 ④

| 본문 64~70p |

STEP 2	235 7	236 ⑤	237 ②	238 ③
239 ④	240 ⑤	241 15	242 ①	243 15
244 ②	245 ③	246 ①	247 ①	248 7
249 ②	250 8	251 2	252 ④	253 3
254 ③	255 75	256 37	257 ①	258 104
259 9	260 25	261 −5	262 1	

235 이차방정식 $x^2+x+3=0$의 두 근이 α, β이므로 근과 계수의 관계에 의하여
$$\alpha+\beta=-1,\ \alpha\beta=3$$
이고, 이차함수 $f(x)=x^2+mx+n$이 $f(\alpha)=-4\beta-5$를 만족하므로
$$f(\alpha)=-4(-1-\alpha)-5=4\alpha-1\quad\cdots\cdots\ ㉠$$
또 $f(\beta)=-4\alpha-5$를 만족하므로
$$f(\beta)=-4(-1-\beta)-5=4\beta-1\quad\cdots\cdots\ ㉡$$
이때 $g(x)=f(x)-4x+1$로 놓으면 ㉠, ㉡에서 α, β는 이차방정식 $g(x)=0$의 두 근이므로
$$g(x)=(x-\alpha)(x-\beta)=f(x)-4x+1$$
$$f(x)=(x-\alpha)(x-\beta)+4x-1$$
$$=(x^2+x+3)+4x-1$$
$$=x^2+5x+2$$
따라서 $m=5$, $n=2$이므로
$$m+n=7\qquad\qquad 답\ 7$$

236 이차함수 $f(x)$의 이차항의 계수를 a, 꼭짓점의 좌표를 $(4,\,b)$라 하면
$$f(x)=a(x-4)^2+b$$
이고, 주어진 그래프에서 $a<0$, $b>0$이다.
이때 $f(x)=a(x-4)^2+b=(x-4)\{a(x-4)\}+b$이므로
$$Q(x)=a(x-4),\ R=b$$
ㄱ. $R=b>0$ (참)
ㄴ. $Q(x)=a(x-4)$이므로
$$Q(0)=-4a>0\ (\because\ a<0)\ (참)$$
ㄷ. 주어진 그래프에서 $f(-1)<0$이고,
$$Q(-1)=-5a>0$$이므로
$$f(-1)<Q(-1)\ (참)$$
따라서 옳은 것은 ㄱ, ㄴ, ㄷ이다.   답 ⑤

237 두 함수 $f(x)=x^2-3x+1$과 $g(x)=x+4$의 그래프의 교점의 x좌표를 α, β라 하면 α, β는 이차방정식 $x^2-3x+1=x+4$, 즉 $x^2-4x-3=0$의 두 실근이므로 근과 계수의 관계에 의하여 $\alpha+\beta=4$
$h(x)=f(x)-g(x)$로 놓으면 α, β는 이차방정식 $h(x)=0$의 두 실근이다.
이때 방정식 $h(2x-a)=0$의 두 실근은
$2x-a=\alpha$, $2x-a=\beta$에서 $x=\dfrac{a+\alpha}{2}$, $x=\dfrac{a+\beta}{2}$이고,
두 실근의 합이 4이므로
$$\frac{a+\alpha}{2}+\frac{a+\beta}{2}=\frac{2a+\alpha+\beta}{2}=\frac{2a+4}{2}=4$$
$$a+2=4\qquad\therefore\ a=2\qquad 답\ ②$$

238 조건 ㈎에서 함수 $y=f(x)$의 그래프와 x축이 만나는 점의 x좌표의 곱이 0이므로 이차방정식 $ax^2+bx+c=0$의 근 중 적어도 한 근은 0이다.
즉, 근과 계수의 관계에 의하여 $\dfrac{c}{a}=0$이므로 $c=0$
조건 ㈏에서 $f(-2)+f(2)>0$이므로
$$(4a-2b+c)+(4a+2b+c)>0,\ 4a+c>0$$
이때 $c=0$이므로 $4a>0\qquad\therefore\ a>0$
또 조건 ㈐에서 $-2\le x\le2$이면 x의 값이 증가할 때, y의 값은 감소하므로 함수 $y=f(x)$의 그래프의 개형은 오른쪽 그림과 같다.

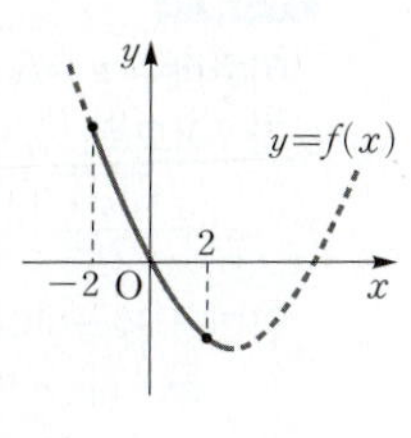

ㄱ. 위의 그림에서 $f(0)=0$이고, $f(2)<0$이므로 $f(1)<0$ (참)

ㄴ. 이차함수 $y=f(x)$의 그래프의 꼭짓점의 x좌표가 2
보다 크거나 같으므로

$$f(x)=ax^2+bx+c=a\left(x+\frac{b}{2a}\right)^2-\frac{b^2-4ac}{4a}$$

에서 $-\dfrac{b}{2a}\geq 2$

이때 $a>0$이므로 $b\leq -4a$ (거짓)

ㄷ. 조건 ㈐에서 꼭짓점의 x좌표가 2보다 크거나 같으
므로 두 근의 합은 4보다 크거나 같다. (참)

따라서 옳은 것은 ㄱ, ㄷ이다. **답 ③**

239 $|x|^2=x^2$이므로 주어진 방정식은 $|x|^2-6|x|+m=0$

이고, $|x|=t$라 하면 $t^2-6t+m=0$ ······ ㉠

이때 $t\geq 0$이므로 주어진 방정식이 서로 다른 네 실근을
가지려면 이차방정식 ㉠이 서로 다른 두 양의 실근을
가져야 한다.

(ⅰ) 이차방정식 ㉠의 판별식을 D라 하면

$$\frac{D}{4}=3^2-m>0 \qquad \therefore m<9$$

(ⅱ) (두 근의 합)$=6>0$ (ⅲ) (두 근의 곱)$=m>0$

(ⅰ), (ⅱ), (ⅲ)에 의하여 $0<m<9$이므로 정수 m의 개수
는 8이다. **답 ④**

240 다항식

$$x^3-(4a+1)x^2+(5a^2+4a-2)x-2a^3-3a^2+2a$$

를 조립제법을 이용하여 인수분해하면

$$x^3-(4a+1)x^2+(5a^2+4a-2)x-2a^3-3a^2+2a$$
$$=(x-a)\{x^2-(3a+1)x+2a^2+3a-2\}$$

이므로 $f(x)=x^2-(3a+1)x+2a^2+3a-2$

이때 함수 $y=f(x)$의 그래프와 x축이 만나는 두 점의
x좌표는 이차방정식 $x^2-(3a+1)x+2a^2+3a-2=0$
의 근이므로 $\{x-(2a-1)\}\{x-(a+2)\}=0$

$$\therefore x=2a-1 \text{ 또는 } x=a+2$$

즉, 두 교점의 좌표는 $(2a-1,\ 0)$, $(a+2,\ 0)$이고, 두
점 사이의 거리가 7이므로

$$|2a-1-(a+2)|=7,\ |a-3|=7$$
$$\therefore a=10\ (\because a>0)$$ **답 ⑤**

241 $y=-x^2+8x+a=-(x-4)^2+16+a$에서 이차함수
$y=-x^2+8x+a$의 그래프는 직선 $x=4$에 대하여 대칭
이고, $\overline{AB}=6$이므로 두 점 A, B는 A$(1,\ 0)$, B$(7,\ 0)$

이때 점 A는 이차함수 $y=-x^2+8x+a$의 그래프 위의
점이므로

$$0=-1+8+a \qquad \therefore a=-7$$

또 직선 $y=x+b$가 점 A를 지나므로 $0=1+b$에서
$$b=-1$$

한편 이차함수 $y=-x^2+8x-7$의 그래프와 직선
$y=x-1$의 교점의 x좌표는 이차방정식
$-x^2+8x-7=x-1$의 두 근이므로

$$x^2-7x+6=0$$
$$(x-1)(x-6)=0$$
$$\therefore x=1 \text{ 또는 } x=6$$

따라서 점 C의 좌표는 $(6,\ 5)$이므로 삼각형 ABC의 넓

이는 $\dfrac{1}{2}\cdot 6\cdot 5=15$ **답 15**

242 함수 $y=f(x)$의 그래프가 y축과 만나는 점의 y좌표가
ab이므로 점 A의 좌표는 $(0,\ ab)$이고, 점 B의 y좌표
가 ab이므로 $x^2-ax+ab=ab$에서

$$x(x-a)=0$$
$$\therefore \text{B}(a,\ ab)\ (\because x\neq 0)$$

또 두 점 O, B를 지나는 일차함수 $y=g(x)$의 식은
$y=bx$이므로 점 C의 좌표는 $x^2-ax+ab=bx$에서

$$x^2-(a+b)x+ab=0$$
$$(x-a)(x-b)=0$$

이므로

$$\text{C}(b,\ b^2)\ (\because x\neq a)$$

점 D의 y좌표가 b^2이므로 $x^2-ax+ab=b^2$에서

$$x^2-ax+b(a-b)=0$$
$$(x-b)\{x-(a-b)\}=0$$
$$\therefore \text{D}(a-b,\ b^2)\ (\because x\neq b)$$

이때 조건 ㈎에서 $f(1)+g(1)=1$이므로

$$1-a+ab+b=1$$
$$\therefore a-b=ab \qquad\qquad ······ ㉠$$

또 조건 ㈏에서 사다리꼴 ACDB의 넓이가 $4b$이므로

$$\frac{1}{2}\{a+(a-b)-b\}\cdot(ab-b^2)=4b$$
$$b(a-b)^2=4b,\ (a-b)^2=4\ (\because b>0)$$

$a>b$이므로 $a-b=2$

$$\therefore a^2+b^2=(a-b)^2+2ab$$
$$=(a-b)^2+2(a-b)\ (\because ㉠)$$
$$=4+2\cdot 2=8$$ **답 ①**

243 주어진 그래프에서 $f(x)=3$이면 실근은 1개 존재하므로 방정식 $\{f(x)\}^2-af(x)+3p=0$에서 $f(x)$ 대신에 3을 대입하면
$$3^2-3a+3p=0 \qquad \therefore a=p+3$$
이때 p는 10 이하의 소수이므로 p와 a의 순서쌍 $(p,\ a)$는 $(2,\ 5),\ (3,\ 6),\ (5,\ 8),\ (7,\ 10)$
(i) $p=2$, $a=5$일 때, 주어진 방정식은
$$\{f(x)\}^2-5f(x)+6=0$$
$$\{f(x)-2\}\{f(x)-3\}=0$$
$$\therefore f(x)=2 \text{ 또는 } f(x)=3$$
그런데 주어진 그림에서 $f(x)=2$를 만족하는 x의 값이 2개 존재하므로 주어진 방정식의 해는 3개이다.
따라서 조건을 만족하지 않는다.
(ii) $p=3$, $a=6$일 때, 주어진 방정식은
$$\{f(x)\}^2-6f(x)+9=0$$
$$\{f(x)-3\}^2=0$$
$$\therefore f(x)=3$$
(iii) $p=5$, $a=8$일 때, 주어진 방정식은
$$\{f(x)\}^2-8f(x)+15=0$$
$$\{f(x)-3\}\{f(x)-5\}=0$$
$$\therefore f(x)=3 \ (\because f(x)\leq 3)$$
(iv) $p=7$, $a=10$일 때, 주어진 방정식은
$$\{f(x)\}^2-10f(x)+21=0$$
$$\{f(x)-3\}\{f(x)-7\}=0$$
$$\therefore f(x)=3 \ (\because f(x)\leq 3)$$
(i)~(iv)에서 10 이하의 모든 소수 p의 값의 합은
$$3+5+7=15$$
답 15

244 이차함수 $f(x)$의 최고차항의 계수가 1이고 $x=2$일 때, 최솟값 -1을 가지므로 $f(x)=(x-2)^2-1$
이때 방정식 $\{f(x)\}^2-2f(x)-6=0$에서 $f(x)$의 값은
$$f(x)=1\pm\sqrt{7}$$
이고, $1-\sqrt{7}<-1$이므로 이차함수 $y=f(x)$의 그래프와 직선 $y=1-\sqrt{7}$은 만나지 않는다.

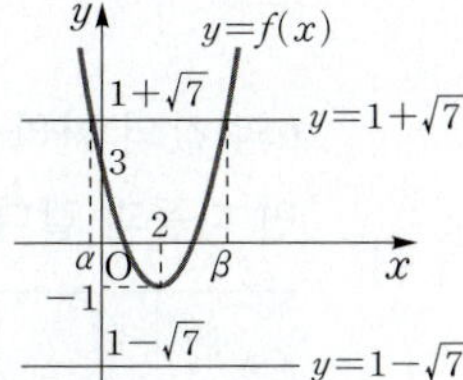

이때 이차함수 $y=f(x)$의 그래프와 직선 $y=1+\sqrt{7}$의 교점의 x좌표를 α, β라 하면 이차함수 $y=f(x)$의 그래프는 직선 $x=2$에 대하여 대칭이므로
$$\frac{\alpha+\beta}{2}=2 \qquad \therefore \alpha+\beta=4$$
따라서 구하는 모든 실근의 합은 4이다. **답** ②

245 $x,\ y$가 양수이므로 $4x+3y=8$에서
$$3y=8-4x>0 \qquad \therefore 0<x<2$$
이때
$$\begin{aligned}
&(\sqrt{4x+1}+\sqrt{3y+1})^2\\
&=4x+1+3y+1+2\sqrt{(4x+1)(3y+1)}\\
&=(4x+3y)+2+2\sqrt{(4x+1)(8-4x+1)}\\
&=8+2+2\sqrt{(4x+1)(9-4x)}\\
&=10+2\sqrt{-16(x-1)^2+25}
\end{aligned}$$
이므로 주어진 식은 $x=1$일 때, 최댓값은
$$10+2\cdot 5=20$$
답 ③

246 조건 ㈎에서 함수 $y=h_1(x)$의 그래프가 x축에 접하므로 꼭짓점의 y좌표는 0이고, 조건 ㈐에서 부등식 $h_1(x)\geq h_1(\alpha)$, $h_2(x)\leq h_2(\beta)$가 성립하므로 함수 $h_1(x)$는 $x=\alpha$에서 최솟값을 갖고 함수 $h_2(x)$는 $x=\beta$에서 최댓값을 갖는다.
이때 $h_1(x)$와 $h_2(x)$의 이차항의 계수가 각각 1, -1이므로 두 함수 $h_1(x)$와 $h_2(x)$를
$$h_1(x)=(x-\alpha)^2,$$
$$h_2(x)=-(x-\beta)^2+\gamma \ (\gamma\text{는 상수})$$
라 하자.
조건 ㈏에서 두 함수 $h_1(x)$와 $h_2(x)$의 그래프가 점 $(1,\ 4)$에서 접하므로 $h_1(1)=4$에서
$$(1-\alpha)^2=4,\ 1-\alpha=\pm 2$$
$$\therefore \alpha=-1 \text{ 또는 } \alpha=3 \qquad \cdots\cdots \ ㉠$$
또 방정식 $h_1(x)=h_2(x)$는 $x=1$에서 중근을 가지므로
$$h_1(x)-h_2(x)=2(x-1)^2=2x^2-4x+2$$
$$\cdots\cdots \ ㉡$$
이고
$$\begin{aligned}
h_1(x)-h_2(x)&=(x-\alpha)^2-\{-(x-\beta)^2+\gamma\}\\
&=2x^2-2(\alpha+\beta)x+\alpha^2+\beta^2-\gamma
\end{aligned}$$
$$\cdots\cdots \ ㉢$$
㉡=㉢이므로 $\alpha+\beta=2$, $\alpha^2+\beta^2-\gamma=2$
조건 ㈐에서 $\alpha<\beta$이므로
$$\alpha=-1,\ \beta=3 \ (\because ㉠)$$
$$\therefore \gamma=\alpha^2+\beta^2-2=1+9-2=8$$
즉, $h_1(x)=(x+1)^2$, $h_2(x)=-(x-3)^2+8$이다.
한편 $h_1(x)=f(x)+g(x)$, $h_2(x)=f(x)-g(x)$에서 $h_1(x)+h_2(x)=2f(x)$이므로
$$f(x)=\frac{h_1(x)+h_2(x)}{2}$$
$h_1(x)-h_2(x)=2g(x)$이므로
$$g(x)=\frac{h_1(x)-h_2(x)}{2}$$

$$\therefore f(\beta)+g(\alpha)$$
$$=f(3)+g(-1)$$
$$=\frac{h_1(3)+h_2(3)}{2}+\frac{h_1(-1)-h_2(-1)}{2}$$
$$=\frac{16+8}{2}+\frac{0-(-8)}{2}$$
$$=12+4=16 \qquad \text{답 ①}$$

247 $f(x)$
$=-x^2+2ax-a^2-a+1$
$=-(x-a)^2-a+1$
에서 $-2\leq x\leq0$이므로 a의 값의 범위에 따라 최댓값을 구한다.

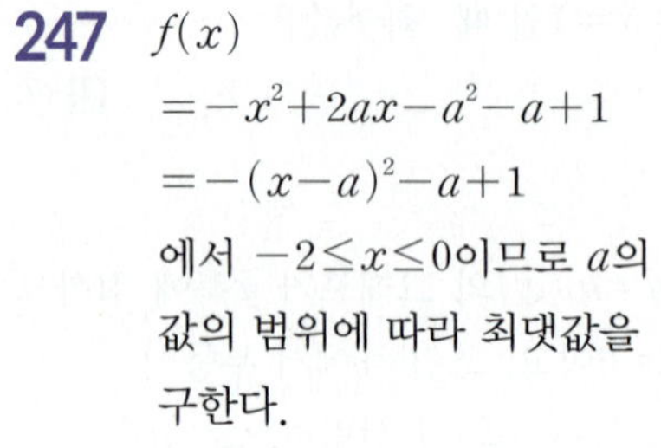
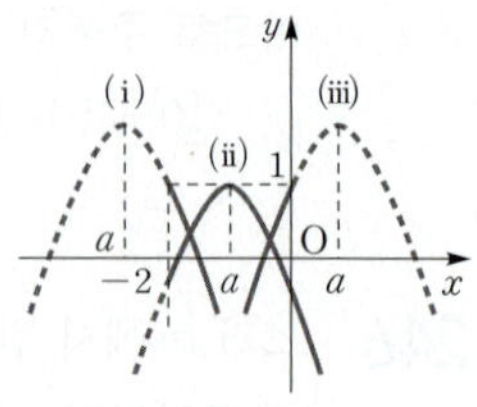

(i) $a<-2$일 때,
　$x=-2$에서 최댓값을 가지므로 $f(-2)=1$이다. 즉,
$$f(-2)=-(-2-a)^2-a+1$$
$$=-a^2-5a-3=1$$
이므로
$$a^2+5a+4=0,\ (a+4)(a+1)=0$$
$$\therefore a=-4\ (\because a<-2)$$

(ii) $-2\leq a<0$일 때,
　$x=a$에서 최댓값 $-a+1$을 가지므로
$$-a+1=1 \qquad \therefore a=0$$
그런데 $a=0$은 주어진 범위에 들어가지 않는다.

(iii) $a\geq0$일 때,
　$x=0$에서 최댓값을 가지므로 $f(0)=1$이다.
　즉, $f(0)=-a^2-a+1=1$이므로
$$a^2+a=0,\ a(a+1)=0$$
$$\therefore a=0\ (\because a\geq0)$$

(i), (ii), (iii)에 의하여 모든 실수 a의 값의 합은 -4이다.

답 ①

248 이차함수 $y=f(x)$와 일차함수 $y=h(x)$의 그래프가 $x=a$인 점에서 접하고, 조건 ㈎에서 $f(x)$의 최고차항의 계수가 1이므로
$$f(x)-h(x)=(x-a)^2 \qquad \cdots\cdots ㉠$$
또 이차함수 $y=g(x)$와 일차함수 $y=h(x)$의 그래프가 $x=\beta$인 점에서 접하고, 조건 ㈎에서 $g(x)$의 최고차항의 계수가 9이므로
$$g(x)-h(x)=9(x-\beta)^2$$
이고, 조건 ㈏에서 $\beta=2a$이므로
$$g(x)-h(x)=9(x-2a)^2 \qquad \cdots\cdots ㉡$$

㉡－㉠을 하면
$$g(x)-f(x)=9(x-2a)^2-(x-a)^2$$
$$=9(x^2-4ax+4a^2)-(x^2-2ax+a^2)$$
$$=8x^2-34ax+35a^2$$
$$=(2x-5a)(4x-7a)$$
이때 두 이차함수 $f(x)$와 $g(x)$의 교점의 x좌표는
$$g(x)-f(x)=(2x-5a)(4x-7a)=0$$
에서 $x=\dfrac{5a}{2}$ 또는 $x=\dfrac{7a}{4}$

$a>0$이므로 $\dfrac{7a}{4}<\dfrac{5a}{2}$

따라서 $t=\dfrac{7a}{4}$이므로
$$\frac{4t}{a}=\frac{4\cdot\dfrac{7a}{4}}{a}=7 \qquad \text{답 } 7$$

249 학생 A가 던진 주사위의 눈의 수가 2이므로 $a=2$
이때 학생 A가 얻은 점수는 이차함수 $y=x^2+2ax+b$, 즉 $y=x^2+4x+b$의 그래프와 x축의 교점의 개수이므로 이차방정식 $x^2+4x+b=0$의 판별식을 D라 하면
$$\frac{D}{4}=4-b$$

(i) $4-b<0$, 즉 $b=5$, 6일 때 학생 A의 점수 ⇨ 0점
(ii) $4-b=0$, 즉 $b=4$일 때 학생 A의 점수 ⇨ 1점
(iii) $4-b>0$, 즉 $b=1$, 2, 3일 때 학생 A의 점수 ⇨ 2점
한편 학생 B가 얻은 점수는 이차함수
$y=x^2+2bx+3a$, 즉 $y=x^2+2bx+6$의 그래프와 x축의 교점의 개수이므로 이차방정식 $x^2+2bx+6=0$의 판별식을 D'이라 하면
$$\frac{D'}{4}=b^2-6$$

(i) $b^2-6<0$, 즉 $b=1$, 2일 때 학생 B의 점수 ⇨ 0점
(ii) $b^2=6$인 자연수 b는 존재하지 않는다.
(iii) $b^2-6>0$, 즉 $b=3$, 4, 5, 6일 때 학생 B의 점수
$$⇨ 2점$$

b의 값의 따라 학생 A와 학생 B의 점수를 표로 나타내면 다음과 같다.

b의 값 학생	1	2	3	4	5	6
학생 A	2점	2점	2점	1점	0점	0점
학생 B	0점	0점	2점	2점	2점	2점

위의 표에 의하여 학생 A의 점수가 학생 B의 점수보다 더 높기 위한 b의 개수는 1, 2의 2이다.

답 ②

250 오른쪽 그림과 같이 물줄기의 시작 지점과 끝 지점을 지나는 직선을 x축, 포물선의 대칭축을 y축으로 놓으면 물줄기의 시작 지점과 끝 지점 사이의 거리가 6 m이므로 물줄기를 나타내는 이차함수의 식을

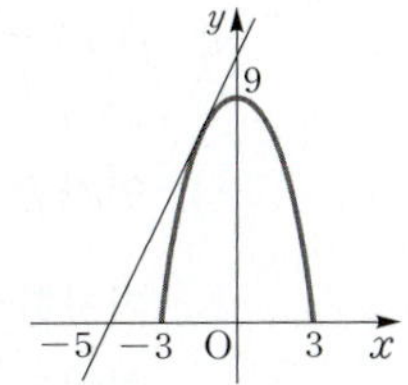

$$y=a(x+3)(x-3) \ (a<0, \ -3 \le x \le 3)$$

으로 놓을 수 있다.

이때 포물선의 꼭짓점의 좌표가 $(0, 9)$이므로

$$9=-9a \qquad \therefore a=-1$$

또 레이저를 쏘는 지점을 좌표로 나타내면 $(-5, 0)$이고, 레이저 광선이 지나가는 직선의 기울기를 m이라 하면 레이저 광선이 지나는 직선의 식은 $y=m(x+5)$

레이저 광선과 포물선이 접하므로 방정식

$$-(x+3)(x-3)=m(x+5)$$

즉, $x^2+mx+5m-9=0$ $\cdots\cdots$ ㉠

의 판별식을 D라 하면

$$D=m^2-4(5m-9)=0, \ m^2-20m+36=0$$
$$(m-2)(m-18)=0 \qquad \therefore m=2 \ \text{또는} \ m=18$$

(i) $m=2$일 때, ㉠에서 $x^2+2x+1=0$

$$(x+1)^2=0 \qquad \therefore x=-1$$

(ii) $m=18$일 때, ㉠에서 $x^2+18x+81=0$

$$(x+9)^2=0 \qquad \therefore x=-9$$

그런데 $-3 \le x \le 3$이므로 조건을 만족하지 않는다.

(i), (ii)에서 레이저 광선과 물줄기가 만나는 점의 좌표는 $(-1, 8)$이므로 $a=8$(m)이다.   답 8

---

251 이차함수 $f(x)=-x^2+2ax+2a$에서

$$f(x)=-x^2+2ax+2a=-(x-a)^2+a^2+2a$$

(i) $a<0$일 때,

함수 $f(x)$는 $x=0$에서 최댓값을 갖고, $x=2$에서 최솟값을 가지므로

$$f(0)-f(2)=2a-(6a-4)=-4a+4=2$$
$$-4a=-2 \qquad \therefore a=\frac{1}{2}$$

그런데 $a=\frac{1}{2}$은 주어진 범위에 들어가지 않으므로 조건을 만족하지 않는다.

(ii) $0 \le a<1$일 때,

함수 $f(x)$는 $x=a$에서 최댓값을 갖고, $x=2$에서 최솟값을 가지므로

$$f(a)-f(2)=a^2+2a-(6a-4)=2$$
$$a^2-4a+2=0 \text{에서} \ a=2\pm\sqrt{2}$$
$$\therefore a=2-\sqrt{2} \ (\because 0 \le a<1)$$

(iii) $1 \le a<2$일 때,

함수 $f(x)$는 $x=a$에서 최댓값을 갖고, $x=0$에서 최솟값을 가지므로

$$f(a)-f(0)=a^2+2a-2a=a^2=2$$
$$a^2=2 \text{에서} \ a=\pm\sqrt{2}$$
$$\therefore a=\sqrt{2} \ (\because 1 \le a<2)$$

(iv) $a \ge 2$일 때,

함수 $f(x)$는 $x=2$에서 최댓값을 갖고, $x=0$에서 최솟값을 가지므로

$$f(2)-f(0)=6a-4-2a=4a-4=2$$
$$\therefore a=\frac{3}{2}$$

그런데 $a=\frac{3}{2}$은 주어진 범위에 들어가지 않으므로 조건을 만족하지 않는다.

(i)~(iv)에서 $a=2-\sqrt{2}$ 또는 $a=\sqrt{2}$

따라서 모든 실수 a의 값의 합은 2이다.   답 2

---

252 조건 ㈎와 ㈐에서 이차함수 $y=f(x)$는 $x=\beta$인 점에서 x축에 접하고, 이차항의 계수가 1이므로

$$f(x)=(x-\beta)^2 \qquad \cdots\cdots ㉠$$

으로 놓을 수 있다.

또 조건 ㈏에서 이차함수 $y=f(x)$와 일차함수 $y=g(x)$의 그래프는 $x=\alpha$인 점에서 접하므로 방정식 $f(x)=g(x)$는 $x=\alpha$인 중근을 갖는다.

즉, $f(x)-g(x)=(x-\alpha)^2$이므로

$$g(x)=f(x)-(x-\alpha)^2=(x-\beta)^2-(x-\alpha)^2$$
$$=2(\alpha-\beta)x-(\alpha^2-\beta^2)$$
$$=(2x-\alpha-\beta)(\alpha-\beta)$$

이때 $f(x)$를 $g(x)$로 나누었을 때의 몫을 $Q(x)$라 하면 나머지가 25이므로

$$f(x)=g(x)Q(x)+25$$
$$=(2x-\alpha-\beta)(\alpha-\beta)Q(x)+25$$
$$=2\left(x-\frac{\alpha+\beta}{2}\right)(\alpha-\beta)Q(x)+25$$

$$\cdots\cdots ㉡$$

㉡의 양변에 $x=\frac{\alpha+\beta}{2}$를 대입하면 $f\left(\frac{\alpha+\beta}{2}\right)=25$이므로 $x=\frac{\alpha+\beta}{2}$를 ㉠에 대입하면

$$f\left(\frac{\alpha+\beta}{2}\right)=\left(\frac{\alpha+\beta}{2}-\beta\right)^2=\left(\frac{\alpha-\beta}{2}\right)^2=25$$

$$(\alpha-\beta)^2=100 \qquad \therefore |\alpha-\beta|=10$$

답 ④

253 조건 ㈎에서 이차함수 $y=f(x)$가 $f(2+x)=f(2-x)$
를 만족시키므로 대칭축이 $x=2$이다.
따라서 이차함수 $f(x)$를
$$f(x)=a(x-2)^2+b\ (a,\ b\text{는 상수})$$
로 놓을 수 있다.
이때 조건 ㈐에서 이차함수 $y=f(x)$의 그래프와 직선
$y=2x+1$이 접하므로
$$a(x-2)^2+b=2x+1$$
즉, 이차방정식 $ax^2-2(2a+1)x+4a+b-1=0$의 판
별식을 D라 하면
$$\frac{D}{4}=(2a+1)^2-a(4a+b-1)=0$$
$$4a^2+4a+1-4a^2-ab+a=0$$
$$\therefore 5a-ab+1=0 \qquad \cdots\cdots \bigcirc$$
또 조건 ㈏에서 $0\le x\le 3$일 때, 함수 $f(x)$의 최댓값이
4이고, 최솟값이 0이므로
(i) $a>0$일 때,
　함수 $f(x)$는 $x=2$에서 최솟값 0을 가지므로 $b=0$
　또 $x=0$에서 최댓값 4를 가지므로
$$4a+0=4 \qquad \therefore a=1$$
　$a=1$, $b=0$을 $\bigcirc$에 대입하면 $6\ne 0$이므로 조건을 만
　족하지 않는다.
(ii) $a<0$일 때,
　함수 $f(x)$는 $x=2$에서 최댓값 4를 가지므로 $b=4$
　또 $x=0$에서 최솟값 0을 가지므로
$$4a+4=0 \qquad \therefore a=-1$$
　$a=-1$, $b=4$를 $\bigcirc$에 대입하면 $-5+4+1=0$이므
　로 조건을 만족한다.
(i), (ii)에 의하여 $a=-1$, $b=4$이므로
$$f(x)=-(x-2)^2+4 \qquad \therefore f(3)=3$$

🅐 3

254 모든 실수 x에 대하여 이차함수 $f(x)$는
$$2f(x)+f(2-x)=x^2 \qquad \cdots\cdots \bigcirc$$
을 만족하므로 $\bigcirc$의 양변에 x 대신 $2-x$를 대입하면
$$2f(2-x)+f(2-(2-x))=(2-x)^2$$
$$2f(2-x)+f(x)=(2-x)^2 \qquad \cdots\cdots \bigcirc\!\!\bigcirc$$
$\bigcirc\times 2-\bigcirc\!\!\bigcirc$을 하면
$$3f(x)=2x^2-(2-x)^2=x^2+4x-4$$
$$\therefore f(x)=\frac{1}{3}(x^2+4x-4)$$
ㄱ. $f(1)=\dfrac{1}{3}$ (참)

ㄴ. $f(x)=\dfrac{1}{3}\{(x+2)^2-8\}=\dfrac{1}{3}(x+2)^2-\dfrac{8}{3}$이므로

　이차함수 $f(x)$의 최솟값은 $-\dfrac{8}{3}$이다. (거짓)

ㄷ. 이차함수 $y=f(x)$의 그래프는 $x=-2$에 대하여 대
　칭이므로 모든 실수 x에 대하여
$$f(-2-x)=f(-2+x) \qquad \cdots\cdots \bigcirc\!\!\bigcirc\!\!\bigcirc$$
　가 성립한다.
　이때 $-2-x=t$라 하면 $x=-2-t$이므로 $\bigcirc\!\!\bigcirc\!\!\bigcirc$의 양
　변에 x 대신 $-2-t$를 대입하면
$$f(t)=f(-2+(-2-t)),\ f(t)=f(-4-t)$$
$$\therefore f(x)=f(-4-x) \ (참)$$
따라서 옳은 것은 ㄱ, ㄷ이다. 🅐 ③

255 주어진 그림에서 $\overline{AP}=x\ (0<x<10)$이라 하면
$$\overline{AP}=\overline{BQ}=\overline{CR}=\overline{DS}=x,\ \overline{BP}=\overline{DR}=10-x$$
$$\overline{AS}=\overline{CQ}=18-x$$
이므로
$$\square PQRS$$
$$=\square ABCD-2(\triangle APS+\triangle PBQ)$$
$$=10\cdot 18-2\left\{\frac{1}{2}\cdot(18-x)x+\frac{1}{2}\cdot(10-x)x\right\}$$
$$=180-(-2x^2+28x)=2x^2-28x+180$$
$$=2(x^2-14x+90)=2(x-7)^2+82$$
따라서 $a=82$, $b=7$이므로 $a-b=75$ 🅐 75

256 점 A의 x좌표를 $a\ (0<a<3)$이라 하면 점 A와 점 B
는 x좌표가 같고, 각각 이차함수 $y=-x^2+6x$,
$y=x^2-6x$의 그래프 위의 점이므로 두 점 A, B는
$$A(a,\ -a^2+6a),\ B(a,\ a^2-6a)$$
이때 두 이차함수 $y=-x^2+6x$, $y=x^2-6x$의 그래프
는 직선 $x=3$에 대하여 대칭이고, 점 C와 점 D는 x좌
표가 같으므로
$$C(6-a,\ a^2-6a),\ D(6-a,\ -a^2+6a)$$
따라서 직사각형 ABCD의 둘레의 길이를 $l(a)$라 하면
$$l(a)=2\cdot(\overline{AD}+\overline{AB})$$
$$=2\{(6-a-a)+(-a^2+6a-a^2+6a)\}$$
$$=2(-2a^2+10a+6)$$
$$=-4(a^2-5a-3)$$
$$=-4\left(a-\frac{5}{2}\right)^2+37$$
이므로 직사각형 ABCD의 둘레의 길이의 최댓값은 37
이다. 🅐 37

257 오른쪽 그림과 같이 점 P에서 선분 BC에 내린 수선의 발을 H라 하면 삼각형 ABC와 삼각형 PHC는 닮은 도형이다.

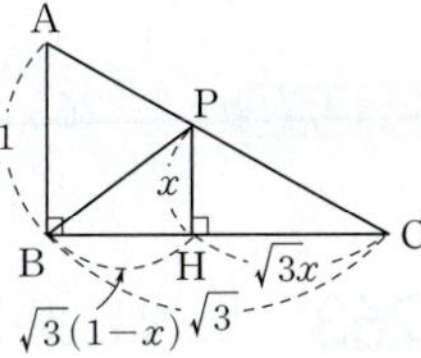

이때 $\overline{PH}=x\ (0<x<1)$이라 하면 $\overline{AB}:\overline{BC}=\overline{PH}:\overline{HC}$이므로

$$1:\sqrt{3}=x:\overline{HC} \qquad \therefore \overline{HC}=\sqrt{3}x$$

$\overline{HC}=\sqrt{3}x$이므로

$$\overline{BH}=\overline{BC}-\overline{HC}=\sqrt{3}-\sqrt{3}x=\sqrt{3}(1-x)$$

$$\therefore \overline{PB}^2+\overline{PC}^2$$

$$=\{x^2+3(1-x)^2\}+\{x^2+(\sqrt{3}x)^2\}$$

$$=8x^2-6x+3$$

$$=8\left(x-\frac{3}{8}\right)^2+\frac{15}{8}$$

따라서 $m=\dfrac{15}{8}$이므로 $8m=15$　　　**답** ①

258 삼각형 ABE는 $\angle A=90°$, $\overline{AB}=4\sqrt{2}$인 직각이등변삼각형이므로

$$\overline{BE}=\sqrt{(4\sqrt{2})^2+(4\sqrt{2})^2}=8$$

이고, 직사각형 BCDE에서 $\overline{BE}:\overline{BC}=2:1$이므로

$$\overline{BC}=4$$

오른쪽 그림과 같이 점 F와 점 H에서 선분 BE에 내린 수선의 발을 각각 P, Q라 하면

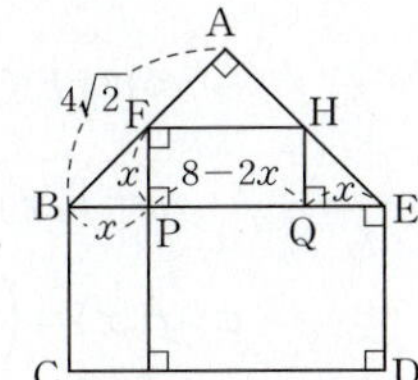

$$\triangle FBP\equiv\triangle HEQ$$

$\overline{BP}=x\ (0<x<4)$라 하면

$$\overline{BP}=\overline{FP}=\overline{EQ}=\overline{HQ}=x,$$

$$\overline{FH}=8-2x,\ \overline{PE}=8-x$$

이므로

(오각형 FGDEH의 넓이)

$$=\square FPEH+\square PGDE$$

$$=\frac{1}{2}\{(8-2x)+(8-x)\}x+4\cdot(8-x)$$

$$=-\frac{3}{2}x^2+4x+32$$

$$=-\frac{3}{2}\left(x-\frac{4}{3}\right)^2+\frac{104}{3}$$

따라서 오각형 FGDEH의 넓이의 최댓값은 $\dfrac{104}{3}$이므로

$$3S=3\cdot\frac{104}{3}=104 \qquad\qquad \text{**답** }104$$

259 $-x^2+2x+4=t$로 놓으면 $t=-(x-1)^2+5$이므로 $0\le x\le 3$에서 $1\le t\le 5$이다.

이때 주어진 함수는

$$y=(-x^2+2x+4)^2-2(-2x^2+4x-2)-2$$

$$=(-x^2+2x+4)^2-4(-x^2+2x-1)-2$$

$$=t^2-4(t-5)-2$$

$$=t^2-4t+18$$

$$=(t-2)^2+14$$

에서 $t=2$일 때 최솟값 14를 가지므로 $m=14$

또 $t=5$일 때 최댓값 23을 가지므로 $M=23$

$$\therefore M-m=23-14=9 \qquad\qquad \text{**답** }9$$

260 이차함수 $y=f(x)$의 대칭축을 y축으로 놓으면 $\overline{AB}=l$이므로 두 점 A, B는

$$A\left(-\frac{l}{2},\ 0\right),\ B\left(\frac{l}{2},\ 0\right)$$

이고, $a>0$인 상수 a에 대하여 이차함수 $f(x)$는

$$f(x)=a\left(x+\frac{l}{2}\right)\left(x-\frac{l}{2}\right)$$로 놓을 수 있다.

또 $\overline{CD}=l+1$이고, 두 점 C, D의 y좌표가 1이므로 두 점 C, D는

$$C\left(-\frac{l+1}{2},\ 1\right),\ D\left(\frac{l+1}{2},\ 1\right)$$

$\overline{EF}=l+3$이고, 두 점 E, F의 y좌표가 4이므로 두 점 E, F는

$$E\left(-\frac{l+3}{2},\ 4\right),\ F\left(\frac{l+3}{2},\ 4\right)$$

이다.

이때 점 D는 이차함수 $y=f(x)$의 그래프 위의 점이므로

$$1=a\left(\frac{l+1}{2}+\frac{l}{2}\right)\left(\frac{l+1}{2}-\frac{l}{2}\right)$$

$$1=a\left(l+\frac{1}{2}\right)\cdot\frac{1}{2}$$

$$\frac{1}{a}=\frac{1}{2}\left(l+\frac{1}{2}\right) \qquad\qquad \cdots\cdots\ \unicode{x3279}$$

또 점 F도 이차함수 $y=f(x)$의 그래프 위의 점이므로

$$4=a\left(\frac{l+3}{2}+\frac{l}{2}\right)\left(\frac{l+3}{2}-\frac{l}{2}\right)$$

$$4=a\left(l+\frac{3}{2}\right)\cdot\frac{3}{2}$$

$$\frac{4}{a}=\frac{3}{2}\left(l+\frac{3}{2}\right) \qquad\qquad \cdots\cdots\ \unicode{x327A}$$

㉠, ㉡에서

$$4\cdot\frac{1}{2}\left(l+\frac{1}{2}\right)=\frac{3}{2}\left(l+\frac{3}{2}\right)$$

$$4l+2=3l+\frac{9}{2},\ l=\frac{5}{2}$$

$$\therefore 10l=10\cdot\frac{5}{2}=25 \qquad\qquad \text{**답** }25$$

261 이차함수 $y=x^2-2ax+a+1$에서

$$y=x^2-2ax+a+1=(x-a)^2-a^2+a+1$$

이고, $0\leq x\leq 2$이므로

(i) $a<0$일 때, $f(a)=f(0)=a+1$

(ii) $0\leq a<2$일 때,

$$f(a)=-a^2+a+1=-\left(a-\frac{1}{2}\right)^2+\frac{5}{4}$$

(iii) $a\geq 2$일 때, $f(a)=f(2)=-3a+5$

$-1\leq a\leq 3$에서 함수 $y=f(a)$의
그래프를 그리면 오른쪽 그림과
같으므로 함수 $f(a)$의 최댓값은

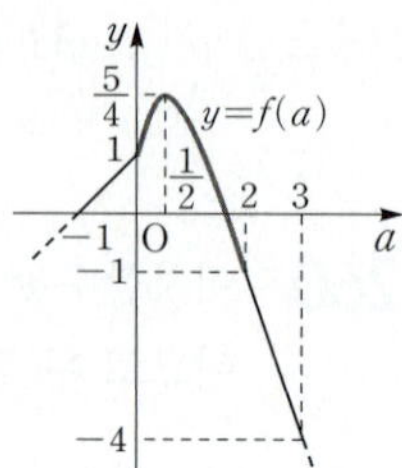

$a=\frac{1}{2}$일 때 $\frac{5}{4}$, 최솟값은 $a=3$

일 때 -4이다.

따라서 최댓값과 최솟값의 곱은

$$\frac{5}{4}\cdot(-4)=-5$$

답 -5

262 $x+y+z=4$에서 $y+z=4-x$ $\qquad$ ……㉠

또 $x^2-2y^2-2z^2=8$에서

$$x^2-8=2(y^2+z^2),\ y^2+z^2=\frac{x^2-8}{2}$$

이때

$$y^2+z^2=(y+z)^2-2yz=(4-x)^2-2yz=\frac{x^2-8}{2}$$

$$2yz=(4-x)^2-\frac{x^2-8}{2}=\frac{x^2-16x+40}{2}$$

$$\therefore yz=\frac{x^2-16x+40}{4} \qquad ……㉡$$

㉠, ㉡에서 y, z는 실수이고 y, z를 두 근으로 하고, 이
차항의 계수가 1인 t에 대한 이차방정식은

$$t^2-(y+z)t+yz=0$$

$$t^2-(4-x)t+\frac{x^2-16x+40}{4}=0 \qquad ……㉢$$

이차방정식 ㉢이 실근을 가져야 하므로 판별식을 D라
하면

$$\begin{aligned} D&=(4-x)^2-4\cdot\frac{x^2-16x+40}{4}\\ &=16-8x+x^2-(x^2-16x+40)\\ &=8x-24\geq 0 \end{aligned}$$

$$\therefore x\geq 3$$

따라서 x의 최솟값이 3이고 ㉠에서 $y+z=1$, ㉡에서

$yz=\frac{1}{4}$이므로 두 식을 연립하여 풀면 $y=z=\frac{1}{2}$

$$\therefore ab-c=3\cdot\frac{1}{2}-\frac{1}{2}=1$$

답 1

263 ㄱ. 모든 실수 x에 대하여 $f(x)=f(n-x)$가 성립하므

로 x 대신에 $\frac{n}{2}-t$를 대입하면

$$f\left(\frac{n}{2}-t\right)=f\left(n-\left(\frac{n}{2}-t\right)\right)$$

$$f\left(\frac{n}{2}-t\right)=f\left(\frac{n}{2}+t\right)$$

따라서 이차함수 $y=f(x)$의 그래프는 직선

$x=\frac{n}{2}$에 대하여 대칭이다. (참)

ㄴ. $f(x)=\left(x+\frac{a}{2}\right)^2-\frac{a^2-4b}{4}$에서 대칭축은

$x=-\frac{a}{2}$이고, ㄱ에서 이차함수 $y=f(x)$의 그래프

는 직선 $x=\frac{n}{2}$에 대하여 대칭이므로

$$-\frac{a}{2}=\frac{n}{2} \qquad \therefore a=-n$$

$a=-n$을 주어진 이차함수의 식에 대입하면
$f(x)=x^2-nx+b$이고 이차방정식 $x^2-nx+b=0$
의 판별식을 D라 하면 $D=n^2-4b$

이때 $b\leq\frac{n^2}{4}$이면 $n^2-4b=D\geq 0$이므로 이차함수

$y=f(x)$의 그래프는 x축과 만난다. (거짓)

ㄷ. $f(x)=\left(x+\frac{a}{2}\right)^2-\frac{a^2-4b}{4}$에서 $a=-n$이므로

$$f(x)=\left(x-\frac{n}{2}\right)^2-\frac{n^2-4b}{4}$$

이차함수 $f(x)$의 최솟값은 $x=\frac{n}{2}$일 때 $-\frac{n^2-4b}{4}$

이고, 최댓값은 $x=-n$일 때 $2n^2+b$이므로 최댓값
과 최솟값의 차는

$$2n^2+b-\left(-\frac{n^2-4b}{4}\right)=\frac{9}{4}n^2 \ (거짓)$$

따라서 옳은 것은 ㄱ뿐이다.

답 ①

264 오른쪽 그림과 같이 직사
각형 모양의 X화단을
□ABCD, 사다리꼴 모
양의 Y화단을 □DCEF
라 하고, 점 F에서 선분
BE에 내린 수선의 발을 H라 하면 삼각형 FHE는 직각
이등변삼각형이므로 $\overline{\text{FH}}=\overline{\text{EH}}$이다.

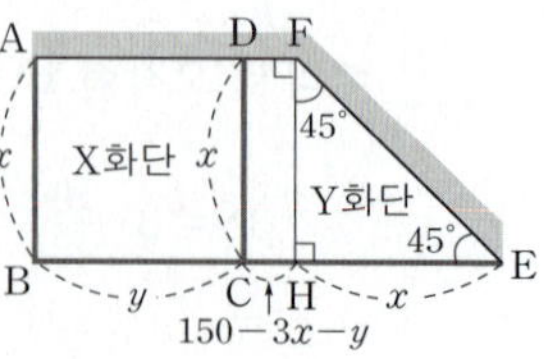

이때 $\overline{AB}=x$, $\overline{BC}=y$라 하면
$$\overline{AB}=\overline{CD}=\overline{FH}=\overline{EH}=x$$
$$\overline{CH}=150-(3x+y)$$
이므로 직사각형 모양의 X화단의 넓이는 xy이고, 사다리꼴 모양의 Y화단의 넓이는

$$\frac{1}{2}\cdot x\{(150-3x-y)+x+150-3x-y\}$$
$$=\frac{1}{2}x(300-5x-2y)$$

X화단의 넓이가 Y화단의 넓이의 2배이므로
$$xy=2\cdot\frac{1}{2}x(300-5x-2y)$$
$$y=300-5x-2y$$
$$3y=-5x+300$$
$$\therefore y=-\frac{5}{3}x+100$$

따라서 사다리꼴 모양의 Y화단의 넓이는
$$\frac{1}{2}x(300-5x-2y)$$
$$=\frac{1}{2}x\left\{300-5x-2\left(-\frac{5}{3}x+100\right)\right\}$$
$$=\frac{1}{2}x\left(-\frac{5}{3}x+100\right)$$
$$=-\frac{5}{6}x^2+50x$$
$$=-\frac{5}{6}(x-30)^2+750$$

이므로 화단 Y의 넓이의 최댓값은 $750\ \text{m}^2$이다.

답 ③

265 오른쪽 그림과 같이 두 원 O_1, O_2가 외접하는 점을 D라 하고, 원 O_1의 반지름의 길이를 r이라 하면

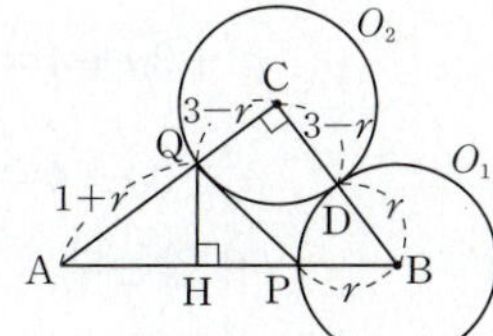

$$\overline{BP}=\overline{BD}=r$$
$$\overline{CD}=\overline{CQ}=3-r$$
$$\overline{AQ}=4-(3-r)=1+r$$

이때 점 Q에서 선분 AB에 내린 수선의 발을 H라 하면 삼각형 AHQ와 삼각형 ACB는 닮은 도형이므로
$$\overline{AH}:\overline{AC}=\overline{AQ}:\overline{AB},\ \overline{AH}:4=(1+r):5$$
$$5\overline{AH}=4(1+r)\qquad\therefore\overline{AH}=\frac{4}{5}(1+r)$$

또 $\overline{AQ}:\overline{AB}=\overline{QH}:\overline{BC}$이므로
$$(1+r):5=\overline{QH}:3,\ 5\overline{QH}=3(1+r)$$
$$\therefore\overline{QH}=\frac{3}{5}(1+r)$$

$\overline{HP}=\overline{AB}-(\overline{AH}+\overline{BP})$이므로
$$\overline{HP}=5-\left\{\frac{4}{5}(1+r)+r\right\}=\frac{3}{5}(7-3r)$$

직각삼각형 QHP에서 $\overline{PQ}^2=\overline{QH}^2+\overline{HP}^2$이므로
$$\overline{PQ}^2=\overline{QH}^2+\overline{HP}^2$$
$$=\frac{9}{25}(1+r)^2+\frac{9}{25}(7-3r)^2$$
$$=\frac{9}{25}(10r^2-40r+50)$$
$$=\frac{18}{5}(r^2-4r+5)$$
$$=\frac{18}{5}(r-2)^2+\frac{18}{5}$$

따라서 $\overline{PQ}^2$의 최솟값 m은 $r=2$일 때, $\frac{18}{5}$이므로
$$50m=50\cdot\frac{18}{5}=180$$

답 180

266 a, b는 한 자리의 자연수이므로 $1\le a\le9$, $1\le b\le9$
두 이차함수 $y=a(x+1)^2$, $y=bx^2$에 대하여

(i) $a\ge b$일 때,
$$\overline{PQ}=a(t+1)^2-bt^2=(a-b)t^2+2at+a$$
이고, 이차함수 $y=a(x+1)^2$의 대칭축이 $x=-1$이므로 $x\ge-1$인 x에 대하여 x의 값이 증가할 때, y의 값도 증가한다.

따라서 $t\ge1$일 때, 선분 PQ의 길이는 계속 커지므로 $t=1$일 때, $\overline{PQ}\le10$이면 된다.

즉, $f(t)=(a-b)t^2+2at+a$라 하면 $f(1)\le10$이어야 하므로 $f(1)=(a-b)+2a+a=4a-b\le10$

이때 a, b는 한 자리의 자연수이고, $a\ge b$이므로 a, b의 순서쌍 (a,b)의 개수는
$$(1,1),\ (2,1),\ (2,2),\ (3,2),\ (3,3)$$
의 5이다.

(ii) $a<b$일 때,

오른쪽 그림과 같이 두 이차함수 $y=a(x+1)^2$ 과 $y=bx^2$의 그래프의 교점 중 x좌표가 양수인 점의 x좌표를 a라 하면 t는 1 이상의 실수 이므로

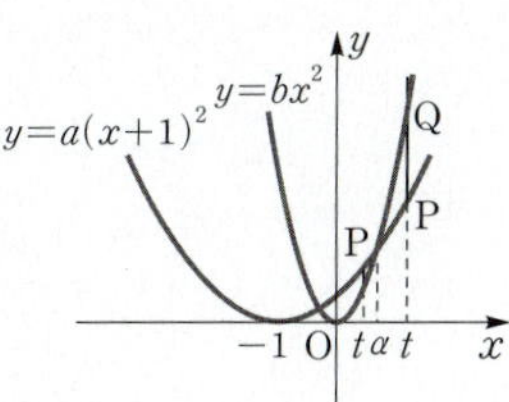

① $1\le a$일 때,
$x=a$인 점에서 $\overline{PQ}=0$이므로 $\overline{PQ}\le10$이다.
따라서 $a<b$인 모든 한 자리의 자연수에 대하여 $\overline{PQ}\le10$인 1 이상의 실수 t가 존재한다.

② $a<1$일 때,
$$\overline{PQ}=bt^2-a(t+1)^2=(b-a)t^2-2at-a$$
이고, 이차함수 $y=bx^2$의 대칭축이 $x=0$이므로 $x\geq0$인 x에 대하여 x의 값이 증가할 때, y의 값도 증가한다.

따라서 $t\geq1$일 때, 선분 PQ의 길이는 계속 커지므로 $t=1$일 때, $\overline{PQ}\leq10$이면 된다.

즉, $f(t)=(b-a)t^2-2at-a$라 하면 $f(1)\leq10$이어야 하므로
$$f(1)=(b-a)-2a-a=b-4a\leq10$$

①, ②에 의하여 $a<b$인 모든 한 자리의 자연수에 대하여 $\overline{PQ}\leq10$인 1 이상의 실수 t가 존재한다.

따라서 a, b의 순서쌍 (a,b)의 개수는

$a=1$일 때, $b=2, 3, 4, 5, 6, 7, 8, 9 \Rightarrow$ 8개

$a=2$일 때, $b=3, 4, 5, 6, 7, 8, 9 \Rightarrow$ 7개

$a=3$일 때, $b=4, 5, 6, 7, 8, 9 \Rightarrow$ 6개

$a=4$일 때, $b=5, 6, 7, 8, 9 \Rightarrow$ 5개

$a=5$일 때, $b=6, 7, 8, 9 \Rightarrow$ 4개

$a=6$일 때, $b=7, 8, 9 \Rightarrow$ 3개

$a=7$일 때, $b=8, 9 \Rightarrow$ 2개

$a=8$일 때, $b=9 \Rightarrow$ 1개

$\therefore 1+2+3+\cdots+8=36$

(i), (ii)에 의하여 구하는 a, b의 순서쌍 (a,b)의 개수는 $5+36=41$

답 41

07 여러 가지 방정식

| 본문 74~75p |

STEP 1				
267 5	**268** ②	**269** 4	**270** 4
271 ①	**272** ⑤	**273** 14	**274** 6	**275** 15
276 30	**277** 6	**278** ①	**279** -1	**280** 25
281 275	**282** 6			

267 원의 할선과 접선의 비례 관계에 의하여 $\overline{PT}^2=\overline{PA}\cdot\overline{PB}$이므로
$$(\sqrt{21}x)^2=(x^2-2x+6)(x^2-2x+6+4x)$$
$$21x^2=(x^2+6)^2-(2x)^2$$
$$21x^2=x^4+12x^2+36-4x^2$$
$$x^4-13x^2+36=0, \ (x^2-4)(x^2-9)=0$$
$$(x+2)(x-2)(x+3)(x-3)=0$$
$$\therefore x=2 \text{ 또는 } x=3 \ (\because x>0)$$
따라서 모든 양의 실수 x의 값의 합은 5이다.

답 5

268 복소수 z에 대하여 z^4이 음의 실수이므로 z^2은 순허수이다. 즉,
$$z^2=(a^2+3a+4i)^2$$
$$=(a^2+3a)^2-16+8(a^2+3a)i$$
이므로 $(a^2+3a)^2-16=0$, $8(a^2+3a)\neq0$

$(a^2+3a)^2-16=0$에서 $(a^2+3a)^2-4^2=0$
$$(a^2+3a+4)(a^2+3a-4)=0$$
$$\therefore a^2+3a+4=0 \text{ 또는 } a^2+3a-4=0$$

(i) $a^2+3a+4=0$일 때,

$a^2+3a+4=\left(a+\dfrac{3}{2}\right)^2+\dfrac{7}{4}>0$이므로 이차방정식 $a^2+3a+4=0$을 만족시키는 실수 a의 값은 존재하지 않는다.

(ii) $a^2+3a-4=0$일 때,

$(a+4)(a-1)=0$이므로 $a=-4 \ (\because a<0)$

(i), (ii)에 의하여 구하는 실수 a의 값은 -4이다.

답 ②

269 사차방정식 $x^4-8x^2+4n-3=0$에서 $x^2=t \ (t>0)$로 놓으면
$$t^2-8t+4n-3=0 \qquad \cdots\cdots ㉠$$
이때 주어진 방정식이 서로 다른 네 실근을 가지려면 $t>0$이므로 방정식 ㉠은 서로 다른 두 양의 실근을 가져야 한다.

(i) t에 대한 이차방정식 $t^2-8t+4n-3=0$의 판별식을 D라 하면

$$\frac{D}{4}=4^2-(4n-3)>0, \ 19-4n>0$$

$$\therefore n<\frac{19}{4}$$

(ii) (두 근의 합)$=8>0$

(iii) (두 근의 곱)$=4n-3>0$이므로 $n>\dfrac{3}{4}$

(i), (ii), (iii)에 의하여 $\dfrac{3}{4}<n<\dfrac{19}{4}$이므로 정수 n은 1, 2, 3, 4이고, 그 개수는 4이다. **답** 4

270 x에 대한 삼차방정식 $x^3+2x^2+x=a^3+2a^2+a$에서
$$x^3+2x^2+x-(a^3+2a^2+a)=0$$
이므로 $f(x)=x^3+2x^2+x-a^3-2a^2-a$라 하면
$$f(x)=(x-a)\{x^2+(a+2)x+a^2+2a+1\}$$
이때 $g(x)=x^2+(a+2)x+a^2+2a+1$이라 하면 주어진 삼차방정식이 중근을 가지려면 방정식 $g(x)=0$이 $x=a$의 근을 갖거나 $x\neq a$인 중근을 가져야 한다.

(i) 방정식 $g(x)=0$이 $x=a$의 근을 가질 때,
$$g(a)=0$이므로 $a^2+(a+2)a+a^2+2a+1=0$$
$$3a^2+4a+1=0, \ (3a+1)(a+1)=0$$
$$\therefore a=-\frac{1}{3} \ \text{또는} \ a=-1$$

(ii) 방정식 $g(x)=0$이 $x\neq a$인 중근을 가질 때,
방정식 $x^2+(a+2)x+a^2+2a+1=0$의 판별식을 D라 하면 $D=0$이므로
$$D=(a+2)^2-4(a^2+2a+1)=0$$
$$3a^2+4a=0, \ a(3a+4)=0$$
$$\therefore a=-\frac{4}{3} \ \text{또는} \ a=0$$

(i), (ii)에 의하여 모든 실수 a의 개수는 4이다. **답** 4

271 삼차방정식 $x^3+x+2=0$의 세 근이 α, β, γ이므로
$$\alpha^3+\alpha+2=0, \ \beta^3+\beta+2=0, \ \gamma^3+\gamma+2=0$$
$$\cdots\cdots \ \text{㉠}$$

또 삼차방정식의 근과 계수의 관계에 의하여
$$\alpha+\beta+\gamma=0, \ \alpha\beta+\beta\gamma+\gamma\alpha=1, \ \alpha\beta\gamma=-2$$
$$\therefore f(\alpha)f(\beta)f(\gamma)$$
$$=(\alpha^3+4)(\beta^3+4)(\gamma^3+4)$$
$$=(2-\alpha)(2-\beta)(2-\gamma) \ (\because \ \text{㉠})$$
$$=2^3-(\alpha+\beta+\gamma)\cdot2^2+(\alpha\beta+\beta\gamma+\gamma\alpha)\cdot2-\alpha\beta\gamma$$
$$=8-0\cdot4+1\cdot2-(-2)$$
$$=12$$

답 ①

272 $x^3=1$에서 $(x-1)(x^2+x+1)=0$이므로 ω는 이차방정식 $x^2+x+1=0$의 근이다. 즉,
$$\omega^2+\omega+1=0, \ \omega^3=1$$
이때 이차방정식 $x^2+x+1=0$의 계수가 실수이므로 ω가 근이면 $\bar{\omega}$도 근이다.
따라서 근과 계수의 관계에 의하여
$$\omega+\bar{\omega}=-1, \ \omega\bar{\omega}=1$$

ㄱ. $1+\omega+\omega^2+\cdots+\omega^{2029}$
$$=(1+\omega+\omega^2)+(1+\omega+\omega^2)+\cdots$$
$$+(1+\omega+\omega^2)+(1+\omega)$$
$$=1+\omega$$
$$=-\omega^2 \ (\because \ \omega^2+\omega+1=0) \ (\text{거짓})$$

ㄴ. $\dfrac{1}{1+\omega}+\dfrac{1}{1+\bar{\omega}}=\dfrac{1+\bar{\omega}+1+\omega}{(1+\omega)(1+\bar{\omega})}$
$$=\frac{\omega+\bar{\omega}+2}{(1+\omega+\bar{\omega}+\omega\bar{\omega})}$$
$$=\frac{-1+2}{1-1+1}$$
$$=1 \ (\text{참})$$

ㄷ. $(1+\omega)(1+\omega^2)(1+\omega^3)\cdots(1+\omega^{11})$
$$=\{(-\omega^2)(-\omega)\cdot2\}\{(-\omega^2)(-\omega)\cdot2\}\cdot$$
$$\{(-\omega^2)(-\omega)\cdot2\}(-\omega^2)(-\omega)$$
$$=2\omega^3\cdot2\omega^3\cdot2\omega^3\cdot\omega^3$$
$$=8 \ (\text{참})$$

따라서 옳은 것은 ㄴ, ㄷ이다. **답** ⑤

273 방정식 $(x^2-4x+3)(x^2-6x+8)=120$에서
$$(x-1)(x-3)(x-2)(x-4)=120$$
$$\{(x-1)(x-4)\}\{(x-2)(x-3)\}=120$$
$$(x^2-5x+4)(x^2-5x+6)=120$$
$x^2-5x+4=t$로 놓으면 $x^2-5x+6=t+2$이므로
$$t(t+2)=120, \ t^2+2t-120=0$$
$$(t-10)(t+12)=0$$
$$\therefore t=10 \ \text{또는} \ t=-12$$

(i) $x^2-5x+4=10$일 때,
$$x^2-5x-6=0$에서$$
$$(x+1)(x-6)=0$$
$$\therefore x=-1 \ \text{또는} \ x=6$$

즉, 이차방정식 $x^2-5x-6=0$은 서로 다른 두 실근을 갖는다.

(ii) $x^2-5x+4=-12$일 때,

$x^2-5x+16=0$에서

$$x^2-5x+16=\left(x-\frac{5}{2}\right)^2+\frac{39}{4}>0$$

이므로 허근을 갖는다.

(i), (ii)에 의하여 ω는 이차방정식 $x^2-5x+16=0$의 한 허근이므로 $\omega^2-5\omega+16=0$

$$\begin{aligned}\therefore\ 2\omega^2-10\omega+46&=2(\omega^2-5\omega+23)\\&=2(\omega^2-5\omega+16+7)\\&=14\end{aligned}$$

답 14

274 $x^3-1=(x-1)(x^2+x+1)=0$이므로 ω는 이차방정식 $x^2+x+1=0$의 근이다. 즉,

$$\omega^2+\omega+1=0,\ \omega^3=1$$

이때 삼차방정식 $2x^3+(2a-b)x^2+(2b-a)x+1=0$의 한 허근이 ω이므로 $x=\omega$를 대입하면

$$2\omega^3+(2a-b)\omega^2+(2b-a)\omega+1=0$$
$$2+(2a-b)(-\omega-1)+(2b-a)\omega+1=0$$
$$-3(a-b)\omega-2a+b+3=0$$

복소수가 서로 같을 조건에 의하여

$$-3(a-b)=0,\ -2a+b+3=0$$

위의 두 식을 연립하여 풀면 $a=3$, $b=3$

$$\therefore\ a+b=6$$

답 6

275 $x^3+1=0$에서 $(x+1)(x^2-x+1)=0$이므로 ω는 이차방정식 $x^2-x+1=0$의 근이다. 즉,

$$\omega^2-\omega+1=0,\ \omega^3=-1$$

이때

$$\begin{aligned}\frac{2\omega^3-\omega^2+\omega+3}{\omega^3+3\omega^2-2\omega+4}&=\frac{-2-(\omega^2-\omega)+3}{-1+3(\omega^2-\omega)+\omega+4}\\&=\frac{-2-(-1)+3}{-1+3(-1)+\omega+4}\\&=\frac{2}{\omega}\end{aligned}$$

이므로 $\left(\dfrac{2\omega^3-\omega^2+\omega+3}{\omega^3+3\omega^2-2\omega+4}\right)^n=\left(\dfrac{2}{\omega}\right)^n$이고, $\left(\dfrac{2}{\omega}\right)^n$의 값이 자연수가 되려면 $\omega^n=1$이어야 하므로 n은 6의 배수이어야 한다.

따라서 두 자리 자연수 중에서 6의 배수의 개수는 15이므로 구하는 자연수 n의 개수는 15이다.

답 15

276 $x^3=1$에서 $(x-1)(x^2+x+1)=0$이므로 ω는 이차방정식 $x^2+x+1=0$의 근이다.

즉, $\omega^2+\omega+1=0$이고 $\omega^3=1$이므로

$$\omega^2=\frac{1}{\omega},\ \omega=\frac{1}{\omega^2}$$

$$\begin{aligned}\therefore\ &f(1)+f(2)+f(3)+\cdots+f(60)\\&=\frac{1}{\omega+1}+\frac{1}{\omega^2+1}+\frac{1}{\omega^3+1}+\cdots+\frac{1}{\omega^{60}+1}\\&=\left(\frac{1}{\omega+1}+\frac{1}{\omega^2+1}+\frac{1}{1+1}\right)+\cdots\\&\qquad\qquad+\left(\frac{1}{\omega+1}+\frac{1}{\omega^2+1}+\frac{1}{1+1}\right)\\&=\left(-\frac{1}{\omega^2}-\frac{1}{\omega}+\frac{1}{2}\right)+\cdots+\left(-\frac{1}{\omega^2}-\frac{1}{\omega}+\frac{1}{2}\right)\\&=\left(-\omega-\omega^2+\frac{1}{2}\right)+\cdots+\left(-\omega-\omega^2+\frac{1}{2}\right)\\&=\frac{3}{2}\cdot20\ (\because\ -\omega^2-\omega=1)\\&=30\end{aligned}$$

답 30

277 두 연립방정식

$$\begin{cases}2x-y=-1 & \cdots\ \text{㉠}\\ x+y=a & \cdots\ \text{㉡}\end{cases},\ \begin{cases}x-by=7 & \cdots\ \text{㉢}\\ x^2+y^2=10 & \cdots\ \text{㉣}\end{cases}$$

의 해가 같으므로 ㉠에서 $y=2x+1$을 ㉣에 대입하면

$$x^2+(2x+1)^2=10,\ 5x^2+4x-9=0$$
$$(5x+9)(x-1)=0$$
$$\therefore\ x=-\frac{9}{5}\ \text{또는}\ x=1$$

(i) $x=-\dfrac{9}{5}$이면 $y=-\dfrac{13}{5}$이므로 ㉡에 대입하면

$$x+y=-\frac{9}{5}+\left(-\frac{13}{5}\right)=-\frac{22}{5}=a$$

이때 a는 정수가 아니므로 조건을 만족하지 않는다.

(ii) $x=1$이면 $y=3$이므로 ㉡에 대입하면 $a=4$

또 $x=1$, $y=3$을 ㉢에 대입하면

$$1-3b=7 \quad\therefore\ b=-2$$

(i), (ii)에 의하여 $a=4$, $b=-2$이므로

$$a-b=4-(-2)=6$$

답 6

278 연립방정식 $\begin{cases} 3x-y=k \\ x^2+y^2=10 \end{cases}$ 에서 $y=3x-k$를 $x^2+y^2=10$

에 대입하면 $x^2+(3x-k)^2=10$

$$10x^2-6kx+k^2-10=0 \qquad \cdots\cdots ㉠$$

이때 이차방정식 ㉠이 중근을 가져야 하므로 판별식을 D라 하면

$$\frac{D}{4}=(3k)^2-10(k^2-10)=0$$

$$9k^2-10k^2+100=0,\ k^2=100$$

$$\therefore k=-10\ \text{또는}\ k=10$$

따라서 모든 실수 k의 값의 곱은 -100이다.　**답** ①

279 연립방정식 $\begin{cases} ax+z=0 & \cdots ㉠ \\ y+2az=0 & \cdots ㉡ \\ x-y+z=0 & \cdots ㉢ \end{cases}$ 에서 ㉡+㉢을 하면

$$x+(2a+1)z=0 \qquad \cdots\cdots ㉣$$

㉠에서 $z=-ax$이므로 ㉣에 대입하면

$$x+(2a+1)(-ax)=0$$

$$x\{1-a(2a+1)\}=0$$

이때 주어진 연립방정식의 해가 무수히 많으려면

$1-a(2a+1)=0$이어야 하므로

$$2a^2+a-1=0,\ (2a-1)(a+1)=0$$

$$\therefore a=-1\ (\because a<0)$$　**답** -1

280 삼차방정식 $x^3+ax^2+bx+c=0$의 한 근이 $2-3i$이므로 $x=2-3i$에서 $x-2=-3i$　$\cdots\cdots ㉠$

㉠의 양변을 제곱하여 정리하면

$$x^2-4x+4=-9 \qquad \therefore x^2-4x+13=0$$

이때 주어진 삼차방정식과 이차방정식이 공통인 실근 m을 가지므로

$$x^3+ax^2+bx+c$$

$$=(x-m)(x^2-4x+13)$$

$$=x^3-(m+4)x^2+(4m+13)x-13m$$

$$\therefore a=-(m+4),\ b=4m+13,\ c=-13m$$

$$\cdots\cdots ㉡$$

또 m이 이차방정식 $x^2+(a+3)x+3=0$의 실근이므로 $x=m$을 대입하면

$$m^2+(a+3)m+3=0 \qquad \cdots\cdots ㉢$$

㉡에서 $a=-(m+4)$이므로 ㉢에 대입하면

$$m^2+(-m-4+3)m+3=0$$

$$m^2-m^2-m+3=0 \qquad \therefore m=3$$

$m=3$이므로 ㉡에서

$$b=4\cdot3+13=25$$　**답** 25

281 자연수 a와 음이 아닌 정수 b, c에 대하여 세 자리 자연수 N을 $N=100a+10b+c$라 하면 조건 ㈎에서

$$a+b+c=14 \qquad \cdots\cdots ㉠$$

또 조건 ㈏에서

$$100\times a+10\times b+c=100\times a+10\times c+b+18$$

$$9b-9c=18$$

$$\therefore b-c=2 \qquad \cdots\cdots ㉡$$

조건 ㈐에서

$$a^2+b^2+c^2=78 \qquad \cdots\cdots ㉢$$

㉠+㉡을 하면 $a+2b=16$이므로 $a=16-2b$

$a=16-2b$, $c=b-2$를 ㉢에 대입하면

$$(16-2b)^2+b^2+(b-2)^2=78$$

$$6b^2-68b+182=0$$

$$3b^2-34b+91=0$$

$$(b-7)(3b-13)=0$$

$$\therefore b=7\ (\because b\text{는 음이 아닌 정수})$$

$b=7$이므로 $a=2$, $c=5$

따라서 세 자리 자연수 N은 275이다.

　답 275

282 직각삼각형 ABC의 외접원의 반지름의 길이가 6이므로

$$\overline{AC}=2\cdot6=12$$

주어진 그림에서 $\overline{BC}=x$, $\overline{AB}=y$ $(x<y)$라 하면 삼각형 ABC는 직각삼각형이므로

$$x^2+y^2=12^2 \qquad \cdots\cdots ㉠$$

또 삼각형 ABC의 내접원의 반지름의 길이가 1이므로

$$\frac{1}{2}xy=\frac{1}{2}\cdot1\cdot(x+y+12)$$

$$\therefore xy=x+y+12 \qquad \cdots\cdots ㉡$$

㉠에서 $x^2+y^2=(x+y)^2-2xy=144$이므로

$$x^2+y^2=(x+y)^2-2(x+y+12)=144$$

$$(x+y)^2-2(x+y)-168=0$$

$$(x+y-14)(x+y+12)=0$$

$$\therefore x+y=14\ (\because x+y>0)$$

$x+y=14$이므로 ㉡에서 $xy=26$

이때 x, y를 두 근으로 하고 이차항의 계수가 1인 t에 대한 이차방정식은

$$t^2-(x+y)t+xy=0$$

$$t^2-14t+26=0$$

$$\therefore t=7\pm\sqrt{23}$$

$\overline{BC}<\overline{AB}$이므로 $\overline{BC}=7-\sqrt{23}$

따라서 $a=7$, $b=-1$이므로 $a+b=6$이다.

　답 6

STEP 2	283 ②	284 4	285 ②	286 5
	287 ②	288 ①	289 20	290 16	291 66
	292 ⑤	293 ⑤	294 ①	295 ⑤	296 ①
	297 72	298 7	299 ②	300 24	301 5
	302 1	303 125	304 5	305 −23	

283
$$n^4-8n^2+4=n^4-4n^2+4-4n^2=(n^2-2)^2-(2n)^2$$
$$=(n^2-2n-2)(n^2+2n-2)$$
이때 n^4-8n^2+4의 값이 소수이므로
$$n^2-2n-2=1 \text{ 또는 } n^2+2n-2=1$$
(i) $n^2-2n-2=1$일 때,
$$n^2-2n-3=0에서 (n+1)(n-3)=0$$
$$\therefore n=-1 \text{ 또는 } n=3$$
그런데 $n=-1$이면 n^4-8n^2+4의 값이 -3이므로
소수가 아니다.
따라서 정수 n은 3이다.
(ii) $n^2+2n-2=1$일 때,
$$n^2+2n-3=0에서 (n+3)(n-1)=0$$
$$\therefore n=-3 \text{ 또는 } n=1$$
그런데 $n=1$이면 n^4-8n^2+4의 값이 -3이므로 소
수가 아니다.
따라서 정수 n은 -3이다.
(i), (ii)에 의하여 정수 n의 개수는 2이고, 그때의
n^4-8n^2+4의 값은 13이므로
$$a+b=2+13=15$$
답 ②

284 주어진 이차방정식의 판별식을 D라 하면
$$\frac{D}{4}=(a+b)^2-(a-b)^2-2ab-4a-3b-1=0이므로$$
$$2ab-4a-3b-1=0$$
$$2a(b-2)-3(b-2)-7=0$$
$$(2a-3)(b-2)=7$$
이때 a, b는 정수이므로

$2a-3$	$b-2$	a	b
1	7	2	9
7	1	5	3
−1	−7	1	−5
−7	−1	−2	1

따라서 정수 a, b의 순서쌍 (a, b)의 개수는
$$(2, 9), (5, 3), (1, -5), (-2, 1)$$
의 4이다.
답 4

285 삼차방정식 $x^3-12x^2+(k+32)x-4k=0$에서
$$(x-4)(x^2-8x+k)=0$$
이고 α, β는 이차방정식 $x^2-8x+k=0$의 두 근이므로
근과 계수의 관계에 의하여
$$\alpha+\beta=8, \ \alpha\beta=k$$
이때 4, α, β는 직각삼각형 ABC의 세 변의 길이이고,
$\alpha+\beta=8$이므로 빗변의 길이는 α 또는 β이다.
(i) 직각삼각형 ABC의 빗변의 길이가 α일 때,
$$4^2+\beta^2=\alpha^2이 성립하므로$$
$$\alpha^2-\beta^2=16, \ (\alpha+\beta)(\alpha-\beta)=16$$
$$8(\alpha-\beta)=16 \qquad \therefore \alpha-\beta=2$$
$$\therefore k=\alpha\beta=\frac{1}{4}\{(\alpha+\beta)^2-(\alpha-\beta)^2\}$$
$$=\frac{1}{4}(64-4)$$
$$=15$$
(ii) 직각삼각형 ABC의 빗변의 길이가 β일 때,
$$4^2+\alpha^2=\beta^2이 성립하므로$$
$$\beta^2-\alpha^2=4^2, \ (\beta+\alpha)(\beta-\alpha)=16$$
$$8(\beta-\alpha)=16 \qquad \therefore \beta-\alpha=2$$
$$\therefore k=\alpha\beta=\frac{1}{4}\{(\alpha+\beta)^2-(\alpha-\beta)^2\}$$
$$=\frac{1}{4}(64-4)$$
$$=15$$
(i), (ii)에 의하여 $k=15$이다.
답 ②

286 삼차방정식 $x^3+ax^2+bx-12=0$의 두 허근이 α, $\dfrac{\alpha^2}{2}$이
므로 $\alpha=p+qi$ (p, q는 실수, $q\neq0$)이라 하면
$$\frac{\alpha^2}{2}=\frac{(p+qi)^2}{2}=\frac{p^2-q^2+2pqi}{2}$$
$$=\frac{p^2-q^2}{2}+pqi$$
이때 a, b가 실수이므로 $\dfrac{\alpha^2}{2}=\bar{\alpha}$에서
$$\frac{p^2-q^2}{2}+pqi=p-qi, \ \frac{p^2-q^2}{2}=p, \ pq=-q$$
$$\therefore p=-1, \ q=\pm\sqrt{3} \ (\because q\neq0)$$
즉, $\alpha=-1+\sqrt{3}i$, $\bar{\alpha}=-1-\sqrt{3}i$라 하고, 다른 한 실근
을 β라 하면 삼차방정식의 근과 계수의 관계에 의하여
$$\alpha+\bar{\alpha}+\beta=-2+\beta=-a$$
$$\alpha\bar{\alpha}+\bar{\alpha}\beta+\alpha\beta=4+\beta(\alpha+\bar{\alpha})=4-2\beta=b$$
$$\alpha\bar{\alpha}\beta=4\beta=12 \qquad\qquad \cdots\cdots\ \text{㉠}$$
㉠에서 $\beta=3$이므로 $a=-1$, $b=-2$
$$\therefore a^2+b^2=(-1)^2+(-2)^2=5$$
답 5

287 사차방정식 $x^4-px^2+q=0$에서 $x^2=t$로 놓으면 주어진 방정식은 $t^2-pt+q=0$이다.

이때 주어진 조건에서 사차방정식 $x^4-px^2+q=0$이 2개의 정수인 실근을 갖고, 모든 근의 곱이 -80이므로 t에 대한 이차방정식 $t^2-pt+q=0$의 두 근을 α, β라 하면 α, β 중 한 근은 정수의 제곱인 수이고 $\alpha\beta=-80$이다.

즉, $\alpha<0<\beta$에서 β를 정수의 제곱인 수라 하면

(i) $\alpha\beta=-80=(-80)\times1$에서 $\alpha=-80$, $\beta=1$

(ii) $\alpha\beta=-80=(-20)\times4$에서 $\alpha=-20$, $\beta=4$

(iii) $\alpha\beta=-80=(-5)\times16$에서 $\alpha=-5$, $\beta=16$

따라서 근과 계수의 관계에 의하여 $p=\alpha+\beta$이므로 p의 최댓값은 $-5+16=11$이다.

답 ②

288 조건 ㈏의 삼차방정식
$$x^3-(k+2)x^2+(2k+4)x-4k=0$$
에서 $(x-k)(x^2-2x+4)=0$
$$\therefore x=k \text{ 또는 } x^2-2x+4=0$$

이때 조건 ㈎에서 α는 실수이므로 조건 ㈏의 삼차방정식의 두 근 중 $\alpha-1$은 실수이다.

즉, $\alpha-1=k$이므로 $\alpha=k+1$ ······ ㉠

또 β는 허수이고 이차방정식 $x^2-2x+4=0$의 두 근이 $\beta-1$, $\overline{\beta-1}$, 즉 $\beta-1$, $\overline{\beta}-1$이므로 근과 계수의 관계에 의하여
$$\beta-1+\overline{\beta}-1=\beta+\overline{\beta}-2=2 \quad \therefore \beta+\overline{\beta}=4$$
$$(\beta-1)(\overline{\beta}-1)=\beta\overline{\beta}-(\beta+\overline{\beta})+1=\beta\overline{\beta}-4+1$$
$$=\beta\overline{\beta}-3=4$$
$$\therefore \beta\overline{\beta}=7$$

조건 ㈎의 삼차방정식 $x^3+ax^2+bx+c=0$의 세 근이 α, β, $\overline{\beta}$이므로 삼차방정식의 근과 계수의 관계에 의하여
$$\alpha+\beta+\overline{\beta}=\alpha+4=-a$$
$$\alpha\beta+\beta\overline{\beta}+\alpha\overline{\beta}=\alpha(\beta+\overline{\beta})+\beta\overline{\beta}=4\alpha+7=b$$
$$\alpha\beta\overline{\beta}=7\alpha=-c$$

이고, ㉠에서 $\alpha=k+1$이므로
$$k(a+b+c)=k\{-(\alpha+4)+(4\alpha+7)-7\alpha\}$$
$$=k(-4\alpha+3)$$
$$=k\{-4(k+1)+3\}$$
$$=-4\left(k+\frac{1}{8}\right)^2+\frac{1}{16}$$

따라서 구하는 최댓값은 $\dfrac{1}{16}$이다.

답 ①

289 방정식 $|x^2-4|-2x-k=0$에서 $|x^2-4|-2x=k$이므로 $f(x)=|x^2-4|-2x$, $g(x)=k$라 하면
$$f(x)=\begin{cases} x^2-2x-4 & (x<-2 \text{ 또는 } x>2) \\ -x^2-2x+4 & (-2\le x\le 2) \end{cases}$$

이때 두 함수 $y=f(x)$와 $y=g(x)$의 그래프를 그리면 오른쪽 그림과 같다.

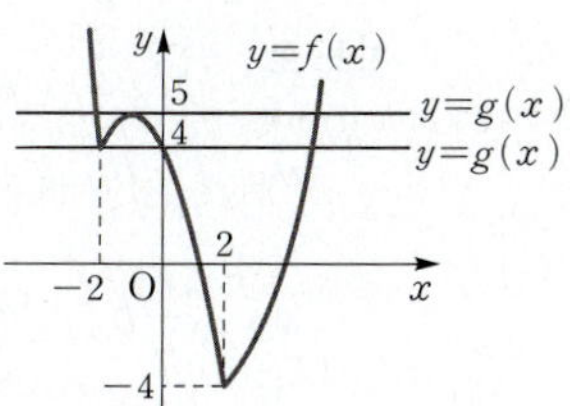

따라서 방정식 $|x^2-4|-2x-k=0$이 서로 다른 세 실근을 갖도록 하는 실수 k의 값은 4 또는 5이므로 모든 실수 k의 값의 곱은 20이다.

답 20

290 삼차방정식 $x^3+x+1=0$의 한 허근이 ω이므로
$$\omega^3+\omega+1=0, \text{ 즉 } \omega^3=-\omega-1$$
$f(\omega)=\omega^2-a\omega+b$이므로
$$(\omega^2+\omega+1)f(\omega)$$
$$=(\omega^2+\omega+1)(\omega^2-a\omega+b)$$
$$=\omega^4+(1-a)\omega^3+(b-a+1)\omega^2+(b-a)\omega+b$$
$$=\omega(-\omega-1)+(1-a)(-\omega-1)$$
$$\qquad +(-a+b+1)\omega^2+(-a+b)\omega+b$$
$$=(-a+b)\omega^2+(b-2)\omega+a+b-1$$
$$=3$$

이때 ω, ω^2은 모두 허수이므로 복소수가 서로 같을 조건에 의하여
$$-a+b=0, \ b-2=0, \ a+b-1=3$$
위의 식을 연립하여 풀면 $a=2$, $b=2$
$$\therefore a^3+b^3=2^3+2^3=8+8=16$$

답 16

291 방정식 $x^3=1$에서 $(x-1)(x^2+x+1)=0$이므로
$$x=1 \text{ 또는 } x=\frac{-1\pm\sqrt{3}i}{2}$$

이때 $\omega=\dfrac{-1+\sqrt{3}i}{2}$라 하면 $\omega^3=1$, $\omega^2=\overline{\omega}$이므로
$$a_1+b_1i=\omega=\frac{-1+\sqrt{3}i}{2} \text{ 에서 } a_1=-\frac{1}{2}, \ b_1=\frac{\sqrt{3}}{2}$$
$$a_2+b_2i=\omega^2=\overline{\omega}=\frac{-1-\sqrt{3}i}{2} \text{ 에서}$$
$$a_2=-\frac{1}{2}, \ b_2=-\frac{\sqrt{3}}{2}$$
$$a_3+b_3i=\omega^3=1 \text{ 에서 } a_3=1, \ b_3=0$$
$$a_4+b_4i=\omega^4=\omega \text{ 에서 } a_4=a_1=-\frac{1}{2}, \ b_4=b_1=\frac{\sqrt{3}}{2}$$
$$\vdots$$

즉, 자연수 k에 대하여
$$a_{3k-2}=a_{3k-1}=-\frac{1}{2},\ a_{3k}=1,$$
$$b_{3k-2}=\frac{\sqrt{3}}{2},\ b_{3k-1}=-\frac{\sqrt{3}}{2},\ b_{3k}=0$$
이므로
$$a_{3k-2}{}^2+b_{3k-2}{}^2=\left(-\frac{1}{2}\right)^2+\left(\frac{\sqrt{3}}{2}\right)^2=1$$
$$a_{3k-1}{}^2+b_{3k-1}{}^2=\left(-\frac{1}{2}\right)^2+\left(-\frac{\sqrt{3}}{2}\right)^2=1$$
$$a_{3k}{}^2+b_{3k}{}^2=1^2+0=1$$
$$a_{3k-2}+a_{3k-1}=-\frac{1}{2}+\left(-\frac{1}{2}\right)=-1$$
따라서 주어진 식의 값이 정수가 되려면
$$n=3k-1 \ \text{또는}\ n=3k\ (k\text{는 자연수})$$
이므로 100 이하의 자연수 n의 개수는
$$33+33=66$$
답 66

292 방정식 $x^3=1$에서 $(x-1)(x^2+x+1)=0$이므로
$$\omega^2+\omega+1=0,\ \omega^3=1$$

ㄱ. $f(3)=\dfrac{1}{\omega}+\dfrac{1}{\omega^2}+\dfrac{1}{\omega^3}=\dfrac{\omega^2+\omega+1}{\omega^3}=\dfrac{0}{1}=0$ (참)

ㄴ. ㄱ에 의하여 $f(3k)=0$이므로
$$f(3k+2)$$
$$=f(3k)+\frac{1}{\omega^{3k+1}}+\frac{1}{\omega^{3k+2}}$$
$$=\frac{1}{\omega^{3k+1}}+\frac{1}{\omega^{3k+2}}$$
$$=\frac{\omega+1}{\omega^{3k+2}}=\frac{-\omega^2}{\omega^2}\ (\because \omega^3=1,\ \omega+1=-\omega^2)$$
$$=-1\ (참)$$

ㄷ. $\{f(n)\}^2-f(n)=0$에서 $f(n)\{f(n)-1\}=0$
$$\therefore f(n)=0\ \text{또는}\ f(n)=1$$
(ⅰ) $f(n)=0$일 때,

　ㄱ에 의하여 n이 3의 배수이면 $f(n)=0$이므로
　두 자리 자연수 중 3의 배수의 개수는 30이다.

(ⅱ) $f(n)=1$일 때,
$$f(3n-2)=\frac{1}{\omega},\ f(3n-1)=-1,\ f(3n)=0\text{이}$$
　므로 $f(3n)=1$인 자연수 n은 존재하지 않는다.

(ⅰ), (ⅱ)에 의하여 구하는 두 자리 자연수 n의 개수
는 30이다. (참)

따라서 옳은 것은 ㄱ, ㄴ, ㄷ이다. 답 ⑤

293 $x^4+x^2+1=0$에서 $(x^2-x+1)(x^2+x+1)=0$이므로
$$x^2-x+1=0\ \text{또는}\ x^2+x+1=0$$

이때 이차방정식 $x^2-x+1=0$의 두 허근을 $\alpha,\ \bar{\alpha}$, 이차
방정식 $x^2+x+1=0$의 두 허근을 $\omega,\ \bar{\omega}$라 하면
$$\alpha+\bar{\alpha}=1,\ \alpha\bar{\alpha}=1,\ \omega+\bar{\omega}=-1,\ \omega\bar{\omega}=1$$

ㄱ. α는 이차방정식 $x^2-x+1=0$의 근이므로
$$\alpha^2-\alpha+1=0 \quad \therefore \alpha^3=-1\ (실수)$$
　또 ω는 이차방정식 $x^2+x+1=0$의 근이므로
$$\omega^2+\omega+1=0 \quad \therefore \omega^3=1\ (실수)\ (참)$$

ㄴ. $\alpha+\bar{\alpha}=1$에서 α는 이차방정식 $x^2-x+1=0$의 근이
　므로
$$\alpha^2-\alpha+1=0,\ \alpha\bar{\alpha}=1$$
$$\therefore \frac{5}{\alpha^2+4\alpha+1}=\frac{5}{\alpha^2-\alpha+1+5\alpha}=\frac{5}{5\alpha}$$
$$=\frac{1}{\alpha}=\bar{\alpha}\ (\because \alpha\bar{\alpha}=1)\ (참)$$

ㄷ. $\omega+\bar{\omega}=-1$에서 ω는 이차방정식 $x^2+x+1=0$의
　근이므로
$$\omega^2+\omega+1=0,\ \omega^3=1$$
$$\therefore (1+\omega)(1+\omega^2)(1+\omega^3)$$
$$=(1+\omega+\omega^2+\omega^3)(1+\omega^3)$$
$$=(1+\omega+\omega^2+1)(1+1)$$
$$=2\ (참)$$

따라서 옳은 것은 ㄱ, ㄴ, ㄷ이다. 답 ⑤

294 $x^7-1=(x-1)(x^6+x^5+x^4+x^3+x^2+x+1)$이므로
$$x=1\ \text{또는}\ x^6+x^5+x^4+x^3+x^2+x+1=0$$
이때 $x_1=1$이라 하면
$$f(x_1)=f(1)=\frac{1}{1+1}+\frac{1}{1+1}+\frac{1}{1+1}=\frac{3}{2}$$
$x_i \neq 1\ (i=2,\ 3,\ 4,\ 5,\ 6,\ 7)$인 x_i에 대하여 $x_i=a$라 하
면 $a^7=1,\ a^6+a^5+a^4+a^3+a^2+a+1=0$
이때
$$f(x_i)$$
$$=f(a)=\frac{a}{1+a^2}+\frac{a^2}{1+a^4}+\frac{a^3}{1+a^6}$$
$$=\frac{a(1+a^4)(1+a^6)+a^2(1+a^2)(1+a^6)+a^3(1+a^2)(1+a^4)}{(1+a^2)(1+a^4)(1+a^6)}$$
$$=\frac{2(a^5+a^4+a^3+a^2+a+1)}{a^6+(a^6+a^5+a^4+a^3+a^2+a+1)}\ (\because a^7=1)$$
$$=\frac{2(-a^6)}{a^6+0}\ (\because a^5+a^4+a^3+a^2+a+1=-a^6)$$
$$=\frac{-2a^6}{a^6}=-2$$
이므로
$$f(x_1)+f(x_2)+f(x_3)+\cdots+f(x_7)$$
$$=\frac{3}{2}+(-2)\cdot6=-\frac{21}{2}$$
답 ①

295 연립방정식 $\begin{cases} x+2y-3z=1 & \cdots \text{㉠} \\ 2x+y-z=2 & \cdots \text{㉡} \\ kx+y+z=10 & \cdots \text{㉢} \end{cases}$ 에서

㉡$\times 3-$㉠을 하면 $5x+y=5$이므로
$$y=-5x+5 \qquad\qquad \cdots\cdots \text{㉣}$$
또 ㉡$\times 2-$㉠을 하면 $3x+z=3$이므로
$$z=-3x+3 \qquad\qquad \cdots\cdots \text{㉤}$$
㉣, ㉤을 ㉢에 대입하면
$$kx+(-5x+5)+(-3x+3)=10, \ (k-8)x=2$$
따라서 $k-8=0$, 즉 $k=8$이면 (좌변)$\neq$(우변)이므로
주어진 연립방정식의 해는 존재하지 않는다. 　　**답 ⑤**

296 연립방정식 $\begin{cases} (2k+1)x+(2-k)y=5k & \cdots \text{㉠} \\ akx+(k+1)y=2b+3+7k & \cdots \text{㉡} \end{cases}$ 에서

㉠을 k에 대하여 정리하면
$$(2x-y-5)k+x+2y=0 \qquad\qquad \cdots\cdots \text{㉢}$$
㉢이 k에 대한 항등식이므로
$$2x-y-5=0, \ x+2y=0$$
위의 두 식을 연립하여 풀면 $x=2$, $y=-1$
$x=2$, $y=-1$을 ㉡에 대입하면
$$2ak-(k+1)=2b+3+7k \qquad\qquad \cdots\cdots \text{㉣}$$
㉣을 k에 대하여 정리하면
$$(2a-8)k-2(b+2)=0 \qquad\qquad \cdots\cdots \text{㉤}$$
㉤이 k에 대한 항등식이므로
$$2a-8=0, \ -2(b+2)=0$$
따라서 $a=4$, $b=-2$이므로
$$a-b=4-(-2)=6 \qquad\qquad\qquad \textbf{답 ①}$$

297 연립방정식 $\begin{cases} x^2+y^2+2(x+y)=k \\ x^2+xy+y^2=4 \end{cases}$ 에서

$$\begin{cases} (x+y)^2-2xy+2(x+y)=k \\ (x+y)^2-xy=4 \end{cases}$$
$x+y=t$로 놓으면 주어진 연립방정식은
$$\begin{cases} t^2-2xy+2t=k & \cdots\cdots \text{㉠} \\ t^2-xy=4 & \cdots\cdots \text{㉡} \end{cases}$$
$2\times$㉡$-$㉠을 하면 $t^2-2t+k-8=0$ 　$\cdots\cdots$ ㉢
이때 $\alpha+\beta=t$이므로 $\alpha+\beta$가 항상 양수가 되려면 이차
방정식 ㉢이 항상 양의 실근을 가져야 한다.
(i) 이차방정식 ㉢의 판별식을 D라 하면
$$\frac{D}{4}=1-(k-8)\geq 0 \qquad \therefore k\leq 9$$
(ii) (두 근의 합)$=2>0$
(iii) (두 근의 곱)$=k-8>0$이므로 $k>8$
(i), (ii), (iii)에서 $8<k\leq 9$이므로 $ab=8\cdot 9=72$ 　**답 72**

298 $\dfrac{xy}{2x+y}=\dfrac{2}{5}$의 양변에 역수를 취하면
$$\frac{2x+y}{xy}=\frac{2}{y}+\frac{1}{x}=\frac{5}{2}$$
$\dfrac{yz}{y+3z}=\dfrac{4}{13}$의 양변에 역수를 취하면
$$\frac{y+3z}{yz}=\frac{1}{z}+\frac{3}{y}=\frac{13}{4}$$
$\dfrac{zx}{z+x}=\dfrac{4}{3}$의 양변에 역수를 취하면
$$\frac{z+x}{zx}=\frac{1}{x}+\frac{1}{z}=\frac{3}{4}$$
이때 $\dfrac{1}{x}=a$, $\dfrac{1}{y}=b$, $\dfrac{1}{z}=c$로 놓으면 주어진 연립방정

식은 $\begin{cases} a+2b=\dfrac{5}{2} & \cdots\cdots \text{㉠} \\ 3b+c=\dfrac{13}{4} & \cdots\cdots \text{㉡} \\ c+a=\dfrac{3}{4} & \cdots\cdots \text{㉢} \end{cases}$

$3\times$㉠$-2\times$㉡을 하면 $3a-2c=1$ 　$\cdots\cdots$ ㉣
$2\times$㉢$+$㉣을 하면 $5a=\dfrac{5}{2}$ 　 $\therefore a=\dfrac{1}{2}$

$a=\dfrac{1}{2}$을 ㉠과 ㉢에 각각 대입하면
$$b=1, \ c=\frac{1}{4}$$
따라서 $x=2$, $y=1$, $z=4$이므로
$$x+y+z=7 \qquad\qquad\qquad \textbf{답 7}$$

299 조건 ㈎에서 $f(2)=-4$ 　$\cdots\cdots$ ㉠
조건 ㈏에서 삼차다항식 $f(x)$를 $x-a$로 나누었을 때의
몫을 $Q(x)$라 하면 나머지가 a^3이므로
$$f(x)=(x-a)Q(x)+a^3 \qquad\qquad \cdots\cdots \text{㉡}$$
이때 ㉡을 만족시키는 실수 a가 1과 4뿐이므로
$g(x)=f(x)-x^3$으로 놓으면 다항식 $g(x)$는 최고차항
의 계수가 음수이고, 1과 4를 근으로 갖는 삼차다항식
이다.
따라서 음수 k에 대하여
$$g(x)=k(x-1)^2(x-4) \ \text{또는}$$
$$g(x)=k(x-1)(x-4)^2$$
으로 놓을 수 있다.
(i) $g(x)=k(x-1)^2(x-4)$일 때,
　㉠에서 $f(2)=-4$이므로
　$f(x)-x^3=k(x-1)^2(x-4)$의 양변에 $x=2$를 대
　입하면
$$f(2)-8=-2k, \ -4-8=-2k \qquad \therefore k=6$$
그런데 $k<0$이므로 조건을 만족시키지 않는다.

(ii) $g(x)=k(x-1)(x-4)^2$일 때,

㉠에서 $f(2)=-4$이므로

$f(x)-x^3=k(x-1)(x-4)^2$의 양변에 $x=2$를 대

입하면

$$f(2)-8=4k, \quad -4-8=4k \qquad \therefore k=-3$$

(i), (ii)에 의하여 $f(x)=-3(x-1)(x-4)^2+x^3$이므로

$$f(3)=-6+27=21$$

目 ②

---

300 오른쪽 그림과 같이 $\overline{AB}=x$,

$\overline{BC}=y$ (x, y는 자연수)라 하고,

대각선 BD를 그으면 삼각형 ABD

와 삼각형 BCD는 직각삼각형이므

로 $\overline{BD}^2=x^2+25=y^2+49$

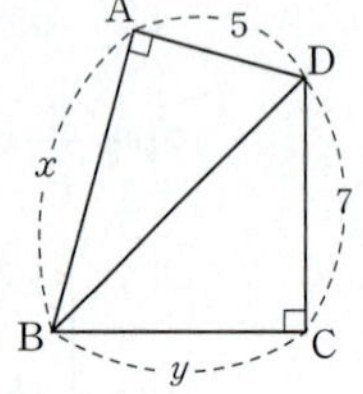

$$x^2-y^2=24, \quad (x-y)(x+y)=24$$

(i) $x-y=1$, $x+y=24$일 때, $x=\dfrac{25}{2}$, $y=\dfrac{23}{2}$

그런데 x, y는 자연수이므로 조건을 만족하지 않는

다.

(ii) $x-y=2$, $x+y=12$일 때, $x=7$, $y=5$

x, y는 자연수이므로 조건을 만족한다.

(iii) $x-y=3$, $x+y=8$일 때, $x=\dfrac{11}{2}$, $y=\dfrac{5}{2}$

그런데 x, y는 자연수이므로 조건을 만족하지 않는

다.

(iv) $x-y=4$, $x+y=6$일 때, $x=5$, $y=1$

x, y는 자연수이므로 조건을 만족한다.

(i)~(iv)에 의하여 사각형 ABCD의 둘레의 길이의 최댓

값은 $x+y+7+5=12+12=24$

目 24

---

301 점 B는 직선 $y=x$ 위의 점이므로 점 B의 좌표를

(a^2, a^2) $(0<a<1)$로 놓으면 점 A는 곡선

$y=-(x-1)^2+1$ 위의 점이므로 점 A의 좌표는

$$(a^2, -(a^2-1)^2+1)$$

또 점 C는 곡선 $y=x^2$ 위의 점이고 $a^2=x^2$에서 $x=a$이

므로 점 C의 좌표는 (a, a^2)

점 D는 직선 $y=x$ 위의 점이므로 점 D의 좌표는 (a, a)

이때 두 점 A, D의 y좌표가 같으므로

$$-(a^2-1)^2+1=a, \quad a^4-2a^2+a=0$$

$$a(a^3-2a+1)=0, \quad a(a-1)(a^2+a-1)=0$$

$$\therefore a^2+a-1=0 \ (\because 0<a<1) \qquad \cdots\cdots ㉠$$

이차방정식 ㉠의 해를 구하면

$$a=\frac{-1+\sqrt{5}}{2} \ (\because 0<a<1)$$

한편 정사각형 ABCD의 한 변의 길이는 $\overline{BC}=a-a^2$이

고 ㉠에서 $a^2=-a+1$이므로 정사각형의 넓이를 $S(a)$

라 하면

$$S(a)=(a-a^2)^2=(a+a-1)^2=(2a-1)^2$$
$$=4a^2-4a+1=4(-a+1)-4a+1$$
$$=-8a+5=-8\left(\frac{-1+\sqrt{5}}{2}\right)+5$$
$$=9-4\sqrt{5}$$

$$\therefore p+q=9+(-4)=5$$

目 5

---

302 삼차방정식 $2x^3+x^2+x-1=0$에서

$f(x)=2x^3+x^2+x-1$이라 하면 $f\left(\dfrac{1}{2}\right)=0$이므로 조립

제법을 이용하여 주어진 삼차방정식의 좌변을 인수분

해하면

$$(2x-1)(x^2+x+1)=0$$

즉, ω는 이차방정식 $x^2+x+1=0$의 한 허근이므로

$$\omega^2+\omega+1=0$$

이때 $\overline{\omega}$도 이차방정식 $\omega^2+\omega+1=0$의 근이므로 근과

계수의 관계에 의하여

$$\omega+\overline{\omega}=-1, \quad \omega\overline{\omega}=1$$

$$\therefore \frac{\omega}{1+\omega}+\frac{\overline{\omega}}{1+\overline{\omega}}=\frac{\omega(1+\overline{\omega})+\overline{\omega}(1+\omega)}{(1+\omega)(1+\overline{\omega})}$$
$$=\frac{\omega+\overline{\omega}+2\omega\overline{\omega}}{1+(\omega+\overline{\omega})+\omega\overline{\omega}}$$
$$=\frac{-1+2\cdot1}{1-1+1}$$
$$=1$$

目 1

---

303 $\dfrac{b}{a-1}=\dfrac{c}{b-1}=\dfrac{a}{c-1}=k$에서

$$b=k(a-1) \qquad\qquad \cdots\cdots ㉠$$
$$c=k(b-1) \qquad\qquad \cdots\cdots ㉡$$
$$a=k(c-1) \qquad\qquad \cdots\cdots ㉢$$

㉠$-$㉡을 하면 $b-c=k(a-b)$

㉡$-$㉢을 하면 $c-a=k(b-c)$

㉢$-$㉠을 하면 $a-b=k(c-a)$

위의 식을 각 변끼리 곱하면

$$(a-b)(b-c)(c-a)=k^3(a-b)(b-c)(c-a)$$

이때 $a\neq b\neq c$이므로 $k^3=1$

그런데 k는 허수이므로 $(k-1)(k^2+k+1)=0$에서

$$k^2+k+1=0$$

$$\therefore (k^2+k+6)^3=(k^2+k+1+5)^3$$
$$=5^3=125$$

目 125

---

304 삼차방정식 $x^3+2x-1=0$의 서로 다른 세 근을 α, β, γ라 하면 α, β, γ는
$$(x^2+x+1)f(x)=1 \qquad \cdots\cdots ㉠$$
의 근이다.

㉠의 양변에 $x-1$을 곱하면
$$(x-1)(x^2+x+1)f(x)=x-1$$
$$(x^3-1)f(x)=x-1$$
$$(-2x)f(x)=x-1 \ (\because x^3-1=-2x)$$
이고 $g(x)=2xf(x)+x-1$로 놓으면 α, β, γ는
$g(x)=0$의 근이다.

이때 다항식 $f(x)$의 차수가 최소이면 다항식 $g(x)$의 차수도 최소이고, 방정식 $g(x)=0$이 서로 다른 세 근을 가지므로 차수가 최소인 다항식 $g(x)$는 삼차다항식이다. 즉,
$$g(x)=2xf(x)+x-1=(x-\alpha)(x-\beta)(x-\gamma)$$
$$=x^3+2x-1$$
이므로
$$2xf(x)+x-1=x^3+2x-1$$
$$2xf(x)=x^3+x$$
따라서 $f(x)=\dfrac{x^2+1}{2}$이므로 $f(3)=5$

답 5

305 삼차방정식 $x^3-x-1=0$의 세 근이 α, β, γ이므로
$$\alpha^3-\alpha-1=0, \ \beta^3-\beta-1=0, \ \gamma^3-\gamma-1=0$$
또 삼차방정식의 근과 계수의 관계에 의하여
$$\alpha+\beta+\gamma=0, \ \alpha\beta+\beta\gamma+\gamma\alpha=-1, \ \alpha\beta\gamma=1$$
이때
$$(\alpha-\beta)^2=(\alpha+\beta)^2-4\alpha\beta=(-\gamma)^2-4\alpha\beta$$
$$=\frac{\gamma^3-4\alpha\beta\gamma}{\gamma}=\frac{\gamma^3-4}{\gamma} \ (\because \alpha\beta\gamma=1)$$
$$=\frac{(\gamma+1)-4}{\gamma}=\frac{\gamma-3}{\gamma} \ (\because \gamma^3=\gamma+1)$$

같은 방법으로 하면
$$(\beta-\gamma)^2=\frac{\alpha-3}{\alpha}, \ (\gamma-\alpha)^2=\frac{\beta-3}{\beta}$$
$$\therefore \{(\alpha-\beta)(\beta-\gamma)(\gamma-\alpha)\}^2$$
$$=(\alpha-\beta)^2(\beta-\gamma)^2(\gamma-\alpha)^2$$
$$=\left(\frac{\gamma-3}{\gamma}\right)\left(\frac{\alpha-3}{\alpha}\right)\left(\frac{\beta-3}{\beta}\right)$$
$$=-\frac{(3-\alpha)(3-\beta)(3-\gamma)}{\alpha\beta\gamma}$$
$$=-\frac{3^3-3-1}{1}$$
$$=-23$$

답 -23

306 x에 대한 사차방정식 $x^4-2(a+2)x^2+a^2=0$이 서로 다른 네 실근을 가지므로 $x^2=t \ (t>0)$이라 하면
$$t^2-2(a+2)t+a^2=0 \qquad \cdots\cdots ㉠$$
이고, 방정식 ㉠은 서로 다른 두 양의 실근을 가져야 한다.

(ⅰ) 방정식 ㉠의 판별식을 D라 하면
$$\frac{D}{4}=(a+2)^2-a^2=4a+4>0$$
$$\therefore a>-1$$

(ⅱ) (두 근의 합)$=2(a+2)>0$에서 $a>-2$

(ⅲ) (두 근의 곱)$=a^2>0$에서 a는 실수이므로 $a\neq0$

(ⅰ), (ⅱ), (ⅲ)에서
$$-1<a<0 \ 또는 \ 0<a$$
한편 주어진 방정식의 서로 다른 네 실근이
α, β, γ, $\delta \ (\alpha<\beta<\gamma<\delta)$이므로 $\gamma=-\beta$, $\delta=-\alpha$이고 주어진 조건에서 $3(\gamma-\beta)=\delta-\alpha$가 성립하므로
$$3(\gamma+\gamma)=\delta+\delta, \ 6\gamma=2\delta \quad \therefore 3\gamma=\delta$$
이때 방정식 ㉠의 두 근을 p, $q \ (0<p<q)$라 하면
$$p=\gamma^2, \ q=\delta^2=9\gamma^2$$
이고, 근과 계수의 관계에 의하여
$$p+q=\gamma^2+9\gamma^2=10\gamma^2=2(a+2)$$
이므로
$$\gamma^2=\frac{a+2}{5} \qquad \cdots\cdots ㉡$$
또 $pq=\gamma^2\cdot9\gamma^2=9\gamma^4=a^2$이므로
$$\gamma^4=\frac{a^2}{9} \qquad \cdots\cdots ㉢$$
㉡을 ㉢에 대입하면
$$\left(\frac{a+2}{5}\right)^2=\frac{a^2}{9}, \ \frac{a+2}{5}=\pm\frac{a}{3}$$

(ⅰ) $\dfrac{a+2}{5}=\dfrac{a}{3}$일 때,
$$3(a+2)=5a에서 2a=6$$
$$\therefore a=3$$

(ⅱ) $\dfrac{a+2}{5}=-\dfrac{a}{3}$일 때,
$$3(a+2)=-5a에서 8a=-6$$
$$\therefore a=-\frac{3}{4}$$

(ⅰ), (ⅱ)에 의하여 모든 상수 a의 값의 합은 $3-\dfrac{3}{4}=\dfrac{9}{4}$

이므로 $4k=4\cdot\dfrac{9}{4}=9$

답 9

307 삼차방정식 $x^3-13x^2+(m-6)x-m=0$의 세 근을
α, β, γ $(\alpha\geq\beta\geq\gamma)$라 하면 삼차방정식의 근과 계수의
관계에 의하여

$$\alpha+\beta+\gamma=13 \qquad \cdots\cdots \text{㉠}$$
$$\alpha\beta+\beta\gamma+\gamma\alpha=m-6 \qquad \cdots\cdots \text{㉡}$$
$$\alpha\beta\gamma=m \qquad \cdots\cdots \text{㉢}$$

㉠에서 γ가 가장 작은 근이므로 $\gamma\geq5$이면
$\alpha+\beta+\gamma=13$을 만족하지 않는다.

(i) $\gamma=4$일 때,

$\quad\alpha+\beta+4=13$에서 $\alpha+\beta=9$이므로

$\qquad\alpha=5$, $\beta=4$ $(\because \alpha\geq\beta\geq\gamma)$

$\quad\alpha=5$, $\beta=4$, $\gamma=4$를 ㉡, ㉢에 각각 대입하면 ㉡에
서 $m=62$, ㉢에서 $m=80$이므로 $62\neq80$

따라서 조건을 만족하지 않는다.

(ii) $\gamma=3$일 때,

$\quad\alpha+\beta+3=13$에서 $\alpha+\beta=10$이므로 ㉡에서

$\qquad\alpha\beta+3(\alpha+\beta)=m-6$

$\qquad\alpha\beta+30=m-6$

$\quad$또 ㉢에서 $3\alpha\beta=m$이고 위의 식에 대입하면

$\qquad\alpha\beta+30=3\alpha\beta-6$

$\qquad2\alpha\beta=36$

$\qquad\therefore \alpha\beta=18$

이때 $\alpha+\beta=10$, $\alpha\beta=18$을 만족하는 자연수 α, β
의 값은 존재하지 않는다.

(iii) $\gamma=2$일 때,

$\quad\alpha+\beta+2=13$에서 $\alpha+\beta=11$이므로 ㉡에서

$\qquad\alpha\beta+2(\alpha+\beta)=m-6$

$\qquad\alpha\beta+22=m-6$

$\quad$또 ㉢에서 $2\alpha\beta=m$이고 위의 식에 대입하면

$\qquad\alpha\beta+22=2\alpha\beta-6$

$\qquad\therefore \alpha\beta=28$

이때 $\alpha+\beta=11$, $\alpha\beta=28$을 만족하는 자연수 α, β
의 값은 $\alpha=7$, $\beta=4$이고, ㉡, ㉢에서 $m=56$이므로
조건을 만족한다.

(iv) $\gamma=1$일 때,

$\quad\alpha+\beta+1=13$에서 $\alpha+\beta=12$이므로 ㉡에서

$\qquad\alpha\beta+\alpha+\beta=m-6$

$\qquad\alpha\beta+12=m-6$

$\quad$또 ㉢에서 $\alpha\beta=m$이고 위의 식에 대입하면

$\qquad\alpha\beta+12=\alpha\beta-6$, 즉 $12\neq-6$

따라서 조건을 만족하는 α, β의 값은 존재하지 않는
다.

(i)~(iv)에서 $\alpha=7$, $m=56$이므로 $\alpha+m=63$

답 ①

308 삼차방정식 $x^3-x^2-6x-2=0$의 서로 다른 세 근이 α,
β, γ이므로 근과 계수의 관계에 의하여

$$\alpha+\beta+\gamma=1, \ \alpha\beta+\beta\gamma+\gamma\alpha=-6, \ \alpha\beta\gamma=2$$

이때 $f\left(\dfrac{\beta+\gamma}{\alpha}\right)=f\left(\dfrac{\gamma+\alpha}{\beta}\right)=f\left(\dfrac{\alpha+\beta}{\gamma}\right)=3$이므로

$g(x)=f(x)-3$으로 놓으면 방정식 $g(x)=0$의 세 근
은 $\dfrac{\beta+\gamma}{\alpha}$, $\dfrac{\gamma+\alpha}{\beta}$, $\dfrac{\alpha+\beta}{\gamma}$이다.

즉, $g(x)=\left(x-\dfrac{\beta+\gamma}{\alpha}\right)\left(x-\dfrac{\gamma+\alpha}{\beta}\right)\left(x-\dfrac{\alpha+\beta}{\gamma}\right)$이므
로

$$f(x)-3=\left(x-\dfrac{\beta+\gamma}{\alpha}\right)\left(x-\dfrac{\gamma+\alpha}{\beta}\right)\left(x-\dfrac{\alpha+\beta}{\gamma}\right)$$

$$\therefore f(x)=\left(x-\dfrac{\beta+\gamma}{\alpha}\right)\left(x-\dfrac{\gamma+\alpha}{\beta}\right)\left(x-\dfrac{\alpha+\beta}{\gamma}\right)+3$$

한편 주어진 조건에서

$$f(x)=(x+1)^3+a(x+1)^2+b(x+1)+c$$

이므로

$$(x+1)^3+a(x+1)^2+b(x+1)+c$$
$$=\left(x-\dfrac{\beta+\gamma}{\alpha}\right)\left(x-\dfrac{\gamma+\alpha}{\beta}\right)\left(x-\dfrac{\alpha+\beta}{\gamma}\right)+3$$

위의 식의 양변에 $x=0$을 대입하면

$$1+a+b+c=-\left(\dfrac{\beta+\gamma}{\alpha}\right)\left(\dfrac{\gamma+\alpha}{\beta}\right)\left(\dfrac{\alpha+\beta}{\gamma}\right)+3$$

$$\therefore a+b+c=-\left(\dfrac{\beta+\gamma}{\alpha}\right)\left(\dfrac{\gamma+\alpha}{\beta}\right)\left(\dfrac{\alpha+\beta}{\gamma}\right)+2$$

$$=-\dfrac{(\alpha+\beta)(\beta+\gamma)(\gamma+\alpha)}{\alpha\beta\gamma}+2$$

$$=-\dfrac{(1-\gamma)(1-\alpha)(1-\beta)}{\alpha\beta\gamma}+2$$

$$=-\dfrac{1^3-1^2-6-2}{2}+2$$

$$=4+2$$

$$=6$$

답 6

309 (i) $x=n$(n은 자연수)일 때,

$\quad[x]=n$이므로 방정식 $x[x]+99=[x^2]+[x]$에서

$\qquad n\cdot n+99=n^2+n$

$\qquad\therefore x=n=99$

(ii) $x=n+\alpha$ (n은 자연수, $0<\alpha<1$)일 때,

$\quad[x]=n$이므로 방정식 $x[x]+99=[x^2]+[x]$에서

$\qquad(n+\alpha)n+99=[n^2+2\alpha n+\alpha^2]+n$

$\qquad n^2+\alpha n+99=n^2+[2\alpha n+\alpha^2]+n$

$\qquad 99-n=[2\alpha n+\alpha^2]-\alpha n \qquad \cdots\cdots \text{㉠}$

이때 $99-n$, $[2\alpha n+\alpha^2]$이 정수이므로 αn도 정수이
어야 한다.

즉, $an=k(k$는 정수$)$라 하면 $n>k$이므로 ㉠에서
$$99-n=[2k+a^2]-k$$
$0<a^2<1$이므로
$$99-n=2k-k, \quad n+k=99$$
따라서 자연수 n과 정수 k의 순서쌍 (n, k)의 개수
는 $(98, 1)$, $(97, 2)$, $(96, 3)$, $\cdots$, $(50, 49)$의 49이
다.

(ⅰ), (ⅱ)에서 구하는 실근의 개수는
$$1+49=50$$

답 ③

08 여러 가지 부등식

STEP 1	310 ④	311 ③	312 ④	313 6
314 9	315 7	316 ③	317 4	318 ④
319 ⑤	320 1	321 ④	322 3	323 25
324 15				

310　ㄱ. $a>b$, $c>d$이므로 $a-b>0$, $c-d>0$　$\cdots\cdots$ ㉠

㉠의 각 변끼리 더하면 $(a-b)+(c-d)>0$

$\therefore a-d>b-c$ (참)

ㄴ. $a>b>0$, $c>d>0$이므로 $ac>bd>0$　$\cdots\cdots$ ㉡

이때 $cd>0$이므로 ㉡의 각 변을 cd로 나누면

$$\frac{a}{d}>\frac{b}{c} \text{ (참)}$$

ㄷ. $a>b$, $c>d$에서 $a-b>0$, $c-d>0$이므로

$$ac+bd-(ad+bc)$$
$$=a(c-d)-b(c-d)$$
$$=(a-b)(c-d)>0$$
$$\therefore ac+bd>ad+bc \text{ (참)}$$

ㄹ. [반례] $a=-3$, $b=-1$일 때

$$a<b<0\text{이지만 } \frac{1}{a}>\frac{1}{b} \text{ (거짓)}$$

따라서 옳은 것은 ㄱ, ㄴ, ㄷ이다.　답 ④

311　$f(x)=a(x+1)(x-2)$ $(a>0)$으로 놓으면 함수
$y=f(x)$의 그래프가 점 $(0, -2)$를 지나므로
$$-2=-2a \qquad \therefore a=1$$
즉, $f(x)=(x+1)(x-2)=x^2-x-2$이므로
$f(x)\leq4$에서 $x^2-x-2\leq4$
$$x^2-x-6\leq0, \quad (x+2)(x-3)\leq0$$
$$\therefore -2\leq x\leq3$$

답 ③

312　$|x-a|\leq25$에서 $-25\leq x-a\leq25$이므로
$$a-25\leq x\leq a+25$$
이때 고속도로에서 허용된 자동차의 속력은 시속
70 km 이상 시속 120 km 이하이므로
$$a-25=70, \quad a+25=120$$
$$\therefore a=95$$

답 ④

313　$y=-x^2+2(k-3)x-2k^2+7k+11$
$$=-\{x^2-2(k-3)x\}-2k^2+7k+11$$
$$=-\{x-(k-3)\}^2-k^2+k+20$$

에서 꼭짓점의 좌표가 $(k-3, -k^2+k+20)$이다.

이때 꼭짓점이 제2사분면 위에 있으므로

$k-3<0$에서 $k<3$ ...... ㉠

$-k^2+k+20>0$에서 $k^2-k-20<0$이므로

$\qquad (k+4)(k-5)<0$

$\qquad \therefore -4<k<5$ ...... ㉡

㉠, ㉡의 공통 범위가 $-4<k<3$이므로 구하는 정수 k는 -3, -2, -1, $\cdots$, 2이고, 그 개수는 6이다.   **답 6**

314 이차함수 $y=f(x)$의 그래프와 직선 $y=-x+2$의 교점의 y좌표가 -4와 6이므로 교점의 x좌표는

$-4=-x+2$에서 $x=6$

$6=-x+2$에서 $x=-4$

이때 이차부등식 $f(x)+x-2>0$의 해는 이차함수 $y=f(x)$의 그래프가 직선 $y=-x+2$보다 윗쪽에 있는 x의 값의 범위이므로 $-4<x<6$

따라서 모든 정수 x의 값의 합은 9이다.   **답 9**

315 이차부등식 $ax^2-bx+c\geq0$의 해가 $3\leq x\leq9$이므로

$\qquad ax^2-bx+c=a(x-3)(x-9)\geq0 \ (a<0)$

이고,

$\qquad a(x-3)(x-9)=a(x^2-12x+27)$

$\qquad\qquad\qquad\qquad\quad =ax^2-12ax+27a$

이므로 $b=12a$, $c=27a$

이때 부등식 $-a(2x-1)^2+b(2x-1)-c\geq0$에서

$\qquad -a(2x-1)^2+12a(2x-1)-27a\geq0$

$-a>0$이므로 부등식의 각 변을 $-a$로 나누면

$\qquad (2x-1)^2-12(2x-1)+27\geq0$

$\qquad \{(2x-1)-3\}\{(2x-1)-9\}\geq0$

$\qquad 4(x-2)(x-5)\geq0$

$\qquad \therefore x\leq2 \ \text{또는} \ x\geq5$

따라서 한 자리 자연수 x의 개수는 1, 2, 5, 6, 7, 8, 9의 7이다.   **답 7**

316 이차함수 $y=x^2+(a-2)^2$의 그래프와 직선 $y=-ax-2a+3$이 서로 다른 두 점에서 만나므로

$x^2+(a-2)^2=-ax-2a+3$에서

$\qquad x^2+ax+a^2-2a+1=0$ ...... ㉠

㉠의 판별식을 D라 하면 $D>0$이므로

$\qquad D=a^2-4(a^2-2a+1)>0$

$\qquad 3a^2-8a+4<0, \ (3a-2)(a-2)<0$

$\qquad \therefore \dfrac{2}{3}<a<2$

또 이차방정식 ㉠의 두 근을 α, β라 하면 근과 계수의 관계에 의하여

$\qquad \alpha+\beta=-a, \ \alpha\beta=a^2-2a+1$

이고, 두 근의 차는

$\qquad |\alpha-\beta|=\sqrt{(\alpha+\beta)^2-4\alpha\beta}$

$\qquad\qquad\quad =\sqrt{a^2-4(a^2-2a+1)}$

$\qquad\qquad\quad =\sqrt{-3a^2+8a-4}$

$\qquad\qquad\quad =\sqrt{-3\left(a-\dfrac{4}{3}\right)^2+\dfrac{4}{3}}$

이때 $f(a)=-3\left(a-\dfrac{4}{3}\right)^2+\dfrac{4}{3}$로 놓으면 $\dfrac{2}{3}<a<2$에서

$f(a)\leq\dfrac{4}{3}$이므로 $0<|\alpha-\beta|\leq\sqrt{\dfrac{4}{3}}$

즉, $|\alpha-\beta|$의 값이 정수인 경우는 $|\alpha-\beta|=1$인 경우이므로

$\qquad \sqrt{-3a^2+8a-4}=1, \ 3a^2-8a+5=0$

따라서 구하는 모든 상수 a의 값의 합은 근과 계수의 관계에 의하여 $\dfrac{8}{3}$이다.   **답 ③**

317 $f(x)=-x^2+6x+2k-1$이라 하면

$\qquad f(x)=-(x-3)^2+2k+8$

이고, 꼭짓점의 x좌표가 3이므로 $x=3$은 $-1\leq x\leq2$에 포함되지 않는다.

이때 $-1\leq x\leq2$에서 $f(x)\geq0$ 이 항상 성립하기 위한 함수 $y=f(x)$의 그래프는 오른쪽 그림과 같아야 하고, $f(x)$의 최솟값이 $f(-1)$이므로 $f(-1)\geq0$에서

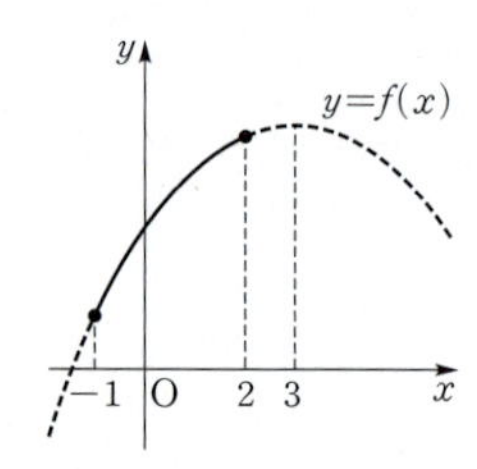

$\qquad 2k-8\geq0 \qquad \therefore k\geq4$

따라서 실수 k의 최솟값은 4이다.   **답 4**

318 이차방정식 $x^2-(k^2-10k+21)x+4-k=0$에서 두 근의 부호가 서로 다르므로

$\qquad 4-k<0 \qquad \therefore k>4$ ...... ㉠

또 양의 근의 절댓값이 음의 근의 절댓값보다 크므로 두 근의 합은 양수이다. 즉,

$\qquad k^2-10k+21>0, \ (k-3)(k-7)>0$

$\qquad \therefore k<3 \ \text{또는} \ k>7$ ...... ㉡

㉠, ㉡의 공통 범위를 구하면

$\qquad k>7$

  답 ④

319 사차방정식 $x^4-(2m-1)x^2+m^2-5m+4=0$에서
$x^2=t\ (t>0)$로 놓으면
$$t^2-(2m-1)t+m^2-5m+4=0 \quad\cdots\cdots\ \bigcirc$$
이때 주어진 사차방정식이 서로 다른 네 개의 실근을
가지려면 이차방정식 $\bigcirc$이 서로 다른 두 양의 실근을
가져야 한다.
(i) $\bigcirc$의 판별식을 D라 하면 $D>0$이므로
$$(2m-1)^2-4(m^2-5m+4)>0$$
$$16m-15>0$$
$$\therefore\ m>\frac{15}{16}$$
(ii) 두 근의 합이 양수이므로
$$2m-1>0 \quad \therefore\ m>\frac{1}{2}$$
(iii) 두 근의 곱이 양수이므로
$$m^2-5m+4>0$$
$$(m-1)(m-4)>0$$
$$\therefore\ m<1\ \text{또는}\ m>4$$
(i), (ii), (iii)에 의하여 실수 m의 값의 범위가 $m>4$이므
로 자연수 m의 최솟값은 5이다.

답 ⑤

320 이차부등식 $x^2-(a+1)x-3(a+4)\leq 0$에서
$$(x+3)\{x-(a+4)\}\leq 0$$
또 이차부등식 $x^2-(b+2)x+2b>0$에서
$$(x-2)(x-b)>0$$
이때 주어진 연립부등식의 해가 $-3\leq x<-2$ 또는
$2<x\leq 7$이므로
$$a+4=7,\ b=-2$$
따라서 $a=3,\ b=-2$이므로
$$a+b=1$$

답 1

321 이차부등식 $x^2-4x-12<0$에서
$$(x+2)(x-6)<0$$
$$\therefore\ -2<x<6$$
또 이차부등식 $x^2-(a+2)x+2a<0$에서
$$(x-2)(x-a)<0$$
이때 주어진 연립부등식의 정수인 해가 1개이려면
(i) $a<2$일 때, $0\leq a<1$
(ii) $a>2$일 때, $3<a\leq 4$
(i), (ii)에 의하여 $0\leq a<1$ 또는 $3<a\leq 4$이므로 실수 a
의 값이 될 수 있는 것은 ④이다.

답 ④

322 이차부등식 $2x(x-2)\leq x(x+2)$에서
$$2x^2-4x\leq x^2+2x,\ x^2-6x\leq 0$$
$$x(x-6)\leq 0 \quad \therefore\ 0\leq x\leq 6 \quad\cdots\cdots\ \bigcirc$$
또 부등식 $|x|+|x-2|<4$에서
(i) $x<0$일 때 $x<0,\ x-2<0$이므로
$$-x-(x-2)<4,\ -2x<2$$
$$\therefore\ -1<x<0$$
(ii) $0\leq x<2$일 때 $x\geq 0,\ x-2<0$이므로
$$x-(x-2)<4,\ 2<4$$
$$\therefore\ 0\leq x<2$$
(iii) $x\geq 2$일 때 $x>0,\ x-2\geq 0$이므로
$$x+(x-2)<4,\ 2x<6$$
$$\therefore\ 2\leq x<3$$
(i), (ii), (iii)에 의하여 주어진 부등식의 해는
$$-1<x<3 \quad\cdots\cdots\ \bigcirc\!\bigcirc$$
$\bigcirc$, $\bigcirc\!\bigcirc$의 공통 범위는 $0\leq x<3$이므로 모든 정수 x의
값의 합은 $0+1+2=3$

답 3

323 주어진 연립부등식을 변형하면
$$\begin{cases} x^2+ax+7\leq 2x^2-x+3 \\ 2x^2-x+3<3x^2+b \end{cases}$$
이차부등식 $x^2+ax+7\leq 2x^2-x+3$에서
$$x^2-(a+1)x-4\geq 0 \quad\cdots\cdots\ \bigcirc$$
이때 $x\leq -4$는 $\bigcirc$의 해 중 일부이므로 $x=-4$는 이차
방정식 $x^2-(a+1)x-4=0$의 한 근이다.
즉, $16+4(a+1)-4=0$에서
$$4a+16=0 \quad \therefore\ a=-4$$
또 이차부등식 $2x^2-x+3<3x^2+b$에서
$$x^2+x+b-3>0 \quad\cdots\cdots\ \bigcirc\!\bigcirc$$
이때 $x>2$는 $\bigcirc\!\bigcirc$의 해 중 일부이므로 $x=2$는 이차방정
식 $x^2+x+b-3=0$의 한 근이다.
즉, $4+2+b-3=0$에서 $b=-3$
$$\therefore\ a^2+b^2=(-4)^2+(-3)^2=25$$

답 25

324 $\overline{BR}=a$에서 $\overline{CR}=10-a$이고, 삼각형 AQP와 삼각형
PRC는 직각이등변삼각형이므로
$$\overline{AQ}=\overline{PQ}=a,\ \overline{PR}=\overline{CR}=10-a$$
이때
$$\triangle AQP=\frac{1}{2}\cdot a\cdot a=\frac{1}{2}a^2$$
$$\triangle PRC=\frac{1}{2}\cdot(10-a)(10-a)=\frac{1}{2}(10-a)^2$$
$$\square PQBR=a(10-a)$$

이므로

$$\begin{cases} a(10-a)>\dfrac{1}{2}a^2 & \cdots\cdots\ \text{㉠} \\[2mm] a(10-a)>\dfrac{1}{2}(10-a)^2 & \cdots\cdots\ \text{㉡} \end{cases}$$

부등식 ㉠에서 $0<a<10$이므로

$$10-a>\frac{1}{2}a, \quad \frac{3}{2}a<10$$

$$\therefore\ 0<a<\frac{20}{3} \qquad\qquad \cdots\cdots\ \text{㉢}$$

또 부등식 ㉡에서 $0<a<10$이므로

$$a>\frac{1}{2}(10-a), \quad \frac{3}{2}a>5$$

$$\therefore\ \frac{10}{3}<a<10 \qquad\qquad \cdots\cdots\ \text{㉣}$$

㉢, ㉣의 공통 범위는 $\dfrac{10}{3}<a<\dfrac{20}{3}$이므로 모든 자연수

a의 값의 합은

$$4+5+6=15 \qquad\qquad\qquad \text{답}\ 15$$

| 본문 86~90p |

STEP 2	325 ⑤	326 ⑤	327 ④	328 7
329 6	330 ③	331 ④	332 ⑤	333 9
334 ③	335 ④	336 ②	337 ④	338 ③
339 ③	340 5	341 ①	342 2	343 6
344 65	345 8	346 5		

325 x, y는 모두 양수이므로 $x+2y=4$에서 $x=4-2y$

즉, $4-2y>0$이므로 $0<y<2$ $\qquad \cdots\cdots\ \text{㉠}$

ㄱ. $xy=(4-2y)y=-2y^2+4y$

$$=-2(y-1)^2+2\leq 2\ (\because\ \text{㉠})\ (\text{거짓})$$

ㄴ. $x^2+y^2=(4-2y)^2+y^2$

$$=5y^2-16y+16$$

$$=5\left(y^2-\frac{16}{5}y+\frac{64}{25}-\frac{64}{25}\right)+16$$

$$=5\left(y-\frac{8}{5}\right)^2+\frac{16}{5}\geq \frac{16}{5}\ (\because\ \text{㉠})$$

$$\therefore\ x^2+y^2\geq \frac{16}{5}\ (\text{참})$$

ㄷ. $\dfrac{1}{x}+\dfrac{1}{2y}=\dfrac{x+2y}{2xy}=\dfrac{4}{2xy}=\dfrac{2}{xy}$

㉠에서 $0<xy\leq 2$이므로

$$\frac{1}{xy}\geq \frac{1}{2} \qquad \therefore\ \frac{2}{xy}\geq 1\ (\text{참})$$

따라서 옳은 것은 ㄴ, ㄷ이다.

$$\text{답}\ ⑤$$

326 부등식 $||x+3|-4|<8$에서

$$-8<|x+3|-4<8, \quad -4<|x+3|<12$$

이때 $|x+3|\geq 0$이므로

$$|x+3|<12, \quad -12<x+3<12$$

$$\therefore\ -15<x<9$$

따라서 주어진 부등식을 만족하는 정수 x의 개수는

$$9-(-15)-1=23 \qquad\qquad \text{답}\ ⑤$$

327 부등식 $(2a+b)x+8a-b<0$의 해가 $x>-1$이므로

$$2a+b<0$$

즉, $(2a+b)x<-8a+b$에서 $x>\dfrac{-8a+b}{2a+b}$이므로

$$\frac{-8a+b}{2a+b}=-1, \quad -8a+b=-2a-b$$

$$6a=2b \qquad \therefore\ b=3a$$

$2a+b<0$이므로 $a<0$, $b<0$

$b=3a$를 $(5a-b)[x]+a+3b<0$에 대입하면

$$2a[x]+10a<0, \quad 2a[x]<-10a$$

$$[x]>-5\ (\because\ a<0)$$

이때 $[x]$의 값은 정수이므로

$$[x]=-4,\ -3,\ -2,\ \cdots$$

따라서 구하는 부등식의 해는 $x\geq -4$ $\qquad$ 답 ④

328 이차방정식 $x^2+2(a+2)x+a+8=0$의 판별식을 D_1

이라 하면 $D_1=0$이므로

$$\frac{D_1}{4}=(a+2)^2-(a+8)=0$$

$$a^2+3a-4=0, \quad (a+4)(a-1)=0$$

$$\therefore\ a=-4\ \text{또는}\ a=1$$

또 이차방정식 $x^2-(b+2)x-a+b=0$의 판별식을 D_2

라 하면 $D_2<0$이므로

$$D_2=(b+2)^2-4(-a+b)<0$$

$$b^2+4+4a<0 \qquad\qquad \cdots\cdots\ \text{㉠}$$

(i) $a=-4$일 때,

㉠에서 $b^2-12<0$이므로

$$(b+2\sqrt{3})(b-2\sqrt{3})<0$$

$$\therefore\ -2\sqrt{3}<b<2\sqrt{3}$$

이때 b는 정수이므로 $b=-3,\ -2,\ -1,\ 0,\ 1,\ 2,\ 3$

(ii) $a=1$일 때,

㉠에서 $b^2+8<0$이고, b는 정수이므로 부등식의 해

는 없다.

(i), (ii)에 의하여 정수 a, b의 순서쌍 $(a,\ b)$는

$(-4,\ -3),\ (-4,\ -2),\ \cdots,\ (-4,\ 3)$이고, 그 개수는

7이다. $\qquad\qquad\qquad\qquad\qquad\qquad$ 답 7

329 이차부등식 $f(x)<0$의 해가 $-1<x<3$이므로

$$f(x)=a(x+1)(x-3)\,(a>0)$$

으로 놓으면 $f\!\left(\dfrac{-x+3}{2}\right)>0$의 해는

$$a\!\left(\frac{-x+3}{2}+1\right)\!\left(\frac{-x+3}{2}-3\right)$$

$$=a\!\left(\frac{-x+5}{2}\right)\!\left(\frac{-x-3}{2}\right)$$

$$=\frac{a}{4}(x+3)(x-5)>0$$

$$\therefore x<-3 \text{ 또는 } x>5$$

따라서 $f\!\left(\dfrac{-x+3}{2}\right)>0$의 해 중 가장 작은 자연수는

6이다. 답 6

330 부등식 $|x-a|+|x-b|<b$에서

(i) $x<a$일 때 $x-a<0$, $x-b<0$이므로

$$-(x-a)-(x-b)<b,\ 2x>a$$

$$\therefore \frac{a}{2}<x<a$$

(ii) $a\le x<b$일 때 $x-a>0$, $x-b<0$이므로

$$x-a-(x-b)<b,\ -a<0$$

$$\therefore a\le x<b\ (\because a>0)$$

(iii) $x\ge b$일 때 $x-a>0$, $x-b>0$이므로

$$x-a+x-b<b,\ 2x<a+2b$$

$$\therefore b\le x<\frac{a+2b}{2}$$

(i), (ii), (iii)에 의하여 $\dfrac{a}{2}<x<\dfrac{a+2b}{2}$

ㄱ. $n(2, 2)$에서 $a=2$, $b=2$이므로

$$\frac{2}{2}<x<\frac{2+2\cdot2}{2},\ 1<x<3$$

$$\therefore n(2, 2)=1\ (참)$$

ㄴ. $n(2k, 2k+4)$에서 $a=2k$, $b=2k+4$이므로

$$\frac{2k}{2}<x<\frac{2k+2(2k+4)}{2}$$

$$k<x<3k+4$$

$$\therefore n(2k, 2k+4)=3k+4-k-1$$

$$=2k+3\ (참)$$

ㄷ. [반례] $k=1$이면 $n(2k, 2k+4)=n(2, 6)$이므로

$$\frac{2}{2}<x<\frac{2+2\cdot6}{2},\ 1<x<7$$

$$\therefore n(2, 6)=5$$

또 $n(k, k+2)=n(1, 3)$이므로

$$\frac{1}{2}<x<\frac{1+2\cdot3}{2},\ \frac{1}{2}<x<\frac{7}{2}$$

$$\therefore n(1, 3)=3$$

$$\therefore n(2, 6)\ne2\cdot n(1, 3)\ (거짓)$$

따라서 옳은 것은 ㄱ, ㄴ이다. 답 ③

331 이차방정식 $x^2+2mx+2-m=0$ $\cdots$ ㉠이 실근을 가져야 하므로 판별식을 D라 하면

$$\frac{D}{4}=m^2-(2-m)\ge0,\ m^2+m-2\ge0$$

$$(m+2)(m-1)\ge0$$

$$\therefore m\le-2 \text{ 또는 } m\ge1 \qquad \cdots\cdots ㉡$$

또 $y=(x+m)^2-m^2-m+2$이므로 대칭축은

$$x=-m$$

(i) 이차방정식 ㉠의 두 근이 모두 음수일 때,

(대칭축)<0이므로 $-m<0$에서 $m>0$

또 $2-m>0$이므로 $m<2$ $\quad\therefore 0<m<2$

(ii) 이차방정식 ㉠의 한 근이 음수이고, 다른 한 근이 0일 때,

(대칭축)<0이므로 $-m<0$에서 $m>0$

또 $2-m=0$이므로 $m=2$

(iii) 이차방정식 ㉠이 서로 다른 부호의 근을 가질 때,

$$2-m<0$$이므로 $m>2$

(i), (ii), (iii)에 의하여 $m>0$ $\qquad \cdots\cdots ㉢$

따라서 ㉡, ㉢의 공통 범위를 구하면

$$m\ge1$$ 답 ④

332 $[x+2]^2-6[x]-7<0$에서
$$([x]+2)^2-6[x]-7<0$$
$$[x]^2-2[x]-3<0$$
$$([x]+1)([x]-3)<0$$
$$\therefore\ -1<[x]<3$$
이때 $[x]$의 값은 정수이므로 $[x]=0,\ 1,\ 2$
$$\therefore\ 0\le x<3$$
답 ⑤

333 $n=1$일 때, $\sqrt{2}-\sqrt{1}<\dfrac{1}{2\sqrt{1}}<\sqrt{1}$

$n=2$일 때, $\sqrt{3}-\sqrt{2}<\dfrac{1}{2\sqrt{2}}<\sqrt{2}-1$

$n=3$일 때, $\sqrt{4}-\sqrt{3}<\dfrac{1}{2\sqrt{3}}<\sqrt{3}-\sqrt{2}$

$n=4$일 때, $\sqrt{5}-\sqrt{4}<\dfrac{1}{2\sqrt{4}}<\sqrt{4}-\sqrt{3}$

$$\vdots$$

$n=100$일 때, $\sqrt{101}-\sqrt{100}<\dfrac{1}{2\sqrt{100}}<\sqrt{100}-\sqrt{99}$

각 변끼리 더하면
$$\sqrt{101}-1<\frac{1}{2}\Big(\frac{1}{\sqrt{1}}+\frac{1}{\sqrt{2}}+\frac{1}{\sqrt{3}}+\frac{1}{\sqrt{4}}+\cdots$$
$$+\frac{1}{\sqrt{100}}\Big)<\sqrt{100}$$
이때 $9<\sqrt{101}-1<10,\ \sqrt{100}=10$이므로
$$9<\frac{1}{2}\Big(\frac{1}{\sqrt{1}}+\frac{1}{\sqrt{2}}+\frac{1}{\sqrt{3}}+\frac{1}{\sqrt{4}}+\cdots+\frac{1}{\sqrt{100}}\Big)<10$$
따라서 주어진 식의 정수 부분은 9이다.
답 9

334 주어진 부등식을 x에 대하여 내림차순으로 정리하면
$$x^2+4(y+1)x+4y^2+ay+b\ge0 \qquad \cdots\cdots\ \text{㉠}$$
㉠이 모든 실수 x에 대하여 성립하므로 판별식을 D라 하면
$$\frac{D}{4}=4(y+1)^2-(4y^2+ay+b)\le0$$
$$(8-a)y+4-b\le0 \qquad \cdots\cdots\ \text{㉡}$$
㉡이 모든 실수 y에 대하여 성립하므로
$$8-a=0,\ 4-b\le0$$
$$\therefore\ a=8,\ b\ge4$$
따라서 구하는 합은 $8+4=12$
답 ③

335 주어진 연립부등식을 변형하면
$$\begin{cases} -2\le(a-1)x+b & \cdots\cdots\ \text{㉠}\\ (a-1)x+b\le x^2+2x+4 & \cdots\cdots\ \text{㉡}\end{cases}$$

㉠에서 $(a-1)x+b+2\ge0$이고, 모든 실수 x에 대하여 성립하므로
$$a-1=0,\ b+2\ge0$$
$$\therefore\ a=1,\ b\ge-2 \qquad \cdots\cdots\ \text{㉢}$$
또 ㉡에서 $a=1$이고 모든 실수 x에 대하여 성립하므로
$$b\le x^2+2x+4$$
즉, $x^2+2x+4-b=0$의 판별식을 D라 하면
$$\frac{D}{4}=1-(4-b)\le0 \quad\therefore\ b\le3 \qquad \cdots\cdots\ \text{㉣}$$
㉢, ㉣에서 $a=1,\ -2\le b\le3$이므로 점 $(a,\ b)$가 나타내는 도형의 길이는 5이다.
답 ④

336 주어진 그래프에서 두 이차함수 $y=f(x)$와 $y=g(x)$의 그래프에서 x^2의 계수의 부호가 다르고, 절댓값이 같으므로 양수 a에 대하여
$$f(x)=a(x+1)(x-3),$$
$$g(x)=-a(x-1)(x-5)$$
로 놓으면 $f(x)=g(x)$에서
$$a(x+1)(x-3)=-a(x-1)(x-5)$$
$$x^2-2x-3=-x^2+6x-5$$
$$2x^2-8x+2=0,\ x^2-4x+1=0$$
$$\therefore\ x=2\pm\sqrt{3}$$
이때 $\{f(x)\}^2-f(x)g(x)<0$에서
$$f(x)\{f(x)-g(x)\}<0$$
(i) $f(x)>0$, $f(x)-g(x)<0$일 때, 오른쪽 그림에서 $f(x)>0$의 해는
$$x<-1\ \text{또는}$$
$$x>3 \quad \cdots\ \text{㉠}$$

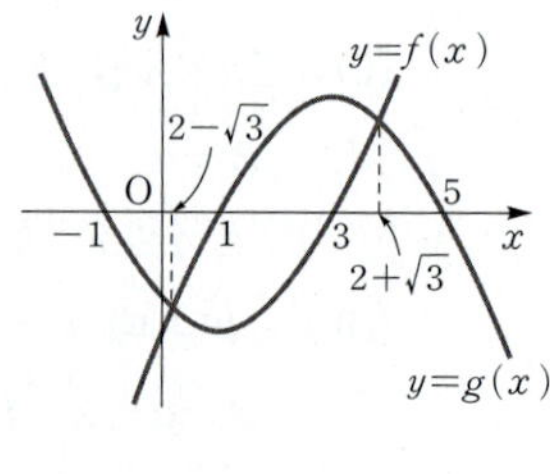

또 $f(x)-g(x)<0$, 즉 $f(x)<g(x)$의 해는
$$2-\sqrt{3}<x<2+\sqrt{3} \qquad \cdots\cdots\ \text{㉡}$$
㉠, ㉡의 공통 범위는 $3<x<2+\sqrt{3}$

(ii) $f(x)<0$, $f(x)-g(x)>0$일 때, 위의 그림에서 $f(x)<0$의 해는
$$-1<x<3 \qquad \cdots\cdots\ \text{㉢}$$
또 $f(x)-g(x)>0$, 즉 $f(x)>g(x)$의 해는
$$x<2-\sqrt{3}\ \text{또는}\ x>2+\sqrt{3} \qquad \cdots\cdots\ \text{㉣}$$
㉢, ㉣의 공통 범위는 $-1<x<2-\sqrt{3}$

(i), (ii)에 의하여 주어진 부등식의 해는
$$-1<x<2-\sqrt{3}\ \text{또는}\ 3<x<2+\sqrt{3}$$
이므로 $a=2-\sqrt{3},\ b=3,\ c=2+\sqrt{3}$
$$\therefore\ ac+b=1+3=4$$
답 ②

337 가격을 인상하기 전의 제품의 가격을 A, 판매량을 B라 하면 가격을 $x\%$ 인상하였을 때의 주문량은 $0.5x\%$ 감소하였으므로 그때의 총 판매액은

$$A\left(1+\frac{x}{100}\right)\cdot B\left(1-\frac{0.5}{100}x\right)$$
$$=AB\left(1+\frac{x}{100}\right)\left(1-\frac{0.5}{100}x\right)$$

이때 운송비는 총 판매액의 10%를 차지하므로 운송비를 제외한 제품의 총 판매액은

$$AB\left(1+\frac{x}{100}\right)\left(1-\frac{0.5x}{100}\right)\left(1-\frac{10}{100}\right)$$
$$=\frac{9}{10}AB\left(1+\frac{x}{100}\right)\left(1-\frac{0.5x}{100}\right)$$

이고, 총 판매액이 가격을 인상하기 전의 총 판매액 이상이 되어야 하므로

$$\frac{9}{10}AB\left(1+\frac{x}{100}\right)\left(1-\frac{0.5x}{100}\right)\geq AB$$
$$9\left(1+\frac{x}{100}\right)\left(1-\frac{0.5x}{100}\right)\geq 10$$
$$9(100+x)(100-0.5x)\geq 100000$$
$$9(10000+50x-0.5x^2)\geq 100000$$
$$9x^2-900x+20000\leq 0$$
$$(3x-100)(3x-200)\leq 0$$
$$\therefore \frac{100}{3}\leq x\leq \frac{200}{3}$$

따라서 x의 최댓값과 최솟값의 차는 $\dfrac{100}{3}$이다.

답 ④

338 $2[x]^2-9[x]+4<0$에서
$$(2[x]-1)([x]-4)<0$$
$$\therefore \frac{1}{2}<[x]<4$$

이때 $[x]$의 값은 정수이므로
$$[x]=1 \text{ 또는 } [x]=2 \text{ 또는 } [x]=3$$
$$\therefore 1\leq x<4 \qquad \cdots\cdots \text{㉠}$$

이때 ㉠을 만족하는 모든 실수 x가 부등식 $x^2-2kx+5-k<0$을 만족시켜야 하므로 $f(x)=x^2-2kx+5-k$로 놓으면 오른쪽 그림에서 $f(1)<0$, $f(4)\leq 0$이어야 한다.

(i) $f(1)<0$에서
$$f(1)=1-2k+5-k<0$$
$$3k>6 \qquad \therefore k>2$$

(ii) $f(4)\leq 0$에서 $f(4)=16-8k+5-k\leq 0$
$$9k\geq 21 \qquad \therefore k\geq \frac{7}{3}$$

(i), (ii)의 공통 범위가 $k\geq \dfrac{7}{3}$이므로 자연수 k의 최솟값은 3이다.

답 ③

339 부등식 $|x-a|<2$에서
$$-2<x-a<2$$
$$\therefore a-2<x<a+2$$
또 부등식 $x^2-5x+4\leq 0$에서
$$(x-1)(x-4)\leq 0$$
$$\therefore 1\leq x\leq 4$$

주어진 연립부등식을 만족하는 정수 x의 개수가 3이려면 오른쪽 그림과 같이 2가지 경우로 나누어 생각할 수 있다.

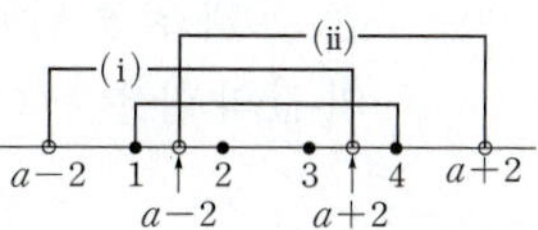

(i) $3<a+2\leq 4$일 때,
$$1<a\leq 2$$

(ii) $1\leq a-2<2$일 때,
$$3\leq a<4$$

(i), (ii)에 의하여 자연수 a의 값은 2 또는 3이므로 모든 자연수 a의 값의 합은 $2+3=5$

답 ③

340 (i) $a=3$, $b=6$일 때,
$$f(x)=(x-1)(x-3), \quad g(x)=(x-1)(x-6)$$이므로 주어진 그림에서 $\begin{cases} f(x)>0 \\ g(x)<0 \end{cases}$의 해는
$$3<x<6$$

(ii) $a=6$, $b=3$일 때,
$$f(x)=(x-1)(x-6), \quad g(x)=(x-1)(x-3)$$이므로 주어진 그림에서 $\begin{cases} f(x)>0 \\ g(x)<0 \end{cases}$의 해는 없다.

(i), (ii)에 의하여 $a=3$, $b=6$
이때 이차부등식 $x^2+6x+3\leq 0$의 해는
$$-3-\sqrt{6}\leq x\leq -3+\sqrt{6}$$
이고 $-3-\sqrt{6}=-5.\times\times\times$, $-3+\sqrt{6}=-0.\times\times\times$이므로 구하는 정수 x는 -5, -4, -3, -2, -1의 5개이다.

답 5

341 부등식 $x^2-x-4\leq\{x, x+2\}$에서 $x<x+2$이므로
$$x^2-x-4\leq 2(x+2)-x$$
$$x^2-x-4\leq x+4, \quad x^2-2x-8\leq 0$$
$$(x+2)(x-4)\leq 0 \qquad \therefore -2\leq x\leq 4$$

주어진 x의 값의 범위가 $-3 \leq x \leq 3$이므로

$$-2 \leq x \leq 3 \qquad \cdots\cdots \ \bigcirc$$

또 $-3 \leq x \leq 3$이므로 $2x-(x-3)=x+3 \geq 0$

$$\therefore \ 2x \geq x-3$$

부등식 $x^2-x-2 \geq \{2x, x-3\}$에서 $2x \geq x-3$이므로

$$x^2-x-2 \geq 2\cdot 2x-(x-3)$$
$$x^2-x-2 \geq 3x+3, \ x^2-4x-5 \geq 0$$
$$(x+1)(x-5) \geq 0 \qquad \therefore \ x \leq -1 \ \text{또는} \ x \geq 5$$

주어진 x의 값의 범위가 $-3 \leq x \leq 3$이므로

$$-3 \leq x \leq -1 \qquad \cdots\cdots \ \bigcirc$$

$\bigcirc$, $\bigcirc$의 공통 범위는 $-2 \leq x \leq -1$이므로 모든 정수 x의 값의 합은 $-2+(-1)=-3$

답 ①

342 $\overline{DQ_1}=\overline{Q_1Q_2}=\overline{Q_2C}=a \ (a>0)$이라 하면

$\overline{AP_1}=\overline{P_1P_2}=\overline{P_2D}=\dfrac{3a+6}{3}=a+2$이므로

$$S_1=\frac{1}{2}(a+2)\cdot 2a = a(a+2)$$

$$S_2=\square ABCD-(\triangle ABP_2+\triangle BCQ_2+\triangle P_2Q_2D)$$
$$=3(a+2)\cdot 3a$$
$$\qquad -\frac{1}{2}\{2(a+2)\cdot 3a+3(a+2)\cdot a+(a+2)\cdot 2a\}$$
$$=9a(a+2)-\frac{11}{2}a(a+2)=\frac{7}{2}a(a+2)$$

$$\therefore \ S_2-S_1=\frac{7}{2}a(a+2)-a(a+2)=\frac{5}{2}a(a+2)$$

이때 $10 \leq S_2-S_1 \leq 20$이므로

$$10 \leq \frac{5}{2}a(a+2) \leq 20, \ 4 \leq a(a+2) \leq 8$$

(i) $4 \leq a(a+2)$에서 $a^2+2a-4 \geq 0$이므로

$$(a+1+\sqrt{5})(a+1-\sqrt{5}) \geq 0$$
$$\therefore \ a \geq -1+\sqrt{5} \ (\because \ a>0)$$

(ii) $a(a+2) \leq 8$에서 $a^2+2a-8 \leq 0$이므로

$$(a+4)(a-2) \leq 0 \qquad \therefore \ 0<a \leq 2$$

(i), (ii)에 의하여 $-1+\sqrt{5} \leq a \leq 2$이므로 선분 DQ_1의 길이의 최댓값은 2이다.

답 2

343 $2x^3+8x^2+(k+6)x+k=0$에서

$$(x+1)(2x^2+6x+k)=0$$

이므로 주어진 삼차방정식이 서로 다른 세 음수인 근을 가지려면 이차방정식 $2x^2+6x+k=0$이 $x \neq -1$인 서로 다른 두 음수인 근을 가져야 한다.

$f(x)=2x^2+6x+k$라 하면

(i) $f(-1) \neq 0$에서 $2-6+k \neq 0 \qquad \therefore \ k \neq 4$

(ii) $f(x)=0$이 서로 다른 두 음수의 근을 가져야 하므로

$$① \ \frac{D}{4}=9-2k>0 \text{에서} \ k<\frac{9}{2}$$

$$② \ (\text{두 근의 합})=-\frac{6}{2}=-3<0$$

$$③ \ (\text{두 근의 곱})=\frac{k}{2}>0 \text{에서} \ k>0$$

$$①, ②, ③ \text{에서} \ 0<k<\frac{9}{2}$$

(i), (ii)에 의하여 $0<k<4$ 또는 $4<k<\dfrac{9}{2}$

따라서 모든 정수 k의 값의 합은 $1+2+3=6$ 답 6

344 부등식 $x^2+4nx>5nx+2x$에서

$$x^2-(n+2)x>0, \ x\{x-(n+2)\}>0$$
$$\therefore \ x<0 \ \text{또는} \ x>n+2 \qquad \cdots\cdots \ \bigcirc$$

또 부등식 $x^2-(3n+2)x+2n^2+n-3 \leq 0$에서

$$\{x-(2n+3)\}\{x-(n-1)\} \leq 0$$
$$\therefore \ n-1 \leq x \leq 2n+3 \qquad \cdots\cdots \ \bigcirc$$

$\bigcirc$, $\bigcirc$의 공통 범위는 $n+2<x \leq 2n+3$이므로

$$f(n)=(2n+3)-(n+2)=n+1$$
$$\therefore \ f(1)+f(2)+f(3)+\cdots+f(10)$$
$$=(1+2+3+\cdots+10)+1\times 10$$
$$=55+10=65 \qquad\qquad \text{답 65}$$

345 x^2 또는 $x+\dfrac{1}{2}$의 값이 정수가 되는 x의 값을 기준으로 범위를 나누어 해를 구하면

(i) $0<x<\dfrac{1}{2}$일 때,

$[x^2]=0, \ \left[x+\dfrac{1}{2}\right]=0$이므로 부등식의 해는 존재하지 않는다.

(ii) $\dfrac{1}{2} \leq x<1$일 때,

$[x^2]=0, \ \left[x+\dfrac{1}{2}\right]=1$이므로 부등식의 해는 존재하지 않는다.

(iii) $1 \leq x<\sqrt{2}$일 때,

$[x^2]=1, \ \left[x+\dfrac{1}{2}\right]=1$이므로 부등식의 해는 존재하지 않는다.

(iv) $\sqrt{2} \leq x<\dfrac{3}{2}$일 때,

$$[x^2]=2, \left[x+\frac{1}{2}\right]=1$$이므로 부등식의 해는

$$\sqrt{2}\le x<\frac{3}{2}$$

(v) $\frac{3}{2}\le x<\sqrt{3}$일 때,

$[x^2]=2, \left[x+\frac{1}{2}\right]=2$이므로 부등식의 해는 존재하

지 않는다.

(vi) $\sqrt{3}\le x<2$일 때,

$[x^2]=3, \left[x+\frac{1}{2}\right]=2$이므로 부등식의 해는

$$\sqrt{3}\le x<2$$

(i)~(vi)에서 주어진 부등식의 해는

$$\sqrt{2}\le x<\frac{3}{2} \text{ 또는 } \sqrt{3}\le x<2$$

$$\therefore a^2+2b+c^2=2+3+3=8$$

답 8

346 조건 ㈎에서 $\frac{1-x}{3}=t$로 놓으면 $1-x=3t$이므로

$$x=1-3t$$

이때 $-5\le x\le 7$이므로 $-5\le 1-3t\le 7$

$$-6\le -3t\le 6 \qquad \therefore -2\le t\le 2$$

즉, $f(t)\ge 0$의 해가 $-2\le t\le 2$이므로

$$f(x)=a(x+2)(x-2)\ (a<0) \qquad \cdots\cdots\ \bigcirc$$

으로 놓을 수 있다.

또 조건 ㈏에서 모든 실수 x에 대하여 $f(x)\le 2x+\frac{13}{3}$

이 성립하므로 $a(x+2)(x-2)\le 2x+\frac{13}{3}$에서

$$a(x^2-4)\le 2x+\frac{13}{3}$$

$$3a(x^2-4)\le 6x+13$$

$$3ax^2-6x-12a-13\le 0$$

이차방정식 $3ax^2-6x-12a-13=0$의 판별식을 D라

하면 $3a<0$이므로

$$\frac{D}{4}=9-3a(-12a-13)\le 0$$

$$3-a(-12a-13)\le 0$$

$$12a^2+13a+3\le 0$$

$$(3a+1)(4a+3)\le 0$$

$$\therefore -\frac{3}{4}\le a\le -\frac{1}{3}$$

이때 ㉠에서 $f(4)=12a$이므로

$$-9\le 12a\le -4$$

따라서 $f(4)$의 최댓값과 최솟값의 차는

$$-4-(-9)=5$$

답 5

347 (i) $a=2$이면 $-4x+4=0$이므로

$$f(2)=1$$

(ii) $a\ne 2$이면 주어진 방정식은 이차방정식이므로 판별

식을 D라 하면

$$\frac{D}{4}=a^2-2a(a-2)=-a^2+4a$$

① $\frac{D}{4}>0$일 때, 즉 $-a^2+4a>0$에서

$$a^2-4a<0,\ a(a-4)<0$$

이므로 $0<a<4,\ a\ne 2$이다.

따라서 $0<a<2$ 또는 $2<a<4$일 때

$$f(a)=2$$

② $\frac{D}{4}=0$일 때, 즉 $-a^2+4a=0$에서

$$a^2-4a=0,\ a(a-4)=0$$

이므로 $a=0$ 또는 $a=4$

$$\therefore f(0)=1,\ f(4)=1$$

③ $\frac{D}{4}<0$일 때, 즉 $-a^2+4a<0$에서

$$a^2-4a>0,\ a(a-4)>0$$

이므로 $a<0$ 또는 $a>4$

따라서 $a<0$ 또는 $a>4$일 때

$$f(a)=0$$

ㄱ. $f(0)=1$ (참)

ㄴ. $f(2)=1$이므로 $0<a<2$ 또는 $2<a<4$일 때

$$f(a)=2 \text{ (거짓)}$$

ㄷ. $f(-2)+f(2)+f(4)=0+1+1=2$ (거짓)

따라서 옳은 것은 ㄱ뿐이다.

답 ①

348 이차방정식 $x^2-(n+1)x+2n+1=0$의 두 근이 α, β

이므로 근과 계수의 관계에 의하여

$$\alpha+\beta=n+1,\ \alpha\beta=2n+1$$

ㄱ. $n=-1$이면 $x^2-1=0$이므로 $x=\pm 1$

$$\therefore |\alpha|=|\beta| \text{ (참)}$$

ㄴ. $(\alpha-\beta)^2=(\alpha+\beta)^2-4\alpha\beta$

$$=(n+1)^2-4(2n+1)$$

$$=n^2-6n-3$$

이므로 $n^2-6n-3<0$에서

$$\{n-(3-2\sqrt{3})\}\{n-(3+2\sqrt{3})\}<0$$

$$\therefore 3-2\sqrt{3}<n<3+2\sqrt{3}$$

이때 $3-2\sqrt{3}=-0.\times\times\times$, $3+2\sqrt{3}=6.\times\times\times$이므로

정수 n은 0, 1, 2, 3, 4, 5, 6이고, 그 개수는 7이다.

(참)

ㄷ. $\alpha+\beta<|\alpha+\beta|$가 성립하려면 $\alpha+\beta=n+1<0$이

어야 하므로 $n<-1$ …… ㉠

또 $|\alpha+\beta|\geq0$, $|\alpha|+|\beta|\geq0$이므로

$$|\alpha+\beta|^2-(|\alpha|+|\beta|)^2$$
$$=\alpha^2+2\alpha\beta+\beta^2-(\alpha^2+2|\alpha\beta|+\beta^2)$$
$$=2(\alpha\beta-|\alpha\beta|)$$

이때 $|\alpha+\beta|<|\alpha|+|\beta|$가 성립하려면

$2(\alpha\beta-|\alpha\beta|)<0$이어야 하므로

$\alpha\beta<0$, 즉 $2n+1<0$

$$\therefore n<-\frac{1}{2} \qquad …… ㉡$$

㉠, ㉡에서 $n<-1$이므로 정수 n의 최댓값은 -2이다.

(참)

따라서 옳은 것은 ㄱ, ㄴ, ㄷ이다.   답 ⑤

349 $|x-a^2|\geq0$, $|x-b^2|\geq0$이므로

$$|x-a^2|^2-|x-b^2|^2$$
$$=x^2-2a^2x+a^4-(x^2-2b^2x+b^4)$$
$$=-2(a^2-b^2)x+(a^2+b^2)(a^2-b^2)$$
$$=(a^2-b^2)(-2x+a^2+b^2)>0$$

이때 $a^2-b^2<0$이므로 $-2x+a^2+b^2<0$

$$\therefore x>\frac{a^2+b^2}{2} \qquad …… ㉠$$

$x\geq15$인 모든 실수 x에 대하여 ㉠이 성립해야 하므로

$\dfrac{a^2+b^2}{2}<15$이어야 한다.

즉, $a^2+b^2<30$에서 a, b는 자연수이고 $a<b$이므로

a, b의 순서쌍 $(a,\ b)$는 $(1,\ 2)$, $(1,\ 3)$, $(1,\ 4)$,

$(1,\ 5)$, $(2,\ 3)$, $(2,\ 4)$, $(2,\ 5)$, $(3,\ 4)$이고, 그 개수는

8이다.   답 8

350 부등식 $|x-a[a]|<b[b]$에서 a, b가 양수이고, $b\geq1$

이므로

$$-b[b]<x-a[a]<b[b]$$
$$a[a]-b[b]<x<a[a]+b[b]$$

이때 부등식의 해가 $8<x<30$이므로

$$a[a]-b[b]=8,\ a[a]+b[b]=30$$

위의 식을 연립하여 풀면

$$a[a]=19,\ b[b]=11$$

$a[a]=19$에서 $[a]=m$ (m은 자연수)라 하면

$m\leq a<m+1$이므로

$$m[a]\leq a[a]<(m+1)[a]$$
$$m^2\leq a[a]<m(m+1)$$
$$\therefore m^2\leq19<m(m+1)\ (\because a[a]=19)$$

위의 부등식을 만족하는 자연수 m은 4이므로

$$4a=19 \qquad \therefore a=\frac{19}{4}$$

또 $b[b]=11$에서 $[b]=n$ (n은 자연수)라 하면

$n\leq b<n+1$이므로

$$n[b]\leq b[b]<(n+1)[b]$$
$$n^2\leq b[b]<n(n+1)$$
$$\therefore n^2\leq11<n(n+1)\ (\because b[b]=11)$$

위의 부등식을 만족하는 자연수 n은 3이므로

$$3b=11 \qquad \therefore b=\frac{11}{3}$$

따라서 $a=\dfrac{19}{4}$, $b=\dfrac{11}{3}$이므로

$$8a+9b=8\cdot\frac{19}{4}+9\cdot\frac{11}{3}=71$$

답 71

09 경우의 수

| 본문 94~95p |

STEP 1			
351 158	**352** ⑤	**353** 26	**354** 6
355 11	**356** 560	**357** ④	**358** 25	**359** 48
360 ③	**361** ③		

351 100원짜리 동전을 지불하는 방법은 0, 1, 2, 3, 4의 5가지
50원짜리 동전을 지불하는 방법은 0, 1, 2, 3의 4가지
10원짜리 동전을 지불하는 방법은 0, 1, 2, 3, 4의 5가지
이때 어느 것도 지불하지 않는 경우가 1가지이므로
$$a=5\times4\times5-1=99$$
50원짜리 동전 2개를 지불하는 방법과 100원짜리 동전
1개를 지불하는 방법이 같으므로 100원짜리 동전 1개
를 50원짜리 동전 2개로 생각할 수 있다.
따라서 구하는 금액의 수는 100원짜리 동전 5개, 50원
짜리 동전 1개, 10원짜리 동전 4개를 지불하는 방법의
수와 같고, 어느 것도 지불하지 않는 경우가 1가지이므
로
$$b=6\times2\times5-1=59$$
$$\therefore a+b=99+59=158$$

답 158

352 4의 배수이면서 3의 배수인 세 자리 수는 맨 뒤의 두 자
리가 4의 배수이면서 각 자리의 숫자의 합이 3의 배수
이면 된다.
4의 배수가 되는 세 자리 수의 경우는
□04, □12, □16, □20, □24, □32, □36, □40,
□52, □56, □60, □64
이때 3의 배수를 만족하면서 □에 들어갈 수 있는 수를
구하기 위해 각각에 대하여 7개의 숫자를 3으로 나눈
나머지로 분류한다. 즉,
나머지가 0인 수는 0, 3, 6
나머지가 1인 수는 1, 4
나머지가 2인 수는 2, 5
(ⅰ) □04의 경우
　백의 자리에 들어갈 수의 나머지가 2일 때, 조건을
　만족하므로 2, 5의 2가지
(ⅱ) □12의 경우
　백의 자리에 들어갈 수의 나머지가 0일 때, 조건을
　만족하므로 3, 6의 2가지
같은 방법으로 나머지 10가지 경우에 대하여 조건에 맞
게 구하면 19가지이다.

답 ⑤

353 오른쪽 그림과 같이 합의 법
칙을 이용하여 세면 방법의
수는 26이다.

답 26

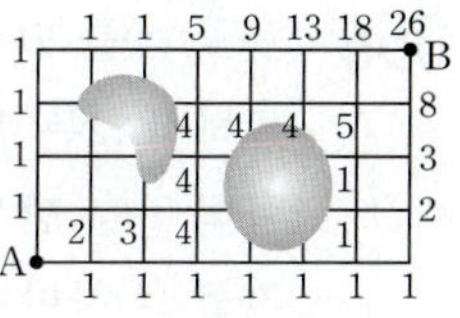

354 (ⅰ) $3x^4-6x^2+4+a-b=0$의 서로 다른 실근의 개수가
　 2이려면 나머지 두 근은 허근을 가져야 하므로
　 $x^2=t$로 놓으면
$$3t^2-6t+4+a-b=0$$
　 이 방정식이 서로 다른 부호의 실근을 가져야 하므
　 로 두 근의 곱이 음수이어야 한다.
$$\frac{4+a-b}{3}<0 \quad \therefore 4<b-a$$
　 따라서 $b-a=5$이다.
　 $b-a=5$가 되는 경우는 $a=1$, $b=6$일 때 1가지이다.
(ⅱ) $3x^4-6x^2+4+a-b=0$이 완전제곱식의 형태를 가
　 지면, 즉 $3(x^2-1)^2=0$이면 서로 다른 두 실근을 가
　 지므로 $a-b=-1$을 만족하는 순서쌍 (a, b)는
$$(1, 2), (2, 3), (3, 4), (4, 5), (5, 6)$$
　 의 5가지이다.
(ⅰ), (ⅱ)에 의하여 방정식 $3x^4-6x^2+4+a-b=0$의 서
로 다른 실근의 개수가 2인 경우의 수는 6이다.

답 6

355 조건 ㈎에서 n은 자연수이므로 $n+1<2n+2$가 성립한
다.
$_{15}\mathrm{C}_{n+1}=_{15}\mathrm{C}_{15-(n+1)}$이므로
$$15-(n+1)=2n+2, \ 3n=12$$
$$\therefore n=4$$
조건 ㈏에서
$$_{12}\mathrm{C}_5=\frac{12!}{7!5!}=\frac{12\times11!}{7!\times5\times4!}$$
$$=\frac{12}{5}\times_{11}\mathrm{C}_4 \ \text{또는} \ \frac{12}{5}\times_{11}\mathrm{C}_7$$
이어야 한다.
이때 가능한 m의 값은 4, 7이고 조건 ㈐에서 $_4\mathrm{P}_{m-2}$가
정의되려면 $0\le m-2\le4$이어야 하므로 $m=4$
조건 ㈐에서 $\dfrac{5!}{(5-l)!}=5\times\dfrac{4!}{2!}=\dfrac{5!}{2!}$
을 만족해야 하므로
$$5-l=2 \quad \therefore l=3$$
$$\therefore n+m+l=4+4+3=11$$

답 11

356 규칙 ㈎를 만족하는 전체 경우의 수에서 규칙 ㈏를 만족하지 않는 전체 경우의 수를 뺀다.

규칙 ㈎를 만족하는 경우는 숫자를 먼저 배열하고 소문자를 그 사이에 배열하면 되므로

$$_5C_3 \times 2! \times _6P_2 = \frac{5 \times 4 \times 3}{3 \times 2 \times 1} \times 2 \times 6 \times 5 = 600$$

(숫자 배열)(소문자 배열)

규칙 ㈎를 만족하면서 규칙 ㈏를 만족하지 않는 배열 방법은 첫째 자리와 마지막 자리에 모두 소문자가 오는 경우이므로

$$2! \times _5C_3 \times 2! = 2 \times \frac{5 \times 4 \times 3}{3 \times 2 \times 1} \times 2 = 40$$

따라서 조건을 만족하는 배열의 개수는

$$600 - 40 = 560$$

🔲 560

357 (i) 2개의 색만으로 칠하는 경우 2개의 색을 뽑는 방법의 수는 $_7C_2 = \frac{7 \times 6}{2 \times 1} = 21$

이때 A에 칠할 수 있는 방법의 수는 2이므로
$$_7C_2 \times 2 = 21 \times 2 = 42$$

(ii) 3개의 색만으로 칠하는 경우 3개의 색을 뽑는 방법의 수는 $_7C_3 = \frac{7 \times 6 \times 5}{3 \times 2 \times 1} = 35$

A와 C에 칠하는 색이 같으면 $3 \times 2 \times 1$

A와 C에 칠하는 색이 다르면 $3 \times 2 \times 1$
$$\therefore _7C_3 \times 3 \times 2 \times 2 = 35 \times 12 = 420$$

(iii) 4개의 색만으로 칠하는 경우 4개의 색을 뽑는 방법의 수는 $_7C_4 = \frac{7 \times 6 \times 5 \times 4}{4 \times 3 \times 2 \times 1} = 35$

A, B, C, D에 색을 배열하는 것과 같으므로 4!
$$\therefore _7C_4 \times 4! = _7C_4 \times 24 = 35 \times 24 = 840$$

(i), (ii), (iii)에 의하여 구하는 방법의 수는
$$42 + 420 + 840 = 1302$$

🔲 ④

다른 풀이
(i) A≠C인 경우 $7 \times 6 \times 5 \times 5 = 1050$
(ii) A=C인 경우 $7 \times 6 \times 1 \times 6 = 252$
(i), (ii)에 의하여 구하는 방법의 수는 $1050 + 252 = 1302$

358 양쪽 끝 중 적어도 한 곳에 남자가 서는 경우의 수는

(전체 경우의 수)

$\quad$ −(양쪽 끝에 모두 여자가 서는 경우의 수)

$\quad = 7! - _4C_2 \times 5!$

$\quad = 5040 - 1440 = 3600$

이므로 $a = 3600$

남자와 여자가 교대로 서는 경우의 수는 '여남여남여남여'로 서는 경우와 같고 여자끼리 서는 경우의 수는 4!, 남자끼리 서는 경우의 수는 3!이므로

$$4! \times 3! = 144 \qquad \therefore b = 144$$

$$\therefore \frac{a}{b} = \frac{3600}{144} = 25$$

🔲 25

359 가로 방향의 수의 합과 세로 방향의 수의 합에서 4는 두 번 더해지고, 나머지 1, 2, 3, 5, 6, 7은 한 번 더해지므로
$$1+2+3+4+4+5+6+7 = 32$$

이때 가로 방향의 수의 합과 세로 방향의 수의 합이 같으므로 각각의 합은 16이다.

세로 방향의 두 칸에 들어갈 두 수의 합은 $16 - 4 = 12$ 이어야 하므로 1, 2, 3, 5, 6, 7 중 두 수를 더해 12를 만들 수 있는 것은 5와 7뿐이다.

세로 방향의 두 칸에 5와 7을 채워 넣는 방법의 수는
$$2! = 2$$

가로 방향의 네 칸에 나머지 4개의 수 1, 2, 3, 6을 채워 넣는 방법의 수는
$$4! = 24$$

따라서 구하는 방법의 수는
$$2 \times 24 = 48$$

🔲 48

360 직선은 두 점을 지나가면서 정해지므로 10개의 점 중 2개를 선택하면
$$_{10}C_2$$

반원의 지름 부분에 있는 5개의 점들은 서로 2개씩 연결하면 하나의 직선이 되므로

$$a = _{10}C_2 - _5C_2 + 1 = \frac{10 \times 9}{2 \times 1} - \frac{5 \times 4}{2 \times 1} + 1$$
$$= 45 - 10 + 1 = 36$$

삼각형은 한 직선 위에 있는 세 점이 아니라면 어느 세 점을 선택해도 만들 수 있으므로

$$b = _{10}C_3 - _5C_3 = \frac{10 \times 9 \times 8}{3 \times 2 \times 1} - \frac{5 \times 4 \times 3}{3 \times 2 \times 1}$$
$$= 120 - 10 = 110$$

$$\therefore a + b = 36 + 110 = 146$$

🔲 ③

361 자신의 모자를 가져가는 학생의 경우의 수는 $_6C_1$ 나머지 5명이 모두 다른 학생의 모자를 가져가는 경우는 수형도 또는 교란순열을 이용하여 구한다.
$$\therefore _6C_1 \times 44 = 264$$

🔲 ③

STEP 2

362 ④	363 341	364 189	365 78
366 ②	367 ④	368 26	369 ④	370 ⑤
371 499	372 ③	373 ④	374 ③	375 ①
376 426	377 13	378 70	379 115	

362 같은 주사위를 두 번 던질 때, 나오는 눈의 수를 차례로 x, y라 하면

(i) x와 y가 홀수일 때,
$$\frac{(-1)^x+(-1)^y}{x+y}<0$$

(ii) x와 y가 어느 하나만이 홀수일 때,
$$\frac{(-1)^x+(-1)^y}{x+y}=0$$

이므로 전체 경우에서 $\frac{1}{4}$보다 크거나 같은 경우를 제외하면 전체 경우의 수가 36이고 x와 y가 짝수일 때,
$\frac{1+1}{x+y}\geq\frac{1}{4}$인 경우는
$$\frac{1+1}{x+y}\geq\frac{1}{4},\ 8\geq x+y$$

이를 만족하는 순서쌍 (x, y)는
$$(2, 4),\ (2, 6),\ (4, 2),\ (6, 2),\ (2, 2),\ (4, 4)$$
의 6가지이다.
따라서 순서쌍 (x, y)의 개수는
$$36-6=30 \qquad \text{달 ④}$$

363 철수가 k km를 조깅하는 방법의 수를 $f(k)$라 하면 $k\geq3$에서 k km를 조깅한다는 것은 $(k-1)$km를 조깅한 후 1 km 트랙을 조깅한 것이거나 $(k-2)$km를 조깅한 후 2 km 트랙을 조깅한 것이므로
$$f(k)=1\cdot f(k-1)+2\cdot f(k-2)$$
$$f(1)=1$$
$f(2)=$(트랙 A 2번)$+$(트랙 B 또는 트랙 C 1번)$=3$
이므로
$$f(3)=f(2)+2f(1)=3+2\cdot1=5$$
$$f(4)=f(3)+2f(2)=5+2\cdot3=11$$
$$f(5)=f(4)+2f(3)=11+2\cdot5=21$$
$$f(6)=f(5)+2f(4)=21+2\cdot11=43$$
$$f(7)=f(6)+2f(5)=43+2\cdot21=85$$
$$f(8)=f(7)+2f(6)=85+2\cdot43=171$$
$$f(9)=f(8)+2f(7)=171+2\cdot85=341$$
따라서 철수가 9 km를 조깅하는 방법의 수는 341이다.

달 341

364 전류가 흐르기 위해서는 n개의 스위치 중 적어도 1개의 스위치가 연결되어 있어야 한다. 즉, 모든 방법의 수 2^n 중 다 연결되지 않은 1가지 경우만 제외하면 된다.
따라서 세 전구 L_1, L_2, L_3이 모두 불이 들어오려면 스위치 2개의 병렬연결구조 3개, 스위치 3개의 병렬연결구조 1개, 직렬연결스위치 S_8에서 적어도 1개의 스위치가 연결되어야 하므로 전류가 흐르는 방법의 수는
$$(2^2-1)^3\times(2^3-1)\times(2-1)=3^3\times7=189$$

달 189

365 오른쪽 그림과 같은 자동차 B에 탔던 2명을 a, b라 하면

자동차 B	
운전자	

(i) a가 처음 앉았던 좌석에 앉고 나머지 4명이 앉는 경우의 수는 $4!=24$
(ii) b가 처음 앉았던 좌석에 앉고 나머지 4명이 앉는 경우의 수는 $4!=24$
(iii) a, b 둘 다 처음 앉았던 좌석에 앉고 나머지 3명이 앉는 경우의 수는 $3!=6$
(i)과 (ii)에서 (iii)의 경우가 중복되므로 a, b 중 적어도 한 명이 처음 앉았던 좌석에 앉게 되는 경우의 수는
$$24+24-6=42$$
전체 경우의 수는 $5!=120$
따라서 자동차 B에 탔던 2명이 모두 처음 좌석이 아닌 다른 좌석에 앉게 되는 경우의 수는
$$120-42=78 \qquad \text{달 78}$$

366 조건 ㈎에 의하여 짝수가 이웃하지 않으므로 짝수의 배열을 분류하면

(i) (a_1, a_3, a_5)가 짝수인 경우
$$a_1+a_3+a_5=2+4+6=12$$
$$a_2+a_4+a_6=1+3+5=9$$
이므로 조건 ㈏를 만족시킨다.
$$\therefore\ 3!\times3!=36$$

(ii) (a_1, a_3, a_6)이 짝수인 경우
$$a_1+a_3-a_6\geq a_2+a_4-a_5$$
$$a_1+a_3-a_6=\begin{cases}2+4-6=0\\2+6-4=4\\4+6-2=8\end{cases}$$
$$a_2+a_4-a_5=\begin{cases}1+3-5=-1\\1+5-3=3\\3+5-1=7\end{cases}$$

a_1과 a_3 자리의 숫자가 바뀌는 경우는 $2!$

a_2와 a_4 자리의 숫자가 바뀌는 경우는 $2!$

$a_1+a_3-a_6=0$일 때, $a_2+a_4-a_5=-1$이므로 1가지

$a_1+a_3-a_6=4$일 때, $a_2+a_4-a_5=-1$ 또는 3이므로 2가지

$a_1+a_3-a_6=8$일 때, $a_2+a_4-a_5=-1$ 또는 3 또는 7이므로 3가지

$$\therefore 2! \times 2! \times (1+2+3)=24$$

(iii) (a_1, a_4, a_6)이 짝수인 경우

$$a_1-a_4-a_6 \geq a_2-a_3-a_5$$

$$a_1-a_4-a_6 = \begin{cases} 2-4-6=-8 \\ 4-2-6=-4 \\ 6-2-4=0 \end{cases}$$

$$a_2-a_3-a_5 = \begin{cases} 1-3-5=-7 \\ 3-1-5=-3 \\ 5-1-3=1 \end{cases}$$

a_4와 a_6 자리의 숫자가 바뀌는 경우는 $2!$

a_3와 a_5 자리의 숫자가 바뀌는 경우는 $2!$

$a_1-a_4-a_6=-8$일 때 만족하는 경우는 없다.

$a_1-a_4-a_6=-4$일 때, $a_2-a_3-a_5=-7$이므로 1가지

$a_1-a_4-a_6=0$일 때, $a_2-a_3-a_5=-7$ 또는 -3이므로 2가지

$$\therefore 2! \times 2! \times (1+2)=12$$

(iv) (a_2, a_4, a_6)이 짝수인 경우는 불가능하다.

(i)~(iv)에 의하여

$$36+24+12=72$$

탭 ②

367 조건 (개)에 의하여 숫자는

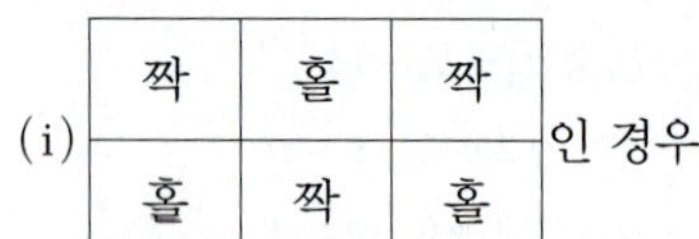

짝	홀	짝
홀	짝	홀

또는

홀	짝	홀
짝	홀	짝

으로 배치되고 각 경우에서 조건 (내)를 만족하는 경우의 수를 구한다.

(i)

짝	홀	짝
홀	짝	홀

인 경우

자연수를 3으로 나눈 나머지로 분류하면

① 나머지가 1인 수는 1, 4

② 나머지가 2인 수는 2, 5

③ 나머지가 0인 수는 3, 6

서로 다른 세 개의 자연수를 더하여 3의 배수가 되

려면 (a) ①의 세 수를 뽑거나 (b) ②의 세 수를 뽑거나 (c) ③의 세 수를 뽑거나 (d) ①, ②, ③에서 각각 한 수를 뽑아야 한다.

하지만 ①, ②, ③의 수는 각각 두 개로 (a), (b), (c)는 이용할 수 없으므로 (d)를 이용한다.

1행에서 홀수를 선택하는 방법의 수는 3가지이다. 그리고 각 ①, ②, ③에 홀수 1개, 짝수 1개씩 있으므로 각각 홀수와 짝수를 뽑는 경우의 수는 1가지이다.

뽑은 세 수들을 1행에서 배열하는 방법은 2가지이고, 남은 세 수를 2행에서 배열하는 방법도 2가지이므로 (i)의 전체 경우의 수는 $3 \times 2 \times 2=12$

(ii)

홀	짝	홀
짝	홀	짝

인 경우

(i)과 같은 방법으로 하면 12가지이다.

따라서 조건을 만족시키도록 자연수를 적어 넣는 경우의 수는 $12+12=24$

탭 ④

368 숫자를 기준으로 카드를 배열한 후 색을 배열할 때, 1이 적힌 카드는 흰색, 파란색, 노란색 1장씩, 2가 적힌 카드는 흰색, 파란색 1장씩, 3이 적힌 카드는 흰색 1장이다.

6개의 카드가 있을 때 왼쪽부터 a_1, a_2, a_3, a_4, a_5, a_6이라 하면

(i) 3 22 111인 경우

같은 색의 카드는 이웃하지 않는다는 조건을 이용하여 수형도를 그리면

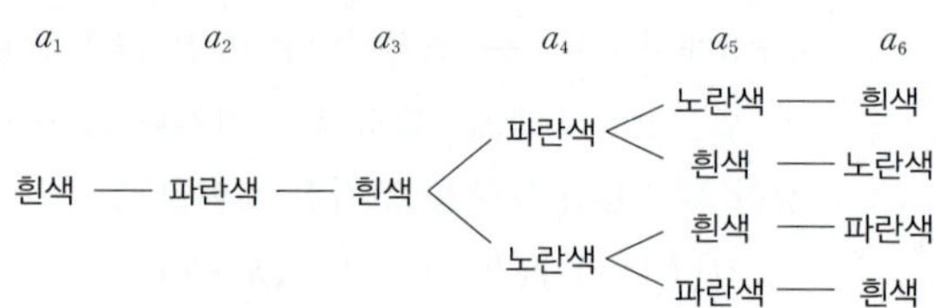

으로 4가지이다.

(ii) 3 111 22인 경우

같은 색의 카드는 이웃하지 않는다는 조건을 이용하여 수형도를 그리면

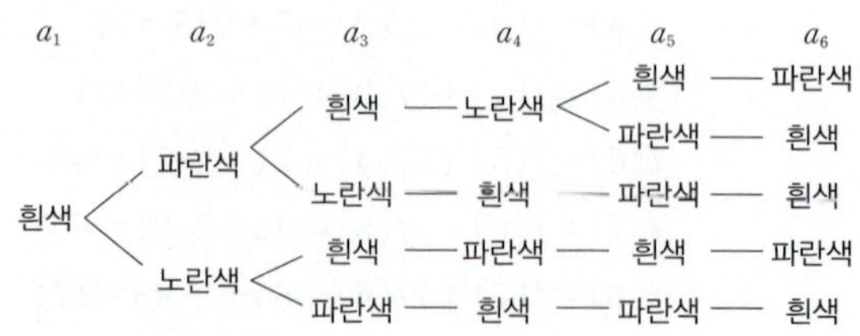

으로 5가지이다.

(iii) 22 3 111인 경우

같은 색의 카드는 이웃하지 않는다는 조건을 이용하

면 a_3을 중심으로 수형도를 그리면

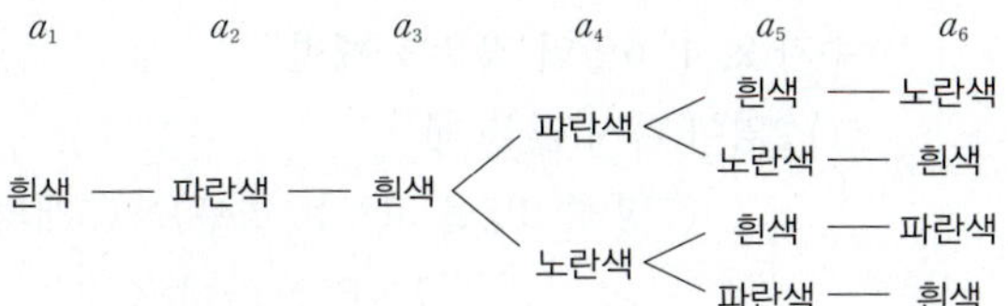

으로 4가지이다.

(iv) 111 22 3인 경우

(i)과 같은 방법으로 하면 4가지이다.

(v) 22 111 3인 경우

(ii)와 같은 방법으로 하면 5가지이다.

(vi) 111 3 22인 경우

(iii)과 같은 방법으로 하면 4가지이다.

(i)~(vi)에 의하여 조건을 만족시키는 경우의 수는
$$4+5+4+4+5+4=26$$
답 26

369 (i) 7개의 문자를 일렬로 나열하는 경우의 수는
$$7!=5040$$
양 끝에 모두 모음이 오는 경우는 모음 A, E, U 중에서 2개를 양 끝에 나열하고, 나머지 5개의 문자를 가운데에 나열하면 되므로
$$_3\mathrm{P}_2 \times 5! = 6 \times 120 = 720$$
따라서 구하는 경우의 수는
$$5040 - 720 = 4320$$

(ii) 모음 A, E, U를 한 묶음으로 생각하여 (A, E, U), H, K, P, X의 5개를 일렬로 나열하는 방법의 수는 $5!=120$이고, 이 각각에 대하여 모음 A, E, U가 서로 자리를 바꾸는 방법의 수는 $3!=6$
따라서 구하는 경우의 수는
$$120 \times 6 = 720$$

(iii) 이웃해도 되는 자음 H, K, P, X의 4개를 일렬로 나열하는 방법의 수는 $4!=24$
이때 자음 사이사이와 양 끝의 두 자리를 포함한 5개의 자리에 모음 A, E, U의 3개를 일렬로 나열하는 방법의 수는
$$_5\mathrm{P}_3 = 5 \times 4 \times 3 = 60$$
따라서 구하는 경우의 수는
$$24 \times 60 = 1440$$

(i), (ii), (iii)에 의하여 세 경우의 수의 합은
$$4320 + 720 + 1440 = 6480$$
답 ④

370 다음 그림에서 1, 2, 3, 4, 5열에 존재하는 가로줄을 택하면 세로줄이 자동 결정되므로 이를 이용하여 경우의

수를 구한다.

단, 3열의 가로줄의 위치에 따라 4열에서 택할 수 있는 가로줄이 제한되므로 경우를 나누어 계산하면 구하는 방법의 수는

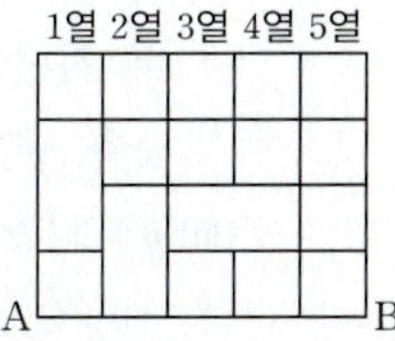

$$4 \times 4 \times (3 \times 3 + 2 \times 2) \times 5 = 1040$$
답 ⑤

일대일대응으로 경로 문제를 구하는 방법의 수는

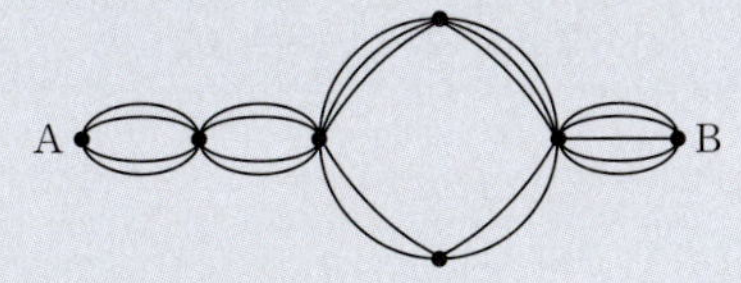

$$4 \times 4 \times (3 \times 3 + 2 \times 2) \times 5 = 1040$$

371 $[x]$를 x보다 크지 않은 최대 정수라 할 때 1부터 2002까지의 자연수 중

5의 배수는 $\left[\dfrac{2002}{5}\right]=400$(개)

$25(=5^2)$의 배수는 $\left[\dfrac{2002}{5^2}\right]=80$(개)

$125(=5^3)$의 배수는 $\left[\dfrac{2002}{5^3}\right]=16$(개)

$625(=5^4)$의 배수는 $\left[\dfrac{2002}{5^4}\right]=3$(개)가 있다. 즉,
$$2002! = 2002 \times 2001 \times 2000 \times \cdots \times 3 \times 2 \times 1$$
$$= 5^{400+80+16+3} \times k$$
$$= 5^{499} \times k \ (단, k는 상수)$$
따라서 2002!은 5^{499}으로 나누어떨어지므로 n의 최댓값은 499이다.

답 499

372 21개의 점들 중 2개의 점을 선택하여 만들 수 있는 선분의 개수는
$$a = _{21}\mathrm{C}_2 = \frac{21 \times 20}{2 \times 1} = 210$$
21개의 점들 중 2개의 점을 선택하여 직선을 만들기 위해 각 점을 좌표라 생각하고 $-3 \leq x \leq 3$, $-1 \leq y \leq 1$이라 하면

(i) x축 위의 점을 제거한 후 직선의 개수는
$$49 \ (y=-1, y=1 \ 제외)$$

(ii) 점 $(3, 0)$을 지나면서 $y=-1$ 위의 점을 지나지 않는 직선의 개수는 $6(x$축 제외)

점 $(2, 0)$을 지나면서 $y=-1$ 위의 점을 지나지 않는 직선의 개수는 $4(x$축 제외)

점 $(1, 0)$을 지나면서 $y=-1$ 위의 점을 지나지 않는 직선의 개수는 2(x축 제외)

x축, y축, 원점 대칭이 되므로 $(6+4+2) \times 4 = 48$

(iii) $y=1$, x축, $y=-1$의 3개

(i), (ii), (iii)에 의하여 직선의 개수는
$$b=49+48+3=100$$
$$\therefore a+b=210+100=310$$
답 ③

다른 풀이

$$b=210-[_3\mathrm{C}_2 \times 3+_3\mathrm{C}_2 \times \{(5+3+1) \times 2+7\}]+(3+25)$$
$$=210-(21 \times 3+3 \times 25)+28=100$$

373 오른쪽 그림에서 16개의 점 중 3개를 택하여 만들 수 있는 삼각형의 개수는 16개의 점 중 3개를 선택하는 방법에서 그 중 삼각형이 되지 않는 경우를 빼서 구한다.

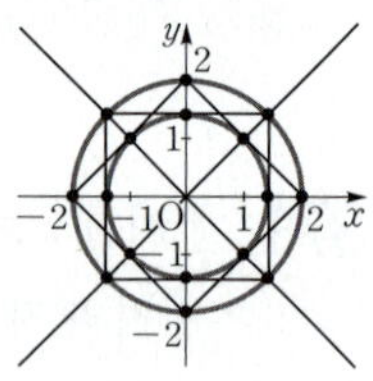

16개의 점 중 3개의 점을 선택하는 방법의 수는
$$_{16}\mathrm{C}_3=\frac{16 \times 15 \times 14}{3 \times 2 \times 1}=560$$

삼각형이 되지 않는 경우는 세 점이 한 직선 위에 있을 때이므로
$$_4\mathrm{C}_3 \times 4+_3\mathrm{C}_3 \times 8=4 \times 4+1 \times 8=24$$

따라서 16개의 점 중 3개를 택하여 만들 수 있는 삼각형의 개수는
$$560-24=536$$
답 ④

374 (i) 처음 두 숫자가 같은 경우

$aaaaa$이면 $_7\mathrm{C}_1=7$

뒤에 세 자리 중 다른 숫자 b가 있으면

$aaaab$, $aaaba$, $aabaa$
$$\therefore _7\mathrm{C}_1 \times _7\mathrm{C}_1 \times 3=7 \times 7 \times 3=147$$

(ii) 처음 두 숫자가 다른 경우

ab로 시작하고 뒤의 숫자가 a가 2개, b가 1개이면
$$_7\mathrm{C}_1 \times _7\mathrm{C}_1 \times 3=7 \times 7 \times 3=147$$

ab로 시작하고 뒤의 숫자가 a가 1개, b가 2개이면
$$_7\mathrm{C}_1 \times _7\mathrm{C}_1 \times 3=7 \times 7 \times 3=147$$

(iii) ab로 시작하고 뒤의 숫자가 a가 1개, b가 1개, c가 1개이면 ($a \neq b \neq c$)
$$_7\mathrm{C}_1 \times _7\mathrm{C}_1 \times _6\mathrm{C}_1 \times 3!=7 \times 7 \times 6 \times 6=1764$$

(i), (ii), (iii)에 의하여 구하는 경우의 수는
$$(7+147)+(147+147)+1764=2212$$
답 ③

375 전체 경우의 수에서 앉았던 자리에 다시 앉는 사람의 수가 2, 4, 6명인 경우를 빼면

(i) 2명이 다시 앉을 때

(7명 중 2명을 고르는 경우)×(5개의 교란순열)
$$=_7\mathrm{C}_2 \times 44=\frac{7 \times 6}{2 \times 1} \times 44=924$$

(ii) 4명이 다시 앉을 때

(7명 중 4명을 고르는 경우)×(3개의 교란순열)
$$=_7\mathrm{C}_4 \times 2=\frac{7 \times 6 \times 5 \times 4}{4 \times 3 \times 2 \times 1} \times 2=70$$

(iii) 6명이 다시 앉는 경우는 존재하지 않는다.

따라서 구하는 경우의 수는
$$7!-(_7\mathrm{C}_2 \times 44+_7\mathrm{C}_4 \times 2)=5040-(924+70)$$
$$=4046$$
답 ①

376 6개의 문자를 일렬로 나열하는 경우의 수는
$$6!=720$$

세 조건 ㈎, ㈏, ㈐의 여사건을 각각 구하면

① A의 바로 다음 자리에 B가 오는 경우

② B의 바로 다음 자리에 C가 오는 경우

③ C의 바로 다음 자리에 D가 오는 경우

(i) ① A의 바로 다음 자리에 B가 있는 경우

(A, B), C, D, E, F를 배열하는 경우
$$5!=120$$

②, ③의 경우도 같은 방법으로 5!

(ii) ①과 ②를 만족하는 경우

(A, B, C), D, E, F를 배열하는 경우이므로
$$4!=24$$

②와 ③, ③과 ①을 만족하는 경우도 같은 방법으로 4!

(iii) ①, ②, ③을 모두 만족하는 경우

(A, B, C, D), E, F를 배열하는 경우이므로
$$3!=6$$

(i), (ii), (iii)에 의하여 세 조건 ㈎, ㈏, ㈐를 모두 만족시키는 경우의 수는
$$6!-(5! \times 3-4! \times 3+3!)$$
$$=720-(120 \times 3-24 \times 3+6)$$
$$=426$$
답 426

377 한 계단씩 a번, 두 계단씩 b번 올라간다고 하면
$$a+2b=6$$

위의 방정식을 만족하는 음이 아닌 정수 a, b에 대하여 순서쌍 (a, b)는

$(0, 3), (2, 2), (4, 1), (6, 0)$

의 4가지이다.

(i) $a=0$, $b=3$인 경우, $b'b'b'$

　두 계단씩 세 번 오르는 방법으로 1가지

(ii) $a=2$, $b=2$인 경우

　$a'a'b'b'$, $b'b'a'a'$, $a'b'a'b'$, $b'a'b'a'$, $a'b'b'a'$, $b'a'a'b'$

　한 계단씩 두 번, 두 계단씩 두 번 오르는 방법으로 6가지

(iii) $a=4$, $b=1$인 경우

　$a'a'a'a'b'$, $a'a'a'b'a'$, $a'a'b'a'a'$, $a'b'a'a'a'$, $b'a'a'a'a'$

　한 계단씩 네 번, 두 계단씩 한 번 오르는 방법으로 5가지

(iv) $a=6$, $b=0$인 경우, $a'a'a'a'a'a'$

　한 계단씩 여섯 번 오르는 방법으로 1가지

(i)~(iv)에 의하여 구하는 방법의 수는

$1+6+5+1=13$　　　　　　**답** 13

378 오른쪽 그림에서 A에서 B로 가는 최단 거리의 경우의 수를 구하기 위해 총 $(n+m)$번 이동하여 A에서 B로 가려면 n번 위로 m번 오른쪽으로 가야 한다. 이때 올라가는 행위

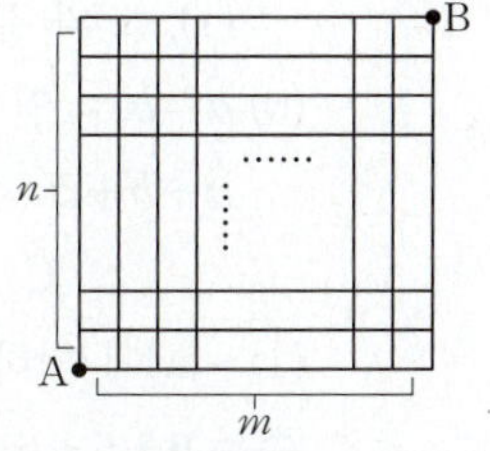

를 a, 오른쪽으로 이동하는 행위를 b라 하면 $(m+n)$자리 중 n개의 a자리 또는 m개의 b자리를 뽑는 것과 같다.

따라서 A에서 B까지 최단 거리로 가는 경우의 수는

$$_{m+n}C_m =\ _{m+n}C_n$$

오른쪽 그림에서 DC를 축으로 도로망을 거울대칭시키고 B를 대칭이동시킨 점을 B'이라 했을 때, A지점에서 B'지점까지 B지

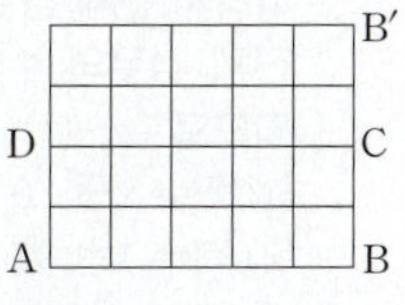

점을 지나지 않고 최단 거리로 가는 경우 $\overline{DC}$ 위의 점을 적어도 한 점 지나고 왼쪽으로 움직이지 않는다.

(i) (A에서 B'으로 가는 최단 경로의 수)

　　$-$(B를 거쳐서 가는 경로의 수)

　$=\ _9C_4-1=\dfrac{9\times8\times7\times6}{4\times3\times2\times1}-1=125$

(ii) 한 번 지난 길을 다시 지나는 경우 오른쪽 그림에서 ①을 지나는 경우

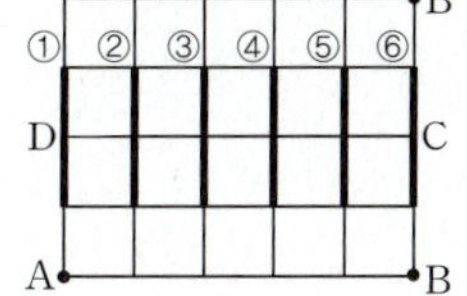

　: $1\times\ _6C_1=6$

②를 지나는 경우

: $_2C_1\times\ _5C_1=10$

③을 지나는 경우 : $_3C_1\times\ _4C_1=12$

④를 지나는 경우 : $_4C_1\times\ _3C_1=12$

⑤를 지나는 경우 : $_5C_1\times\ _2C_1=10$

⑥을 지나는 경우 : $(_6C_1-1)\times1=5$

　　$\therefore 6+10+12+12+10+5=55$

(i), (ii)에 의하여 따라서 구하는 경로의 수는

　$125-55=70$　　　　　　**답** 70

379 직사각형의 개수는 원의 중심을 지나는 두 직선을 대각선으로 하는 사각형의 개수이므로

$$a=\ _6C_2=\dfrac{6\times5}{2\times1}=15$$

직각삼각형은 원의 중심을 지나는 한 직선을 빗변으로 하고 나머지 한 점은 원 위의 다른 점을 선택하는 경우와 같으므로

$$b=6\times10=60$$

예각삼각형의 개수는

　(전체 삼각형의 개수) $-$ (직각삼각형의 개수)

　　$-$ (둔각삼각형의 개수)

이고 둔각삼각형은 한 점을 기준으로 그 점과 나머지 두 점을 선택할 때 그 점을 지나는 지름의 오른쪽 다섯 점 중 두 점을 선택하는 경우와 같으므로

$$12\times\ _5C_2=12\times\dfrac{5\times4}{2\times1}=120$$

$$\therefore c=\ _{12}C_3-60-120$$

$$=\dfrac{12\times11\times10}{3\times2\times1}-180=40$$

$$\therefore a+b+c=15+60+40=115$$　　**답** 115

| 본문 101p |

STEP 3　　　**380** 700　　**381** 138　　**382** ①

380 주어진 조건에 의하여

$$0\le f(1)\le5,\ 0\le f(2)\le4,\ 0\le f(3)\le3,$$
$$0\le f(4)\le2,\ 0\le f(5)\le1$$

이므로

$$0\le f(1)+f(2)+f(3)\le12,\ 0\le f(4)+f(5)\le3$$

이고 $f(1)+f(2)+f(3)=m$, $f(4)+f(5)=n$이라 하면 $m<n$인 경우는 (m, n)이 $(0, 1)$, $(0, 2)$, $(0, 3)$, $(1, 2)$, $(1, 3)$, $(2, 3)$이므로

(i) (m, n)이 $(0, 1)$, $(0, 2)$, $(0, 3)$인 경우는
$(a_1, a_2, a_3)=(1, 2, 3)$
$n=1$일 때, $(a_4, a_5, a_6)=(4, 6, 5)$, $(5, 4, 6)$
$n=2$일 때, $(a_4, a_5, a_6)=(5, 6, 4)$, $(6, 4, 5)$
$n=3$일 때, $(a_4, a_5, a_6)=(6, 5, 4)$
따라서 경우의 수는
$$1 \times 5 = 5$$

(ii) (m, n)이 $(1, 2)$, $(1, 3)$인 경우는
$(a_1, a_2, a_3)=(2, 1, 3)$, $(1, 3, 2)$, $(1, 2, 4)$
a_1, a_2, a_3에 대응되지 못한 나머지 수를 β_4, β_5, β_6
이라 하고, $\beta_4 < \beta_5 < \beta_6$이면
$n=2$일 때, $(a_4, a_5, a_6)=(\beta_5, \beta_6, \beta_4)$, $(\beta_6, \beta_4, \beta_5)$
$n=3$일 때, $(a_4, a_5, a_6)=(\beta_6, \beta_5, \beta_4)$
따라서 경우의 수는
$$3 \times 3 = 9$$

(iii) (m, n)이 $(2, 3)$인 경우는
$(a_1, a_2, a_3)=(1, 2, 5)$, $(1, 3, 4)$, $(1, 4, 2)$,
$(2, 3, 1)$, $(2, 1, 4)$, $(3, 1, 2)$
a_1, a_2, a_3에 대응되지 못한 나머지 수를 β_4, β_5, β_6
이라 하고, $\beta_4 < \beta_5 < \beta_6$이면
$n=3$일 때, $(a_4, a_5, a_6)=(\beta_6, \beta_5, \beta_4)$
따라서 경우의 수는
$$6 \times 1 = 6$$

(i), (ii), (iii)에 의하여 $m < n$인 경우의 수는 $5+9+6=20$
이므로 $m \geq n$인 경우의 수는
$$6! - 20 = 720 - 20 = 700$$

답 700

381 (i) 보안카드의 9자리 숫자열 중 1의 개수가 5인 경우
9자리 숫자열 중 1이 될 5자리를 선택하고 남은 빈
자리에 0을 배열하면 되므로
$$_9C_5 = {}_9C_4 = \frac{9 \times 8 \times 7 \times 6}{4 \times 3 \times 2 \times 1} = 126$$

(ii) 보안카드의 9자리 숫자열 중 처음 5자리가 01010인
경우
$$\underline{0}\,\underline{1}\,\underline{0}\,\underline{1}\,\underline{0}\,\underline{}\,\underline{}\,\underline{}\,\underline{}$$
앞의 5자리는 이미 정해져 있으며 뒤의 4자리에는 0
또는 1 중 어떤 것이 와도 되므로
$$2 \times 2 \times 2 \times 2 = 16$$

(iii) (i), (ii) 중 중복되는 상황의 경우의 수는
$$\underline{0}\,\underline{1}\,\underline{0}\,\underline{1}\,\underline{0}\,\underline{}\,\underline{}\,\underline{}\,\underline{}$$
앞의 5자리는 고정되어 있고, 총 5개의 1이 필요하므
로 뒤의 4자리 중 3개의 1이 있어야 한다. 따라서 4자
리 중 3자리의 1을 고르는 경우의 수는
$$_4C_3 = 4$$

(i), (ii), (iii)에 의하여 서로 다른 보안카드의 총 개수는
$$126 + 16 - 4 = 138$$

답 138

382 정사면체를 세 번 던져서 나온 눈의 수를 차례로 a, b,
c라 할 때,
(i) $a = b \neq c$인 경우
$a+b+c=2a+c$는 짝수이므로 c는 짝수이다.
① $a(=b)$는 짝수인 경우
$a(=b)$와 c는 다른 수이므로
$$_2C_1 \times {}_1C_1 = 2$$
② $a(=b)$는 홀수인 경우
$a(=b)$와 c는 홀수와 짝수로 각각 어떠한 수를
선택하더라도 같아지지 않으므로
$$_2C_1 \times {}_2C_1 = 4$$
따라서 $a = b \neq c$인 경우 6가지가 가능하다.
(ii) $a = c \neq b$인 경우
(i)과 같은 상황이므로 6가지이다.
(iii) $b = c \neq a$인 경우
(i), (ii)와 같은 상황이므로 6가지이다.
(iv) $a = b = c$인 경우
$a+b+c=3a$는 짝수이므로 a는 짝수이다.
$$\therefore {}_2C_1 = 2$$
(i)~(iv)에 의하여 a, b, c가 조건을 만족시키는 경우의
수는 $6+6+6+2=20$

답 ①

조건 (나)에서
(i) 짝수 3번 : $2 \times 2 \times 2 = 8$
(ii) 짝수 1번, 홀수 2번 : $3 \times (2 \times 2 \times 2) = 24$
따라서 전체 경우의 수는 $8 + 24 = 32$　　　…… ㉠
전체 경우의 수에서 $(a-b)(b-c)(c-a) \neq 0$인 경우를 빼면
되므로 $(a-b)(b-c)(c-a) \neq 0$인 경우는
(i) 짝수 2번 : 0
(ii) 짝수 1번, 홀수 2번 : $3 \times (2 \times 2 \times 1) = 12$　　…… ㉡
㉠, ㉡에 의하여 $32 - 12 = 20$

10 행렬과 그 연산

STEP 1				
383 ③	384 ①	385 ③	386 ②
387 ①	388 ②	389 ⑤	390 20	391 ⑤
392 ③	393 ④	394 ①	395 ③	396 ⑤
397 ③	398 ④			

383 $a_{ij}=\left[\dfrac{3^i}{2^j}\right]\,(i=1,\ 2,\ j=1,\ 2)$에서

$$a_{11}=\left[\dfrac{3}{2}\right]=1,\ a_{12}=\left[\dfrac{3}{2^2}\right]=\left[\dfrac{3}{4}\right]=0$$

$$a_{21}=\left[\dfrac{3^2}{2}\right]=\left[\dfrac{9}{2}\right]=4,\ a_{22}=\left[\dfrac{3^2}{2^2}\right]=\left[\dfrac{9}{4}\right]=2$$

$$\therefore A=\begin{pmatrix}1 & 0\\ 4 & 2\end{pmatrix}$$

답 ③

384 $\begin{pmatrix}x+y & -1\\ 0 & 1\end{pmatrix}=\begin{pmatrix}2 & -1\\ 0 & xy\end{pmatrix}$이므로

$$x+y=2,\ xy=1$$

$$\therefore x^2+y^2=(x+y)^2-2xy=4-2=2$$

답 ①

385 $A=2B$이므로

$$\begin{pmatrix}2ab & 2\\ 0 & 2a\end{pmatrix}=2\begin{pmatrix}-3 & 1\\ 0 & -b+2\end{pmatrix}$$
$$=\begin{pmatrix}-6 & 2\\ 0 & -2b+4\end{pmatrix}$$

$$2ab=-6,\ 2a=-2b+4$$
$$\therefore ab=-3,\ a+b=2$$

$b=2-a$이므로 $a(2-a)=-a^2+2a=-3$

$$a^2-2a-3=(a+1)(a-3)=0$$

$a=-1$일 때 $b=3$, $a=3$일 때 $b=-1$이므로

$$a=3,\ b=-1\ (\because a>b)$$

$$\therefore a^2-b^2=8$$

답 ③

386 $A-3B=\begin{pmatrix}-1 & 0\\ -5 & -7\end{pmatrix}$ ······ ㉠

$2A-B=\begin{pmatrix}3 & 5\\ 0 & -4\end{pmatrix}$ ······ ㉡

㉠$-3\times$㉡을 하면

$$-5A=\begin{pmatrix}-10 & -15\\ -5 & 5\end{pmatrix}\quad \therefore A=\begin{pmatrix}2 & 3\\ 1 & -1\end{pmatrix}$$

행렬 A를 ㉠에 대입하여 정리하면

$$3B=\begin{pmatrix}3 & 3\\ 6 & 6\end{pmatrix}\quad \therefore B=\begin{pmatrix}1 & 1\\ 2 & 2\end{pmatrix}$$

$$\therefore A-B=\begin{pmatrix}2 & 3\\ 1 & -1\end{pmatrix}-\begin{pmatrix}1 & 1\\ 2 & 2\end{pmatrix}=\begin{pmatrix}1 & 2\\ -1 & -3\end{pmatrix}$$

따라서 행렬 $A-B$의 모든 성분의 합은

$$1+2-1-3=-1$$

답 ②

387 $\dfrac{1}{3}AB-BA$

$$=\dfrac{1}{3}\begin{pmatrix}2 & -4\\ -1 & 2\end{pmatrix}\begin{pmatrix}1 & 2\\ 2 & 4\end{pmatrix}-\begin{pmatrix}1 & 2\\ 2 & 4\end{pmatrix}\begin{pmatrix}2 & -4\\ -1 & 2\end{pmatrix}$$

$$=\dfrac{1}{3}\begin{pmatrix}-6 & -12\\ 3 & 6\end{pmatrix}-\begin{pmatrix}0 & 0\\ 0 & 0\end{pmatrix}=\begin{pmatrix}-2 & -4\\ 1 & 2\end{pmatrix}$$

답 ①

388 $C=mA+nB$에서

$$\begin{pmatrix}10 & x\\ y & -2\end{pmatrix}=m\begin{pmatrix}-1 & 2\\ 2 & 1\end{pmatrix}+n\begin{pmatrix}3 & 4\\ 2 & 5\end{pmatrix}$$
$$=\begin{pmatrix}-m+3n & 2m+4n\\ 2m+2n & m+5n\end{pmatrix}$$

$$-m+3n=10,\ m+5n=-2$$

두 식을 연립하여 풀면 $m=-7,\ n=1$

$$x=2m+4n=-10,\ y=2m+2n=-12$$

$$\therefore x+y=-22$$

답 ②

389 $AB=\begin{pmatrix}3\alpha & 1\\ 1 & \beta\end{pmatrix}\begin{pmatrix}\alpha & 1\\ 1 & 3\beta\end{pmatrix}=\begin{pmatrix}3\alpha^2+1 & 3\alpha+3\beta\\ \alpha+\beta & 1+3\beta^2\end{pmatrix}$

$3x^2-5x+1=0$의 두 근이 $\alpha,\ \beta$이므로 근과 계수의 관계에 의하여

$$\alpha+\beta=\dfrac{5}{3},\ \alpha\beta=\dfrac{1}{3}$$

따라서 행렬 AB의 모든 성분의 합은

$$3(\alpha^2+\beta^2)+4(\alpha+\beta)+2$$
$$=3\{(\alpha+\beta)^2-2\alpha\beta\}+4(\alpha+\beta)+2$$
$$=3\left(\dfrac{25}{9}-\dfrac{2}{3}\right)+4\cdot\dfrac{5}{3}+2=15$$

답 ⑤

390 두 점 A$(3,\ 2)$, B$(-1,\ 4)$를 x축에 대하여 대칭이동한 점의 좌표는 각각 $(3,\ -2)$, $(-1,\ -4)$이므로

$$A=\begin{pmatrix}3 & 2\\ 3 & -2\end{pmatrix},\ B=\begin{pmatrix}-1 & 4\\ -1 & -4\end{pmatrix}$$

$$\therefore A-(B-2A)=3A-B$$
$$=3\begin{pmatrix}3 & 2\\ 3 & -2\end{pmatrix}-\begin{pmatrix}-1 & 4\\ -1 & -4\end{pmatrix}$$
$$=\begin{pmatrix}10 & 2\\ 10 & -2\end{pmatrix}$$

따라서 구하는 모든 성분의 합은 20이다. 답 20

391 $A+B=\begin{pmatrix} 3 & 1 \\ 5 & 3 \end{pmatrix}$ $\qquad\qquad$ ……㉠

$A-B=\begin{pmatrix} 1 & 3 \\ 5 & 7 \end{pmatrix}$ $\qquad\qquad$ ……㉡

㉠+㉡을 하면 $2A=\begin{pmatrix} 4 & 4 \\ 10 & 10 \end{pmatrix}$ $\quad\therefore A=\begin{pmatrix} 2 & 2 \\ 5 & 5 \end{pmatrix}$

㉠-㉡을 하면 $2B=\begin{pmatrix} 2 & -2 \\ 0 & -4 \end{pmatrix}$ $\quad\therefore B=\begin{pmatrix} 1 & -1 \\ 0 & -2 \end{pmatrix}$

따라서 $A^2=\begin{pmatrix} 2 & 2 \\ 5 & 5 \end{pmatrix}\begin{pmatrix} 2 & 2 \\ 5 & 5 \end{pmatrix}=\begin{pmatrix} 14 & 14 \\ 35 & 35 \end{pmatrix}$,

$B^2=\begin{pmatrix} 1 & -1 \\ 0 & -2 \end{pmatrix}\begin{pmatrix} 1 & -1 \\ 0 & -2 \end{pmatrix}=\begin{pmatrix} 1 & 1 \\ 0 & 4 \end{pmatrix}$ 이므로

$A^2-B^2=\begin{pmatrix} 14 & 14 \\ 35 & 35 \end{pmatrix}-\begin{pmatrix} 1 & 1 \\ 0 & 4 \end{pmatrix}=\begin{pmatrix} 13 & 13 \\ 35 & 31 \end{pmatrix}$

답 ⑤

392 $(A+B)^2=(A+B)(A+B)$

$\qquad\qquad =A^2+AB+BA+B^2$

$\qquad\qquad =A^2+2AB+B^2$

이므로 $AB+BA=2AB$

$\therefore AB=BA$

즉, $\begin{pmatrix} 1 & -1 \\ x & y \end{pmatrix}\begin{pmatrix} 2 & -1 \\ 3 & 4 \end{pmatrix}=\begin{pmatrix} 2 & -1 \\ 3 & 4 \end{pmatrix}\begin{pmatrix} 1 & -1 \\ x & y \end{pmatrix}$

$\begin{pmatrix} -1 & -5 \\ 2x+3y & -x+4y \end{pmatrix}=\begin{pmatrix} 2-x & -2-y \\ 3+4x & -3+4y \end{pmatrix}$

행렬이 서로 같을 조건에 의하여

$2-x=-1,\ -2-y=-5$

따라서 $x=3,\ y=3$이므로

$x+y=6$

답 ③

393 $A^2=AA=\begin{pmatrix} 1 & 0 \\ 2 & 1 \end{pmatrix}\begin{pmatrix} 1 & 0 \\ 2 & 1 \end{pmatrix}=\begin{pmatrix} 1 & 0 \\ 4 & 1 \end{pmatrix}$

$A^3=A^2A=\begin{pmatrix} 1 & 0 \\ 4 & 1 \end{pmatrix}\begin{pmatrix} 1 & 0 \\ 2 & 1 \end{pmatrix}=\begin{pmatrix} 1 & 0 \\ 6 & 1 \end{pmatrix}$

$\vdots$

이므로 $A^n=\begin{pmatrix} 1 & 0 \\ 2n & 1 \end{pmatrix}$

따라서 $2+2n=80$이므로 $n=39$

답 ④

394 $A^2=AA=\begin{pmatrix} 0 & -1 \\ 1 & 0 \end{pmatrix}\begin{pmatrix} 0 & -1 \\ 1 & 0 \end{pmatrix}=\begin{pmatrix} -1 & 0 \\ 0 & -1 \end{pmatrix}$,

$A^3=A^2A=\begin{pmatrix} -1 & 0 \\ 0 & -1 \end{pmatrix}\begin{pmatrix} 0 & -1 \\ 1 & 0 \end{pmatrix}=\begin{pmatrix} 0 & 1 \\ -1 & 0 \end{pmatrix}$,

$A^4=A^3A=\begin{pmatrix} 0 & 1 \\ -1 & 0 \end{pmatrix}\begin{pmatrix} 0 & -1 \\ 1 & 0 \end{pmatrix}=\begin{pmatrix} 1 & 0 \\ 0 & 1 \end{pmatrix}=E$

이므로

$A^{40}+A^{50}=(A^4)^{10}+(A^4)^{12}\cdot A^2=E+A^2$

$\qquad\qquad =\begin{pmatrix} 1 & 0 \\ 0 & 1 \end{pmatrix}+\begin{pmatrix} -1 & 0 \\ 0 & -1 \end{pmatrix}=\begin{pmatrix} 0 & 0 \\ 0 & 0 \end{pmatrix}$ 답 ①

395 $A\begin{pmatrix} 1 \\ 3 \end{pmatrix}+A\begin{pmatrix} 3 \\ 1 \end{pmatrix}=A\left\{\begin{pmatrix} 1 \\ 3 \end{pmatrix}+\begin{pmatrix} 3 \\ 1 \end{pmatrix}\right\}$

$\qquad\qquad =A\begin{pmatrix} 4 \\ 4 \end{pmatrix}=4A\begin{pmatrix} 1 \\ 1 \end{pmatrix}$

$\qquad\qquad =4\begin{pmatrix} 1 \\ 3 \end{pmatrix}\left(\because A\begin{pmatrix} 1 \\ 1 \end{pmatrix}=\begin{pmatrix} 1 \\ 3 \end{pmatrix}\right)$

$\qquad\qquad =\begin{pmatrix} 4 \\ 12 \end{pmatrix}$

답 ③

396 ㄱ. $AB=BA$이면

$\qquad (AB)^2=(AB)(AB)=A(BA)B$

$\qquad\qquad =A(AB)B=A^2B^2$ (참)

ㄴ. $(A+B)^2=(A+B)(A+B)$

$\qquad\qquad =A^2+AB+BA+B^2=A^2+B^2$

이므로 $AB+BA=O$

$\qquad \therefore AB=-BA$ (참)

ㄷ. $A(A-E)=(A-E)B$에서

$A^2-A=AB-B$이므로

$A^2-AB-A+B=O$

$A(A-B)-(A-B)=O$

$\therefore (A-E)(A-B)=O$ (참)

따라서 옳은 것은 ㄱ, ㄴ, ㄷ이다. 답 ⑤

397 케일리-해밀턴의 공식에 의하여

$A^2-(a-1)A-aE=O$

이때 $A^2=6A+7E$에서 $A^2-6A-7E=O$이므로

$a=7$ 답 ③

398 케일리-해밀턴의 정리에 의하여

$A^2-2A+E=O$ $\quad\therefore A^2=2A-E$

$A^3=A^2A=(2A-E)A$

$\qquad =2A^2-A=2(2A-E)-A$

$\qquad =3A-2E$

$A^4=A^3A=(3A-2E)A$

$\qquad =3A^2-2A=3(2A-E)-2A$

$\qquad =4A-3E$

$\vdots$

따라서 $A^n=nA-(n-1)E$이므로

$A^{10}=10A-9E$ 답 ④

STEP 2	399 ③	400 ②	401 ④	402 ④
	403 ③	404 ③	405 ④	406 ⑤	407 ④
	408 ①	409 ⑤	410 ②	411 ③	412 ⑤
	413 4	414 2	415 2	416 5	417 −1

399 $2(A-3B)-X=2B-A-C$에서

$X=3A-8B+C$

$$\therefore X=3\begin{pmatrix}1 & 2 \\ -2 & 0\end{pmatrix}-8\begin{pmatrix}0 & 3 \\ 1 & -2\end{pmatrix}+\begin{pmatrix}3 & 5 \\ 7 & -2\end{pmatrix}$$

$$=\begin{pmatrix}3 & 6 \\ -6 & 0\end{pmatrix}-\begin{pmatrix}0 & 24 \\ 8 & -16\end{pmatrix}+\begin{pmatrix}3 & 5 \\ 7 & -2\end{pmatrix}$$

$$=\begin{pmatrix}6 & -13 \\ -7 & 14\end{pmatrix}$$

따라서 행렬 X의 모든 성분의 합은

$6-13-7+14=0$　　　　　　　**답** ③

400 $\begin{cases}X+Y=3A-2B & \cdots\cdots \ \text{㉠} \\ 2X-3Y=A+B & \cdots\cdots \ \text{㉡}\end{cases}$

$2\times㉠-㉡$을 하면

$5Y=5A-5B$　　$\therefore Y=A-B$

㉠에 대입하면

$X=3A-2B-A+B=2A-B$

$$\therefore X=2A-B=2\begin{pmatrix}2 & 1 \\ 4 & 3\end{pmatrix}-\begin{pmatrix}2 & 5 \\ 2 & 7\end{pmatrix}$$

$$=\begin{pmatrix}4 & 2 \\ 8 & 6\end{pmatrix}-\begin{pmatrix}2 & 5 \\ 2 & 7\end{pmatrix}$$

$$=\begin{pmatrix}2 & -3 \\ 6 & -1\end{pmatrix}$$

$$Y=A-B=\begin{pmatrix}2 & 1 \\ 4 & 3\end{pmatrix}-\begin{pmatrix}2 & 5 \\ 2 & 7\end{pmatrix}$$

$$=\begin{pmatrix}0 & -4 \\ 2 & -4\end{pmatrix}$$

따라서 $x=2-3+6-1=4$, $y=0-4+2-4=-6$이

므로 $x-y=4-(-6)=4+6=10$

　　　　　　　답 ②

401 $A=\begin{pmatrix}a & b \\ c & d\end{pmatrix}$, $B=\begin{pmatrix}e & f \\ g & h\end{pmatrix}$라 하면

$f(A)=a+b+c+d$, $f(B)=e+f+g+h$

ㄱ. $A+B=\begin{pmatrix}a+e & b+f \\ c+g & d+h\end{pmatrix}$이므로

$f(A+B)=a+e+b+f+c+g+d+h$

$=(a+b+c+d)+(e+f+g+h)$

$=f(A)+f(B)$ (참)

ㄴ. $kA=\begin{pmatrix}ka & kb \\ kc & kd\end{pmatrix}$이므로

$f(kA)=k(a+b+c+d)=kf(A)$ (참)

ㄷ. ㄱ과 ㄴ에 의하여

$f(kA+lB)=f(kA)+f(lB)$

$=kf(A)+lf(B)$ (참)

ㄹ. $AB=\begin{pmatrix}ae+bg & af+bh \\ ce+dg & cf+dh\end{pmatrix}$이므로

$f(AB)=ae+bg+af+bh+ce+dg+cf+$

$dh\neq(a+b+c+d)(e+f+g+h)$

$=f(A)f(B)$ (거짓)

따라서 옳은 것은 ㄱ, ㄴ, ㄷ의 3개이다.　　**답** ④

402 $A\begin{pmatrix}1 \\ 2\end{pmatrix}=\begin{pmatrix}2 \\ 1\end{pmatrix}$의 왼쪽에 행렬 A를 곱하면

$A^2\begin{pmatrix}1 \\ 2\end{pmatrix}=A\begin{pmatrix}2 \\ 1\end{pmatrix}$이므로

$A^2\begin{pmatrix}1 \\ 2\end{pmatrix}=(2A-E)\begin{pmatrix}1 \\ 2\end{pmatrix}$

즉, $AA\begin{pmatrix}1 \\ 2\end{pmatrix}=2A\begin{pmatrix}1 \\ 2\end{pmatrix}-\begin{pmatrix}1 \\ 2\end{pmatrix}$이므로

$A\begin{pmatrix}2 \\ 1\end{pmatrix}=2\begin{pmatrix}2 \\ 1\end{pmatrix}-\begin{pmatrix}1 \\ 2\end{pmatrix}=\begin{pmatrix}3 \\ 0\end{pmatrix}$　　**답** ④

403 $A^2+A=E$에서 $A^2=-A+E$

$AB=2E$의 양변의 왼쪽에 A를 곱하면

$A^2B=2A$

이때 $A^2B=(-A+E)B=-AB+B=-2E+B$이

므로

$-2E+B=2A$　　$\therefore B=2A+2E$

$\therefore B^2=(2A+2E)^2=4A^2+8A+4E$

$=4(-A+E)+8A+4E$

$=4A+8E$　　　　　　**답** ③

404 제품 A, B를 1개 만드는 데 필요한 금액을 각각 a원, b
원이라 하면

$$\begin{pmatrix}a \\ b\end{pmatrix}=\begin{pmatrix}3 & 2 \\ 4 & 3\end{pmatrix}\begin{pmatrix}x \\ y\end{pmatrix}$$

따라서 제품 A, B를 각각 25개, 15개 만드는 데 사용
된 강철과 알루미늄의 총 구입 가격은

$$(25 \quad 15)\begin{pmatrix}a \\ b\end{pmatrix}=(25 \quad 15)\begin{pmatrix}3 & 2 \\ 4 & 3\end{pmatrix}\begin{pmatrix}x \\ y\end{pmatrix}$$

　　　　　　　답 ③

다른 풀이

총 구입 가격을 $(x \quad y)\begin{pmatrix}3 & 4 \\ 2 & 3\end{pmatrix}\begin{pmatrix}25 \\ 15\end{pmatrix}$로도 나타낼 수 있다.

405 '고소한 세트' 10개와 '달콤한 세트' 15개에 들어 있는 과자와 사탕을 각각 a봉지, b봉지라 하면

$$(a \quad b) = (10 \quad 15)\begin{pmatrix} 5 & 1 \\ 2 & 4 \end{pmatrix}$$

따라서 필요한 금액을 나타내는 행렬은

$$(a \quad b)\begin{pmatrix} 500 \\ 800 \end{pmatrix} = (10 \quad 15)\begin{pmatrix} 5 & 1 \\ 2 & 4 \end{pmatrix}\begin{pmatrix} 500 \\ 800 \end{pmatrix}$$

답 ④

406 ① $AB = \begin{pmatrix} 1 & 0 \\ 1 & 0 \end{pmatrix}\begin{pmatrix} 1 & 1 \\ 0 & 0 \end{pmatrix} = \begin{pmatrix} 1 & 1 \\ 1 & 1 \end{pmatrix}$이므로

$$(AB)^2 = \begin{pmatrix} 1 & 1 \\ 1 & 1 \end{pmatrix}\begin{pmatrix} 1 & 1 \\ 1 & 1 \end{pmatrix}$$
$$= \begin{pmatrix} 2 & 2 \\ 2 & 2 \end{pmatrix}$$
$$\therefore (AB)^3 = \begin{pmatrix} 2 & 2 \\ 2 & 2 \end{pmatrix}\begin{pmatrix} 1 & 1 \\ 1 & 1 \end{pmatrix}$$
$$= \begin{pmatrix} 4 & 4 \\ 4 & 4 \end{pmatrix}$$

② $BA = \begin{pmatrix} 1 & 1 \\ 0 & 0 \end{pmatrix}\begin{pmatrix} 1 & 0 \\ 1 & 0 \end{pmatrix} = \begin{pmatrix} 2 & 0 \\ 0 & 0 \end{pmatrix}$이므로

$$(BA)^2 = \begin{pmatrix} 2 & 0 \\ 0 & 0 \end{pmatrix}\begin{pmatrix} 2 & 0 \\ 0 & 0 \end{pmatrix}$$
$$= \begin{pmatrix} 4 & 0 \\ 0 & 0 \end{pmatrix}$$
$$\therefore (BA)^3 = \begin{pmatrix} 4 & 0 \\ 0 & 0 \end{pmatrix}\begin{pmatrix} 2 & 0 \\ 0 & 0 \end{pmatrix}$$
$$= \begin{pmatrix} 8 & 0 \\ 0 & 0 \end{pmatrix}$$

③ $(AB)^4 = \begin{pmatrix} 4 & 4 \\ 4 & 4 \end{pmatrix}\begin{pmatrix} 1 & 1 \\ 1 & 1 \end{pmatrix} = \begin{pmatrix} 8 & 8 \\ 8 & 8 \end{pmatrix}$이므로

$$(AB)^4 A = \begin{pmatrix} 8 & 8 \\ 8 & 8 \end{pmatrix}\begin{pmatrix} 1 & 0 \\ 1 & 0 \end{pmatrix}$$
$$= \begin{pmatrix} 16 & 0 \\ 16 & 0 \end{pmatrix}$$

④ $(BA)^4 = \begin{pmatrix} 8 & 0 \\ 0 & 0 \end{pmatrix}\begin{pmatrix} 2 & 0 \\ 0 & 0 \end{pmatrix} = \begin{pmatrix} 16 & 0 \\ 0 & 0 \end{pmatrix}$이므로

$$(BA)^4 B = \begin{pmatrix} 16 & 0 \\ 0 & 0 \end{pmatrix}\begin{pmatrix} 1 & 1 \\ 0 & 0 \end{pmatrix}$$
$$= \begin{pmatrix} 16 & 16 \\ 0 & 0 \end{pmatrix}$$

따라서 아닌 것은 ⑤이다.

답 ⑤

407 $A + B = O$에서 $A = -B$이므로

$AB = E$에 $A = -B$를 대입하면

$$AB = (-B)B = -B^2 = E \qquad \therefore B^4 = E$$

마찬가지 방법으로 $AB = E$에 $B = -A$를 대입하면

$$AB = A(-A) = -A^2 = E \qquad \therefore A^4 = E$$

$$\therefore A^{2027} + B^{2026} = (A^4)^{506}A^3 + (B^4)^{506}B^2$$
$$= E^{506}A^3 + E^{506}B^2$$
$$= A^3 + B^2$$
$$= A^2 A + B^2$$
$$= -EA - E$$
$$= -A - E$$

답 ④

408 $A + B = 2E$에서 $A = 2E - B$이므로

$$AB = (2E - B)B = 2B - B^2$$
$$BA = B(2E - B) = 2B - B^2$$

즉, $AB = BA$이므로 곱셈 공식을 이용하면

$$A^3 + B^3 = (A + B)^3 - 3AB(A + B)$$
$$= (2E)^3 - 3 \cdot 3E \cdot 2E$$
$$= 8E - 18E = -10E$$
$$\therefore k = -10$$

답 ①

409 ㄱ. $A \odot B = AB + BA$

$$B \odot A = BA + AB$$
$$\therefore A \odot B = B \odot A \ (참)$$

ㄴ. $pA \odot qB = pqAB + pqBA = pq(AB + BA)$
$$= pq(A \odot B) \ (참)$$

ㄷ. $(A + B) \odot C = (A + B)C + C(A + B)$
$$= AC + BC + CA + CB$$
$$= (AC + CA) + (BC + CB)$$
$$= (A \odot C) + (B \odot C) \ (참)$$

따라서 옳은 것은 ㄱ, ㄴ, ㄷ이다.

답 ⑤

410 방정식 $x^3 = 1$의 한 허근이 ω이므로

$$\omega^3 = 1, \ \omega^2 + \omega + 1 = 0 \qquad \cdots\cdots ㉠$$

케일리–해밀턴의 정리에 의하여

$$A^2 + (1 + \omega^2)A + (\omega^2 + \omega + 1)E = 0$$

위의 식에 ㉠을 대입하면

$$A^2 - \omega A = O \qquad \therefore A^2 = \omega A$$
$$A^3 = A^2 A = \omega AA = \omega A^2 = \omega\omega A = \omega^2 A$$
$$A^4 = A^3 A = \omega^2 AA = \omega^2 A^2 = \omega^2 \omega A = \omega^3 A = A$$
$$A^5 = A^4 A = AA = A^2 = \omega A$$
$$\vdots$$
$$\therefore E + A + A^2 + A^3 + \cdots + A^{2010}$$
$$= E + (A + \omega A + \omega^2 A) + (A + \omega A + \omega^2 A) +$$
$$\cdots + (A + \omega A + \omega^2 A)$$
$$= E + (1 + \omega + \omega^2)A + \cdots + (1 + \omega + \omega^2)A$$
$$= E$$

답 ②

411 (i) $A=kE$ (k는 실수)일 때,

$A^2-5A+4E=O$에 대입하면

$$(kE)^2-5(kE)+4E=O$$
$$(k^2-5k+4)E=O, \ (k-1)(k-4)E=O$$
$$\therefore k=1 \ \text{또는} \ k=4$$

따라서 $A=E$ 또는 $A=4E$이므로

$A=\begin{pmatrix} 1 & 0 \\ 0 & 1 \end{pmatrix}$에서 $a+d=2$

$A=\begin{pmatrix} 4 & 0 \\ 0 & 4 \end{pmatrix}$에서 $a+d=8$

(ii) $A\neq kE$ (k는 실수)일 때,

케일리—해밀턴의 정리에 의하여

$$a+d=5$$

따라서 $a+d$의 값이 될 수 있는 것은 ③이다.

답 ③

412 ㄱ. $kA=\begin{pmatrix} ka & kb \\ kc & kd \end{pmatrix}$이므로

$$D(kA)=k^2(ad-bc)\neq k(ad-bc)$$
$$=kD(A) \ (\text{거짓})$$

ㄴ. $D(A)=0$이면 $ad-bc=0$이므로

케일리—해밀턴의 정리에 의하여

$$A^2-(a+d)A=O \quad \therefore A^2=(a+d)A$$

이때 $a+d=k$라 하면 $A^2=kA$에서

$$A^3=A^2A=kAA=kA^2=k\cdot kA=k^2A$$
$$A^4=A^3A=k^2AA=k^2A^2=k^2\cdot kA=k^3A$$
$$\vdots$$

따라서 A^n을 $k^{n-1}A$ 꼴로 나타낼 수 있다. (참)

ㄷ. $B=\begin{pmatrix} e & f \\ g & h \end{pmatrix}$라 하면

$AB=\begin{pmatrix} ae+bg & af+bh \\ ce+dg & cf+dh \end{pmatrix}$이므로

$$D(AB)=(ae+bg)(cf+dh)$$
$$-(af+bh)(ce+dg)$$
$$=aecf+aedh+bgcf+bgdh$$
$$-afce-afdg-bhce-bhdg$$
$$=aedh-afdg+bgcf-bhce$$
$$=ad(eh-fg)-bc(eh-fg)$$
$$=(ad-bc)(eh-fg)=D(A)D(B)$$
$$(\text{참})$$

따라서 옳은 것은 ㄴ, ㄷ이다.

답 ⑤

413 행렬 $X=\begin{pmatrix} a \\ b \\ c \\ d \end{pmatrix}$ (a, b, c, d는 0 또는 1)이라 하면

$$\begin{pmatrix} 1 & 1 & 1 & 1 \\ 1 & 0 & 1 & 0 \end{pmatrix}\begin{pmatrix} a \\ b \\ c \\ d \end{pmatrix}=\begin{pmatrix} a+b+c+d \\ a+c \end{pmatrix}=\begin{pmatrix} m \\ n \end{pmatrix}$$

$$\therefore m=a+b+c+d, \ n=a+c$$

이때 m은 짝수, n은 홀수이므로

$n=a+c$에서 $n=1$

(i) $a=0$, $c=1$일 때,

$m=a+b+c+d=b+d+1$이 짝수이므로

$b=0$, $d=1$ 또는 $b=1$, $d=0$

$$\therefore X=\begin{pmatrix} 0 \\ 0 \\ 1 \\ 1 \end{pmatrix} \ \text{또는} \ X=\begin{pmatrix} 0 \\ 1 \\ 1 \\ 0 \end{pmatrix}$$

(ii) $a=1$, $c=0$일 때,

(i)과 마찬가지 방법으로

$b=0$, $d=1$ 또는 $b=1$, $d=0$

$$\therefore X=\begin{pmatrix} 1 \\ 0 \\ 0 \\ 1 \end{pmatrix} \ \text{또는} \ X=\begin{pmatrix} 1 \\ 1 \\ 0 \\ 0 \end{pmatrix}$$

따라서 행렬 X의 개수는 4이다.

답 4

414 $(x \ \ y)\begin{pmatrix} a & b \\ b & a \end{pmatrix}\begin{pmatrix} x \\ y \end{pmatrix}=(ax+by \ \ bx+ay)\begin{pmatrix} x \\ y \end{pmatrix}$

$$=(ax^2+2bxy+ay^2)$$

이때 행렬의 성분이 음수가 아니므로

$$ax^2+2bxy+ay^2\geq 0 \qquad \cdots\cdots \ \text{㉠}$$

㉠이 모든 실수 x에 대하여 성립해야 하므로 x에 대한

이차방정식 $ax^2+2bxy+ay^2=0$의 판별식을 D라 하면

$$\frac{D}{4}=(by)^2-a\cdot ay^2$$
$$=y^2(b^2-a^2)\leq 0 \qquad \cdots\cdots \ \text{㉡}$$

㉡이 모든 실수 y에 대하여 성립해야 하므로

$$b^2-a^2\leq 0 \quad \therefore b^2\leq a^2$$
$$\therefore a^2+(b-2)^2\geq b^2+(b-2)^2$$
$$=2b^2-4b+4$$
$$=2(b-1)^2+2$$

따라서 구하는 최솟값은 2이다.

답 2

415 조건 ㈎에서 $A^2=A-E$

조건 ㈏에서 $A\begin{pmatrix} 1 \\ 2 \end{pmatrix}=\begin{pmatrix} 3 \\ -1 \end{pmatrix}$의 양변의 왼쪽에 A를 곱하면

$$A^2\begin{pmatrix} 1 \\ 2 \end{pmatrix}=A\begin{pmatrix} 3 \\ -1 \end{pmatrix}$$

이때
$$A^2\binom{1}{2}=(A-E)\binom{1}{2}=A\binom{1}{2}-E\binom{1}{2}$$
$$=\binom{3}{-1}-\binom{1}{2}=\binom{2}{-3}$$
이므로
$$A\binom{-6}{2}=-2A\binom{3}{-1}=-2A^2\binom{1}{2}$$
$$=-2\binom{2}{-3}=\binom{-4}{6}$$
따라서 행렬 $A\binom{-6}{2}$의 모든 성분의 합은
$$-4+6=2$$
답 2

416 케일리−해밀턴의 정리에 의하여
$$A^2-2A-E=O$$
$$\therefore\ A^4-A^3-2A^2-A+2E$$
$$=(A^2-2A-E)(A^2+A+E)+2A+3E$$
$$=2A+3E$$
따라서 $k=2$, $l=3$이므로
$$k+l=5$$
답 5

417 $b\neq0$이므로 $A\neq kE$ (k는 실수)
케일리−해밀턴의 정리에 의하여
$$A^2-2aA+(a^2-b)E=O$$
이므로 $2a=4$, $a^2-b=5$
$$\therefore\ a=2,\ b=-1$$
답 −1

| 본문 111p |

418 ㄱ. $(A+B)^3=(A+B)^2(A+B)$
$$=(A^2+AB+BA+B^2)(A+B)$$
$$=A^3+A^2B+ABA+AB^2$$
$$+BA^2+BAB+B^2A+B^3\ (참)$$

ㄴ. [반례] $A=\begin{pmatrix}-2 & -1\\ 3 & 1\end{pmatrix}$일 때, $A^3=E$이지만
$A^2\neq E$ (거짓)

ㄷ. [반례] $m=4$, $n=2$일 때, $A^4=A^2=E$이지만
$A^2=E$에서 $A=E$ 또는 $A=-E$ (거짓)
따라서 옳은 것은 ㄱ뿐이다.
답 ①

419 $A_1=\begin{pmatrix}1 & 2\\ 4 & 3\end{pmatrix}$, $A_2=\begin{pmatrix}3 & 6\\ 12 & 9\end{pmatrix}$, $A_3=\begin{pmatrix}5 & 10\\ 20 & 15\end{pmatrix}$에서
A_1의 $(1, 1)$성분은 $1=2\cdot1-1$,
A_2의 $(1, 1)$성분은 $3=2\cdot2-1$,
A_3의 $(1, 1)$성분은 $5=2\cdot3-1$이므로
A_n의 $(1, 1)$성분은 $2n-1$이다.
$$\therefore\ A_n=\begin{pmatrix}2n-1 & 2(2n-1)\\ 4(2n-1) & 3(2n-1)\end{pmatrix}$$
$$=\begin{pmatrix}2n-1 & 4n-2\\ 8n-4 & 6n-3\end{pmatrix}$$
따라서 행렬 A_n의 모든 성분의 합은
$$(2n-1)+(4n-2)+(8n-4)+(6n-3)$$
$$=20n-10$$
이므로 행렬 A_{15}의 모든 성분의 합은
$$20\cdot15-10=290$$
답 ③

420 $A=\begin{pmatrix}a_{11} & a_{12}\\ a_{21} & a_{22}\end{pmatrix}$, $B=\begin{pmatrix}b_{11} & b_{12}\\ b_{21} & b_{22}\end{pmatrix}$에 대하여
$$AB=\begin{pmatrix}a_{11}b_{11}+a_{12}b_{21} & a_{11}b_{12}+a_{12}b_{22}\\ a_{21}b_{11}+a_{22}b_{21} & a_{21}b_{12}+a_{22}b_{22}\end{pmatrix}=\begin{pmatrix}a & b\\ c & d\end{pmatrix}$$
이때
a는 제품 ㉮, ㉯의 상반기 제조 원가 총액,
b는 제품 ㉮, ㉯의 하반기 제조 원가 총액,
c는 제품 ㉮, ㉯의 상반기 판매 총액,
d는 제품 ㉮, ㉯의 하반기 판매 총액
이므로
ㄱ. $a+b$는 지난해 1년 동안 판매된 제품의 제조 원가
총액이다. (거짓)
ㄴ. $c+d$는 지난해 1년 동안 판매된 제품의 판매 총액
이다. (참)
ㄷ. $d-b$는 지난해 하반기에 판매된 제품의 판매 이익
금 총액이다. (참)
따라서 옳은 것은 ㄴ, ㄷ이다.
답 ④

부록

선택형				
01 ⑤	02 ③	03 ②	04 ④
05 ③	06 ②	07 ④	08 ④	09 ①
10 ③	11 ⑤	12 ③	13 ④	14 ①
15 ③	16 ②	17 ②	18 ①	

서술형				
19 36	20 44	21 2	22 10
23 20			

01
$2A+B=7x^2+2x+8$ ······ ㉠
$A-2B=-4x^2-9x+9$ ······ ㉡
$2\times$㉠$+$㉡을 하면
　　$5A=10x^2-5x+25$
　　$\therefore A=2x^2-x+5$
$A=2x^2-x+5$이므로 ㉠에서
　　$B=7x^2+2x+8-2A$
　　　$=7x^2+2x+8-2(2x^2-x+5)$
　　　$=3x^2+4x-2$
$AB=(2x^2-x+5)(3x^2+4x-2)$이므로 AB의 전개식
에서 x^2의 항은
　　$2x^2\cdot(-2)+(-x)\cdot4x+5\cdot3x^2=7x^2$
따라서 x^2의 계수는 7이다.

답 ⑤

02 정육면체 A의 한 모서리의 길이를 $a\,(a>0)$이라 하면 정육
면체 A의 부피는 a^3이고, 정육면체 B의 부피는 $(a+2)^3$
이므로
　　$(a+2)^3-a^3=\dfrac{79}{2}$, $6a^2+12a+8=\dfrac{79}{2}$
　　$4a^2+8a-21=0$, $(2a+7)(2a-3)=0$
　　$\therefore a=\dfrac{3}{2}\,(\because a>0)$
따라서 정육면체 A의 겉넓이는 $6a^2=6\cdot\dfrac{9}{4}=\dfrac{27}{2}$이므로
　　$p+q=2+27=29$

답 ③

03 다항식 $f(x)$를 $(x+1)^2$으로 나누었을 때의 몫을 $Q(x)$라
하면
　　$x^3+ax^2-5x+b=(x+1)^2Q(x)$ ······ ㉠
㉠의 양변에 $x=-1$을 대입하면
　　$-1+a+5+b=0$　　$\therefore b=-a-4$ ······ ㉡

㉡을 ㉠에 대입하면
　　$x^3+ax^2-5x-a-4=(x+1)^2Q(x)$
　　$(x+1)\{x^2+(a-1)x-(a+4)\}=(x+1)^2Q(x)$
이므로 다항식 $x^2+(a-1)x-(a+4)$는 $x+1$을 인수로
갖는다.
즉, $1-(a-1)-(a+4)=0$이므로 $a=-1$
$a=-1$을 ㉡에 대입하면 $b=-3$
　　$\therefore a-b=-1-(-3)=2$

답 ②

04 $f(x)$는 이차다항식이므로 다항식 x^3+3x^2+4x+2를
$f(x)$로 나눈 나머지 $g(x)$는 일차 이하의 다항식이고, 다
항식 x^3+3x^2+4x+2를 $g(x)$로 나눈 나머지는 상수이
다.
즉, $f(x)-x^2-2x=k\,(k$는 상수)라 하면
　　$f(x)=x^2+2x+k$
이고, x^3의 계수가 1이므로 세 상수 a, b, c에 대하여
　　$x^3+3x^2+4x+2=(x^2+2x+k)(x+a)+bx+c$
로 놓을 수 있다.
위의 식의 우변을 전개하면
　　$x^3+(a+2)x^2+(2a+b+k)x+ak+c$
이므로 각 항의 계수를 비교하면
　　$a+2=3$, $2a+b+k=4$, $ak+c=2$
　　$\therefore a=1$, $b+k=k+c=2$, $b=c$ ······ ㉠
이때 다항식 x^3+3x^2+4x+2를 $g(x)=bx+c$로 나눈 몫
을 $Q(x)$라 하면 $b=c$이고, 나머지가 k이므로
　　$x^3+3x^2+4x+2=(bx+b)Q(x)+k$ ······ ㉡
㉡의 양변에 $x=-1$을 대입하면 $k=0$
㉠에서 $k=0$이므로 $b=c=2$
따라서 $g(x)=2x+2$이므로
　　$g(3)=8$

답 ④

05
　　$f(x)=x^4+kx^2+25$
　　　　$=x^4+10x^2+25-(10-k)x^2$
　　　　$=(x^2+5)^2-(10-k)x^2$
이때 자연수 k에 대하여 $10-k$가 정수의 제곱이 되어야
하므로 $k=1,\ 6,\ 9,\ 10$
또 $k=26$일 때,
　　$f(x)=x^4+26x^2+169-144$
　　　　$=(x^2+13)^2-12^2$
　　　　$=(x^2+25)(x^2+1)$
따라서 구하는 자연수 k는 1, 6, 9, 10, 26이므로 개수는
5이다.

답 ③

06 $a^2(b+c)-b^2(c-a)-c^2(a+b)$
$=a^2(b+c)+a(b^2-c^2)-b^2c-bc^2$
$=a^2(b+c)+a(b+c)(b-c)-bc(b+c)$
$=(b+c)\{a^2+a(b-c)-bc\}$
$=(b+c)(a+b)(a-c)$

이때
$$a-c=(a+b)-(b+c)$$
$$=(-2+\sqrt{5})-(2+\sqrt{5})$$
$$=-4$$

이므로
$$(주어진 식)=(b+c)(a+b)(a-c)$$
$$=(2+\sqrt{5})\cdot(-2+\sqrt{5})\cdot(-4)$$
$$=1\cdot(-4)=-4$$

답 ②

07 조건 ㈎의 식을 c에 대하여 내림차순으로 정리하면
$$-(a+b)c^2+a^3+a^2b+ab^2+b^3=0$$
$$-(a+b)c^2+a^2(a+b)+b^2(a+b)=0$$
$$(a+b)(-c^2+a^2+b^2)=0$$

이때 $a+b>0$이므로 $a^2+b^2=c^2$이고, 조건 ㈐에서
$a^2+b^2=64$이므로 $c=8 \ (\because c>0)$

즉, 삼각형 ABC는 빗변의 길이가 8인 직각삼각형이다.
또 조건 ㈏에서 $(a+b)^2=2c(a+b)$이고, $c=8$이므로
$$(a+b)^2=16(a+b) \qquad \therefore a+b=16 \ (\because a+b>0)$$

한편 $a+b=16$, $a^2+b^2=64$이므로
$$a^2+b^2=(a+b)^2-2ab$$
$$64=16^2-2ab, \ 2ab=192$$
$$\therefore ab=96$$

따라서 삼각형 ABC의 넓이는
$$\frac{1}{2}ab=\frac{1}{2}\cdot96=48$$

답 ④

08 복소수 z가 $\dfrac{z}{\bar{z}}+\dfrac{\bar{z}}{z}=-2$를 만족시키므로
$$\frac{z^2+\bar{z}^2}{z\bar{z}}=-2, \ z^2+\bar{z}^2=-2z\bar{z}$$
$$(z+\bar{z})^2=0 \qquad \therefore z+\bar{z}=0$$

즉, 복소수 z는 순허수이다.
따라서 복소수 $z=bi(b\neq0$인 실수$)$라 하면 $\bar{z}=-bi$
ㄱ. $z-\bar{z}=bi-(-bi)=2bi$ (허수)
ㄴ. $\dfrac{\bar{z}}{z}=\dfrac{-bi}{bi}=-1$ (실수)
ㄷ. $z^2-\bar{z}^2=(z+\bar{z})(z-\bar{z})$에서 $z+\bar{z}=0$이므로
$$z^2-\bar{z}^2=0 \ (실수)$$

따라서 항상 실수인 것은 ㄴ, ㄷ이다.

답 ④

09 z^4이 음수이려면 z^2이 순허수이어야 하므로
$z^2=(a^2+3a)^2-25+10(a^2+3a)i$에서
$$(a^2+3a)^2-25=0, \ 10(a^2+3a)\neq0$$

즉, $(a^2+3a)^2=25$이므로
$$a^2+3a=\pm5$$

(i) $a^2+3a=5$일 때,
이차방정식 $a^2+3a-5=0$의 판별식을 D라 하면
$$D=3^2-4\cdot1\cdot(-5)=29>0$$
이므로 이차방정식 $a^2+3a-5=0$은 서로 다른 두 실근을 갖는다.
따라서 근과 계수의 관계에 의하여 두 근의 합은 -3이다.

(ii) $a^2+3a=-5$일 때,
이차방정식 $a^2+3a+5=0$의 판별식을 D라 하면
$$D=3^2-4\cdot1\cdot5=-11<0$$
이므로 이차방정식 $a^2+3a+5=0$은 서로 다른 두 허근을 갖는다.

(i), (ii)에 의하여 모든 실수 a의 값의 합은 -3이다.

답 ①

10 $\sqrt{x-2}\sqrt{-y+3}=-\sqrt{(x-2)(-y+3)}$이므로
$$x-2<0, \ -y+3<0 \qquad \therefore x<2, \ y>3$$
$$\therefore \sqrt{(x-3)^2}-\sqrt{(x-2)^2}-\sqrt{(y-3)^2}+\sqrt{y^2}$$
$$=|x-3|-|x-2|-|y-3|+|y|$$
$$=-(x-3)+(x-2)-(y-3)+y$$
$$=1+3$$
$$=4$$

답 ③

11 두 복소수 α, β를 $\alpha=a+bi$, $\beta=c+di$ $(a, b, c, d$는 실수$)$라 하면 $\bar{\alpha}=a-bi$, $\bar{\beta}=c-di$
ㄱ. $\alpha=\bar{\beta}$이면 $a+bi=c-di$이므로 $a=c$, $b=-d$
$$\alpha+\beta=(a+c)+(b+d)i=2a+0i \ (실수)$$
$$\alpha\beta=(a+bi)(c+di)=ac-bd+(ad+bc)i$$
$$=a^2+b^2+0i=a^2+b^2 \ (실수) \ (참)$$
ㄴ. [반례] $\alpha=1+i$라 하면 $\bar{\alpha}=1-i$이므로
$$\alpha^2+\bar{\alpha}^2=(1+i)^2+(1-i)^2=0$$이지만 $\alpha\neq0$이다.
(거짓)

ㄷ. $\alpha+\beta=(a+bi)+(c+di)=0$이면
$$a+c=0, \ b+d=0$$
$$\bar{\alpha}+\bar{\beta}=(a-bi)+(c-di)=(a+c)-(b+d)i$$에서
$$a+c=0, \ b+d=0$$이므로
$$\bar{\alpha}+\bar{\beta}=0 \ (참)$$

ㄹ. $\alpha\overline{\beta}=1$이면 $\alpha=\dfrac{1}{\overline{\beta}}$이므로

$$\overline{\alpha}=\overline{\left(\dfrac{1}{\overline{\beta}}\right)}=\dfrac{1}{\beta},\ \overline{\beta}=\dfrac{1}{\alpha}$$

$$\therefore \overline{\alpha}+\dfrac{1}{\alpha}=\dfrac{1}{\beta}+\overline{\beta}=\overline{\beta}+\dfrac{1}{\beta}\ (참)$$

따라서 옳은 것은 ㄱ, ㄷ, ㄹ이다. **답** ⑤

12 x에 대한 이차방정식
$$x^2+2(k+a)x+k^2+a^2+2k-b+3=0$$
의 판별식을 D라 하면
$$\dfrac{D}{4}=(k+a)^2-(k^2+a^2+2k-b+3)=0$$
$$2(a-1)k+b-3=0 \qquad \cdots\cdots ㉠$$
㉠이 k의 값에 관계없이 항상 성립하므로 $a=1$, $b=3$
$$\therefore a^2+b^2=1+9=10 \qquad \text{답} ③$$

13 이차방정식 $kx^2-2(k-3)x+k-5=0$이 실근을 가지므로 판별식을 D_1이라 하면
$$\dfrac{D_1}{4}=(k-3)^2-k(k-5)\geq0,\ -k+9\geq0$$
$$\therefore k\leq9$$
이때 $k\neq0$이므로 $k<0$ 또는 $0<k\leq9$ $\quad\cdots\cdots ㉠$
또 이차방정식 $x^2+2(k-1)x+k^2+5=0$이 서로 다른 두 허근을 가지므로 판별식을 D_2라 하면
$$\dfrac{D_2}{4}=(k-1)^2-(k^2+5)<0,\ -2k-4<0$$
$$\therefore k>-2 \qquad\cdots\cdots ㉡$$
따라서 ㉠, ㉡을 동시에 만족하는 k의 값의 범위는
$-2<k<0$ 또는 $0<k\leq9$이므로 정수 k는
-1, 1, 2, $\cdots$, 9이고 그 개수는 10이다. **답** ④

14 이차방정식 $x^2-x-3=0$의 두 근이 α, β이므로 근과 계수의 관계에 의하여
$$\alpha+\beta=1,\ \alpha\beta=-3$$
이차식 $f(x)$가 $f(\alpha)=\beta$, $f(\beta)=\alpha$를 만족하므로
$$f(\alpha)=\beta=1-\alpha,\ f(\beta)=\alpha=1-\beta$$
$f(\alpha)=1-\alpha$, $f(\beta)=1-\beta$이므로 $g(x)=f(x)+x-1$로 놓으면 α, β는 이차방정식 $g(x)=0$의 두 근이다.
즉, $f(x)+x-1=a\{x^2-(\alpha+\beta)x+\alpha\beta\}$ (a는 상수)에서
$$f(x)=a(x^2-x-3)-x+1$$
이때 $f(2)=-3$이므로 $-3=-a-1$에서 $a=2$
따라서 $f(x)=2(x^2-x-3)-x+1=2x^2-3x-5$이므로
$$f(3)=18-9-5=4 \qquad \text{답} ①$$

15 방정식 $f(x)g(x)=0$의 해가 3개이므로 두 이차방정식 $f(x)=0$, $g(x)=0$의 해 중 공통인 해가 1개 존재한다.
즉, 공통인 해를 $x=a$라 하면 두 이차방정식의 이차항의 계수가 1이므로 세 상수 a, b, c에 대하여
$$f(x)=(x-a)(x-b),\ g(x)=(x-a)(x-c)$$
로 놓을 수 있다. 이때
$$\begin{aligned}f(x)+g(x)&=(x-a)(x-b)+(x-a)(x-c)\\&=(x-a)(2x-b-c)\end{aligned}$$
$$f(x)g(x)=(x-a)^2(x-b)(x-c)$$
에서 $x=a$는 두 방정식 $f(x)+g(x)=0$, $f(x)g(x)=0$의 공통인 해이므로 $a=2$
또 방정식 $f(x)+g(x)=0$의 다른 한 근이 $x=k$이므로
$$k=\dfrac{b+c}{2}=\dfrac{4+6}{2}=5$$
답 ③

16 이차함수 $y=f(x)$가 모든 실수 x에 대하여 $f(4+x)=f(4-x)$를 만족하므로 함수 $y=f(x)$의 그래프의 대칭축은 $x=4$이다.
또 $f(2)<0$, $f(3)>0$이므로 함수 $y=f(x)$의 그래프의 개형은 위 그림과 같다.

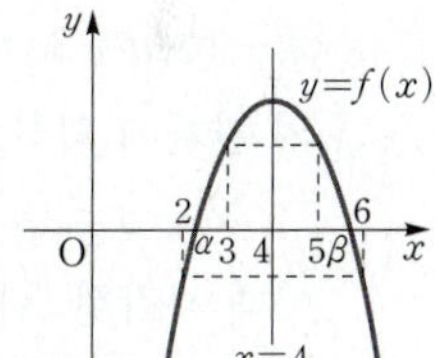

ㄱ. 이차함수 $y=f(x)$의 그래프는 위로 볼록이므로
$a<0$ (참)

ㄴ. $f(5)=25a+5b+c$이고 $f(3)=f(5)>0$이므로
$25a+5b+c>0$ (참)

ㄷ. 이차방정식 $ax^2+bx+c=0$의 두 근을 α, β라 하면 $x=\alpha$, $x=\beta$는 이차함수 $y=f(x)$의 그래프가 x축과 만나는 점의 x좌표이므로 $\dfrac{\alpha+\beta}{2}=4$
$$\therefore \alpha+\beta=8\ (거짓)$$
따라서 옳은 것은 ㄱ, ㄴ이다. **답** ②

17 오른쪽 그림과 같이 점 P에서 변 BC에 내린 수선의 발을 H라 하면 삼각형 PBH는 $\angle$PHB$=90°$인 직각삼각형이다.
이때 삼각형 PBH에서
$\overline{BP}=x$, $\angle$PBH$=60°$이므로

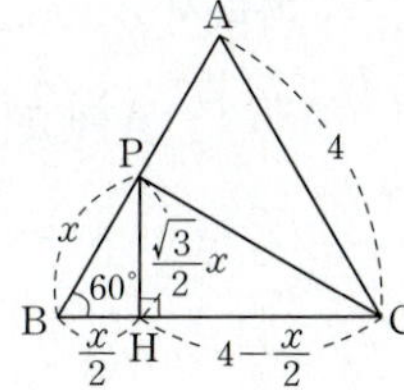

$$\overline{PH}=x\sin60°=\dfrac{\sqrt3}{2}x,$$

$$\overline{BH}=x\cos60°=\dfrac{1}{2}x$$

또 삼각형 PHC에서 $\overline{\text{CH}}=4-\dfrac{x}{2}$이므로

$$\overline{\text{BP}}^2+\overline{\text{CP}}^2=x^2+\left\{\left(\dfrac{\sqrt{3}}{2}x\right)^2+\left(4-\dfrac{x}{2}\right)^2\right\}$$
$$=x^2+\left(\dfrac{3}{4}x^2+16-4x+\dfrac{x^2}{4}\right)$$
$$=2x^2-4x+16$$
$$=2(x-1)^2+14$$

즉, $\overline{\text{BP}}^2+\overline{\text{CP}}^2$의 값은 선분 BP의 길이가 1일 때, 최솟값 14를 가지므로 $x=1,\ y=14$

$$\therefore x+y=1+14=15$$

답 ②

18 이차함수 $y=x^2-2mx+3m$의 그래프와 직선 $y=3x-m^2$의 두 교점 P, Q는 직선 $y=3x-m^2$ 위의 점이므로 두 점 P, Q의 x좌표를 $\alpha,\ \beta\ (\alpha<\beta)$라 하면

$$\text{P}(\alpha,\ 3\alpha-m^2),\ \text{Q}(\beta,\ 3\beta-m^2)$$

$\alpha,\ \beta$는 이차방정식 $x^2-2mx+3m=3x-m^2$, 즉 $x^2-(2m+3)x+m^2+3m=0$의 두 근이므로 근과 계수의 관계에 의하여

$$\alpha+\beta=2m+3,\ \alpha\beta=m^2+3m$$

이때 사각형 ABQP의 넓이는

$$\dfrac{1}{2}(\beta-\alpha)\{(3\alpha-m^2)+(3\beta-m^2)\}$$
$$=\dfrac{1}{2}(\beta-\alpha)\{3(\alpha+\beta)-2m^2\}$$
$$=\dfrac{1}{2}(\beta-\alpha)\{3(2m+3)-2m^2\}$$
$$=\dfrac{1}{2}(\beta-\alpha)(-2m^2+6m+9)$$

이고,

$$(\beta-\alpha)^2=(\alpha-\beta)^2=(\alpha+\beta)^2-4\alpha\beta$$

이므로

$$(\beta-\alpha)^2=(2m+3)^2-4(m^2+3m)$$
$$=4m^2+12m+9-4m^2-12m$$
$$=9$$
$$\therefore \beta-\alpha=3\ (\because\ \beta>\alpha)$$

따라서

$$\square\text{ABQP}=\dfrac{1}{2}\cdot3(-2m^2+6m+9)$$
$$=-3m^2+9m+\dfrac{27}{2}$$
$$=-3\left(m-\dfrac{3}{2}\right)^2+\dfrac{81}{4}$$

이므로 사각형 ABQP의 넓이의 최댓값은 $m=\dfrac{3}{2}$일 때, $\dfrac{81}{4}$이다.

답 ①

19 $(a+b+c)^2=a^2+b^2+c^2+2(ab+bc+ca)$이므로

$$0=12+2(ab+bc+ca)\qquad\therefore ab+bc+ca=-6$$
$$\therefore a^2b^2+b^2c^2+c^2a^2$$
$$=(ab)^2+(bc)^2+(ca)^2$$
$$=(ab+bc+ca)^2-2abc(a+b+c)$$
$$=36-2abc\cdot0=36$$

답 36

20 다항식 $f(x)$를 x^2-5x+4로 나누었을 때의 몫을 $Q(x)$라 하면

$$f(x)=(x^2-5x+4)Q(x)+2x+4$$
$$=(x-1)(x-4)Q(x)+2x+4$$

이므로 $f(1)=6,\ f(4)=12$

또 다항식 $(x+3)f(x+2)$를 x^2-x-2로 나누었을 때의 몫을 $Q'(x)$, 나머지를 $R(x)=ax+b\ (a,\ b$는 상수$)$라 하면

$$(x+3)f(x+2)=(x^2-x-2)Q'(x)+ax+b$$
$$=(x+1)(x-2)Q'(x)+ax+b$$

$\qquad\qquad\cdots\cdots$ ㉠

㉠의 양변에 $x=-1,\ x=2$를 각각 대입하면

$2f(1)=-a+b$에서 $-a+b=12\ (\because\ f(1)=6)\ \cdots$ ㉡

$5f(4)=2a+b$에서 $2a+b=60\ (\because\ f(4)=12)$

$\qquad\qquad\cdots\cdots$ ㉢

㉡, ㉢을 연립하여 풀면 $a=16,\ b=28$

따라서 $R(x)=16x+28$이므로 $R(1)=44$

답 44

21 $z_1=1+i$이므로

$$z_2=iz_1=i(1+i)=i-1=-1+i$$
$$z_3=iz_2=i(-1+i)=-i-1=-1-i$$
$$z_4=iz_3=i(-1-i)=-i+1=1-i$$
$$z_5=iz_4=i(1-i)=i+1=1+i$$
$$\vdots$$

이므로 자연수 k에 대하여

$$z_{4k-3}=1+i,\ z_{4k-2}=-1+i$$
$$z_{4k-1}=-1-i,\ z_{4k}=1-i$$

이때 $z_{200}=z_4=1-i,\ z_{201}=z_1=1+i$이므로

$$z_{200}+z_{201}=(1-i)+(1+i)=2$$

답 2

22 조건 ㈏에서 삼차다항식 $f(x)$를 $(x+1)^2$으로 나누었을 때의 몫과 나머지가 같으므로

$$f(x)=(x+1)^2(ax+b)+ax+b\ (a\neq0,\ a,\ b$는 상수$)$$

$\qquad\qquad\cdots\cdots$ ㉠

로 놓으면 조건 ㈎에서 $f(-1)=2$이므로

$$f(-1)=-a+b=2\qquad\therefore b=a+2\qquad\cdots\cdots$ ㉡

ⓒ을 ㉠에 대입하면
$$f(x)=(x+1)^2(ax+a+2)+ax+a+2$$
$$=(x+1)^2\{a(x+1)+2\}+a(x+1)+2$$
$$=a(x+1)^3+2(x+1)^2+a(x+1)+2$$
$$\cdots\cdots\ⓒ$$

또 $f(x)$를 $(x+1)^3$으로 나눈 나머지가 $R(x)$이므로
$$R(x)=2(x+1)^2+a(x+1)+2\ (\because\ ⓒ)$$
이고, $R(0)=1$이므로
$$R(0)=2+a+2=1$$
$$\therefore\ a=-3$$
따라서 $f(x)=-3(x+1)^3+2(x+1)^2-3(x+1)+2$이
므로
$$f(-2)=3+2+3+2=10$$

🅐 10

23 $f(x)$
$$=-2x^2+4kx-2k^2+k+2$$
$$=-2(x-k)^2+k+2$$

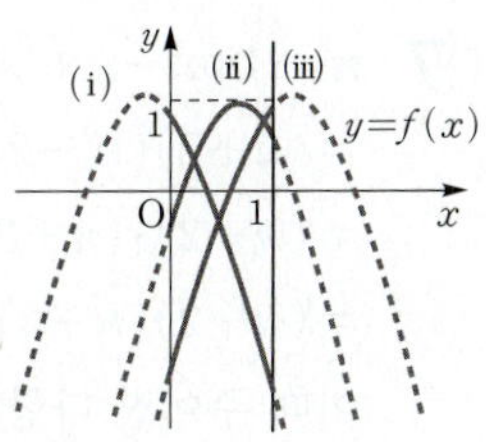

에서 $0\le x\le1$이므로 k의 값의
범위에 따라 최댓값을 구하면
오른쪽 그림과 같다.

(i) $k<0$일 때,

　$x=0$에서 최댓값을 가지므로 $f(0)=1$

　즉, $f(0)=-2k^2+k+2=1$이므로
$$2k^2-k-1=0$$
$$(2k+1)(k-1)=0$$
$$\therefore\ k=-\frac{1}{2}\ (\because\ k<0)$$

(ii) $0\le k<1$일 때,

　$x=k$에서 최댓값을 갖고, 최댓값이 $k+2$이므로
$$k+2=1\quad\therefore\ k=-1$$
　그런데 $k=-1$은 주어진 범위에 들어가지 않으므로
　조건을 만족하지 않는다.

(iii) $k\ge1$일 때,

　$x=1$에서 최댓값을 가지므로 $f(1)=1$

　즉, $f(1)=-2k^2+5k=1$이므로
$$2k^2-5k+1=0$$
$$\therefore\ k=\frac{5+\sqrt{17}}{4}\ (\because\ k\ge1)$$

(i), (ii), (iii)에 의하여 모든 실수 k의 값의 합은
$$-\frac{1}{2}+\frac{5+\sqrt{17}}{4}=\frac{3+\sqrt{17}}{4}$$
이므로
$$a+b=3+17=20$$

🅐 20

선택형	01 ③	02 ④	03 ②	04 ③
	05 ③	06 ④	07 ①	08 ①	09 ②
	10 ④	11 ⑤	12 ③	13 ①	14 ④
	15 ②	16 ②	17 ①	18 ③	
서술형	19 2	20 0	21 1	22 16
	23 30			

01
$$P(x)+x+7=(2x^3+x^2+3x+4)+x+7$$
$$=2x^3+x^2+4x+11$$
이므로 다항식 $2x^3+x^2+4x+11$을 다항식 x^2-x+2로
직접 나누면 다음과 같다.

$$\begin{array}{r}
2x+3 \\
x^2-x+2\,)\overline{\,2x^3+\ x^2+4x+11\,} \\
\underline{2x^3-2x^2+4x} \\
3x^2+11 \\
\underline{3x^2-3x+6} \\
3x+5
\end{array}$$

따라서 다항식 $P(x)+x+7$을 다항식 $Q(x)$로 나눈 나
머지가 $3x+5$이므로 $k=5$

🅐 ③

02 $P_1(x)=x^3+x^2+x+1$이므로
$$P_2(x)=P_1(x+1)=(x+1)^3+(x+1)^2+(x+1)+1$$
$$P_3(x)=P_2(x+2)$$
$$=(x+2+1)^3+(x+2+1)^2+(x+2+1)+1$$
$$P_4(x)=P_3(x+3)$$
$$=(x+3+2+1)^3+(x+3+2+1)^2$$
$$+(x+3+2+1)+1$$
$$\vdots$$
$$P_{11}(x)$$
$$=P_{10}(x+10)$$
$$=(x+10+9+8+\cdots+1)^3+(x+10+9+8+\cdots+1)^2$$
$$+(x+10+9+8+\cdots+1)+1$$
따라서 $P_{11}(x)=(x+55)^3+(x+55)^2+(x+55)+1$이
므로 $P_{11}(x)$의 x^2의 계수는
$$3\cdot55+1=166$$

🅐 ④

03
$$x^{10}-2=a_{10}(x-1)^{10}+a_9(x-1)^9+a_8(x-1)^8+$$
$$\cdots+a_1(x-1)+a_0\qquad\cdots\cdots\ ㉠$$
㉠의 좌변의 최고차항의 계수가 1이므로 $a_{10}=1$
㉠의 양변에 $x=1$을 대입하면 $a_0=-1$

또 ㉠의 양변에 $x=2$, $x=0$을 각각 대입하면
$$2^{10}-2=a_{10}+a_9+a_8+\cdots+a_1+a_0 \qquad \cdots\cdots ㉡$$
$$-2=a_{10}-a_9+a_8-\cdots-a_1+a_0 \qquad \cdots\cdots ㉢$$
㉡+㉢을 하면
$$2^{10}-4=2(a_{10}+a_8+a_6+a_4+a_2+a_0)$$
$a_{10}=1$, $a_0=-1$이므로
$$a_2+a_4+a_6+a_8=2^9-2$$

답 ②

04 다항식 $f(x)$를 $(x-1)^3$으로 나누었을 때의 몫을 $Q(x)$라 하면 나머지가 x^2+2x+3이므로
$$\begin{aligned}f(x)&=(x-1)^3Q(x)+x^2+2x+3\\&=(x-1)^2(x-1)Q(x)+(x-1)^2+4x+2\\&=(x-1)^2\{(x-1)Q(x)+1\}+4x+2\end{aligned}$$
$$\qquad\cdots\cdots ㉠$$

또 다항식 $f(x)$를 $(x+2)^2$으로 나누었을 때의 몫을 $Q'(x)$라 하면 나머지가 $x+5$이므로
$$f(x)=(x+2)^2Q'(x)+x+5 \qquad \cdots\cdots ㉡$$
이때 다항식 $f(x)$를 $(x-1)^2(x+2)$로 나누었을 때의 몫을 $Q''(x)$, 나머지를 ax^2+bx+c (a, b, c는 상수)라 하면
$$f(x)=(x-1)^2(x+2)Q''(x)+ax^2+bx+c$$
㉠에서 $f(x)$를 $(x-1)^2$으로 나눈 나머지가 $4x+2$이므로 ax^2+bx+c를 $(x-1)^2$으로 나눈 나머지가 $4x+2$이다.
즉,
$$f(x)=(x-1)^2(x+2)Q''(x)+a(x-1)^2+4x+2$$
$$\qquad\cdots\cdots ㉢$$
이고, ㉡에서 $f(-2)=3$이므로 ㉢의 양변에 $x=-2$를 대입하면
$$f(-2)=9a-6=3 \qquad \therefore a=1$$
따라서 $R(x)=(x-1)^2+4x+2$이므로 $R(2)=11$

답 ③

05 다항식 $P(x)$를 $(x-3)^2$으로 나누었을 때의 몫을 $Q(x)$라 하면 나머지가 $3^n(x-3)$이므로
$$x^n(x^2+ax+b)=(x-3)^2Q(x)+3^n(x-3)$$
$$\qquad\cdots\cdots ㉠$$
㉠의 양변에 $x=3$을 대입하면
$$3^n(9+3a+b)=0,\ 3a+b+9=0$$
$$\therefore b=-3a-9 \qquad \cdots\cdots ㉡$$
㉡을 ㉠에 대입하면
$$x^n(x^2+ax-3a-9)=(x-3)^2Q(x)+3^n(x-3)$$
$$x^n(x-3)(x+a+3)=(x-3)\{(x-3)Q(x)+3^n\}$$

즉, $x^n(x+a+3)=(x-3)Q(x)+3^n$이 성립하므로 양변에 $x=3$을 대입하면
$$3^n(a+6)=3^n,\ a+6=1$$
$$\therefore a=-5$$
$a=-5$를 ㉡에 대입하면 $b=6$
$$\therefore a^2+b^2=25+36=61$$

답 ③

06 주어진 다항식을 x에 대하여 내림차순으로 정리하면
$$x^2+(ky-2)x+3y^2-8y-3$$
이고, 상수항을 인수분해하면 $(3y+1)(y-3)$이므로 주어진 다항식이 두 일차식의 곱으로 인수분해되기 위해서는
$$ky-2=(3y+1)+(y-3)=4y-2$$
$$\therefore k=4$$

답 ④

07 n^4-18n^2-n+54
$$=(n+2)(n^3-2n^2-14n+27)$$
$$=(n+2)\{(n+3)(n^2-5n+1)+24\}$$
$$=(n+2)(n+3)(n^2-5n+1)+24(n+2)$$
이때 주어진 다항식이 $(n+2)(n+3)$의 배수이려면 $(n+2)(n+3)(n^2-5n+1)$은 $(n+2)(n+3)$의 배수이므로 $24(n+2)$가 $(n+2)(n+3)$의 배수이면 된다.
즉, 24가 $n+3$의 배수이어야 하므로 자연수 k에 대하여
$$24=k(n+3)$$
이라 하자.
따라서 k가 최소이면 n이 최대이므로 $k=1$일 때, $n+3=24$이므로 n의 최댓값은 21이다.

답 ①

08 $z=\dfrac{3\alpha+7}{\alpha+3}$이므로
$$\bar{z}=\overline{\left(\dfrac{3\alpha+7}{\alpha+3}\right)}=\dfrac{3\bar{\alpha}+7}{\bar{\alpha}+3}$$
이때 $\alpha\bar{\alpha}=7$이므로
$$\begin{aligned}z\bar{z}&=\left(\dfrac{3\alpha+7}{\alpha+3}\right)\left(\dfrac{3\bar{\alpha}+7}{\bar{\alpha}+3}\right)\\[4pt]&=\dfrac{9\alpha\bar{\alpha}+21(\alpha+\bar{\alpha})+49}{\alpha\bar{\alpha}+3(\alpha+\bar{\alpha})+9}\\[4pt]&=\dfrac{63+21(\alpha+\bar{\alpha})+49}{7+3(\alpha+\bar{\alpha})+9}\\[4pt]&=\dfrac{112+21(\alpha+\bar{\alpha})}{16+3(\alpha+\bar{\alpha})}\\[4pt]&=\dfrac{7\{16+3(\alpha+\bar{\alpha})\}}{16+3(\alpha+\bar{\alpha})}\\[4pt]&=7\end{aligned}$$

답 ①

09 $f(n)=\left(\dfrac{1+i}{1-i}\right)^n+\left(\dfrac{1-i}{1+i}\right)^n=i^n+(-i)^n$이므로

$$
\begin{aligned}
&f(1)+f(2)+f(3)+\cdots+f(210)\\
&=(i+i^2+i^3+i^4+\cdots+i^{210})\\
&\qquad\qquad\quad+(-i+i^2-i^3+i^4-\cdots+i^{210})\\
&=(i+i^2+i^3+i^4)+(i^5+i^6+i^7+i^8)+\cdots+i^{209}+i^{210}\\
&\quad+\{(-i+i^2-i^3+i^4)+(-i^5+i^6-i^7+i^8)\\
&\qquad\qquad\qquad\qquad\qquad\qquad+\cdots-i^{209}+i^{210}\}\\
&=(i^{209}+i^{210})+(-i^{209}+i^{210})\\
&=2i^{210}=2i^2\\
&=2\cdot(-1)\\
&=-2
\end{aligned}
$$

달 ②

10 $z=\dfrac{3+\sqrt{2}i}{\sqrt{2}-3i}=\dfrac{(3+\sqrt{2}i)(\sqrt{2}+3i)}{(\sqrt{2}-3i)(\sqrt{2}+3i)}=\dfrac{11i}{11}=i$이므로

$\overline{z}=-i$

이때

$$\omega=\dfrac{z(1-\overline{z})}{\sqrt{2}}=\dfrac{i(1+i)}{\sqrt{2}}=\dfrac{-1+i}{\sqrt{2}}$$

이므로

$$
\begin{aligned}
\omega^2&=\left(\dfrac{-1+i}{\sqrt{2}}\right)^2=\dfrac{-2i}{2}=-i\\
\omega^4&=(\omega^2)^2=(-i)^2=-1\\
\omega^8&=(\omega^4)^2=1
\end{aligned}
$$

따라서 $\omega^n=1$을 만족시키는 n은 8의 배수이므로 구하는 100 이하의 자연수 n의 개수는 12이다.

달 ④

11 ㄱ. $z_1=\overline{z_2}$이면 $z_2=\overline{z_1}$이므로

$\qquad z_1+z_2=z_1+\overline{z_1}$ (실수) (참)

ㄴ. $z_1=\overline{z_2}$이면 $z_2=\overline{z_1}$이므로 $z_1=a+bi$, $z_2=a-bi$ (a, b는 실수)라 하면

$\qquad z_1z_2=(a+bi)(a-bi)=a^2+b^2$

이때 $a^2+b^2=0$이면 a, b가 실수이므로

$\qquad a=0$, $b=0$

$\qquad \therefore z_1=0$ (참)

ㄷ. $z_1\overline{z_1}-z_1\overline{z_2}-z_2\overline{z_1}+z_2\overline{z_2}$

$\qquad =z_1(\overline{z_1}-\overline{z_2})-z_2(\overline{z_1}-\overline{z_2})$

$\qquad =(z_1-z_2)(\overline{z_1}-\overline{z_2})$

$\qquad =(z_1-z_2)\overline{(z_1-z_2)}$

$\qquad \geq0$ (참)

따라서 옳은 것은 ㄱ, ㄴ, ㄷ이다.

달 ⑤

12 이차방정식 $x^2-2px+p+2=0$의 한 근이 α이므로

$\alpha^2-2p\alpha+p+2=0$에서 $\alpha^2=2p\alpha-(p+2)$

이때

$$
\begin{aligned}
\alpha^3&=\alpha\cdot\alpha^2=\alpha\{2p\alpha-(p+2)\}\\
&=2p\alpha^2-(p+2)\alpha\\
&=2p\{2p\alpha-(p+2)\}-(p+2)\alpha\\
&=4p^2\alpha-2p(p+2)-(p+2)\alpha\\
&=(4p^2-p-2)\alpha-2p(p+2)
\end{aligned}
$$

에서 α가 허수, p가 실수이므로 α^3이 실수이려면

$\qquad 4p^2-p-2=0 \qquad\qquad \cdots\cdots ㉠$

이어야 한다.

한편 p에 대한 이차방정식 ㉠은 서로 다른 두 실근을 가지므로 모든 실수 p의 값의 합은 근과 계수의 관계에 의하여 $\dfrac{1}{4}$이다.

달 ③

13 이차방정식 $x^2-4x+2=0$의 해는 $x=2\pm\sqrt{2}$이고, a는 2보다 큰 실수이므로 $a=2+\sqrt{2}$

이때 b, c가 정수이고

$\qquad a+b=(2+\sqrt{2})+b=2+b+\sqrt{2}$

에서 $a+b$가 이차방정식 $x^2-6x+c=0$의 한 근이므로 $2+b-\sqrt{2}$도 근이다.

근과 계수의 관계에 의하여

$\qquad (2+b+\sqrt{2})+(2+b-\sqrt{2})=6 \qquad \cdots\cdots ㉠$

$\qquad (2+b+\sqrt{2})(2+b-\sqrt{2})=c \qquad \cdots\cdots ㉡$

㉠에서 $4+2b=6$, $2b=2$

$\qquad \therefore b=1$

㉡에서 $b=1$이므로

$\qquad c=(3+\sqrt{2})(3-\sqrt{2})=7$

$\qquad \therefore b-c=1-7=-6$

달 ①

14 이차방정식 $mx^2-10x+n=0$의 두 근을 α, β $(\alpha<\beta)$라 하면 근과 계수의 관계에 의하여

$$\alpha+\beta=\dfrac{10}{m}, \ \alpha\beta=\dfrac{n}{m}$$

이때 α, β는 서로 다른 소수이므로 $\alpha+\beta$의 값은 자연수이다.

즉, $\dfrac{10}{m}$이 자연수이므로 m은 10의 약수이다.

(i) $m=1$일 때, $\alpha+\beta=10$이므로 $\alpha=3$, $\beta=7$

$\qquad \therefore n=m\alpha\beta=1\cdot3\cdot7=21$

(ii) $m=2$일 때, $\alpha+\beta=5$이므로 $\alpha=2$, $\beta=3$

$\qquad \therefore n=m\alpha\beta=2\cdot2\cdot3=12$

(iii) $m=5$일 때, $\alpha+\beta=2$이고 서로 다른 두 소수의 합이 2인 경우는 존재하지 않는다.

(iv) $m=10$일 때, $\alpha+\beta=1$이고 서로 다른 두 소수의 합이 1인 경우는 존재하지 않는다.

따라서 모든 자연수 n의 값의 합은

$\qquad 21+12=33$ 답 ④

15 이차함수 $y=x^2-2kx+k^2-2k+3$의 그래프와 직선 $y=2(ax+bk)+b^2$이 k의 값에 관계없이 항상 접하므로

이차방정식 $x^2-2kx+k^2-2k+3=2(ax+bk)+b^2$에서

$\qquad x^2-2(k+a)x+k^2-2k-2bk-b^2+3=0$

$\qquad\qquad\qquad\qquad\qquad\qquad \cdots\cdots \ \text{㉠}$

이차방정식 ㉠이 k의 값에 관계없이 항상 중근을 가지므로 ㉠의 판별식을 D라 하면

$$\frac{D}{4}=(k+a)^2-(k^2-2k-2bk-b^2+3)=0$$

$\qquad 2(a+b+1)k+a^2+b^2-3=0 \quad \cdots\cdots \ \text{㉡}$

㉡은 k에 대한 항등식이므로

$\qquad a+b+1=0,\ a^2+b^2-3=0$

따라서 $a+b=-1$, $a^2+b^2=3$이므로

$$ab=\frac{(a+b)^2-(a^2+b^2)}{2}=\frac{1-3}{2}=-1$$
답 ②

16 조건 ㈏에서 이차함수 $y=f(x)$가 모든 실수 x에 대하여 $f(x)\geq f(2)$이므로 함수 $f(x)$는 $x=2$에서 최솟값을 갖는다.

이때 이차함수 $f(x)$의 이차항의 계수가 1이므로

$\qquad f(x)=(x-2)^2+k\,(k$는 상수$) \quad \cdots\cdots \ \text{㉠}$

로 놓으면 조건 ㈎에서 $f(3+\sqrt{3})=0$이므로

$\qquad 0=(3+\sqrt{3}-2)^2+k$

$\qquad \therefore k=-(1+\sqrt{3})^2$

$\qquad\qquad =-4-2\sqrt{3}$

따라서 이차함수 $y=f(x)$의 그래프를 그리면 오른쪽 그림과 같다.

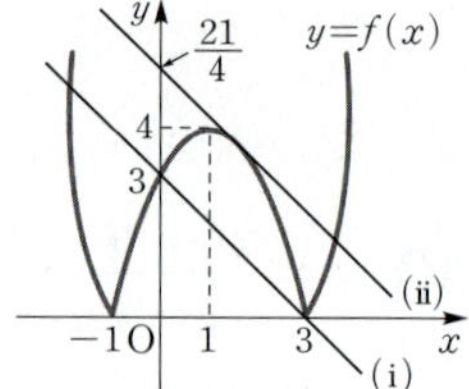

ㄱ. $f(3+\sqrt{3})=0$이고 대칭축이 $x=2$이므로 $f(a)=0$이라 하면

$\qquad \dfrac{a+3+\sqrt{3}}{2}=2 \qquad \therefore a=1-\sqrt{3}$

즉, $f(1-\sqrt{3})=0$이므로 $f(3-\sqrt{3})\neq0$ (거짓)

ㄴ. 이차함수 $y=f(x)$의 그래프는 직선 $x=2$에 대하여 대칭이고, $4<3+\sqrt{3}<5$이므로 위의 그림에서

$\qquad f(1)=f(3)<f(0)=f(4)<f(5)$

$\qquad \therefore f(3)<f(0)<f(5)$ (거짓)

ㄷ. ㉠에서

$\qquad f(1)=1+k=1+(-4-2\sqrt{3})$

$\qquad\qquad =-3-2\sqrt{3}$

이므로

$\qquad f(1)+2\sqrt{3}=-3$ (참)

따라서 옳은 것은 ㄷ뿐이다. 답 ②

17 함수 $y=f(x)$의 그래프와 직선 $y=-x+k$가 서로 다른 네 점에서 만나려면 오른쪽 그림과 같이 두 직선 사이에 직선 $y=-x+k$가 위치하면 된다.

(i) 직선 $y=-x+k$가 점 $(3,\ 0)$을 지날 때,

$\qquad 0=-3+k$에서 $k=3$

(ii) 직선 $y=-x+k$와 이차함수 $y=-x^2+2x+3$의 그래프가 접할 때,

$\qquad -x^2+2x+3=-x+k$에서 $x^2-3x+k-3=0$이므로

이 이차방정식의 판별식을 D라 하면

$\qquad D=(-3)^2-4(k-3)=0$

$\qquad 21-4k=0$

$\qquad \therefore k=\dfrac{21}{4}$

(i), (ii)에 의하여 $3<k<\dfrac{21}{4}$이므로

$\qquad a=3,\ b=\dfrac{21}{4}$

$\qquad \therefore 4b-a=4\cdot\dfrac{21}{4}-3=18$ 답 ①

18 두 점 A, B의 x좌표를 각각 α, β $(\alpha<\beta)$라 하면

$\qquad \mathrm{A}(\alpha,\ 0),\ \mathrm{B}(\beta,\ 0)$

α, β는 이차방정식 $-x^2+ax+b=0$, 즉 $x^2-ax-b=0$의 두 근이므로 근과 계수의 관계에 의하여

$\qquad \alpha+\beta=a,\ \alpha\beta=-b$

이때 $\overline{\mathrm{AB}}=\beta-\alpha$이므로

$\qquad (\beta-\alpha)^2=(\alpha+\beta)^2-4\alpha\beta=a^2+4b$

$\qquad \therefore \overline{\mathrm{AB}}=\sqrt{a^2+4b}\ (\because \beta-\alpha>0)$

즉, 삼각형 ABC는 한 변의 길이가 $\sqrt{a^2+4b}$인 정삼각형이다.

오른쪽 그림과 같이 꼭짓점 C에서 x축에 내린 수선의 발을 H라 하면 $\overline{\text{CH}}$는 정삼각형의 높이이므로

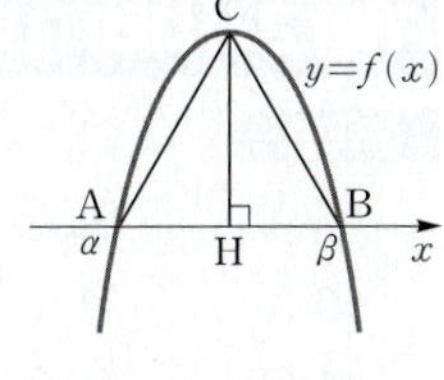

$$\overline{\text{CH}}=\frac{\sqrt{3}}{2}\cdot\sqrt{a^2+4b}$$
$$=\frac{\sqrt{3}\cdot\sqrt{a^2+4b}}{2}$$

한편 $f(x)=-x^2+ax+b=-\left(x-\dfrac{a}{2}\right)^2+\dfrac{a^2}{4}+b$에서

꼭짓점의 좌표가 $\left(\dfrac{a}{2},\ \dfrac{a^2}{4}+b\right)$이고, $\dfrac{a^2}{4}+b>0$이므로

$$\frac{\sqrt{3}\cdot\sqrt{a^2+4b}}{2}=\frac{a^2}{4}+b$$
$$2\sqrt{3}\cdot\sqrt{a^2+4b}=a^2+4b$$

$\sqrt{a^2+4b}=t\,(t\geq0)$이라 하면 $2\sqrt{3}t=t^2$에서
$$t=0 \ \text{또는} \ t=2\sqrt{3}$$

(i) $t=0$, 즉 $\sqrt{a^2+4b}=0$일 때,

$\sqrt{a^2+4b}=0$이면 이차함수 $f(x)=-x^2+ax+b$의 꼭짓점의 y좌표가 0이므로 삼각형이 만들어지지 않는다.

(ii) $t=2\sqrt{3}$, 즉 $\sqrt{a^2+4b}=2\sqrt{3}$일 때,

$\sqrt{a^2+4b}=2\sqrt{3}$에서 양변을 제곱하면
$$a^2+4b=12$$

이때 이차함수 $f(x)=-x^2+ax+b$의 최댓값이
$\dfrac{a^2}{4}+b$이므로
$$\frac{a^2}{4}+b=\frac{1}{4}(a^2+4b)=\frac{1}{4}\cdot12=3$$

(i), (ii)에 의하여 구하는 이차함수 $f(x)$의 최댓값은 3이다. **답** ③

19 세 다항식 $f(x)=2x^2+3x-2$, $g(x)=-x^2+x+1$, $h(x)=x^3+x^2+ax+b$에 대하여
$$\{f(x)\}^3+\{g(x)\}^3=(x^3-1)h(x) \quad\cdots\cdots \ \text{㉠}$$

㉠이 x에 대한 항등식이므로 ㉠의 양변에 $x=0$을 대입하면
$$\{f(0)\}^3+\{g(0)\}^3=-h(0)$$
$$(-2)^3+1^3=-b$$
$$\therefore b=7$$

또 ㉠의 양변에 $x=-1$을 대입하면
$$\{f(-1)\}^3+\{g(-1)\}^3=-2h(-1)$$
$$(-3)^3+(-1)^3=-2(-a+b)$$
$$-a+b=14$$

이때 $b=7$이므로 $a=-7$

따라서 $h(x)=x^3+x^2-7x+7$이므로 $h(x)$를 $x-1$로 나눈 나머지는 $h(1)=1+1-7+7=2$ **답** 2

20 $z=\dfrac{1+\sqrt{3}i}{2}$이므로 $\overline{z}=\dfrac{1-\sqrt{3}i}{2}$
$$\therefore z+\overline{z}=1, \ z\overline{z}=1$$

이때
$$z^2=\left(\frac{1+\sqrt{3}i}{2}\right)^2=\frac{-2+2\sqrt{3}i}{4}=\frac{-1+\sqrt{3}i}{2}$$
$$z^3=z^2z=\left(\frac{-1+\sqrt{3}i}{2}\right)\left(\frac{1+\sqrt{3}i}{2}\right)=-1$$
$$z^6=(z^3)^2=(-1)^2=1$$

이므로
$$z+z^2+z^3+\cdots+z^6=\overline{z}+\overline{z^2}+\overline{z^3}+\cdots+\overline{z^6}=0$$
$$\therefore (z+\overline{z})+(z^2+\overline{z^2})+(z^3+\overline{z^3})+\cdots+(z^{50}+\overline{z^{50}})$$
$$=(z+z^2+z^3+\cdots+z^{50})+(\overline{z}+\overline{z^2}+\overline{z^3}+\cdots+\overline{z^{50}})$$
$$=8(z+z^2+z^3+\cdots+z^6)+z+z^2$$
$$\qquad\qquad+8(\overline{z}+\overline{z^2}+\overline{z^3}+\cdots+\overline{z^6})+\overline{z}+\overline{z^2}$$
$$=(z+z^2)+(\overline{z}+\overline{z^2})$$
$$=(z+\overline{z})+(z^2+\overline{z^2})$$
$$=1+(-1)$$
$$=0$$

답 0

21 계수가 실수인 x에 대한 이차방정식 $f(x)=0$에서 허수 α가 $f(x)=0$의 근이므로 $\overline{\alpha}$도 근이다.
즉, $\beta=\overline{\alpha}$이다.

또 $\dfrac{\beta^2}{\alpha}$이 실수이므로 $\dfrac{\beta^2}{\alpha}=\overline{\left(\dfrac{\beta^2}{\alpha}\right)}$이고,

$$\overline{\left(\frac{\beta^2}{\alpha}\right)}=\frac{\overline{\beta^2}}{\overline{\alpha}}=\frac{\overline{\beta}\cdot\overline{\beta}}{\overline{\alpha}}=\frac{\alpha^2}{\beta}$$이므로

$$\frac{\beta^2}{\alpha}=\frac{\alpha^2}{\beta} \qquad \therefore \alpha^3=\beta^3$$

$$\therefore \left(\frac{\beta}{\alpha}\right)^3=\frac{\beta^3}{\alpha^3}=\frac{\alpha^3}{\alpha^3}=1$$

답 1

22 조건 ㈎, ㈏에 의하여

$\dfrac{1}{a}+\dfrac{1}{b}+\dfrac{1}{c}=\dfrac{5}{2}$에서 $\dfrac{ab+bc+ca}{abc}=\dfrac{5}{2}$이므로
$$2(ab+bc+ca)=5abc=5\cdot4=20$$
$$\therefore ab+bc+ca=10$$

이때 $a+b+c=k$ (k는 상수)라 하면 조건 ㈐에 의하여
$$(a+b)(b+c)(c+a)$$
$$=(k-c)(k-a)(k-b)$$
$$=k^3-(a+b+c)k^2+(ab+bc+ca)k-abc$$
$$=k^3-k^3+10k-4$$

즉, $10k-4=56$이므로
$$10k=60 \qquad \therefore k=6$$
$$\begin{aligned}\therefore a^2+b^2+c^2&=(a+b+c)^2-2(ab+bc+ca)\\&=6^2-2\cdot10\\&=16\end{aligned}$$

冒 16

23 $(2x+3y)^2+(4x+y)^2$
$$=(4x^2+12xy+9y^2)+(16x^2+8xy+y^2)$$
$$=20x^2+20xy+10y^2$$
이때 $20x^2+20xy+10y^2=k$ (k는 상수)라 하면
$x^2+y^2=1$이므로
$$20x^2+20xy+10y^2=k(x^2+y^2)$$
$$(20-k)x^2+20xy+(10-k)y^2=0 \qquad \cdots\cdots \ ㉠$$
$y\neq0$이므로 ㉠의 양변을 y^2으로 나누면
$$(20-k)\frac{x^2}{y^2}+20\cdot\frac{x}{y}+10-k=0$$

$\dfrac{x}{y}=t$로 놓으면 t는 실수이므로 t에 대한 이차방정식
$(20-k)t^2+20t+10-k=0$은 실근을 갖는다.
즉, 이차방정식 $(20-k)t^2+20t+10-k=0$의 판별식을
D라 하면
$$\frac{D}{4}=10^2-(20-k)(10-k)\geq0$$
$$100-(200-30k+k^2)\geq0$$
$$k^2-30k+100\leq0$$
따라서 $(2x+3y)^2+(4x+y)^2$의 최댓값과 최솟값은
k에 대한 이차방정식 $k^2-30k+100=0$의 두 근이므로
근과 계수의 관계에 의하여 최댓값과 최솟값의 합은 30이
다.

冒 30

01 $f(x)=x^3-7x^2+(k+10)x-2k$라 하면 $f(2)=0$이므로
$$f(x)=(x-2)(x^2-5x+k)$$
이때 $g(x)=x^2-5x+k$로 놓으면 주어진 삼차방정식이
중근을 가지려면 방정식 $g(x)=0$이 $x=2$의 근을 갖거나
$x\neq2$인 중근을 가져야 한다.
(i) 방정식 $g(x)=0$이 $x=2$의 근을 가질 때,
$g(2)=0$이므로 $2^2-10+k=0 \qquad \therefore k=6$
(ii) 방정식 $g(x)=0$이 $x\neq2$인 중근을 가져야 하므로 방
정식 $x^2-5x+k=0$의 판별식을 D라 하면
$$D=5^2-4k=0 \qquad \therefore k=\frac{25}{4}$$
(i), (ii)에 의하여 모든 실수 k의 값의 합은
$$6+\frac{25}{4}=\frac{49}{4}$$

冒 ①

02 $x+y=a$, $xy=b$로 놓으면 주어진 연립방정식은
$$\begin{cases} a^2-b=6 & \cdots\cdots \ ㉠ \\ a+b=0 & \cdots\cdots \ ㉡ \end{cases}$$
㉠에서 $b=a^2-6$이므로 ㉡에 대입하여 정리하면
$$a+(a^2-6)=0, \ a^2+a-6=0$$
$$(a+3)(a-2)=0 \qquad \therefore a=-3 \ 또는 \ a=2$$
$a=-3$이면 $b=3$, $a=2$이면 $b=-2$
(i) $a=-3$, $b=3$, 즉 $x+y=-3$, $xy=3$일 때,
x, y를 두 근으로 하는 t에 대한 이차방정식
$t^2+3t+3=0$의 판별식을 D라 하면
$D=3^2-4\cdot3=-3<0$이므로 이차방정식
$t^2+3t+3=0$은 서로 다른 두 허근을 갖는다.
(ii) $a=2$, $b=-2$, 즉 $x+y=2$, $xy=-2$일 때,
x, y를 두 근으로 하는 t에 대한 이차방정식
$t^2-2t-2=0$의 판별식을 D'이라 하면
$$\frac{D'}{4}=(-1)^2-1\cdot(-2)=3>0$$이므로 이차방정식
$t^2-2t-2=0$은 서로 다른 두 실근 α, β를 갖는다.
(i), (ii)에 의하여 $\alpha+\beta=x+y=2$

冒 ③

03 삼차방정식 $x^3-2x^2+2x-1=0$에서
$$(x-1)(x^2-x+1)=0$$
이므로 α, β는 이차방정식 $x^2-x+1=0$의 두 근이다.

즉, $\alpha^2-\alpha+1=0$, $\beta^2-\beta+1=0$이고 근과 계수의 관계에 의하여 $\alpha+\beta=1$, $\alpha\beta=1$이다.

또 $(x+1)(x^2-x+1)=x^3+1=0$이므로 $\alpha^3=\beta^3=-1$

ㄱ. $\beta=\overline{\alpha}$이므로 $\overline{\beta}=\alpha$

$\alpha^2-\alpha+1=0$에서 $\alpha^2=\alpha-1$이고, $\alpha=\overline{\beta}$이므로
$$\alpha^2=\overline{\beta}-1 \ (\text{거짓})$$

ㄴ. $\alpha^2-\alpha+1=0$이므로 $\dfrac{\alpha^2+1}{\alpha}=\dfrac{\alpha}{\alpha}=1$

또 $\beta^2-\beta+1=0$이므로 $\dfrac{\beta}{\beta^2+1}=\dfrac{\beta}{\beta}=1$

$$\therefore \ \dfrac{\alpha^2+1}{\alpha}-\dfrac{\beta}{\beta^2+1}=1-1=0 \ (\text{참})$$

ㄷ. $\alpha+\beta=1$, $\alpha\beta=1$이고 $\alpha^3=\beta^3=-1$이므로
$$\alpha^2+\beta^2=(\alpha+\beta)^2-2\alpha\beta=1-2=-1$$
$$\alpha^3+\beta^3=-1+(-1)=-2$$
$$\alpha^4+\beta^4=\alpha^3\cdot\alpha+\beta^3\cdot\beta=-\alpha-\beta=-(\alpha+\beta)=-1$$
$$\alpha^5+\beta^5=\alpha^3\cdot\alpha^2+\beta^3\cdot\beta^2=-\alpha^2-\beta^2$$
$$=-(\alpha^2+\beta^2)=1$$
$$\alpha^6+\beta^6=(\alpha^3)^2+(\beta^3)^2=(-1)^2+(-1)^2$$
$$=1+1=2$$
$$\alpha^7+\beta^7=\alpha^6\cdot\alpha+\beta^6\cdot\beta=\alpha+\beta=1$$
$$\vdots$$

즉, 자연수 k에 대하여 $n=6k-4$ 또는 $n=6k-2$일 때, $\alpha^n+\beta^n=-1$이다.

$6k-4\leq100$에서 $k\leq\dfrac{52}{3}=17.\times\times\times$,

$6k-2\leq100$에서 $k\leq\dfrac{51}{3}=17$이므로 자연수 n의 개수는 $17+17=34$ (참)

따라서 옳은 것은 ㄴ, ㄷ이다. **답** ④

04 방정식 $2|x^2-1|-x-k=2$에서 $2|x^2-1|=x+k+2$

이때 $f(x)=2|x^2-1|$, $g(x)=x+k+2$라 하면
$$f(x)=\begin{cases} 2x^2-2 \ (x<-1 \ \text{또는} \ x>1) \\ -2x^2+2 \ (-1\leq x\leq1) \end{cases}$$

이고, 방정식 $2|x^2-1|-x-k=2$가 서로 다른 세 실근을 갖는 경우는 오른쪽 그림과 같이 함수 $y=-2x^2+2$의 그래프와 직선 $y=g(x)$가 접하거나 직선 $y=g(x)$가 점 $(-1, 0)$을 지날 때이다.

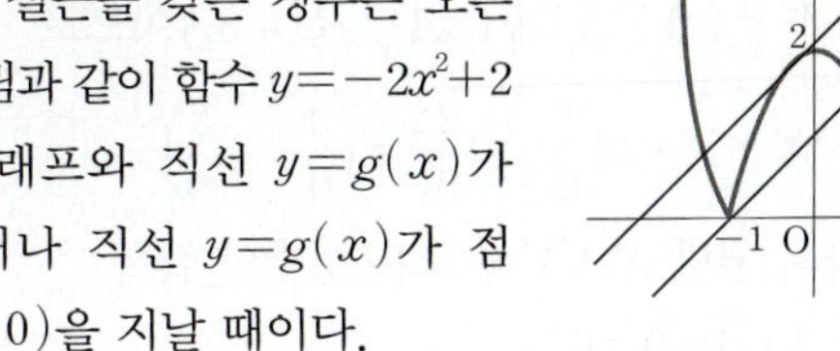

(i) 함수 $y=-2x^2+2$의 그래프와 직선 $y=g(x)$가 접할 때, 방정식 $-2x^2+2=x+k+2$, 즉 $2x^2+x+k=0$이 중근을 가져야 하므로 판별식을 D라 하면
$$D=1^2-8k=0 \qquad \therefore \ k=\dfrac{1}{8}$$

(ii) 직선 $y=g(x)$가 점 $(-1, 0)$을 지날 때,
$$0=-1+k+2$$에서 $k=-1$

(i), (ii)에 의하여 모든 실수 k의 값의 합은
$$\dfrac{1}{8}+(-1)=-\dfrac{7}{8}$$

답 ②

05 부등식 $(3a+2b)x-2a-5b<0$의 해가 $x<1$이므로
$$3a+2b>0$$

즉, $(3a+2b)x<2a+5b$에서 $x<\dfrac{2a+5b}{3a+2b}$이므로
$$\dfrac{2a+5b}{3a+2b}=1, \ 2a+5b=3a+2b$$
$$\therefore \ a=3b$$

$3a+2b>0$에서 $11b>0$이므로
$$a>0, \ b>0$$

$a=3b$를 $(a+2b)[x]+7a-b>0$에 대입하면
$$5b[x]+21b-b>0$$
$$5b[x]>-20b$$
$$\therefore \ [x]>-4 \ (\because b>0)$$

이때 $[x]$는 정수이므로
$$[x]=-3, \ -2, \ -1, \ \cdots$$

따라서 구하는 부등식의 해는
$$x\geq-3$$

답 ④

06 이차부등식 $x^2-(a+3)x-a-4\leq0$에서
$$(x+1)(x-a-4)\leq0$$

또 이차부등식 $x^2-(5-b)x+2(-b+3)>0$에서
$$(x-2)(x+b-3)>0$$

이때 주어진 연립이차부등식의 해가
$$-1\leq x<2 \ \text{또는} \ 5<x\leq7$$

이므로 $x=7$은 이차방정식 $(x+1)(x-a-4)=0$의 근이다.

즉, $a+4=7$에서 $a=3$

또 $x=5$는 이차방정식 $(x-2)(x+b-3)=0$의 근이므로 $-b+3=5$에서 $b=-2$
$$\therefore \ a+b=3-2=1$$

답 ①

07
(i) A와 C의 색이 같은 경우

A에 색을 칠하는 방법은 5가지

C에 색을 칠하는 방법은 A와 같은 색 1가지

B, D에 색을 칠하는 방법은 A, C와 다른 색 4가지

E에 색을 칠하는 방법은 A, D와 다른 색 3가지

$$\therefore 5\times1\times4\times4\times3=240$$

(ii) A와 C의 색이 다른 경우

A에 색을 칠하는 방법은 5가지

C에 색을 칠하는 방법은 A와 다른 색 4가지

B, D에 색을 칠하는 방법은 A, C와 다른 색 3가지

E에 색을 칠하는 방법은 A, D와 다른 색 3가지

$$\therefore 5\times3\times4\times3\times3=540$$

(i), (ii)에 의하여 구하는 경우의 수는

$$240+540=780$$

답 ④

08
$a\square\square\square\square\square$, $b\square\square\square\square\square$의 경우의 수는

$$5!\times2=240$$

$ca\square\square\square\square$, $cb\square\square\square\square$의 경우의 수는

$$4!\times2=48$$

$cda\square\square\square$, $cdb\square\square\square$, $cde\square\square\square$의 경우의 수는

$$3!\times3=18$$

$cdfa\square\square$, $cdfb\square\square$의 경우의 수는

$$2!\times2=4$$

따라서 $cdfeab$는 $240+48+18+4+1=311$(번째)이다.

답 ⑤

09 오른쪽 그림과 같이 지점 A에서 지점 B에 도달하려면 ⓐ를 지난 다음 ⓑ를 지나야 한다.

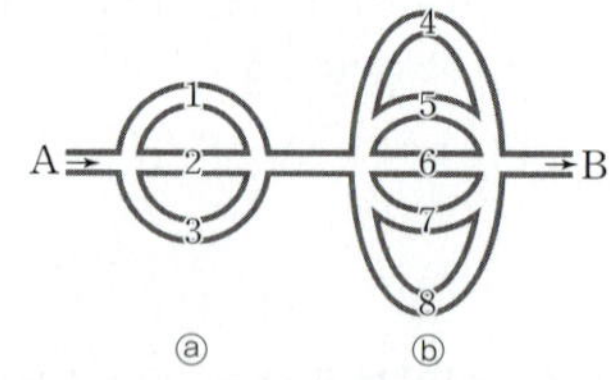

ⓐ를 지나는 방법의 수는

1, 2, 3을 나열하는 방법의 수와 같으므로 $3!=6$

ⓑ를 지나는 방법의 수는 4, 5, 6, 7, 8을 나열하는 방법의 수와 같으므로 $5!=120$

따라서 구하는 방법의 수는

$$3!\times5!=6\times120=720$$

답 ⑤

10 정수가 4의 배수이려면 끝의 두 자리의 수가 4의 배수이면 된다.

(i) 끝의 두 자리의 수가 04, 20, 40일 때,

끝의 두 자리에 온 숫자를 제외한 3개의 숫자 중 2개를 택하여 천의 자리와 백의 자리에 나열하면 되므로

$$_3\mathrm{P}_2$$

$$\therefore 3\times{}_3\mathrm{P}_2=18$$

(ii) 끝의 두 자리의 수가 12, 24, 32일 때,

천의 자리에는 0과 끝의 두 자리에 온 숫자를 제외한 2개의 숫자가 올 수 있고, 백의 자리에는 0과 나머지 1개의 숫자가 올 수 있으므로 $2\times2=4$

$$\therefore 3\times4=12$$

(i), (ii)에 의하여 구하는 경우의 수는

$$18+12=30$$

답 ④

11 A, B, C 3개의 정류장 중 2개를 선택하는 경우의 수는

$$_3\mathrm{C}_2=3$$

선택한 2개의 정류장에 내리는 승객 수를 순서쌍으로 나타내면 $(1, 5)$, $(2, 4)$, $(3, 3)$, $(4, 2)$, $(5, 1)$이므로 각각의 경우의 수를 구해 더하면

$$_6\mathrm{C}_1+{}_6\mathrm{C}_2+{}_6\mathrm{C}_3+{}_6\mathrm{C}_4+{}_6\mathrm{C}_5=6+15+20+15+6$$
$$=62$$

따라서 구하는 경우의 수는

$$3\times62=186$$

답 ②

12 1에서 7까지의 숫자 중에서 홀수는 4개이므로 홀수가 적힌 4장의 카드에서 3장의 카드를 뽑아 홀수 번째에 배열하는 방법의 수는 $_4\mathrm{P}_3$이고, 이 각각에 대하여 나머지 4장의 카드에서 2장의 카드를 뽑아 짝수 번째에 배열하는 방법의 수는 $_4\mathrm{P}_2$이므로

$$a={}_4\mathrm{P}_3\times{}_4\mathrm{P}_2=24\times12=288$$

또 짝수가 적힌 3장의 카드에서 2장의 카드를 뽑아 짝수 번째에 배열하는 방법의 수는 $_3\mathrm{P}_2$이고, 이 각각에 대하여 나머지 5장의 카드에서 3장을 뽑아 홀수 번째에 배열하는 방법의 수는 $_5\mathrm{P}_3$이므로

$$b={}_3\mathrm{P}_2\times{}_5\mathrm{P}_3=6\times60=360$$

$$\therefore b-a=360-288=72$$

답 ③

13
$$\begin{cases} X+2Y=5A-B & \cdots\cdots\ \text{㉠} \\ 2X-3Y=-4A+5B & \cdots\cdots\ \text{㉡} \end{cases}$$

$3\times$㉠$+2\times$㉡을 하면

$$7X=7A+7B \qquad \therefore X=A+B$$

$X=A+B$를 ㉠에 대입하면

$$A+B+2Y=5A-B \qquad \therefore Y=2A-B$$

$X+Y=(A+B)+(2A-B)=3A$이므로

$$X+Y=3\begin{pmatrix} 1 & 2 \\ 0 & -3 \end{pmatrix}=\begin{pmatrix} 3 & 6 \\ 0 & -9 \end{pmatrix}$$

따라서 행렬 $X+Y$의 모든 성분의 합은

$$3+6-9=0$$

답 ①

14 이차방정식의 근과 계수의 관계에 의하여
$$\alpha+\beta=4,\ \alpha\beta=-3$$
이때 $\begin{pmatrix} \alpha & 1 \\ \beta & 1 \end{pmatrix}\begin{pmatrix} \alpha & \beta \\ 1 & 1 \end{pmatrix}=\begin{pmatrix} \alpha^2+1 & \alpha\beta+1 \\ \alpha\beta+1 & \beta^2+1 \end{pmatrix}$ 이므로
$$\begin{aligned}
a+d&=(\alpha^2+1)+(\beta^2+1)=\alpha^2+\beta^2+2 \\
&=(\alpha+\beta)^2-2\alpha\beta+2 \\
&=4^2-2\cdot(-3)+2 \\
&=24
\end{aligned}$$
답 ②

15 ㄱ. [반례] $A=\begin{pmatrix} 0 & 1 \\ 1 & 0 \end{pmatrix}$ 일 때 $A^2=E$ 이지만 $A\neq E$ (거짓)

ㄴ. $AB=BA$ 의 양변의 왼쪽에 A 를 곱하면
$$A^2B=ABA=BAA=BA^2 \text{ (참)}$$

ㄷ. $(A-B)^2=(A-B)(A-B)$
$$=A^2-AB-BA+B$$
이므로 $(A-B)^2=A^2-2AB+B^2$ 이면
$$AB+BA=2AB \text{이어야 한다.}$$
$$\therefore AB=BA \text{ (참)}$$

ㄹ. [반례] $A=\begin{pmatrix} 1 & 1 \\ -1 & -1 \end{pmatrix}$, $B=\begin{pmatrix} 2 & 3 \\ -2 & -3 \end{pmatrix}$ 일 때,
$A^2=O,\ AB=O$ 이므로 $(AB)^2=A^2B^2$ 이지만
$$BA=\begin{pmatrix} -1 & -1 \\ 1 & 1 \end{pmatrix}$$
$$\therefore AB\neq BA \text{ (거짓)}$$

ㅁ. $AB+BA=O$ 에서 $BA=-AB$
$$\therefore (AB)^2=ABAB=A(-AB)B=-A^2B^2$$
(거짓)

따라서 옳은 것은 ㄴ, ㄷ의 2개이다.
답 ②

16 갑이 마트 Q에서 과자 5개와 음료수 6개를 살 때, 지불해야 할 금액은
$$5\times700+6\times800(\text{원})$$
즉, $BA=\begin{pmatrix} 800 & 900 \\ 700 & 800 \end{pmatrix}\begin{pmatrix} 5 & 3 \\ 6 & 4 \end{pmatrix}$ 의 $(2,\ 1)$ 성분과 같다.
답 ⑤

17 $A^2=AA=\begin{pmatrix} 1 & 0 \\ -4 & 1 \end{pmatrix}\begin{pmatrix} 1 & 0 \\ -4 & 1 \end{pmatrix}=\begin{pmatrix} 1 & 0 \\ -8 & 1 \end{pmatrix}$

$A^3=A^2A=\begin{pmatrix} 1 & 0 \\ -8 & 1 \end{pmatrix}\begin{pmatrix} 1 & 0 \\ -4 & 1 \end{pmatrix}=\begin{pmatrix} 1 & 0 \\ -12 & 1 \end{pmatrix}$

$$\vdots$$

이므로 $A^n=\begin{pmatrix} 1 & 0 \\ -4n & 1 \end{pmatrix}$

따라서 $-4n=-600$ 이므로 $n=150$
답 ④

18 두 실수 $p,\ q$ 에 대하여
$$\begin{pmatrix} 2 \\ -1 \end{pmatrix}=p\begin{pmatrix} 1 \\ 2 \end{pmatrix}+q\begin{pmatrix} 3 \\ 1 \end{pmatrix}$$
이 성립한다고 하면
$$\begin{pmatrix} 2 \\ -1 \end{pmatrix}=\begin{pmatrix} p+3q \\ 2p+q \end{pmatrix}$$
$$\therefore p+3q=2,\ 2p+q=-1$$
두 식을 연립하여 풀면 $p=-1,\ q=1$

즉, $\begin{pmatrix} 2 \\ -1 \end{pmatrix}=-\begin{pmatrix} 1 \\ 2 \end{pmatrix}+\begin{pmatrix} 3 \\ 1 \end{pmatrix}$ 이므로 양변의 왼쪽에 행렬 A 를 곱하면
$$A\begin{pmatrix} 2 \\ -1 \end{pmatrix}=-A\begin{pmatrix} 1 \\ 2 \end{pmatrix}+A\begin{pmatrix} 3 \\ 1 \end{pmatrix}$$
$$=-\begin{pmatrix} 3 \\ -2 \end{pmatrix}+\begin{pmatrix} 1 \\ 2 \end{pmatrix}=\begin{pmatrix} -2 \\ 4 \end{pmatrix}$$
따라서 $a=-2,\ b=4$ 이므로 $a+b=2$
답 ②

19 삼차방정식 $x^3=-1$ 에서
$$x^3+1=0,\ (x+1)(x^2-x+1)=0$$
이므로 허근 α 는 이차방정식 $x^2-x+1=0$ 의 한 근이다.
즉, $\alpha^3=-1,\ \alpha^2-\alpha+1=0$ 이므로
$$\alpha+\alpha^2+\alpha^3+\alpha^4+\alpha^5+\alpha^6=0$$
이때 $f(n)=\alpha^{2n}-\alpha^n+1$ 이므로
$$\begin{aligned}
&f(1)+f(2)+f(3)+\cdots+f(30) \\
&=(\alpha^2-\alpha+1)+(\alpha^4-\alpha^2+1)+(\alpha^6-\alpha^3+1)+\cdots \\
&\qquad\qquad\qquad\qquad\qquad +(\alpha^{60}-\alpha^{30}+1) \\
&=(\alpha^2+\alpha^4+\alpha^6+\cdots+\alpha^{60}) \\
&\qquad\qquad -(\alpha+\alpha^2+\alpha^3+\cdots+\alpha^{30})+1\cdot30 \\
&=10(\alpha^2-\alpha+1)-5(\alpha+\alpha^2+\alpha^3+\alpha^4+\alpha^5+\alpha^6)+30 \\
&=10\cdot0-5\cdot0+30 \\
&=30
\end{aligned}$$
답 30

20 케일리-해밀턴의 정리에 의하여
$$A^2-(-3+1)A+(-3+7)E=O$$
즉, $A^2+2A+4E=O$ 이므로
$$A^2+2A=-4E \text{에서 } p=2$$
따라서 $pA=\begin{pmatrix} -6 & 14 \\ -2 & 2 \end{pmatrix}$ 이므로 $(1,\ 2)$ 성분은 14이다.
답 14

21 (i) $A=kE(k\text{는 실수})$ 일 때,
$A^2-3A-4E=O$ 에 $A=kE$ 를 대입하면
$$(kE)^2-3(kE)-4E=O$$
$$(k^2-3k-4)E=O,\ (k+1)(k-4)E=O$$
$$\therefore k=-1 \text{ 또는 } k=4$$

$$\therefore A=\begin{pmatrix} -1 & 0 \\ 0 & -1 \end{pmatrix} \text{또는} A=\begin{pmatrix} 4 & 0 \\ 0 & 4 \end{pmatrix}$$

(ii) $A\neq kE$ (k는 실수)일 때,

$A=\begin{pmatrix} a & b \\ c & d \end{pmatrix}$로 놓으면 케일리-해밀턴의 정리에 의하여

$$a+d=3, \ ad-bc=-4$$

이것을 만족하는 행렬은 ㄹ뿐이다.

(i), (ii)에서 행렬 A가 될 수 있는 것은 ㄴ, ㄹ의 2개이다.

답 2

22 부등식 $2x-5\leq(a-1)x+b$에서

$$(a-3)x+b+5\geq 0 \qquad \cdots\cdots \text{㉠}$$

모든 실수 x에 대하여 부등식 ㉠이 성립하려면

$$a-3=0, \ b+5\geq 0$$

$$\therefore a=3, \ b\geq -5 \qquad \cdots\cdots \text{㉡}$$

또 부등식 $(a-1)x+b\leq 2x^2+8x+7$에서 $a=3$이므로

$$2x+b\leq 2x^2+8x+7$$

$$\therefore 2x^2+6x+7-b\geq 0 \qquad \cdots\cdots \text{㉢}$$

모든 실수 x에 대하여 부등식 ㉢이 성립하려면 이차방정식 $2x^2+6x+7-b=0$의 판별식을 D라 할 때, $D\leq 0$이어야 하므로

$$\frac{D}{4}=3^2-2(7-b)\leq 0, \ 2b-5\leq 0$$

$$\therefore b\leq \frac{5}{2} \qquad \cdots\cdots \text{㉣}$$

㉡, ㉣에서 $-5\leq b\leq \dfrac{5}{2}$이므로

$$2(\beta-\alpha)=2\left\{\frac{5}{2}-(-5)\right\}$$

$$=2\cdot\frac{15}{2}=15$$

답 15

23 꼭짓점 10개 중에서 삼각형의 꼭짓점 3개를 선택하는 방법의 수는

$$_{10}C_3=\frac{10\times 9\times 8}{3\times 2\times 1}=120$$

(i) 오른쪽 그림에서 정십각형과 두 변을 공유하는 삼각형의 개수는 정십각형의 꼭짓점의 개수와 같으므로 10개이다.

(ii) 오른쪽 그림에서 정십각형과 한 변을 공유하는 삼각형의 개수는 한 꼭짓점마다 각각 6개씩이므로

$$6\times 10=60$$

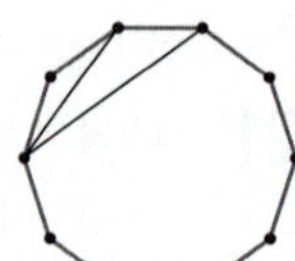

(i), (ii)에 의하여 구하는 삼각형의 개수는

$$120-(10+60)=50$$

답 50

선택형				
01 ⑤	02 ③	03 ②	04 ④
05 ③	06 ③	07 ③	08 ⑤	09 ⑤
10 ①	11 ④	12 ②	13 ③	14 ①
15 ②	16 ④	17 ⑤	18 ⑤	

서술형				
19 17	20 41	21 8	22 15
23 840			

01 삼차방정식 $x^3+6x^2+ax+b=0$의 세 근의 비가 $1:2:3$이므로 세 근을 $\alpha, 2\alpha, 3\alpha \ (\alpha\neq 0)$로 놓으면 삼차방정식의 근과 계수의 관계에 의하여

$$\alpha+2\alpha+3\alpha=-6 \qquad \therefore \alpha=-1$$

즉, 주어진 삼차방정식의 세 근이 $-1, -2, -3$이므로 삼차방정식의 근과 계수의 관계에 의하여

$$a=(-1)\cdot(-2)+(-2)\cdot(-3)+(-3)\cdot(-1)=11$$

$$-b=(-1)\cdot(-2)\cdot(-3)=-6$$

$$\therefore b=6$$

$$\therefore a+b=11+6=17$$

답 ⑤

02 $(x-1)x(x+1)(x+2)=3$에서

$$(x-1)(x+2)x(x+1)=3$$

$$(x^2+x-2)(x^2+x)=3$$

이때 $x^2+x=X$로 놓으면

$$(X-2)X=3$$

$$X^2-2X-3=0$$

$$(X+1)(X-3)=0$$

$$\therefore X=-1 \text{ 또는 } X=3$$

(i) $X=-1$, 즉 $x^2+x+1=0$일 때,

이차방정식 $x^2+x+1=0$의 판별식을 D라 하면

$$D=1-4=-3<0$$

이므로 서로 다른 두 허근을 갖는다.

따라서 근과 계수의 관계에 의하여 두 허근의 합이 -1이므로 $p=-1$

(ii) $X=3$, 즉 $x^2+x-3=0$일 때,

이차방정식 $x^2+x-3=0$의 판별식을 D라 하면

$$D=1+12=13>0$$

이므로 서로 다른 두 실근을 갖는다.

따라서 근과 계수의 관계에 의하여 두 실근의 곱이 -3이므로 $q=-3$

(i), (ii)에 의하여 $p=-1, q=-3$이므로

$$p-q=2$$

답 ③

03 연립방정식 $\begin{cases} x+y=2-2a \\ xy=a^2+4 \end{cases}$ 를 만족하는 x, y는 t에 대한

이차방정식 $t^2-(2-2a)t+a^2+4=0$, 즉
$$t^2+2(a-1)t+a^2+4=0 \qquad \cdots\cdots \text{㉠}$$
의 두 근이므로 주어진 연립방정식이 실근을 가지려면 이차방정식 ㉠이 실근을 가져야 한다.

즉, 이차방정식 ㉠의 판별식을 D라 하면
$$\frac{D}{4}=(a-1)^2-(a^2+4)\geq 0$$ 이므로
$$-2a-3\geq 0 \qquad \therefore a\leq -\frac{3}{2}$$

따라서 정수 a의 최댓값은 -2이다. **답 ②**

04 삼차식 $f(x)$가 $x-1$을 인수로 가지므로 $x=1$은 삼차방정식 $f(x)=0$의 한 근이다.

또 삼차방정식 $x^3+ax^2+bx+c=0$에서 a, b, c가 실수이고, $2+i$가 근이므로 $2-i$도 근이다.

이때 삼차방정식 $f(2x-1)=0$의 세 근은
$$2x-1=1 \text{에서} \quad 2x=2 \qquad \therefore x=1$$
$$2x-1=2+i \text{에서} \quad 2x=3+i \qquad \therefore x=\frac{3+i}{2}$$
$$2x-1=2-i \text{에서} \quad 2x=3-i \qquad \therefore x=\frac{3-i}{2}$$

따라서 방정식 $f(2x-1)=0$의 모든 근의 합은
$$1+\frac{3+i}{2}+\frac{3-i}{2}=4$$ **답 ④**

05 이차부등식 $x^2+x-2>0$에서 $(x+2)(x-1)>0$
$$\therefore x<-2 \text{ 또는 } x>1 \qquad \cdots\cdots \text{㉠}$$
또 이차부등식 $x^2-(a+3)x+3a<0$에서
$$(x-3)(x-a)<0 \qquad \cdots\cdots \text{㉡}$$
(i) $a>3$일 때,

㉡의 해는 $3<x<a$이므로 ㉠, ㉡을 동시에 만족하는 x의 값의 범위는 $3<x<a$ $\qquad \cdots\cdots \text{㉢}$

이때 정수 2는 ㉢에 포함되지 않으므로 조건을 만족하지 않는다.

(ii) $a<3$일 때,

㉡의 해는 $a<x<3$이므로 ㉠, ㉡을 동시에 만족하는 x의 값의 범위에 포함된 정수가 2뿐이기 위해서는 $-3\leq a<2$이어야 한다.

(i), (ii)에 의하여 a의 값의 범위는 $-3\leq a<2$이므로 모든 정수 a의 값의 합은
$$-3+(-2)+(-1)+0+1=-5$$
답 ③

06 이차방정식 $x^2-2x+a^2-2a-2=0$의 판별식을 D_1이라 하면 이차방정식 $x^2-2x+a^2-2a-2=0$이 허근을 갖도록 하는 실수 a의 값의 범위는
$$\frac{D_1}{4}=(-1)^2-(a^2-2a-2)<0 \text{에서}$$
$$a^2-2a-3>0$$
$$(a+1)(a-3)>0$$
$$\therefore a<-1 \text{ 또는 } a>3 \qquad \cdots\cdots \text{㉠}$$
또 이차방정식 $x^2-4ax+5a^2-2a-15=0$의 판별식을 D_2라 하면 이차방정식 $x^2-4ax+5a^2-2a-15=0$이 허근을 갖도록 하는 실수 a의 값의 범위는
$$\frac{D_2}{4}=4a^2-(5a^2-2a-15)<0 \text{에서}$$
$$a^2-2a-15>0$$
$$(a+3)(a-5)>0$$
$$\therefore a<-3 \text{ 또는 } a>5 \qquad \cdots\cdots \text{㉡}$$
㉠, ㉡의 공통 범위가 $a<-3$ 또는 $a>5$이므로 주어진 두 이차방정식 중 적어도 하나는 실근을 갖도록 하는 실수 a의 값의 범위는 $-3\leq a\leq 5$이다.

따라서 $M=5$, $m=-3$이므로
$$M-m=8$$ **답 ③**

07 이차함수 $y=x^2+(a+b)x+ab+4$의 그래프가 x축과 만나지 않으려면 이차방정식 $x^2+(a+b)x+ab+4=0$이 허근을 가져야 하므로 이 이차방정식의 판별식을 D라 하면
$$D=(a+b)^2-4(ab+4)<0$$
$$(a-b)^2-16<0$$
$$\{(a-b)+4\}\{(a-b)-4\}<0$$
$$\therefore -4<a-b<4$$
이때 $a-b$의 값은 정수이므로

(i) $|a-b|=0$일 때, 순서쌍 (a, b)는

$(1, 1)$, $(2, 2)$, $(3, 3)$, $(4, 4)$, $(5, 5)$, $(6, 6)$이므로 6개

(ii) $|a-b|=1$일 때, 순서쌍 (a, b)는

$(1, 2)$, $(2, 3)$, $(3, 4)$, $(4, 5)$, $(5, 6)$, $(2, 1)$, $(3, 2)$, $(4, 3)$, $(5, 4)$, $(6, 5)$이므로 10개

(iii) $|a-b|=2$일 때, 순서쌍 (a, b)는

$(1, 3)$, $(2, 4)$, $(3, 5)$, $(4, 6)$, $(3, 1)$, $(4, 2)$, $(5, 3)$, $(6, 4)$이므로 8개

(iv) $|a-b|=3$일 때, 순서쌍 (a, b)는

$(1, 4)$, $(2, 5)$, $(3, 6)$, $(4, 1)$, $(5, 2)$, $(6, 3)$이므로 6개

(i)~(iv)에 의하여 구하는 순서쌍의 개수는
$$6+10+8+6=30$$
답 ③

08 A가 처음 재생되는 경우의 수는
$$4!=24$$
E가 마지막에 재생되는 경우의 수는
$$4!=24$$
A가 처음에, E가 마지막에 재생되는 경우의 수는
$$3!=6$$
5개의 곡이 재생되는 경우의 수가 $5!=120$이므로 구하는 조건에 따른 경우의 수는
$$5!-(24+24-6)=120-42=78$$
답 ⑤

09 (i) 두 문자로 이루어진 항은
$a^x b^y,\ a^x c^y,\ a^x d^y,\ b^x c^y,\ b^x d^y,\ c^x d^y$ (단, $x,\ y$는 자연수)
꼴의 6가지이고, 각 경우마다 $x+y=4$를 만족하는 두 자연수 $x,\ y$의 순서쌍 $(x,\ y)$의 개수만큼 항이 만들어진다.
즉, $(1,\ 3),\ (2,\ 2),\ (3,\ 1)$의 항 3개를 만들 수 있으므로
$$p=6\times3=18$$
(ii) 세 문자로 이루어진 항은
$a^x b^y c^z,\ a^x b^y d^z,\ a^x c^y d^z,\ b^x c^y d^z$ (단, $x,\ y,\ z$는 자연수)
꼴의 4가지이고, 각 경우마다 $x+y+z=4$를 만족하는 세 자연수 $x,\ y,\ z$의 순서쌍 $(x,\ y,\ z)$의 개수만큼 항이 만들어진다.
즉, $(1,\ 1,\ 2),\ (1,\ 2,\ 1),\ (2,\ 1,\ 1)$의 항 3개를 만들 수 있으므로
$$q=4\times3=12$$
$$\therefore p+q=18+12=30$$
답 ⑤

10 $_{2n}P_3=2n(2n-1)(2n-2)=4n(n-1)(2n-1),$
$28\cdot_nP_2=28n(n-1)$이므로
$$4n(n-1)(2n-1)=28n(n-1)$$
즉, $2n-1=7$이므로 $n=4$
답 ①

11 세 수의 합이 짝수가 되는 경우는
(짝수)+(짝수)+(짝수) 또는 (짝수)+(홀수)+(홀수)인 경우이고, 23 이하의 자연수 중에는 짝수가 11개, 홀수가 12개 있으므로 다음의 2가지 경우로 구할 수 있다.
　(i) (짝수)+(짝수)+(짝수)인 경우
　　11개의 짝수 중에서 서로 다른 3개의 수를 뽑는 경우의 수와 같으므로
$$_{11}C_3=\frac{11\times10\times9}{3\times2\times1}=165$$
　(ii) (짝수)+(홀수)+(홀수)인 경우
　　11개의 짝수 중에서 한 개를 뽑고, 그 각각에 대하여 12개의 홀수 중에서 서로 다른 2개를 뽑는 경우의 수와 같으므로
$$_{11}C_1\times_{12}C_2=11\times\frac{12\times11}{2\times1}$$
$$=11\times66=726$$
(i), (ii)에 의하여 구하는 경우의 수는
$$165+726=891$$
답 ④

12 18개의 점 중에서 3개의 점을 택하는 방법의 수는
$$_{18}C_3=\frac{18\times17\times16}{3\times2\times1}=816$$
이 중에서 일직선 위에 3개의 점이 있는 선분은 18개, 6개의 점이 있는 선분은 3개이고, 3개 또는 6개의 점에서 3개의 점을 택하는 경우는 삼각형을 만들 수 없으므로 구하는 삼각형의 개수는
$$_{18}C_3-(_3C_3\times18+_6C_3\times3)$$
$$=816-(18+60)$$
$$=738$$
답 ②

13 $A+B=\begin{pmatrix}1&2\\3&4\end{pmatrix}$ ……… ㉠

$B+C=\begin{pmatrix}-1&1\\3&-2\end{pmatrix}$ ……… ㉡

$C+A=\begin{pmatrix}2&4\\3&-2\end{pmatrix}$ ……… ㉢

㉠+㉡+㉢을 하면
$$2(A+B+C)=\begin{pmatrix}1&2\\3&4\end{pmatrix}+\begin{pmatrix}-1&1\\3&-2\end{pmatrix}+\begin{pmatrix}2&4\\3&-2\end{pmatrix}$$
$$=\begin{pmatrix}2&7\\9&0\end{pmatrix}$$
$$\therefore A+B+C=\begin{pmatrix}1&\frac{7}{2}\\\frac{9}{2}&0\end{pmatrix}$$
㉡에서 $B+C=\begin{pmatrix}-1&1\\3&-2\end{pmatrix}$이므로
$$A=\begin{pmatrix}1&\frac{7}{2}\\\frac{9}{2}&0\end{pmatrix}-\begin{pmatrix}-1&1\\3&-2\end{pmatrix}$$
$$=\begin{pmatrix}2&\frac{5}{2}\\\frac{3}{2}&2\end{pmatrix}$$

따라서 행렬 A의 모든 성분의 곱은

$$2 \times \frac{5}{2} \times \frac{3}{2} \times 2 = 15$$

답 ③

14 $(2X+E)(2X-E) = 4X^2 - 2XE + 2EX - E$
$$= 4X^2 - E$$

이므로

$$4X^2 - E = (2X+E)(2X-E)$$
$$= \begin{pmatrix} 3 & -7 \\ -2 & 5 \end{pmatrix}\begin{pmatrix} 1 & -7 \\ -2 & 3 \end{pmatrix}$$
$$= \begin{pmatrix} 17 & -42 \\ -12 & 29 \end{pmatrix}$$

따라서 행렬 $4X^2 - E$의 모든 성분의 합은

$$17 - 42 - 12 + 29 = -8$$

답 ①

15 $A+2B=O$의 양변의 왼쪽에 행렬 A를 곱하면
$$A^2 + 2AB = O$$
$$A^2 = -2AB = -2(2E) = -4E$$

또, $A+2B=O$의 양변의 오른쪽에 행렬 B를 곱하면
$$AB + 2B^2 = O$$
$$2B^2 = -AB = -2E$$
$$\therefore B^2 = -E$$

따라서
$$A^4 + B^4 = (A^2)^2 + (B^2)^2 = (-4E)^2 + (-E)^2$$
$$= 16E + E = 17E$$

이므로

$$k = 17$$

답 ②

16 $A^2 = AA = \begin{pmatrix} 2 & -1 \\ 3 & -1 \end{pmatrix}\begin{pmatrix} 2 & -1 \\ 3 & -1 \end{pmatrix} = \begin{pmatrix} 1 & -1 \\ 3 & -2 \end{pmatrix}$,

$A^3 = A^2 A = \begin{pmatrix} 1 & -1 \\ 3 & -2 \end{pmatrix}\begin{pmatrix} 2 & -1 \\ 3 & -1 \end{pmatrix}$
$$= \begin{pmatrix} -1 & 0 \\ 0 & -1 \end{pmatrix} = -E$$

이므로 $A^6 = (A^3)^2 = E$

따라서 자연수 n의 최솟값은 6이다.

답 ④

17 케일리–해밀턴의 정리에 의하여 $A^2 + A = O$
$$\therefore A^2 = -A$$
$$A^3 - 3A^2 + 2A - 4E = A^2 A - 3A^2 + 2A - 4E$$
$$= -A^2 + 3A + 2A - 4E$$
$$= A + 3A + 2A - 4E$$
$$= 6A - 4E$$

답 ⑤

18 ① [반례] $A = \begin{pmatrix} 1 & -1 \\ 0 & 0 \end{pmatrix}$, $B = \begin{pmatrix} 1 & 1 \\ 1 & 1 \end{pmatrix}$이면 $AB=O$이지만 $BA \neq O$이다. (거짓)

② $B(A+C) = BA + BC$이므로 $AB + BC = B(A+C)$이려면 $AB = BA$이어야 한다. (거짓)

③ [반례] $A = \begin{pmatrix} 1 & 1 \\ 0 & 0 \end{pmatrix}$, $B = \begin{pmatrix} 0 & 0 \\ 0 & 1 \end{pmatrix}$, $C = \begin{pmatrix} 0 & 1 \\ 0 & 0 \end{pmatrix}$이면
$$AB = AC$$이고 $A \neq O$이지만 $B \neq C$이다. (거짓)

④ $(AB)^2 = (AB)(AB)$, $A^2 B^2 = (AA)(BB)$이므로 $AB = BA$인 경우에만 $(AB)^2 = A^2 B^2$이 성립한다.
(거짓)

⑤ $A^7 = E$, $A^5 = E$이므로
$$A^7 = A^5 A^2 = EA^2 = E \qquad \therefore A^2 = E$$
$$A^5 = A^2 A^3 = EA^3 = E \qquad \therefore A^3 = E$$
$$A^3 = A^2 A = EA = E \qquad \therefore A = E \ (참)$$

따라서 옳은 것은 ⑤이다.

답 ⑤

19 $x^3 + 1 = 0$에서 $(x+1)(x^2 - x + 1) = 0$이므로 ω는 이차방정식 $x^2 - x + 1 = 0$의 근이다. 즉,
$$\omega^2 - \omega + 1 = 0, \ \omega^3 = -1$$

이때

$$\omega + \frac{1}{\omega} = \frac{\omega^2 + 1}{\omega} = \frac{\omega}{\omega} = 1$$

$$\omega^2 + \frac{1}{\omega^2} = \frac{\omega^4 + 1}{\omega^2} = \frac{-\omega + 1}{\omega^2} = \frac{-\omega^2}{\omega^2} = -1$$

$$\omega^3 + \frac{1}{\omega^3} = -1 + (-1) = -2$$

$$\omega^4 + \frac{1}{\omega^4} = -\omega - \frac{1}{\omega} = -\left(\omega + \frac{1}{\omega}\right) = -1$$

$$\omega^5 + \frac{1}{\omega^5} = -\omega^2 - \frac{1}{\omega^2} = -\left(\omega^2 + \frac{1}{\omega^2}\right) = -(-1) = 1$$

$$\omega^6 + \frac{1}{\omega^6} = (\omega^3)^2 + \frac{1}{(\omega^3)^2} = 1 + 1 = 2$$

이므로

$$\left(\omega + \frac{1}{\omega}\right) + \left(\omega^2 + \frac{1}{\omega^2}\right) = 0 \ 또는$$

$$\left(\omega + \frac{1}{\omega}\right) + \left(\omega^2 + \frac{1}{\omega^2}\right) + \cdots + \left(\omega^6 + \frac{1}{\omega^6}\right) = 0$$

즉, 자연수 k에 대하여 $n = 6k - 4$ 또는 $n = 6k$일 때 주어진 조건을 만족한다.

따라서 $6k - 4 \leq 50$에서 $k \leq 9$이고, $6k \leq 50$에서

$k \leq \frac{25}{3} = 8. \times\times\times$이므로 구하는 자연수 n의 개수는

$9 + 8 = 17$이다.

답 17

20 $(A-B)^2=(A-B)(A-B)=A^2-AB-BA+B^2$
이므로
$$AB+BA=A^2+B^2-(A-B)^2$$
한편
$$\begin{aligned}
(A+B)^2&=(A+B)(A+B)\\
&=A^2+AB+BA+B^2\\
&=A^2+B^2+AB+BA\\
&=A^2+B^2+\{A^2+B^2-(A-B)^2\}\\
&=2(A^2+B^2)-(A-B)^2\\
&=2\begin{pmatrix}4&7\\9&1\end{pmatrix}-\begin{pmatrix}3&2\\-5&1\end{pmatrix}\\
&=\begin{pmatrix}8&14\\18&2\end{pmatrix}-\begin{pmatrix}3&2\\-5&1\end{pmatrix}\\
&=\begin{pmatrix}5&12\\23&1\end{pmatrix}
\end{aligned}$$
이므로 행렬 $(A+B)^2$의 모든 성분의 합은
$$5+12+23+1=41$$
답 41

21 $A=\begin{pmatrix}a&c\\b&1\end{pmatrix}$에서 케일리―해밀턴의 정리에 의하여
$$A^2-(a+1)A+(a-bc)E=O$$
이때 $b<-1,\ c>2$이므로 $A\neq kE$ (k는 실수)이다.
즉, $a+1=6,\ a-bc=15$이므로
두 식을 연립하면 $a=5,\ bc=-10$
$b,\ c$는 정수이고 $b<-1,\ c>2$이므로
$$b=-2,\ c=5$$
$$\therefore\ a+b+c=5-2+5=8$$
답 8

22 조건 ㈎에서 $\dfrac{3-x}{2}=t$로 놓으면 $3-x=2t$에서
$$x=3-2t$$
이때 $-1\le x\le3$이므로 $-1\le3-2t\le3$
$$-4\le-2t\le0\qquad\therefore\ 0\le t\le2$$
즉, $f(t)\le0$의 해가 $0\le t\le2$이므로
$$f(x)=ax(x-2)\ (a>0)\qquad\cdots\cdots\ \text{㉠}$$
으로 놓을 수 있다.
또 조건 ㈏에서 모든 실수 x에 대하여 $-4x-1\le f(x)$가
성립하므로
$$-4x-1\le ax(x-2)$$
$$ax^2-2ax+4x+1\ge0$$
$$ax^2-2(a-2)x+1\ge0$$
이차방정식 $ax^2-2(a-2)x+1=0$의 판별식을 D라 하
면
$$\frac{D}{4}=(a-2)^2-a\le0,\ a^2-5a+4\le0$$

$$(a-1)(a-4)\le0\qquad\therefore\ 1\le a\le4$$
이때 ㉠에서 $f(-1)=3a$이므로 $3\le3a\le12$
따라서 $f(-1)$의 최댓값과 최솟값의 합은
$$3+12=15$$
답 15

23 (i) 원판의 8개의 반지름 중 색과 색의 경계가 되는 4개의
반지름을 선택하는 방법의 수는
$$_8\mathrm{C}_4=\frac{8\times7\times6\times5}{4\times3\times2\times1}=70$$

(ii) 색과 색의 경계로 나뉜 영역이 모두 4개이므로 3가지
색 중 어느 한 색은 두 번 칠해야 한다. 이때 3가지 색
중에서 두 번 칠한 색을 선택하는 방법의 수는
$$_3\mathrm{C}_1=3$$

(iii) 색과 색의 경계를 사이에 두고 인접한 영역에는 같은
색을 칠할 수 없으므로 (ii)에서 정한 두 번 칠할 색이
칠해질 자리를 선택하는 방법의 수는 2

(iv) 나머지 두 개의 영역에 나머지 두 가지 색을 칠하는 방
법의 수는 2

(i)~(iv)에 의하여 색을 칠하는 모든 방법의 수는
$$_8\mathrm{C}_4\times{}_3\mathrm{C}_1\times2\times2=70\times3\times2\times2$$
$$=840$$
답 840

밥 먹듯이 매일매일 국어 공부

밥 시리즈의 새로운 학습 시스템

'밥 시리즈'의 학습 방법을 확인하고 공부 방향 설정 ▶ 권장 학습 플랜을 참고하여 자신만의 학습 계획 수립 ▶ 학습 방법과 학습 플랜에 맞추어 밥먹듯이 꾸준하게 국어 공부 ▶ 수능 국어 1등급을 달성

▶ 수능 국어 1등급 달성을 위한 학습법 제시 ▶ 문학, 비문학 독서, 언어와 매체, 화법과 작문 등 국어의 전 영역 학습 ▶ 문제 접근 방법과 해결 전략을 알려 주는 친절한 해설

처음 시작하는 밥 비문학
- 전국연합 학력평가 고1, 2 기출문제와 첨삭식 지문·문제 해설
- 예비 고등학생의 비문학 실력 향상을 위한 친절한 학습 프로그램

밥 비문학
- 수능, 평가원 모의평가 기출문제와 첨삭식 지문·문제 해설
- 지문 독해법과 문제별 접근법을 제시하여 비문학 완성

처음 시작하는 밥 문학
- 전국연합 학력평가 고1, 2 기출문제와 첨삭식 지문·문제 해설
- 예비 고등학생의 문학 실력 향상을 위한 친절한 학습 프로그램

밥 문학
- 수능, 평가원 모의평가 기출문제와 첨삭식 지문·문제 해설
- 작품 감상법과 문제별 접근법을 제시하여 문학 완성

밥 언어와 매체
- 수능, 평가원 모의평가, 전국연합 학력평가 및 내신 기출문제
- 핵심 문법 이론 정리, 문제별 접근법, 풍부한 해설로 언어와 매체 완성

밥 화법과 작문
- 수능, 평가원 모의평가, 전국연합 학력평가 기출문제
- 문제별 접근법과 풍부한 해설로 화법과 작문 완성

밥 어휘
- 필수 어휘, 한자 성어, 속담, 관용어, 다의어, 동음이의어, 헷갈리는 어휘, 개념어, 배경지식 용어
- 방대한 어휘, 어휘력 향상을 위한 3단계 학습 시스템

네이버 웹툰 인기 작가, 현직 국어 교사
이가영(seri) 선생님의 유쾌 발랄한 고전시가 학습서!

만화로 읽는 수능 고전시가

이가영(seri) 지음 | 278쪽 | 18,800원

서울대 국어교육과 김종철 교수 추천

전국 서점 베스트셀러

온라인에 쏟아진 격찬들 ★★★★★

"어울릴 수 없으리라 생각한 재미와 효율의 조화가 두 드러진다."

"1. 수능에 필요한 고전시가만 담겨져 있다. 2. 재미있다. 3. 설명이 쉽고 자세하다."

"미리 읽는 중학생부터 국어라면 도통 이해를 잘 못하는 고등학생들에게 정말로 유용한 멋진 책이다."

서울대 합격생의 비법을 훔치다!

서울대 합격생 공부법 / 노트 정리법 / 방학 공부법 / 독서법 / 내신 공부법

tvN 〈유 퀴즈 온 더 블록〉 출연

청소년 분야 베스트셀러

전국 중·고등학생이 묻고 서울대학교 합격생이 답하다　　서울대생들이 들려주는 중·고생 공부법의 모든 것!

융합형 인재를 위한 교양서

이 정도는 알아야 하는 **최소한의 인문학**
과학 / 국제 이슈 / 날씨 / 경제 법칙

세상을 보는 눈을 키워 주는
가장 쉬운 교양서를 만나다!

★ 한국출판문화산업진흥원 이달의읽을만한책
★ 한국출판문화산업진흥원 청소년권장도서
★ 한국출판문화산업진흥원 우수출판콘텐츠 지원사업선정작

서울시 영등포구 당산로 50길 3 꿈을담는빌딩 6층 | 전화 1544-6533 | 홈페이지 dreamybook.co.kr